面向新工科普通高等教育系列教材

U0187451

物联网技术概论

第 3 版

刘　驰　主　编
韩　锐　赵健鑫　马　建　副主编

机 械 工 业 出 版 社

本书介绍了物联网的概念与内涵；展示了物联网的起源和发展过程；阐述了受到业界普遍认同的物联网体系架构；归纳并详细分析了构建物联网急需大力发展的关键技术，包括感知技术、传输组网技术、云边端平台技术、边缘智能技术以及安全与管理技术；最后总结了物联网的十种典型应用。本书有助于读者全面、正确地认识物联网的相关知识和了解最新技术进展。

本书每章均配有练习题，以指导读者深入地进行学习。

本书可以作为高等院校物联网工程、计算机类、电子信息类等专业相关课程的教材，亦可作为物联网及相关从业人员的技术参考书。

本书配有授课电子课件，需要的教师可登录 www. cmpedu. com 免费注册，审核通过后下载，或联系编辑索取（微信：15910938545，电话：010-88379739）。

图书在版编目（CIP）数据

物联网技术概论/刘驰主编 . —3 版 . —北京：机械工业出版社，2021.8
（2023.6 重印）
面向新工科普通高等教育系列教材
ISBN 978-7-111-69224-9

Ⅰ. ①物…　Ⅱ. ①刘…　Ⅲ. ①物联网-高等学校-教材　Ⅳ. ①TP393.4
②TP18

中国版本图书馆 CIP 数据核字（2021）第 198212 号

机械工业出版社（北京市百万庄大街 22 号　邮政编码 100037）
策划编辑：郝建伟　责任编辑：郝建伟　胡　静
责任校对：张艳霞　责任印制：李　昂
北京中科印刷有限公司印刷

2023 年 6 月第 3 版·第 4 次印刷
184mm×260mm·19.75 印张·490 千字
标准书号：ISBN 978-7-111-69224-9
定价：79.90 元

电话服务　　　　　　　　　网络服务
客服电话：010-88361066　　机 工 官 网：www.cmpbook.com
　　　　　010-88379833　　机 工 官 博：weibo.com/cmp1952
　　　　　010-68326294　　金 书 网：www.golden-book.com
封底无防伪标均为盗版　　　机工教育服务网：www.cmpedu.com

前　言

百年大计，教育为本。习近平总书记在党的二十大报告中强调"教育、科技、人才是全面建设社会主义现代化国家的基础性、战略性支撑"，首次将教育、科技、人才一体安排部署，赋予教育新的战略地位、历史使命和发展格局。

随着物联网应用的日益成熟，掌握特定物联网岗位技能的专业人才严重匮乏。

物联网的研究和建设在我国起步很早，在这一波技术浪潮中我国与国际同步，具有同发优势，处于同等水平，并做到了部分领先。面对物联网这一难得的发展机遇，我们必须明确目标，拓展思路，除了要弄清什么是物联网，避免和其他类似的概念混淆，还要确立物联网的典型应用，挖掘物联网应用的真实需求，攻克支撑物联网的关键技术，为物联网产业向智能化转型奠定坚实的基础。

本书以物联网关键技术作为核心内容。在介绍经典技术的基础上，紧跟技术发展步伐，探讨边缘智能中的前沿技术问题。与上一版本相比，本书做了以下修订。一是删减了一些陈旧的内容，如物联网现状、战略意义、标准化工作等内容，具体为上版第1章的1.3节、第2章和第6章，重点突出物联网技术相关工作。二是将上版的第4章物联网技术拆分成五个单独章节，并与时俱进地更新了近几年的技术发展情况。三是将上版的第5章作为本书的第8章，并添加了两个新的物联网应用——工业互联网和无人机边缘智能。通过本书的学习，可以提升不同专业学生对本专业与物联网、边缘智能交叉学科的认识和理解，掌握利用边缘智能思想解决实际工程问题的思路和方法。本书配有课后习题、答案与讲义，建议授课学时为32学时。

本书共8章。第1章介绍物联网的起源、发展和相关概念；第2章介绍受到业界普遍认同的物联网体系架构；第3章介绍物联网感知技术；第4章介绍物联网传输组网技术；第5章介绍物联网云边端平台技术；第6章介绍边缘智能技术；第7章介绍物联网安全与管理技术；第8章总结物联网典型应用。

本书由刘驰任主编，韩锐、赵健鑫、马建任副主编，其中第1、2、4章由赵健鑫编写；第3、8章由赵一诺编写；第5、6、7章由王亚东编写。全书由刘驰、韩锐、马建负责统稿。

本书配有全套的电子课件，如有需要，请到http://www.cmpedu.com下载。

在本书的编写过程中，编者尽可能做到把握物联网技术的新方向、新进展，争取将最新、最准确的信息传递给读者。由于时间仓促，书中难免存在错误和不足之处，欢迎读者批评指正。

编　者

目　录

第1章　物联网概述

本章从物联网的起源和发展入手，整理和分析传感器网络、射频识别、泛在网络、普适计算等与物联网相关的重要概念，旨在帮助读者建立对物联网的初步认识。

1.1　物联网的起源和发展

早在 1995 年，比尔·盖茨在其著作《未来之路》中已有这样的描述："凭借你佩戴的电子饰品，房子可以识别你的身份，判断你所处的位置，并为你提供合适的服务；在同一房间里的不同人会听到不同的音乐；当有人打来电话时，整个房子里只有距离人最近的话机才会响起……"

上面这些在科幻小说里面出现的场景和功能，被视为人们对物联网所具备的神奇功能的期待和预言。至于物联网具体的起源，当前普遍认同的观点是：物联网起源于传感器网络、传感器、射频识别（Radio Frequency Identification，RFID）以及标识编址技术的融合发展。当前各项技术发展并不均衡，互联网、射频识别技术等已经较为成熟，而传感器网络相关技术尚有很大的发展空间。

1.1.1　传感器网络

传感器网络（Sensor Network）诞生于军事应用中，最早可以追溯到 20 世纪 60 年代的越南战争。由于密林和多雨的天然屏障，大大削弱了卫星与航空侦察的效果。美军从 1968 年开始，在胡志明小道上投放了数十万个具有音频和振动感知功能的无线传感器，以期建立电子屏障来切断越军的补给线。这个项目的名称为 Operation Igloo White。这一阶段的无线传感器除了与侦察机点对点通信外，还不具备现代传感器网络所具备的节点计算功能和节点间的通信功能。

1980 年，美国国防部高级研究计划局（Defense Advanced Research Projects Agency，DARPA）启动了分布式传感器网络（Distributed Sensor Networks，DSN）项目。但由于技术条件的限制，传感器网络的研究热潮在 20 世纪 90 年代才开始真正出现。

早期传感器网络的研究主要来自美国军方和自然科学基金的资助项目。1993 年开始的无线集成网络系统（Wireless Integrated Networks Systems，WINS）项目，由美国加州大学洛杉矶分校和罗克韦尔自动化中心共同开发。1996 年开始的由美国麻省理工学院承担的 μAMPS（Micro-Adaptive Multi-domain Power Aware Sensors）项目致力于开发一个完全面向低功耗需求的无线传感器网络系统。1998 年开始的 SensIT（Sensor Information Technology）项目致力于研究大规模分布式军事传感器系统。Smart Dust 和 PicoRadio 项目在 1999 年启动，由美国加州大学伯克利分校负责。

上述传感器网络科研项目主要致力于研究和开发小型化、低功耗的无线传感器网络节点。其中，WINS 项目涵盖了 MEMS 传感器、通信芯片、信号处理体系、网络通信协议等多个研究领域；μAMPS 项目有一个重要研究成果，即著名的低功耗无线传感器网络组网（Low Energy Adaptive Clustering Hierarchy，LEACH）协议；SensIT 项目的首要任务是为网络化微传感器开发所需要的软硬件；Smart Dust 和 PicoRadio 项目负责研究低成本、低功耗的传感器网络节点芯片。

早期传感器网络科研项目的主要成果是一系列无线传感器网络平台和初级应用示范系统，其中以 Motes 硬件平台及其配套操作系统 TinyOS 的影响最为广泛，目前已被全球 400 多家研究机构所采用。

进入 21 世纪以来，传感器网络不再只局限于军事应用，在非军事方面也获得了日益广泛的应用。例如，部署于美国缅因州大鸭岛的传感器网络主要用于监测环境；部署于旧金山金门大桥的传感器网络主要用于监测桥梁状态；部署于地下矿井的传感器网络主要用于保证煤矿安全生产。这些实际的应用场景为传感器网络提供了真实的测试验证环境，同时也发掘了传感器网络研究的新方向。

2016 年前后的传感器网络科研工作主要致力于开展大量针对传感器网络通信协议及其支撑技术的细化研究，如网络拓扑控制、MAC 协议、路由协议、网络安全、时间同步、节点定位等，同时也对传感器网络中的信息处理、数据查询、数据融合、部署覆盖等相关问题进行了深入研究。近期传感器网络的科研工作则主要在低功耗广域网方面。

综合以上介绍不难看出，与传感器网络相关的研究工作起步于传感器节点平台的研制，随后以应用为驱动扩展到网络通信协议、数据信息处理等研究领域，目前已经在数据信息的采集、处理、传输、应用等方面取得了丰硕的成果并积累了宝贵经验。从技术和应用两方面的经验总结来看，传感器网络最显著的技术特征和最重要的应用目标是感知物理世界。随着传感器网络技术的进步和应用领域的延伸，物联网的目标逐渐清晰、发展时机日趋成熟。传感器网络被视为物联网的一个主要起源。

1.1.2　传感器技术

如果把计算机看成处理和识别信息的"大脑"，把通信系统看成传递信息的"神经系统"的话，那么传感器就是"感觉器官"。传感器技术是从外界获取信息，并对之进行处理和识别的一门多学科交叉的现代科学与工程技术，是物联网获取外部世界信息不可或缺的一环。

在工农业生产领域，工厂的自动流水生产线、全自动加工设备、许多智能化的检测仪器设备都采用了大量各种各样的传感器。在家用电器领域，全自动洗衣机、电饭煲和微波炉都离不开传感器。在医疗卫生领域，电子脉搏仪、体温计、医用呼吸机、超声波诊断仪、断层扫描（CT）及核磁共振诊断设备，都大量地使用了各种各样的传感器技术。在军事国防领域，各种侦测设备、红外夜视探测、雷达跟踪、武器的精确制导没有传感器是难以实现的。在航空航天领域，空中管制、导航、飞机的飞行管理和自动驾驶、着陆盲降系统都需要传感器。此外，在矿产资源、海洋开发、生命科学、生物工程等领域，传感器都有着广泛的用途。目前，传感器技术已受到各国的高度重视，并已发展成为一种专门的技术学科。

虽然传感器技术的发展历史很长，然而在相当长的一段时间内，传感器技术并没有得到相应的重视。直到集成电路、计算技术、通信技术乃至传感器网络技术飞速发展以后，人们才逐步认识到作为获取外界信息的关键一环——传感器技术，并没有跟上信息技术的发展步伐。至此，传感器技术开始在世界范围内受到了普遍重视。

从 20 世纪 80 年代起，世界范围内逐步掀起了一股"传感器热"。美国国防部将传感器技术视为关键技术之一，美国早在 20 世纪 80 年代初就成立了国家技术小组（BTG），帮助政府组织和领导各大公司与国家有关部门进行传感器技术开发工作，并声称世界已进入传感器时代。在对美国国家长期安全和经济繁荣至关重要的 22 项技术中，有 6 项与传感器信息处理技术直接相关。在与保护美国武器系统质量优势至关重要的关键技术中，有 8 项与传感器相关。2000 年美国空军列举了 15 项有助于提高 21 世纪空军能力的关键技术，传感器技术就名列其中。日本把传感器技术与计算机、通信、激光半导体、超导、人工智能并列为 6 大核心技术，日本工商界人士声称"支配了传感器技术就能够支配新时代"。日本科学技术厅制定的 20 世纪 90 年代重点科研项目中有 70 个重点课题，其中有 18 项与传感器技术密切相关。德国视军用传感器为优先发展技术，英、法等国对传感器的开发投资逐年升级，俄罗斯军事航天计划中同样列有传感器技术。传感器技术在我国的快速发展始于 1986 年，即第 7 个五年计划开始，我国正式将传感器技术列入国家重点攻关项目，以机械敏、力敏、气敏、湿敏、生物敏传感器作为 5 大研究重点，并成立了多个传感器技术国家重点实验室及工程中心，但我国的传感器技术水平目前仍然落后于国外先进水平。

由于世界各国的普遍重视和投入开发，传感器的发展十分迅速。近十几年来，其产量及市场需求年增长率均在 10% 以上。目前，世界上从事传感器研制生产的单位已增到 5000 余家。

传感器技术属于多学科交叉、技术密集的高技术产品。一方面，随着传感器技术应用范围的不断扩展，需要在新的应用场景下测量多种新信息，对于新型传感器有着大量的需求。另一方面，随着新型敏感材料及精密制造技术的不断进步，新材料、新元件和新工艺不断出现，也为新型传感器的出现提供了新的基础。当前除了传统的电阻式传感器、电感式传感器以外，多种新颖、先进的传感器不断出现如超导传感器、生物传感器、智能传感器、基因传感器以及模糊传感器等。

传感器是物联网必不可少的信息来源。随着传感器技术的进步和应用领域的延伸，使得物联网能够获取的信息与日俱增。因此，传感器技术也被视为物联网的一个主要起源。

1.1.3 射频识别（RFID）技术

射频识别（Radio Frequency Identification，RFID）技术利用无线射频方式进行非接触双向通信，以达到目标识别的目的并交换数据。RFID 技术能实现多目标识别、运动目标识别，便于通过互联网实现物品的识别、跟踪和管理，因而受到了广泛的关注。

产品电子编码（Electronic Product Code，EPC）是与 EAN/UCC 码兼容的编码标准，其特点是给每一个单独的产品编号，并且为 RFID 标签的编码和解码提供一致的标准。EPC 标准的出现使得 RFID 标签在整条物流供应链中的任何时候都可以提供产品的流向信息，使每个产品信息有了共同的沟通语言。通过互联网实现物品的自动识别和信息交换与共享，进而实现对物品的透明化管理。

在 1999 年成立的 Auto-ID 中心最早开展 RFID 技术的研究工作。在 2003 年，Auto-ID 中心将研究成果和相关技术形成了无线射频身份标签的标准草案。同年 10 月，Auto-ID 中心的管理职能正式终止，其研究功能并入新成立的 Auto-ID 实验室，而商业功能则由新成立的 EPCglobal 负责。

Auto-ID 实验室已建立了一个具有商业驱动力、全球可持续、经济高效、面向未来的 RFID 基础设施网络。这种基础设施网络具有很强的鲁棒性和灵活性，能够很好地支持未来的技术、应用和产业。目前，Auto-ID 实验室的总部设在美国的麻省理工学院，并有 6 所全球顶尖的研究型大学的实验室参与，它们是英国剑桥大学、澳大利亚阿德莱德大学、日本庆应义塾大学、瑞士圣加仑大学、中国复旦大学和韩国信息与通信大学。

EPCglobal 是国际（欧洲）物品编码协会（European Article Number Association，EANA）和美国统一代码委员会（Uniform Code Council，UCC）的一个合资公司，它是一个受业界委托而成立的非盈利组织。EPCglobal 与许多著名的跨国公司和世界范围内的顶级大学建立了密切的合作关系。EPCglobal 的主要职责是在全球范围内对各个行业建立和维护 EPC 网络，保证供应链上各环节信息的自动、实时识别采用全球统一标准，通过发展和管理 EPC 网络标准来提高供应链上贸易单元信息的透明度与可视性，以此来提高全球供应链的运作效率。

从以上介绍不难看出，Auto-ID 实验室和 EPCglobal 分别从研究和应用的角度推动了 RFID 技术的不断发展。

近年来，RFID 技术的重要进展包括：超高频 RFID 读写器功能增强，并向低功耗、低成本、一体化、模块化发展；采用新开发的喷墨打印制造工艺生产 RFID 电子标签，可以使单个电子标签价格降至 4 美分；RFID 新型中间件的推出使标签数据、读写器的管理更加快捷和简单。RFID 技术的这些进步，为准确、高效地实现物品识别提供了可靠保障。

目前，RFID 技术的应用领域包括电子门票、手机支付、车牌识别、不停车收费、港口集装箱管理、食品安全管理等。由于具备实现物品自动识别和信息交换的能力，RFID 技术被形象地比喻为"物物通信技术"。加之 RFID 技术广泛应用于物流领域的现状，RFID 被视为物联网的起源之一。

1.1.4 标识及编址技术

在物联网中，为了实现人与物、物与物的通信以及各类应用，需要利用标识来对人和物等对象、终端和设备等网络节点以及各类业务应用进行识别，并通过标识解析与寻址等技术进行翻译、映射和转换，以获取相应的地址或关联信息。据权威机构统计分析，物物通信的数量将会是现在互联网通信节点数量总和的 30 倍以上。因此，标识及编址技术对于物联网来说是保证其能够正确运行的技术基础，也被认为是能够形成物联网概念的起源之一。

通常来说，一般可以将物联网标识分成对象标识、通信标识和应用标识三类。对象标识主要用于识别物联网中被感知的物理或逻辑对象，例如某个特定的人或物体等。该类标识通常用于相关对象信息的获取及控制与管理，不直接用于网络层通信或寻址，如二维码、RFID 都可认为属于对象标识的范畴。通信标识主要用于识别物联网中具备网络通信能力的网络节点，例如传感器节点等网络设备节点。这类标识的形式可以是 E. 164 号码、IP 地址、国际移动用户识别码（Internation Mobile Subscriber Identification Number，IMSI）等。通信标识可作为相对或绝对地址用于通信或寻址，用于建立到通信节点的连接。应用标识主要用于对物联网中的相关业务应用进行识别，例如智慧城市、智慧农业应用等。同时，物联网中标识管理技术与机制也必不可少，用于实现标识或地址的申请与分配、注册与鉴权、生命周期管理，并确保标识或地址的唯一性、有效性和一致性。

在物联网对象标识方面，相关的应用、技术标准和市场都在不断增强和拓展。以 RFID 技术为例，采用 RFID 技术的中国二代身份证发行量已经超过 10 亿张，城市交通一卡通应用也已经覆盖国内 100 多个大中型城市。同时，随着智能手机和移动互联网的发展，基于智能手机的二维码标识类公共服务应用，如电子票据、电子优惠券、商品信息查询等已经在大中型城市初步普及，随着三大电信运营企业、腾讯微信和阿里巴巴等互联网企业的推进，二维码应用的前景被普遍看好。

在标准化方面，一维码、二维码的相关国际标准已经比较成熟，目前国际上的标准化工作主要集中在 RFID 方面。国际上 RFID 技术标准的制定主要是以国际标准化组织（ISO）/国际电工委员会（IEC）为主导，涉及空中接口标准、数据标准、测试标准、实时定位标准、安全标准等，另外 EPCglobal、日本 UID 等也制定了相关的 RFID 通用技术标准。总体上，当前国际上 RFID 技术标准已经形成了以 ISO/IEC 为主导的比较完善的体系。

与此对应，相应的对象标识解析技术标准在国际上主要有三大体系，即由 EPCglobal 定义的 ONS（Object Name Service，对象名称服务）、ITU 和 ISO 联合制定的面向 OID（Object Identifiers，对象标识符）的 ORS（Object identifier Resolution System，对象标识符解析系统）、日本泛在识别中心定义的 uCode 解析服务体系。EPCglobal 全球解析服务委托由 VeriSign 营运，现在在国际范围内已建立了 7 个解析服务中心。ITU 和 ISO 已经联合发布 ORS 标准（ITU-T X.672；ISO/IEC 29168-1），其解析系统还在发展建设中。日本 uCode 解析服务体系与上述网络化的解析体系相比，在读卡器中预置标识关联信息，还支持不通过网络来检索商品详细信息的功能。另一方面，对象标识的编码和分配管理与对象标识解析体系紧密相关。不同组织所采用的编码方案和管理规则通常不同，EPCglobal 使用 EPC 编码，包括 96 位、64 位两种，可以扩展到 256 位。我国的 EPC 编码分配由中国物品编码中心负责。OID 采用树状结构，树顶层分成 ITU、ISO 和 ITU/ISO 联合三个分支。日本使用的 uCode 编码，长度为 128 位，可以扩展到 512 位，能够兼容日本已有的编码体系，同时也能够兼容 EPC-global 等编码体系。

在物联网通信标识方面，由于物联网是通信网和互联网的拓展应用与网络延伸，当前物联网中的通信标识，很大一部分仍然沿用了现有电信网及互联网标识方式，如 IP 地址、E.164 号码和 IMSI 等通信标识。

大部分物联网终端节点通过固定或移动互联网的 IP 数据通道与网络和应用进行信息交互，需要为物联网终端节点分配 IP 地址。物联网终端数量将是人与人通信终端的 10 倍到几十倍，按照每年 30% 的增长率，到 2022 年我国 M2M 终端节点将达到 146 亿左右，物联网将对 IP 地址产生强劲需求。目前 IPv6 是突破 IP 地址空间不足的最佳选择，国内外正在积极研究基于 IPv6 的物联网标识及编码机制。基于 IEEE 802.15.4 实现 IPv6 通信的 IETF 6LoWPAN 草案标准的发布是在此方向上的一个有效探索。IETF 6LoWPAN 工作组的任务是在定义如何利用 IEEE 802.15.4 链路支持基于 IP 的通信的同时，遵守开放标准以及保证与其他 IP 设备的互操作性。6LoWPAN 所具有的低功率运行的潜力使它很适合应用在从手持机到仪器的设备中，而其对 AES-128 加密的内置支持为强健的认证和安全性打下了基础。6LoWPAN 为 IPv6 在物联网中的应用提供了一个有效的思路。

除了 IP 地址以外，E.164 及 IMSI 地址也是物联网通信标识的有效组成部分。我国已经规划了 1064xxxxxxxx 共计 10 亿个专用号码资源用作 M2M（Machine to Machine），中国移动获得 10648 号段、中国电信获得 10649 号段、中国联通获得 10646 号段，每个运营商分别有 1 亿个 E.164 号码资源可用。同时还规划了 14xxxxxxxx 共计 10 亿个号码资源用于有语音通信需求的物联网应用。我国 IMSI 由 460+2 位移动网络识别码+10 位用户识别码组成，共计有 1 万亿 IMSI 资源，按当前 IMSI 的实际利用率约为 3%~4% 计算，至少满足 300 亿~400 亿终端的需求，可满足相当长一段时间的发展。

综上所述，物联网当前所用的标识技术由于适用范围、成本等的不同，将长期共存。为了支持跨异构网络跨行业的物联网标识技术，可以首先推进不同标识体系的互联互通，未来还需要考虑物联网的新型标识及编址技术来满足物联网特殊的物与物通信的需求。

1.2 物联网的概念

由于物联网的内涵仍然在不断发展和丰富，所以目前对于物联网的概念在业界一直存在着很多不同意见。本节先介绍与物联网有着密切关系的智慧地球、M2M 系统、信息物理系统（CPS）、Sensor Web 系统等相关概念；接着对物联网的内涵进行辨析，同时探讨泛在网络、普适计算与物联网的关系；最后介绍物联网的系统组成。

1.2.1 物联网相关概念

本节将介绍几个物联网领域中的相关概念，包括智慧地球、M2M 通信、信息物理系统（CPS）、Sensor Web 系统等。

1. 智慧地球

长久以来，由于人们的思维惯性，认为公路、建筑物、电网、油井等物理基础设施与计算机、数据中心、移动设备、宽带等 IT 设施是两种完全不同的事物。但互联网技术的成熟使人们憧憬在不远的未来几乎任何系统都可以实现数字量化和互联。同时，计算能力的高度发展，使爆炸式的信息量得到高速且有效的处理，从而实现智慧的判断、处理和决策。在此基础上，人类可以以更加精细和动态的方式管理生产和生活，从而达到"智慧"的状态。

IBM 公司在其提出的"智慧地球"的愿景中，勾勒出了世界智慧运转之道的三个重要维度：第一，我们需要也能够更透彻地感应和度量世界的本质和变化；第二，我们的世界正在更加全面地互联互通；第三，在此基础上所有的事物、流程、运行方式都具有更深入的智能化。

智慧地球涵盖了医疗、城市、电力、铁路、银行、零售等多个领域。

（1）智慧医疗

建立一套智慧医疗系统，保障患者只需要用较短的治疗时间、支付较低的医疗费用，就可以享受到更多的治疗方案、更高的治愈率，还有更友善的服务、更准确及时的信息。通过部署新业务模型和优化业务流程，医疗保健和生命科学体系中的所有实体都可以经济有效地运行。

（2）智慧城市

建设更智慧的城市是为了将数字技术应用到物理系统中去，并利用所有产生的数据改善和提高生活的空间、效率与质量。一方面，智慧城市的实施将能够直接帮助城市管理者在交通、能源、环保、公共安全、公共服务等领域取得进步；另一方面，智慧基础设施的建设将为物联网、新材料、新能源等新兴产业提供广阔的市场，并鼓励创新，为知识型人才提供大量的就业岗位和发展机遇。图1-1展示了物联网在智慧城市出行中的应用。

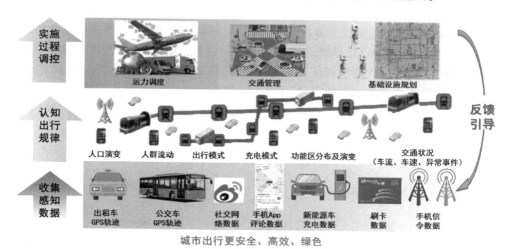

图 1-1　物联网在智慧城市出行中的应用

（3）智能电力

通过电网和发电资产优化管理、智能电网成熟度模型、智能停电优化管理等方案，使发电、输电、配电、送电、用电5个方面互动互通。电力企业建立起可自测、自愈的智能电网，主动监管电力故障并进行迅速反应，可以实现更智慧的电力供给和配送，更高的可靠性和效率，以及更高的生产率。

（4）智慧铁路

在智慧铁路系统中，可以动态调整时刻表，以应对因天气等原因导致的停运状况；以智能化提升运能和利用率，减少拥堵；拥有自我诊断子系统，减少延误。它的智慧传感器，能在造成延误或脱轨之前，检测出潜在问题。列车可以进行自我监控、监控供应链，并分析乘客的出行模式，以便将环境的影响降到最低限度。

（5）智慧银行

智慧的银行能够预测客户需求，感知客户行为模式的变化，随时随地通过便捷的渠道提供个性化金融产品与服务；实时、准确地预测及规避各类金融风险，优化内部资本结构；通过快捷、智能地分析银行内的海量客户与交易数据来提升洞察力和判断力；创建一种智能又安全，适应多变商业环境的灵活的IT架构，以满足来自于不同部门、客户和合作伙伴的各种需求。

（6）智慧零售

智能的零售系统使零售商可以收集客户数据并做出反应，从而生产和销售满足市场需求的产品。具体功能包括：根据消费者特点提供相应的商品陈列；合理地管理商品和运营信息；利用敏捷的供应链优化库存投资；以客户为中心的商品采购和生产。

智慧地球的核心是借助微处理器和射频识别标签等IT手段，使整个社会网络化、智能化。通过数据分析、比较和数据建模，使各种数据可视化，进而对所有信息进行统一管理，为人们创造智慧的生活和工作方式。

2. M2M 通信

M2M（Machine to Machine）通信是指通过在机器内部嵌入无线通信模块（M2M 模组），以无线通信为主要接入手段，实现机器之间智能化、交互式的通信，为客户提供综合的信息化解决方案，以满足客户对监控、数据采集和测量、调度和控制等方面的信息化需求。

图 1-2 给出了简化的 M2M 系统结构。从图中可以看到，M2M 系统在逻辑上可以分为 3 个不同的域，即终端域、网络域和应用域，其中终端域包括 M2M 终端、M2M 终端网络及 M2M 网关等，经有线、无线或蜂窝等不同形式的接入网络连接至核心网络，M2M 平台可为应用域用户提供终端及网关管理、消息传递、安全机制、事务管理、日志及数据回溯等服务。

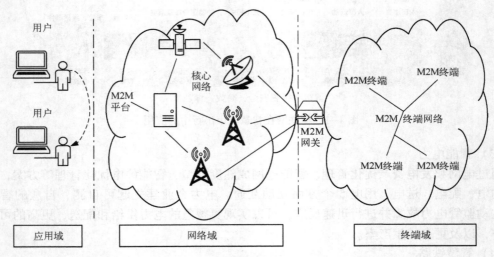

图 1-2　简化的 M2M 系统结构

（1）M2M 技术优势

M2M 使机器、设备、应用处理程序与后台信息系统共享信息，并与操作者共享信息，为设备提供了与系统之间、远程设备之间或与个人之间建立实时无线连接和传输数据的手段。M2M 技术的核心价值在于以下几个方面。

- 可靠的通信保障。由于物联网中大部分终端具有无人值守的特点，因此有对设备远程监控和维护的基本管理需求，要求能实时监测机器的运行状况以及所连接和控制的外设状态，及时排查和定位故障，以便快速诊断和修复。M2M 为物联网数以亿万计的机器终端提供远程监控和维护功能，为物联网的自由传输提供通信保障。

- 统一的通信语言。由于物联网应用横跨众多行业，同一信息需要被多方广泛共享，因此必须有一种统一的语言描述来规范对同一信息的共同理解，并确保信息在网络的传输过程中采用统一的通信机制，以及信息能被准确识别和还原。M2M 为物联网数以亿万计的机器与机器之间、人与机器之间的通信提供了统一的通信语言。

- 智能的机器终端。M2M 不是简单的数据在机器和机器之间的传输，而是提供机器和机器之间的一种智能化、交互式的通信方式，即使人们没有实时发出信号，机器也会根据既定程序主动进行数据采集和通信,并根据所得到的数据智能化地做出选择,对相关设备发出指令而进行控制。可以说,智能化、交互式特征下的机器也被赋予了更多的"思想"和"智慧"。

（2）M2M 的主要业务类型

目前来看,M2M 具有以下 5 种主要类型的业务。

- 数据测量。数据测量就是指远程测量并通过无线网络传递测量的信息和数据。自动抄表即是一种典型的数据测量应用。这种业务被广泛应用于公共事业领域,比如自来水供应、电力供应以及天然气供应等行业,传感器被广泛地安装到用户的终端上,到指定日期或时间,传感器将自动读取计量仪表的数据并把相关的数据通过无线网络传输到数据中心,然后由数据中心进行统一的处理。

- 监控与告警。监控与告警包括远程测量和数据传输报告两个部分。监控的主要目的是通过远程测量去检测异动或者非正常事件,以触发相应的反应。通常,在后台系统处理远程测量通过无线网络传输回来的数据,一旦突破设定的临界值便会触发警报,提醒有关人员进行处理。如安全监控系统,使用各种传感器监控敏感区域,一旦有异常情况,即触发告警,通知安全管理人员前往处理。

- 控制。控制常与数据测量、监控等联合应用,它通常是指通过无线网络发出指令对机器进行远程控制。控制过程一般是自动的,包括打开或者关闭机器以及重新起动发生故障的机器等。控制类业务的典型应用是在有大量分散资产和设备的公共事业部门,它们可以利用 M2M 远程关闭或者打开设备。比如,市政单位可以通过 M2M 自动控制路灯的关闭和打开。

- 支付与交易处理。通过无线 M2M 可以进行支付与交易处理,使得远程的自动售货机、移动支付或者其他新商业模式的应用成为可能。自动售货机可以通过 M2M 系统进行移动支付处理和经营信息分析,移动 POS 机也可以通过 M2M 平台安全地处理交易信息。

- 追踪与物品管理。追踪与物品管理业务功能通常被用作物品管理或者位置管理,典型的应用有车辆管理。这种业务被交通运输企业大量使用,它们可以通过远程的传感器结合无线网络,监控车队和司机,收集速度、位置、里程等大量信息,这些信息不仅能够使管理人员实时掌控车队现状,还能被存储和分析,应用于路线规划、车辆调度等方面。

M2M 表达的是多种不同类型的通信技术的有机结合:机器之间通信、机器控制通信、人机交互通信和移动互联通信等。这种 M2M 通信机制是建立物联网的重要基础。

3. 信息物理系统

信息物理系统(Cyber-Physical Systems,CPS)概念的起源最早可以追溯到一些 IEEE 国际学术会议陆续提出工业监视控制与数据采集系统(Supervisory Control And Data Acquisition,SCADA)、物理计算系统(Physical Computing System)等概念。

2006 年 10 月,美国国家自然科学基金会在其举办的一系列研讨会上首次提出 CPS 的概念,并围绕 CPS 的基本概念、网络化嵌入式控制(Networked Embedded Control)、高可信软件平台(High-Confidence Software Platform)等问题展开了热烈的讨论。

2007 年,美国国家自然科学基金会召开了有关 CPS 的工业界圆桌会议。此后,CPS 得到了学术界和工业界的广泛关注。2007 年 8 月，美国总统科技顾问委员会在其报告中对 CPS 在维持美国工业竞争力的重要性与紧迫性等问题上给予了极大的关注，并将 CPS 列为美国科研投入应当优先关注的技术之一。

作为对该报告的回应，2008 年美国国家自然基金会再次主办 Cyber-Physical Systems 峰会，参与这次峰会的机构来自学术界和工业界，涵盖了当时美国主要的顶尖大学和著名企业，如卡内基·梅隆大学、加州大学伯克利分校、宾夕法尼亚大学、美国国家仪器公司、微软公司、霍尼韦尔公司、罗克韦尔公司等。此次峰会对 CPS 的定义进行了讨论和归纳，概述如下：

- CPS 是将物理系统及过程与网络化计算相结合催生出的新一代工程系统。在该系统中，计算、通信被深深地嵌入物理过程并且与之相互作用，使物理系统具有了新的能力；
- CPS 是将计算、信息处理和物理过程紧密结合的系统，并且三者结合的紧密程度已能使得如果要对系统表现出的行为特征进行判断，则可以区分出该特征是由计算还是物理规律作用的结果，抑或是它们共同作用的结果；
- CPS 的功能性和主要系统特征是在物理实体与计算相互作用的过程中表现出来的；
- 在 CPS 中，计算资源、网络、设备以及它们所嵌入的环境之间存在交互的物理属性，它们共享资源并共同决定系统的整体表现。

2017 年，在工信部信息化和软件服务业司的指导下，信息物理系统发展论坛汇集了学术界、产业界专家学者对 CPS 发展的真知灼见，编写了《信息物理系统白皮书》。它归纳了信息物理系统的发展简史，如图 1-3 所示。同时，它总结到，CPS 通过集成先进的感知、计算、通信、控制等信息技术和自动控制技术，构建了物理空间与信息空间中人、机、物、环境、信息等要素相互映射、适时交互、高效协同的复杂系统，实现系统内资源配置和运行的按需响应、快速迭代、动态优化。

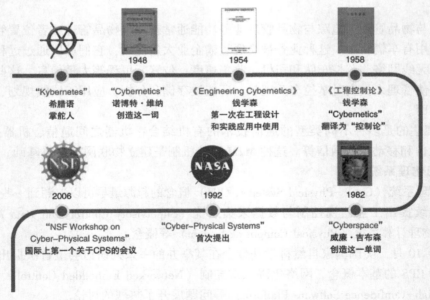

图 1-3　CPS 概念发展历程

从 CPS 现阶段的存在形式来看，它依赖于计算机的控制系统（Computer Control Systems），可以被看作常见的简单信息系统与物理系统结合的实例之一。目前，信息系统可用于复杂传感和决策判断，其复杂程度已经远远超过了简单的专用反馈控制回路。如在 DARPA 组织开展的应对沙漠与城市环境挑战的军事研究项目中，车辆的片上信息系统通过对大范围覆盖的多种传感器进行数据采集和信息处理，可以完成车辆定位，地形推断，对周围车辆、人、障碍的位置以及指示标识的判断等。

图 1-4 给出了 CPS 系统中核心概念之间的关系。CPS 系统实现了通信能力、计算能力、控制能力的深度融合。

就目前的情况来看，CPS 的发展还存在诸多问题，以 CPS 为议题的会议多以学术研讨会的形式展开，有关的讨论也多处于前期理论体系、框架结构的建立，内涵、关键技术的划分等阶段。美国国家自然基金会 2009 年的 Cyber-Physical Systems 项目指南也明确指出：我们仍然不具有实现 CPS 愿景所必需的

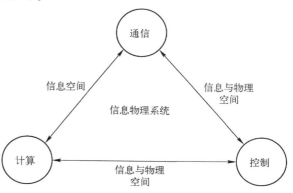

图 1-4 CPS 系统中核心概念之间的关系

有关原理、方法和工具。CPS 的发展也缺乏可将信息与物理资源包含到同一框架下的理论。

尽管如此，CPS 在交通、国防、能源与工业自动化、健康与生物医学、农业和关键基础设施等方面所表现的广阔应用前景，正推动着 CPS 相关理论和技术的发展，使之进一步走向成熟。

在我国物联网被热烈讨论的同时，CPS 相关概念正日益受到越来越多人的关注，抓住时机认真研究 CPS 相关理论和技术，对我国信息技术的变革和发展具有重要意义。

4. Sensor Web 系统

Sensor Web 系统旨在将异构传感器通过多种接入方式直接接入互联网络，基于开放的、标准化的 Web 服务和透明的网络信息通信与交互服务，实现传感器数据测量、设备管理、反馈控制、任务分配和任务协作等用户服务。基于下一代互联网技术和 Web 服务技术，传感器 Web 系统可实现大尺度时空范围内高效、实时或非实时的传感器信息感知和反馈决策服务。

开放地理信息联盟（Open Geospatial Consortium，OGC）专门成立了一个名为 SWE（Sensor Web Enablement）的工作小组，其目标是制定相关标准，基于 Web 实现传感器、变送器或传感器数据存储系统的可发现、可访问和可使用的服务。

图 1-5 给出了一个简化的 OGC SWE 标准相关的概念模型。可以看到，用户基于标准化的数据编码和信息模型，使用如 SPS、SOS、SAS 和 WNS 等标准化服务，可以实现传感器的任务规划、观测、告警及事件通知等服务。

万维网联盟（World Wide Web Consortium，W3C）和 OGC 目前正在一起制定语义 Sensor Web 相关标准，旨在将语义 Web 的相关技术应用到 Sensor Web 系统中，提供针对传感器数据描述和访问的服务，同时探索具有参考价值的物联网应用和服务模式。

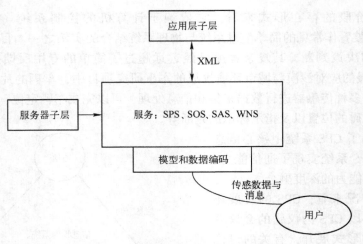

图 1-5   简化的 OGC SWE 概念模型

1.2.2   物联网内涵辨析

本小节从三个特征出发介绍物联网的基本内涵，以及它在泛在网络和普适计算领域的延展内涵。

1. 物联网的内涵

物联网（Internet of Things，IoT）概念最早是由美国麻省理工学院于 1999 年提出的，早期的物联网概念局限于使用射频识别（RFID）的技术和设备相结合，使物品信息实现智能化识别和管理，实现物品的信息互联而形成的网络。随着相关技术和应用的不断发展，物联网的内涵也在不断扩展。现代意义的物联网可以实现对物的感知识别控制、网络化互联和智能处理的有机统一，从而形成高智能决策。

基于现有关于物联网的论述，笔者认为物联网和传统的互联网相比，物联网具有以下几个鲜明的特征：

一是全面感知，即利用传感器网络、RFID 等随时随地地获取对象信息。物联网是各种感知技术的广泛应用。物联网里会部署海量的多种异构类型的传感器，每个单独的传感器都是一个信息源，不同类别的传感器所捕获的信息内容和信息格式各不相同。传感器获得的数据具有实时性，不断更新数据。

二是可靠传输，通过各种电信网络与互联网的融合，实现对数据和信息的实时准确传输。物联网是一种基于互联网的网络。物联网技术的重要基础和核心仍旧是互联网，通过各种有线和无线网络与互联网融合，物联网能够将物体的信息准确地传递出去。在物联网上的信息由于其数量极其庞大，形成了海量信息，在传输过程中，为了保障海量数据的正确性和及时性，必须适应各种异构网络和协议。

三是智能处理，利用云计算、模糊识别等各种智能计算技术，对海量的数据和信息进行分析和处理，对物体实施智能化的控制。物联网不仅提供了基于传感器的感知能力，其本身也具有一定的智能处理的能力。物联网通过将传感器和智能处理相结合，利用云计算、模式识别等各种智能技术，扩充其应用领域。从传感器获得的海量信息中分析、加工和处理出有意义的数据，以适应不同用户的不同需求，发现新的应用领域和应用模式。

除了上述三个基本特征之外，泛在网络和普适计算两个概念对于物联网内涵的延伸有着重要影响。

2. 泛在网络

泛在网络来源于拉丁语 Ubiquitous，是指无所不在的网络。泛在网络（Ubiquitous Network）的概念是由美国施乐公司的 Mark Weiser 在 1991 年首先提出的。泛在网络概念的提出对信息社会产生了革命性的变革，在观念、技术、应用、设施、网络、软件等各个方面都将产生巨大的变化。

很早的时候，通信业界就提出了要以实现 "5W"（Whoever、Whenever、Wherever、Whomever、Whatever）无缝覆盖为目标的信息社会的构想，这实际上就是泛在网络的建设目标。根据这样的构想，泛在网络将以"无所不在""无所不包""无所不能"为基本特征，帮助人类实现 "4A" 化通信，即在任何时间（Anytime）、任何地点（Anywhere）、任何人（Anyone）、任何物（Anything）都能顺畅地通信。

与泛在网络相关的战略计划最早在日本和韩国发起。2000 年，日本政府首先提出了 "IT 基本法"，其后由隶属于日本首相官邸的 IT 战略本部提出了 "e-Japan 战略"，希望能推进日本整体 ICT 的基础建设。2004 年 5 月，日本总务省向日本经济财政咨询会议正式提出了以发展 Ubiquitous 社会为目标的 U-Japan 构想。在日本总务省的 U-Japan 构想中，希望在 2010 年将日本建设成一个"任何时间、任何地点、任何人、任何物"都可以联网的环境。此构想于 2004 年 6 月 4 日被日本内阁通过。

韩国于 2002 年 4 月提出了 e-Korea（电子韩国）战略，其关注的重点是如何加紧建设 IT 基础设施，使得韩国社会的各方面在尖端科技的带动下跨上一个新的发展台阶。为了配合 e-Korea 战略，韩国于 2004 年 2 月推出了 IT 839 战略。韩国情报通信部又于 2004 年 3 月公布了 U-Korea 战略，这个战略旨在使所有人可以在任何地点、任何时间享受现代信息技术带来的便利。U-Korea 意味着信息技术与信息服务的发展不仅要满足产业和经济的增长，而且将给人们的日常生活带来革命性的进步。

国际上各相关标准化组织都在开展泛在网络的标准研究和制定。ITU 从 2005 年开始，对泛在网络的定义、需求、体系架构、应用、安全、编号命名和寻址及典型应用（如智能交通、智能家居）等开展了研究。ETSI 制定了欧洲智能计量标准、健康医疗等标准；IEEE 对低速近距离无线通信技术标准、RFID 等进行了规范。其他一些工业标准组织，如 IETF 和 3GPP 等，也开展了一些具体的技术标准研究工作。

然而就当前而言，构成未来泛在网络的各个子网络，如互联网、电信网、移动通信网、广播电视网等技术都在不断完善和发展之中，而且要实现各种无线通信技术之间的无缝覆盖、无缝衔接还存在着许多技术和商用难题，距离真正的商用推广尚需时日。

移动泛在业务环境（Mobile Ubiquitous Service Environment，MUSE）最初是作为对未来无线世界愿景目标的一种尝试性描述，在 2004 年世界无线研究论坛主办的会议上被提出的。MUSE 参考模型的示意图如图 1-6 所示。MUSE 参考模型综合考虑了网络和终端对于业务的支撑能力，将网络和终端统一归纳为无处不在的，具备个性化、普遍感知和适配性支持能力的业务环境。作为一个未来信息网络的构建模型，MUSE 希望在机器之间、机器与人之间、人与现实环境之间实现高效的信息交互，并通过新的服务使各种信息技术融入社会行为，从信息采集、传输、处理、反应等方面整体优化信息流通模式，最终通过效率的提升带动人类社会综合劳动生产力的提高。

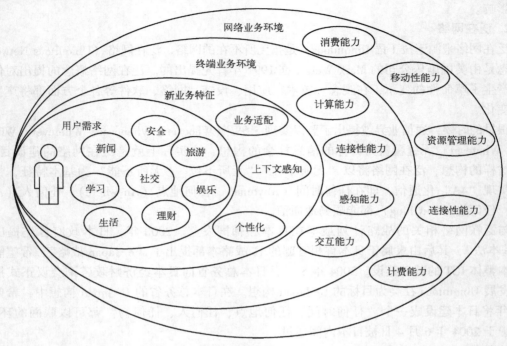

图 1-6 MUSE 参考模型

综合以上论述可以发现，在环境感知能力、内容感知能力以及智能性方面，泛在网络和物联网有着很高的相似度。泛在网络所代表的为人类社会提供泛在的、无所不包的信息服务和应用这一理念，对物联网内涵的延伸有重要的指导意义。

3. 普适计算

随着计算机、通信、网络、微电子、集成电路等技术的发展，信息技术的硬件环境和软件环境发生了巨大变化。这种变化使得通信和计算机构成的信息空间，与人们生活和工作的物理空间正在逐渐融为一体。普适计算（Pervasive Computing）的思想就是在这种背景下产生的。普适计算概念的提出始于 1991 年，从 20 世纪 90 年代后期开始，普适计算受到了广泛关注。

普适计算作为一项面向未来的新技术，有各种各样的定义。人们普遍认为，在完善的普适环境下，使用任意设备和任意网络、在任意时间都能获得相当质量的计算服务。普适计算的重点在于，提供面向客户、无处不在的自适应计算环境。

在普适计算建立的融合空间中，人们可以"随时随地"和"透明"地获得数字化的服务。在普适计算环境成熟以后，使用者可以在生活和工作场所的任意位置很自然地获得所需要的网络和计算服务。在使用者获得计算服务的过程中，由于提供计算和通信的设备已经融入该环境中，使用者并不需要有意识地选择使用某种设备或者网络。

由于计算能力的无所不在，信息空间将与人们生活和工作的物理空间融为一体。同时，这些设备对于用户而言虽然广泛存在，并可以人机交互，却无需去有意识地寻找、感知和操控，计算机好像隐身了——这是普适计算最重要的特征。图 1-7 给出了普适计算的愿景。

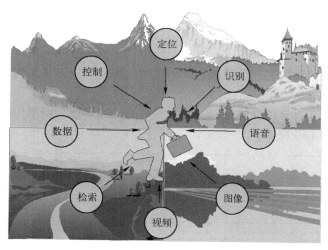

图 1-7 普适计算为人们提供无处不在的服务

根据普适计算的要求，计算机不是以单独的计算设备的形态出现，而是将嵌入式处理器、存储器、通信模块和传感器集成在一起，以各种信息设备的形式出现。这些信息设备集计算、通信、传感器等功能于一身，能方便地与各种传统设备结合在一起。不仅如此，目前的各种日常设备届时也将演变成信息设备，按照用户的个人需求进行个性化服务。图 1-8 介绍了当前普适计算涵盖的主要研究内容。

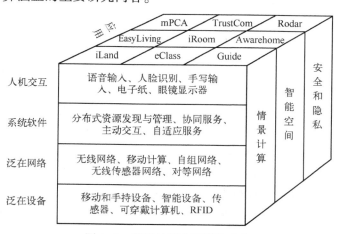

图 1-8 普适计算主要研究内容

展望普适计算的美好前景，有人将其称为第四代计算。这个说法将信息技术发展到目前为止的整个过程划分为三个层次，具体包括：第一代计算，独立的大型主机阶段；第二代计算，具有一定联网比例的个人计算机普及阶段；第三代计算，互联网普及阶段。

综上所述可以发现，普适计算所倡导的信息计算处理设备与周围环境融为一体这一先进理念，不仅代表了未来信息计算技术的发展趋势，同时也为实现"各种设备之间、由各种设备构成的各个相对独立的环境之间，以及设备和用户之间的自由信息交互"提供了重要的参考。因此，普适计算对于物联网内涵的延伸具有重要的指导意义。

1.2.3　物联网的系统组成

前面两小节介绍了与物联网相关的概念，分析、比较了物联网的典型定义，讨论了物联网内涵的延伸。然而，要彻底、清晰地认识物联网，离不开从体系架构和技术发展的角度来了解物联网的系统组成。

从系统结构的角度看，物联网可划分为一个由感知互动层、网络传输层和应用服务层组成的三层体系，如图 1-9 所示。

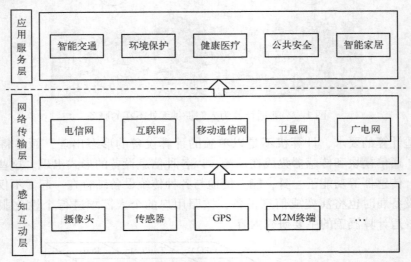

图 1-9　物联网体系架构

感知互动层处于整个体系的最下面。感知互动层由大量具有感知和识别功能的设备组成，可以部署于世界上任何位置、任何环境之中，被感知和识别的对象也不受限制。感知互动层的主要作用是感知和识别物体，收集环境信息。感知层中主要关注信息采集、组网和传输技术。信息采集技术主要涉及传感器、RFID、多媒体信息采集、MEMS、条码和实时定位等技术。感知层的组网通信技术要实现传感器、RFID 等数据采集技术所获取数据的短距离传输、自组织组网。感知层传输技术包括有线和无线方式，有线方式包括现场总线、M-BUS 总线、开关量、PSTN 等传输技术，无线方式包括红外感应、WiFi、GMS 短信、ZigBee、超宽频（Ultra WideBand）、近场通信（NFC）、WiMedia、GPS、DECT、无线 1394 和专用无线系统等传输技术。

网络传输层位于整个体系的中间位置。网络传输层包括各种通信网络（互联网、电信网、移动通信网、卫星网、广电网）形成的融合网络，这被普遍认为是最成熟的部分。网络传输层是物联网提供无处不在服务的基础设施。网络传输层涉及不同网络传输协议的互通、自组织通信等多种网络技术，此外还涉及资源和存储管理技术。网络传输层构建在强大的基础设施之上，提供四通八达的信息高速公路，将海量的感知信息进行全面的共享。

应用服务层位于整个体系的最上面。应用服务层是将物联网技术与行业专业技术相结合，提供应用支撑，从而实现广泛智能化应用的解决方案集。应用服务层主要包括物联网应用支撑技术和物联网应用服务集。其中物联网应用支撑技术包括支撑跨行业、跨应用、跨系统之间的信息协同、共享、互通，基于 SOA（面向服务的架构）的中间件技术，信息开发平台技术，云计算平台技术和服务支撑技术等。物联网应用服务集包括智能交通、智能医疗、智能家居、智能物流、智能电力和工业控制等应用技术。物联网通过应用服务层最终实现信息技术与行业的深度融合，对国民经济和社会发展具有广泛影响。应用服务层的关键在于实现信息的社会化共享以及解决信息安全的保障问题。

全面感知、可靠传输、智能处理作为物联网的核心能力，分别对应地在物联网感知互动层、网络传输层和应用服务层得到展现。全面感知是指利用 RFID、二维码、摄像头、传感器、传感器网络等感知、捕获、测量的技术手段随时随地对物体进行信息采集和获取；可靠传输是指通过各种通信网络的融合，将物体接入信息网络，随时随地进行可靠的信息交互和共享；智能处理是指利用云计算、模糊识别等各种智能计算技术，对海量的跨地域、跨行业、跨部门的数据和信息进行分析处理，提升对物理世界、经济社会各种活动的变化的洞察力，实现智能化的决策和控制。

从信息交互互联的角度上说，未来的物联网将真正实现从任何时间、任何地点的互联到任何物间的互联的扩展，如图 1-10 所示。

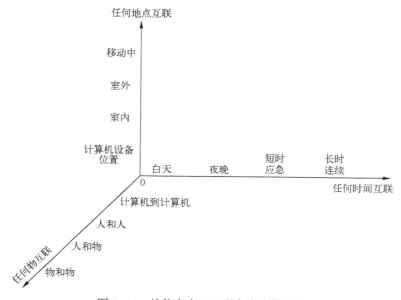

图 1-10   从信息交互互联角度看物联网

从支撑技术发展角度上看，未来的物联网将在标识、体系架构、通信、网络、软硬件、数据与信号处理、发现与搜索、能量获取与存储、安全与隐私等支撑技术方面取得实质性的进步，为未来物联网真正实现物理世界和信息世界有机融合奠定基础技术条件。表 1-1 给出了现有支撑技术与未来物联网所使用的支撑技术特性的对照。

表 1-1   现有支撑技术与未来物联网支撑技术特性对照

技术名称	现有支撑技术特性	未来物联网支撑技术特性
标识技术	不同的标识方案 特定的域标识	统一、开放的标识体系 语义标识
体系架构	物联网体系架构规范 上下文敏感中间件	认知体系架构 自适应、基于上下文的体系架构

技术名称	现有支撑技术特性	未来物联网支撑技术特性
通信技术	RFID、UWB、WiFi、ZigBee、6LowPAN、Bluetooth 等	宽频谱统一通信协议
网络技术	传感器网络	自学习、自修复网络
软件技术	传感器网络中间件 关系数据库整合	面向目标、用户的软件 分布式智能协作环境
硬件技术	RFID 标签、MEMS 传感器等	纳米技术材料传感器 智能传感器与微纳执行器
数据与信号处理技术	串、并数据处理	基于上下文的数据处理 认知处理与优化
发现与搜索技术	分布式注册、搜索和发现机制	语义传感器及传感器数据发现 自主、认知搜索引擎
能量获取与存储技术	电池 能量优化机制 短、中距无线能量供给	能量捕获 恶劣环境能量再生 无线能量供给 生物可降解电池
安全与隐私技术	RFID 和 WSN 安全机制及安全协议	自适应安全机制及安全协议 以用户为中心、基于上下文的隐私策略、隐私数据处理

本章小结

本章以传感器网络和 RFID 为主线，系统地阐述了物联网的起源和发展。在详细介绍与物联网相关的智慧地球、M2M 系统、CPS 系统和 Sensor Web 系统等概念的基础上，深入地辨析和比较了当前典型的物联网定义，同时给出了本书对物联网概念的理解。此外，以泛在网络和普适计算为代表探讨了物联网内涵的延伸方向，从体系结构和技术发展的角度介绍了物联网的系统组成。

练习题

1. 列举物联网的四个关键应用场景。
2. 列举物联网发展的不同阶段。
3. 举例说明泛在网络基本架构的四个层次。
4. 分析物联网的三个层次的不同作用，及其核心能力。
5. 信息物理系统（CPS）的概念，并列举 CPS 的三个核心要素。
6. 阐释 M2M 通信的涵义，以及其和 IoT 的不同之处。
7. 试结合应用场景阐释 CPS 在工业中的应用。
8. 以战场辅助物联网系统为例，分析物联网设备的作用
9. 结合案例，阐释"工业 4.0"的概念和优点。
10. 初步调查了解现有物联网操作系统，如腾讯的开源系统 TencentOS Tiny。阐述物联网和通用操作系统的区别。（开放题目）针对现有的物联网系统，阐述其使用情况。

第2章　物联网体系架构

本章主要介绍物联网的体系架构，便于读者形成对物联网的系统的、全面的认识。首先是对物联网体系的一个简单的概述。然后，按自下而上的顺序，依次介绍了物联网的感知层、网络层以及应用层的功能特点和结构组成。最后，介绍了多种具有代表性的物联网架构体系实例。

2.1　物联网体系概述

物联网是以感知为目的的物物互联系统，涉及众多技术领域和应用领域。为了梳理物联网的系统结构、关键技术和应用特点，促进物联网产业健康稳定地发展，需要建立统一的系统架构和标准的技术体系。随着物联网技术的发展、融合，以及应用需求的不断演变，物联网的内涵也在不断丰富。需要建立一种科学的物联网体系架构，引导和规划物联网标准的统一制定。

物联网的体系架构必须综合各类应用的特点和需求，满足其共性需求。物联网体系架构相关标准建立后，将规范和引领物联网产业发展，最终为物联网的设计者、厂商和服务提供者带来以下好处：

- 有效集成新的设备、软件和服务到现有的物联网中；
- 建立不同网络融合的桥梁；
- 使未来物联网的设计和应用更加高效；
- 可与其他组织和应用领域的关系者共享系统数据；
- 可使用共享数据提供更多的目标应用。

物联网体系架构描述了通用物联网服务，是物联网中设备实体的功能、行为和角色的一种结构化表现。物联网体系架构是抽象的物联网应用解决方案；是为物联网开发者和执行者的目标应用提供可重复使用的结构；是在对物联网系统深入研究的基础上，对其系统框架进行抽象性描述，抽取其基本要素并描述其相互关系，建立的体现物联网特点的系统参考架构。

1. 面向服务的体系架构

面向服务的体系架构（SOA）是一种粗粒度、松耦合的服务架构，符合物联网规模化应用的需求。物联网上的各项服务之间通过简单、精确定义的接口进行通信，可以不涉及底层编程接口和通信模型，使用户在不触及复杂的物联网本身的情况下，就能够真正实现随时、随地与任何人、任何物进行有效的感知、互联与协同控制。目前关于 SOA 有许多国际组织和公司开展研究，他们推出了一系列的体系架构框架，如 Zachman 架构框架、美国国防部架构框架（Department of Defense Architecture Framework，DoDAF）、开放组织架构框架（The Open Group Architecture Framework，TOGAF）、英国国防部体系架构框架（Ministry of Defense Architecture Framework，MoDAF）等。

表 2-1 列举了用于工业的架构框架，以及对每个体系架构框架的不同类型的架构角度（比如信息、过程、技术等架构角度）。

表 2-1　工业使用的架构框架

框架名	信息	过程	产品	技术	人员	结果
DoDAF	运营角度 （Operational View）， 系统角度 （System View）	运营角度 （Operational View）	系统角度 （System View）	技术角度 （Technical View）	—	—
FEARM	数据参考模型 （Data Reference Model）	业务参考模型 （Business Reference Model）	服务组件参考模型 （Service Component Reference Model）	技术参考模型 （Technical Reference Model）	—	—
FEAF	数据架构 （Data Architecture）	—	应用架构 （Application Architecture）	技术架构 （Technology Architecture）		
TEAF	信息角度 （Informational View）	功能角度 （Functional View）	—	基础设施角度 （Infrastructure View）	组织角度 （Organization View）	—
ToGAF	数据架构 （Data Architecture）	—	应用架构 （Application Architecture）	技术架构 （Technology Architecture）		业务架构 （Business Architecture）
Zachman	What	How	技术架构 （Technology Model）	Where	Who	Why

Zachman 框架从所有角度描述了架构元素，即信息、过程、产品、技术、人员和结果。此外，Zachman 架构对于域是中性的。基于输入 Zachman 元素表的信息，它可以开发任何框架，例如 DoDAF、FEAF 等。

物联网中存在多种异构的物和环境，因此，模块化、可扩展性、互操作性是架构设计的关键设计要素。架构必须是可重复使用的，对许多环境都适用，同时它也必须是可扩展的，不仅能适用于当前环境，而且能够作少量修改后为将来使用，它也必须具有互操作性，支持异构的信息相互访问。对于系统解决方案提供者和开发者是一个开放的平台，在这个平台中，应用能被评估，用户能从竞争性的解决方案中获益。架构的设计要考虑版本维护、业务模式、信息、技术和机遇等多种因素。

物联网应用的多样性和特定性，决定了其体系架构必须具备兼容性和灵活性等特点，体系架构的设计也决定着物联网的技术特点、应用模式和发展趋势等。将各种不同的物联网应用系统纳入到统一的标准化框架下，并以此为出发点，从方法论指导与建立面向不同应用的物联网体系架构及系统模型，它将为实际应用系统的规划和建设提供参考。

物联网的体系架构是总体和统一的参考架构，它能按照特定的应用来裁剪和调整，是进行软件和硬件应用系统架构设计的基础，同时它将促进物联网的标准化设计。物联网的标准需要对当前物联网的各种应用需求、功能、端口、数据类型和相关因素做出评估和分析。由于系统架构开发的过程需要从感知设备、网络、数据、用户接口、互操作性共同作用的角度出发，物联网的系统体系架构将包含如下内容：

- 从各种物联网的应用中总结出的元件、组件、模块和功能的共性与区别；
- 构建出的分层结构、接口、数据类型、连接关系等；
- 在物联网领域中需要统一的和已经存在的标准；
- 物联网的共性要求和经营理念；

- 不同应用的共同点；
- 现在通用物联网架构和未来通用的物联网架构；
- 根据开发者的兴趣提供设计、分析和裁剪物联网设计的扩展。

2. 物联网体系架构

通过对物联网多种应用需求的分析，并综合现有物联网相关的研究成果，可从总体上归纳出物联网的体系架构组成。物联网体系架构由感知层、网络层和应用层组成。下面分别介绍各层的内涵、功能、结构及研究情况。

（1）感知层

感知层是物联网的基础，是物理世界和信息世界的衔接层。主要通过各类信息采集设备、执行设备和识别设备，采用多种网络通信技术、信息处理技术、物化安全可信技术、中间件及网关技术等，实现物理空间和信息空间的感知互动。根据具体用户需求，确定需要感知的对象和采用的信息处理技术，同时实现与承载网络层的接入、交互，以此为基础连接应用层。

当前关于物品的数据采集技术、RFID技术与自动识别技术已经成熟，并开展了广泛的应用。近几年，传感器网络应用在许多重要行业，而且在低功耗、短距离的无线网络布设与协议设计、覆盖控制、定位算法、操作系统和仿真工具等方面，我国也取得了一些阶段性成果。这些都为物联网的应用和推广打下了坚实的基础。

（2）网络层

网络层主要实现信息的传输和通信，提供广域范围内的应用和服务所需的基础承载传输网络，包括移动通信网、互联网、各行业专网及融合网络等。物联网通过各种接入设备与基础网络连接，将分散的、利用多种感知手段所采集的信息通过归一化网关汇聚到传输网络中，最后将感知信息再汇聚到应用层。通过多种组网技术的融合，使物联网具备无处不在的协同感知能力。

就物联网整体而言，网络层可看作透明的信息传输通道，实现应用层与感知层的数据传输。因此，需要研究异构感知信息之间的互联、互通与互操作的机制，构建物联网发展所需的开放、分层、可扩展的网络体系结构，完成多种网络的接入与服务的融合。

从感知层和网络层之间的衔接关系来看，物联网感知层在地址协议、报文大小、移动性管理、远程维护与管理、安全协议等方面都与网络层不同，如网络层中互联网可采用IPv6/IPv4协议，而感知层节点可利用短距离无线通信技术相互连接（如IEEE 802.15.4协议），这些需要物联网网关进行有效转换从而实现互联。物联网的节点与网关设备在不同的应用场景下有着不同的产品形态和差异化的性能指标，需要研究物联网网关设备系统软件和硬件设计。

（3）应用层

应用层主要将物联网技术与行业系统相结合，感知数据处理封装，以服务的方式提供给用户，实现广泛的物物互联的应用解决方案。应用领域涵盖环境监测、智能电网、智能家居、智能交通、工业监控等多个领域，应用服务支持平台用于支持跨行业、跨应用、跨系统之间的信息协同、共享、互通等，主要包括物联网的高可靠性、高稳定性、高环境适应性、高智能化中间件，如信息管理、业务分析管理、服务管理、用户管理、目录管理、终端管理、认证授权、会话交互等。

在与用户交互方面，需要提供海量信息环境下的用户界面定制模型，实现友好、方便、网络及计算资源消耗低的物联网交互系统。应用层的关键算法和软件系统是物联网计算环境的主体，是物联网系统的重要组成部分，以确保物联网在多应用领域安全可靠运行。

物联网作为一种新兴技术，它给技术和服务带来的挑战，需要研究面向物联网应用的多领域、多学科综合性平台化、一体化、构件化、语义智能化以及高灵活性和高集成性的软件系统才能解决。

在多种业务并存的情况下，基于物联网特征，研究表征其服务质量的参数指标和保障技术。如在传统网络服务质量评判指标基础上，抽象出物联网的本质属性，提出物联网服务质量的定义、参数指标及其形式化描述，分析服务质量参数和网络参数之间的映射关系，找出网络参数对不同服务质量参数的影响程度，提出保障网络服务质量的可行技术方案。

2.2 感知层

感知层由具有感知、识别、控制和执行等能力的多种设备组成，采集物品和周围环境数据，通过这些基础数据获取用户感兴趣的信息和知识，完成对现实物理世界的认知和识别。与此同时，物联网经常需要根据用户的需要，形成对物理世界的反馈控制。比如，执行功能的设备响应用户或系统预先设定的决策机制等，代表用户对各种事件或者状态采取相应措施和行动。因此，可将感知层按照功能分为感知现实物理世界和执行反馈决策这两个部分。

2.2.1 感知现实物理世界

感知现实物理世界是物联网应用的基础。在物联网的感知层中，通过各种感知设备收集用户感兴趣的表征物理世界信息的数据或发生的物理事件，包括各类物理量，如标识、音频、视频数据等。物联网的数据采集涉及传感器、RFID、多媒体信息采集、二维码等多种传感和编码技术。通过对这些采集到的基础数据进行信息处理来获取信息和知识，从而完成对物理世界的认知过程。感知获得的数据是物联网在各种应用中运行和管理的基础。

比如，在交通流量实时监测与动态诱导应用中，在城区干、支线道路的车道上设置高灵敏度车辆检测元件来将车辆信息收集，然后利用实时车速检测与流量统计功能，对车速、流量数据进行实时采集、分析、比对与传递，以时、分、秒的时间片断来分析机动车在各路段的流量、流向、是否畅通、拥堵的程度等。利用感知层获得的基础数据，可以使交通管理部门对交通车流量等进行精确管理。

再比如，在农业生产过程监控应用中，物联网可实时获取农作物、畜禽水产的生长信息和与生产过程直接相关的环境参数，并将其作为作业管理智慧决策的判据，实现农业生产过程管理精细化，并将监测结果直接与农产品安全溯源系统相关联。以 RFID 为代表的追踪识别技术能为可追溯系统的建设提供保障，通过标识编码、标识佩戴、身份识别、信息录入与传输、数据分析和查询，实现生产、屠宰加工、储运、交易、消费等各个环节的可追踪性。

在对物理世界感知的过程中，不仅要完成数据采集、存储等功能，还要完成数据处理的功能。数据处理将采集数据经过多种处理方式提取出有用的感知数据。数据处理功能可包含协同处理、特征提取、数据融合、数据汇聚等。同时还需要完成设备之间的通信和控制管理，包括网络组网和协同信息处理技术等，实现传感器和 RFID 等数据采集技术所获取的数据传输至数据处理设备。

感知技术主要包括传感器与传感器节点组成的系统。传感器是监测现象,测量各种属性,将监测结果转化为信号的单元。监测属性可以是物理量、化学量和生物量等。传感器按照应用分为加速度传感器、振动传感器、磁敏传感器、光敏传感器等,如图 2-1 所示。

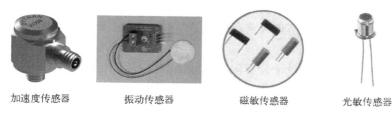

加速度传感器　　　　振动传感器　　　　磁敏传感器　　　　光敏传感器

图 2-1　常用传感器

在传感器网络中,由传感器、执行器(可选)、通信单元、存储单元、处理单元及能量供给单元等组成,能够执行信息采集、传输、处理以及控制等功能的设备称为传感器节点(Sensor Node)。传感器节点的内部结构如图 2-2 所示,由 5 个部分组成(执行器为可选单元)。

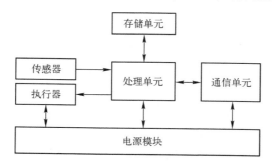

图 2-2　传感器节点内部结构示意图

- 处理单元是传感器节点的核心,它发出采集数据命令并对感知数据进行处理。设定发送数据给通信单元的时间,并根据接收到的数据判定执行器的动作。处理单元要运行各种程序,包括各种指令、通信协议及应用数据等。
- 存储单元是作为存储数据和代码的物理单元,现有多种技术可以实现。包括随机存取存储器(RAM)、只读存储器(ROM)、电可擦除可编程只读存储器(EEPROM)、闪存(Flash Memory)等,RAM 用来存储暂时数据,接收其他节点发送的分组等,电源关闭时这些数据不再保存。程序源代码一般存储在 ROM、EEPROM 和闪存中。
- 通信单元是在传感器节点间交换数据的模块,通信模块既可以是有线通信,比如现场总线 Profibus、LON、CAN 等,也可以是无线通信,比如射频、光通信、超声波等。
- 电源模块提供传感器节点所需的能量,大部分是按照要求的方式供电。有机构正在研究将节点外部能源转换为电能,用以补充消耗的能量。
- 传感器具备对外部环境感知能力,负载信息采集和数据转换能力,所感知的信息包括温湿度、压力、化学成分等。
- 执行器作为可选的单元,通常是用于实现决策信息对环境的反馈控制。

传感器节点能够实现对物理世界信息的采集、传输和处理,这是物联网的基本功能之一。

传感器节点将硬件和软件相结合，利用了嵌入式微处理器的低功耗、体积小、集成度高，以及嵌入式软件的高效率、高可靠性等优点，综合人工智能技术，推动物联网中智能环节的实现。嵌入式系统包括嵌入式硬件和软件两大部分，硬件由嵌入式处理器、存储器与外围设备、现场总线组成，软件包括操作系统、文件系统、图形用户接口等。

从节点角度分析，传感器节点通常存在以下几种约束。

（1）能量受限

传感器节点携带的电池能量十分有限。其原因主要有以下几点：第一，由于传感器节点分布区域广，环境复杂，许多区域甚至人员不可达，因此能源难以补充；第二，受限于节点尺寸与成本，现有传感器节点通常无法采用大容量电池或者太阳能电池。因此，高效使用能量、以最大化网络生存时间是传感网络设计的重要目标。

（2）通信能力受限

节点的通信距离和通信带宽有限，无线通信的能量消耗随着通信距离的增加而呈指数增长，因此，在满足通信连通度的前提下，应尽量减少单跳通信距离，数据传输采用多跳路由机制。节点的无线通信带宽一般只有几百 kbit/s。

（3）计算和存储能力受限

传感器节点是一种微处理嵌入设备，要求价格和功耗较小，这些限制必然导致其处理器能力比较弱，且存储器容量比较小，复杂的网络功能常常需要多节点协同合作。

单一的传感器节点通常在通信、能量、处理和存储等多个方面受到限制，多个传感器节点通过组网连接后，具备应对复杂计算和协同信息处理的能力。它能够更加灵活、以更强的鲁棒性来完成感知的任务。在由多个传感器节点组成的局部传感器网络，包括以下功能：

- 具备与其他传感器节点进行通信完成数据发送和接收，以及交换控制信息的能力；
- 传感器节点之间通常具备协同信息处理能力，能完成复杂的感知数据处理，同时也降低了数据的冗余度；
- 具备组网能力，包括星形、树形、网状等，且通常具备一定的灵活性和可扩展性；
- 具备以数据为中心的路由和传输能力。

由于无线传感器网络的布设，具有高度灵活、低功耗和低成本等特点，所以无线传感器网络的研究一直是国际上无线通信研究的热点问题之一。早在 20 世纪 70 年代就提出研究无线传感器网络，早期主要致力于小型化、低功耗传感器节点平台的开发和研制，广泛应用于军事、医疗健康护理、智能家居、科学研究等领域。

迄今为止具有代表性的传感器节点包括 UCLA 和 Rockwell 公司研制的 WINS 节点，MIT研制的 mAMPS 节点，加州大学伯克利分校的学者以及 Intel 公司开发出的 Smart Dust 节点和 Mica Mote 系列节点。其中，Mica 节点硬件平台及其配套的 TinyOS 操作系统的应用最为广泛，已经被全球几百家研究机构采用。

对无线传感器网络通信协议及支撑技术的研究，包括各类网络拓扑控制、MAC 协议、路由协议、时间同步、定位技术等。在标准化方面，IEEE 标准化组织协会的 IEEE 802.15工作组，致力于无线个人区域网络（Wireless Personal Area Network，WPAN）的物理层和媒体访问子层的标准化工作。

IEEE 802.15 标准化任务组 TG4 针对低速无线个人区域网络（Low-Rate Wireless Personal

Area Network，LR-WPAN）制定标准。该标准将低能量消耗、低速率传输、低成本作为重点目标，旨在为个人或家庭内的不同设备之间的低速互联提供统一标准。Intel 等企业在 IEEE 802.15.4 之上成立了 ZigBee 联盟。由于传感器网络具有的独有特性和体系结构，所以必须开展针对无线传感器网络的专用协议、支撑技术和应用解决方案的研究。

与其他的无线网络（如无线局域网 802.11）相比，无线传感器网络具有以下几种特征。

（1）能量有效性

能量有效性是无线传感器网络 MAC 协议设计的核心问题之一。无线传感器节点通常依靠电池提供能量，并由于大规模布设或工作于无人值守环境等原因，能量不便补充。此外，对传感器节点而言，无线收发模块的能耗相对较大，而 MAC 层位于物理层之上，直接控制无线收发对节点的能耗，所以在满足应用需求的同时，应该尽可能提高 MAC 协议的能量有效性。

（2）时延异构性

无线传感器网络的时延要求针对具体应用场景有所不同。无线传感器网络的典型应用包括周期报告、基于查询和事件触发。周期报告属于持续性数据采集，如环境监测；基于查询一般要求在 Sink（下沉的探测器）发出命令后能及时得到相应的信息反馈；事件触发则要求监测到物理事件发生后及时上报，以便采取相应措施。后两类应用的时延要求与具体应用所要求的反应时间有关。

（3）公平性

节点协作是无线传感器网络的基本工作方式，对网络的公平性要求不高。单一传感器节点的业务对整个网络获取信息的影响较小，大规模密集布设使无线传感器网络具有一定的容错性。因此，弱化了单一传感器节点对系统监测精度的影响。

（4）灵活性和可扩展性

传感器节点多为静止状态，但节点能量耗尽和新节点的补充都会导致拓扑结构发生变化。无线传感器网络 MAC 协议要求能够灵活适应局部拓扑结构的动态性，如信道资源的分配方案类似于图论中的点着色或边着色问题，当节点间的相对位置发生变化时，信道分配方案必然需要动态调整。

根据应用的需要，无线传感器网络的设计原则是使网络具备服务质量支持、能量支持、鲁棒性等。因此，在设计网络时必须要考虑以下特性。

- 面向应用：无线传感网是面向应用的一个自组织的系统，其关注的是对上层用户应用需求的执行与反馈。其网络资源分配、节点组织方式与信息交互方式需要与应用需求相适应，不再是单纯地关注网络某个单一参数的网络通信系统。
- 大规模：单个传感器节点的功能有限，而布设大量节点能获得较大的覆盖范围，通过分布式处理采集的大量信息以提高数据的精确度，同时利用大量节点的群集效应完成少数节点无法完成的任务。大规模特性给网络拓扑管理、维护数据的服务质量等带来了巨大的挑战。
- 自组织：在大部分网络应用中，传感器节点的布设往往具有随机性，而且系统中不可避免地存在节点失效、无线链路不稳定等因素。这要求节点具有自组织能力，能够自动进行配置和管理，通过拓扑控制机制和网络协议自动形成多跳无线网络系统。
- 以数据为中心：与以地址为中心的传统网络不同，无线传感网是实现数据感知和决策

25

的网络，用户不关心数据是从哪些节点获取的，而是关心数据本身。

- 网内处理：由于用户关心的是最终数据，而且无线传感网高冗余的特性决定了其需要进行网内处理，包括数据聚合与协同处理等。通过网内处理可以降低数据冗余，提取有效数据，最小化数据传输以降低网络能耗，延长网络生存时间。

以上是关于数据感知、数据通信方面的特点。在数据交换方面，由于感知的数据种类、特征和重要程度等不同，数据表达和接口的标准化就成为物联网集成应用的关键之一，为了开发出与标准配套的运行环境和中间件框架，需要标准化组织来推动。

目前国外关于数据交换的标准有 IEEE 1451、CBRN（Chemical, Biological, Radiological and Nuclear）、TransducerML（Transducer Markup Language）、SensorML（Sensor Markup Language）、IRIG（Inter-Range Instrumentation Group）等。IEEE 1451 是传感器电子数据表格（Transducer Electronic Data Sheet）数据交换标准；CBRN 包含了"化学/生物/放射/核"传感器模型；TransducerML 包含了对捕获数据的完整描述；SensorML 是提供标准模型和描述传感器与测量过程的 XML 语言；IRIG 是军事遥测的数据标准。

为了实现统一的数据交换标准，需要提取出统一的传感器元数据标准，类似于互联网的 HTML 标准，再根据不同的应用扩展出行业的数据交换标准。

在传感器研究方面，当前传感器需要面向具有代表性的规模化行业应用需求，研究高精度、低成本、低功耗、稳定可靠的智能数字传感器。例如，应用于视频监控的微体积图像传感器、应用于实时定位服务的三维空间感知位置传感器、应用于安全监控的各种气体浓度传感器等，以及支持集成各类气象参数的多传感器融合技术、能适应极端环境的高集成度和高可靠性的传感器设备与监测装置。

2.2.2　执行反馈决策

物联网被称为信息技术的第三次革命性创新，其特征主要有三点：一是互联网特征，即对需要联网的"物"一定要有能够实现互联互通的互联网络；二是识别与通信特征，即纳入物联网的"物"一定要具备自动识别与物物通信的功能；三是智能化特征，即网络系统应具有自动化、自我反馈与智能控制的特点。

根据与"物"相关的这些信息传输和处理所涉及的范围大小，物联网可以是一个仅仅由近距离信息采集传输系统和具有一般处理能力的计算机构成的相对简单的局域网，也可以是一个包括互联网和"云计算机"在内的一个大范围的广域网。当我们通过公共网络、互联网等各种远距离信息传输手段，将成千上万个这样的"小物联网"连接在一起，并将它们所采集汇聚而来的海量信息，利用具有超强处理能力的"云计算机"进行处理，并根据各种应用需要通过网络进行信息反馈时，就形成了现有一般意义上的物联网。

物联网在与物理世界交互的过程中，不仅需要实现数据采集、信息感知、自动识别等功能，而且需要建立对物理世界的反馈和控制，实现对物的信息控制，最终为人类提供信息服务。它是在感知的基础上，融合计算、通信和控制的能力，实现物理世界和信息世界的双向交互，使得整个系统更加智能化。下面举例说明。

在远程医疗中，监测人体的各种生理数据，跟踪患者病理特征变化，如在病人身上佩戴具有监测心率和血压功能的探测节点，能实现对病人生理参数的监测，通过医院的医生服务平台对这些数据进行分析，判断病人现在的情况以进行诊治，或者对病人服药过程中的反应进行跟踪，对不良反应给出意见，这样病人足不出户也能看病，给病人带来极大的方便。

在医疗质量管理过程中，可以在患者、医务人员、大型医疗设备、各种检验设备中置入RFID传感器，通过对临床路径的过程监控，实现医疗行为的时限管理、特殊医疗耗材及贵重药品的动态管理、患者危急值的管理、临床路径的变更管理。

基于物联网技术应用研究基础，采用非接触式信息采集处理，实现对患者、医疗设备的自动识别，优化临床路径的管理，能够实现对临床路径中重要的节点问题（诸如医疗行为时限、贵重药品、医疗耗材、不合理变更等情况）实时监控、预警反馈，对临床路径中各类危急值的监控与预警等。其在真正做到即时、高效管理的同时，又节约人力成本，优化服务流程，提高医疗质量。

在智能交通系统中，通过在一些城市路面布设传感器节点，对采集到的车流量信息进行传输，通过物联网的分析系统，将当前的道路情况发布给附近的车主，或者规划出最省时的交通路线。这样不仅为用户节省了出行的时间，同时也缓解了道路拥堵压力。利用密集布设的传感探测点，迅速地收集、分析、归纳即时的交通信息，并通过有线、无线设备，将这些信息传达给交通的参与者（行人、驾车人和交警）。有了这些即时信息的指引，使人们慢慢培养成一种习惯，出行之前粗略规划路线，了解整体的交通状况，从而更好地预先安排路线。这种合理科学的安排，对缓解交通拥堵的作用巨大。

对于交通管理部门来说，物联网技术条件下的智能交通管理同样将产生变革。如图2-3所示，通过密集设置的路面探测点、交通探头，采集和传输路面交通信息，使交通路段上的堵车、交通事故等状况能更迅速地反馈到交警部门的信息中心，从而便于更迅速地出警，更有效率地处理交通问题。

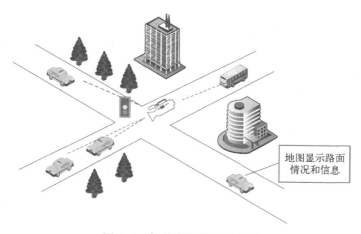

图 2-3　智能交通管理示意图

利用传感技术采集到的信息最终汇总到交警部门的指挥中心进行分析和处理，做出更加智能的管控。比如，在当前时段路面的东西向的车少，南北向的车多，通过智能反馈，可以使南北向的绿灯时间延长，从而使得通行更加顺畅，交通管理更加智能化。

在DARPA的沙漠与城市挑战中，车辆的片上信息系统通过对大范围覆盖的多种传感器进行数据采集和信息处理，从而可以完成车辆定位，地形推断，周围车辆、人、障碍的位置以及指示标识的判断。

对物理世界的反馈控制的最终目标是实现智能化。通过对历史数据的挖掘，先进的信息处理技术提取出可以提交给物联网用户用来做出决策的信息，用户能够根据这些信息做出判定，从而将这一判定的结果传输到执行器或节点，实现控制的功能，或者根据这些决策信息自动启动一些措施。如在应急指挥中，当出现人员伤亡需要急救时，可以启动应急的交通控制、医疗救护等联动的多个系统，如图2-4所示，全面地提升对事件的处理能力。这也体现了物联网强大的反应和控制能力。

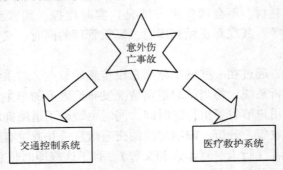

图2-4 物联网反馈控制系统示意图

物联网需要根据用户需求，提供不同的反馈控制服务。物联网与移动通信网、互联网的显著差异在于对物理世界的实时感知，并通过庞大的末梢网络和骨干网络实现界面友好的面向服务的人机交互。在大规模智能信息处理和专家系统的基础上，通过种类繁多的面向不同应用的执行器及控制设备，可以实现异地远程的实时控制，最终提供富有特色的各种个性服务。

物联网不仅仅是信息网。传统的互联网已经完全可以完成对信息的整理和服务。物联网可以完成与物理世界的实时交互，并提供给用户随心所欲地进行服务控制（如工业控制、智能家居等应用），这也给传统的网络技术提出了巨大的挑战。

物联网的应用服务系统是信息系统与物理系统的结合，其复杂程度已经远远超越了简单的专用反馈控制回路。海量的感知信息通过复杂的传输通路，最终实现在物联网云计算平台上的存储、处理与融合，并按照用户的需求，提供个性化的服务。这一系列的操作必须赋予实时性才可以满足用户随心所欲的交互与控制的需求。而对超大规模的用户来说，其需求又存在着较大的差异化和个性化，这些都将是物联网交互与控制应用所需要解决的问题。

2.3 网络层

物联网的中间层是网络层，它负责将感知层收集的各类信息，特别是来自于物理世界的信息，通过各种公共网络或专用网络的基础设施，高效、可靠、安全地传输到用户或应用层，以实现人与物、物与物的互联互动。信息通信网络是承载信息传输的网络服务平台，是信息化社会的基础设施。信息通信网络传输的信息不仅包括文字、音频、视频等多媒体信息，还包括位置数据、传感器数据等一切能够从感知层获得的信息。

目前的信息通信网络主要包括面向公众的互联网、电信网、广播电视网，以及服务于各类行业应用的专用网络，如交通、电力等行业专网。各类信息通信网络在其建设之初，并未

28

考虑与其他网络的互联互通以及综合业务发展的需求。因此，目前较普遍地存在着网络基础设施重复建设的问题。为支持泛在的人与人、人与物以及物与物的通信，下一代信息通信网络的发展趋势是网络的数字化、宽带化、IP化，以及多网之间的协同与融合。

本节主要介绍互联网（包括 IPv4 与 IPv6 技术）、电信网和广播电视网的发展与演进，并以电信网与传感网的融合为例，介绍物联网对三网/多网融合的需求。

2.3.1　互联网

互联网（计算机网络）是指利用通信线路和通信设备，将分布在不同地点的多台自治计算机系统互相连接起来，按照共同的网络协议，共享硬件、软件和数据资源的系统。互联网被美国《科学世界》评为 20 世纪改变人类生活的十大重大科技发明之一。互联网的起源是美国国防部高级研究计划局（DARPA）提出的以分组交换通信技术（Packet-Switching Communication Technology）为基础建立的通信系统。

按照这种设想，在分组交换通信系统中，以数据分组为传输形式的信息单元会沿着网络寻找自己的路径，而在网络上的任何一点重新组合成有意义的信息。后来随着数字技术的发展，包括音频、视频在内的各种多媒体信息都可以通过数据分组的方式传输，从而形成了一个不需要控制中心就可以在所有节点间相互沟通的网络——互联网（Internet）。

1969 年，DARPA 开始建立一个名为 ARPAnet 的网络，把美国的几个军事及研究用计算机主机连接起来。1973 年，在 DARPA 从事研究的 Vinton Cerf 和 Robert E. Kahn 开发了 TCP/IP 协议。1983 年，美国国防部为 Internet 命名，并且要求连入 Internet 的计算机都使用 TCP/IP 协议。随着 WWW、Mosaic 浏览器等技术的出现，上网冲浪开始流行，互联网使得人们获取信息和人际交互变得更加简单，可以说，是互联网把人类带入"地球村"时代。

互联网的基础是 TCP/IP 协议。TCP/IP 协议是一种四层的分层体系结构，从底层开始分别是网络接口层（物理层+数据链路层）、网络层、传输层和应用层，每一层都通过调用它的下一层所提供的网络任务来完成自己的需求。

TCP（Transmission Control Protocol）是一种传输层协议，提供了从应用程序到另一个应用程序之间的通信，即"端到端"通信。IP（Internet Protocol）是网络层协议，提供数据封包传输功能，它可以使数据包通过各种网络选路（路由）正确地到达接收主机，但 IP 并不能保证数据包顺序到达。

TCP/IP 模型通过 IP 层屏蔽掉多种底层网络的差异（IP over Everything），向传输层提供统一的 IP 数据包服务，进而向应用层提供多种服务（Everything over IP），因而具有很好的灵活性和健壮性。IP 层的这一特点可以将 TCP/IP 协议的模型用图 2-5 中的沙漏模型来表示。

采用 32 位主机地址的 IPv4 协议是目前被广泛使用的互联网协议。作为互联网的基础网络协议，IPv4 为互联网早期和中期的发展起到了重要的推动作用，随着互联网的迅速发展，IPv4 的某些局限性和弊端也逐渐显现，如地址空间短缺、安全性欠缺、配置复杂等。因此 IETF 启动了开发新版本 IP 协议的项目，并于 1998 年采纳了 IPv6（RFC2460）并给

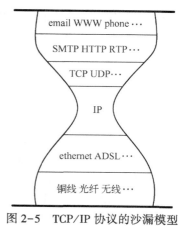

图 2-5　TCP/IP 协议的沙漏模型

出了版本迁移方法的建议。新一代的 IPv6 协议在地址空间、分组处理效率，以及对移动性、安全性和 QoS 的支持等方面都优于 IPv4。

IPv6 地址的长度增加为 128 位，是单个或一组接口（非节点）的标识符，主要包括 3 种类型的地址，即单播（Unicast）地址、多播（Multicast）地址和任播（Anycast）地址。单播地址是每个网络接口的唯一标识符，不同的网络接口不能分配相同的单播地址；多播也被翻译为组播，多播地址被分配给一组主机（被称为多播组成员），所有的组成员均具有相同的多播地址，目的地址是多播地址的分组送至组内的所有成员；任播也被翻译为选播，类似于多播，一个任播地址被分配给多个主机，与多播不同的是，同一时间只有一个任播成员与分组的源主机进行通信。任播的应用包括服务器定位、主机自动配置等。

如图 2-6 所示，IPv6 增加了两个新的字段用以支持实时业务的需求，即流量类别（Traffic Class）与业务流标记（Flow Label）。流量类别使得特定分组可以比其他分组的处理速度更快或者更可靠，它可以独立使用，也可以与业务流标记同时使用；业务流标记使得资源被保留，以满足音频和视频数据流传输的时延需求。

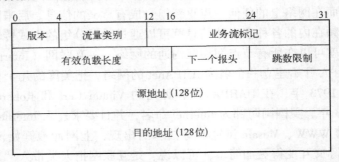

图 2-6　IPv6 报头格式

此外，IPv6 还改变了地址分配的方式，即 ISP 而非用户拥有全球网络地址，当用户改变 ISP 时，其全球网络地址也需相应地更新为新 ISP 提供的地址。这样能够有效地控制路由信息，避免路由爆炸的现象。同时，IPv6 提供了基于 BOOTP（启动协议）和 DHCP（动态主机配置协议）的地址自动配置技术，实现了即插即用。

互联网设计之初采用了"端到端透明性"的网络体系架构，即网络只是简单、"尽力而为"地传递信息而不作任何记忆与控制。这种端到端的业务与承载分离，提供了完全开放的应用开发接口，大大提高了网络的可扩展性。随着互联网的用户群体、应用目的和产业链的变化，互联网体系架构存在的网络安全问题和服务质量问题逐渐引起了关注。

在下一代互联网建设方面，美国在 1996 年启动了 NGI（Next Generation Internet）项目，主要目标是显著提高 Internet 的速度，该项目已于 2002 年完成，但是没有达到 Tbit/s 的设计目标。2005 年，美国 NSF 启动 GENI（Global Environment for Networking Innovation）和 FIND（Future Internet Design）项目，从可扩展性、安全性、移动性、实时性等方面出发，发现和评估可以作为 21 世纪互联网基础的新的革命性的概念、理论和示范性技术。

中国也于 2002 年启动了 CNGI 项目，已建成世界上规模最大的采用纯 IPv6 技术的下一代互联网主干网。当前，中国互联网的发展与普及水平已超过世界平均水平，居发展中国家前列。根据 2021 年 2 月中国互联网络信息中心（CNNIC）发布的《第 47 次中国互联网络发展状况统计报告》显示，截至 2020 年 12 月底，我国网民规模已达 9.89 亿人，互联网普及率增至 70.4%。

2.3.2 电信网

电信网是构成多个用户相互通信的多个电信系统互联的通信体系，是人类实现远距离通信的重要基础设施。电信网利用电缆、无线、光纤或者其他电磁系统，传输、发射和接收标识、文字、图像、声音或其他信号。电信网由终端设备、传输链路和交换设备 3 要素构成，运行时还辅以信令系统、通信协议以及相应的运行支撑系统。

电信网可划分为用户驻地网和公用电信网，通常意义的电信网指公用电信网部分。用户驻地网是指用户网络接口（UNI）到用户终端之间的相关网络设施，由完成通信和控制功能的用户驻地布线系统组成，如双绞线、同轴电缆等；公用电信网一般又可划分为接入网和核心网两大部分，其中核心网包含长途网和中继网，接入网可根据接入方式分为有线、无线接入网，或分为固定、移动接入网等。图 2-7 所示为一个采用无线移动接入网的第三代移动通信网 UMTS（R4/R5）网络架构的示意图。

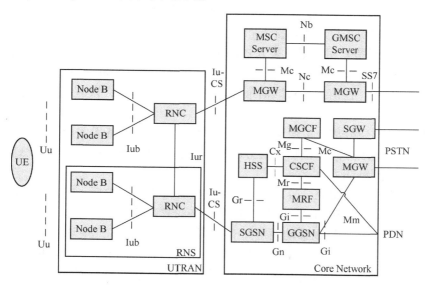

图 2-7 UMTS（R4/R5）网络参考架构示意图

可以看出，UMTS 系统主要由陆地无线接入网（UTRAN）和核心网（Core Network）两大部分组成。陆地无线接入网部分，主要由基站（Node B）和无线网络控制器（RNC）构成；核心网部分由电路交换（CS）域和分组交换（PS）域组成，CS 域为用户流量提供专用的电路交换路径，主要用于实时和会话业务，如音频和视频会议；PS 域适合于端到端分组数据应用，如文件传输、Internet 浏览和 E-mail 等。

UMTS 系统在 R4 阶段开始引入软交换（Soft Switch）技术以实现控制和承载分离，图 2-7 中，媒体网关 MGW（Media Gateway）提供承载层电路交换网络或分组交换网络和 PSTN 网络的互通，MSC 服务器（MSC Server）负责提供 CS 域呼叫控制、移动性管理等功能，实现了承载与呼叫控制的分离。为了在 IP 平台上支持丰富的移动多媒体业务，在 R5 阶段又引入 IP 多媒体子系统（IP Multimedia Subsystem，IMS）。IMS 基于会话初始协议（SIP），叠加在 PS 域上。各功能模块的作用如下：

- CSCF（Call Session Control Function）是 IMS 域中用于完成会话控制的主要实体；
- MGCF（Media Gateway Control Function）用于完成 IMS 和 PSTN 网络在信令层上的互通功能；
- MRF（Multimedia Resource Function）用于媒体资源的控制和处理；
- SGSN（Serving GPRS Support Node）主要提供 PS 域的路由转发、移动性管理、会话管理、鉴权和加密等功能；
- GGSN（Gateway GPRS Support Node）主要提供与外部 PDN（Packet Data Network）的接口，承担网关或路由器的功能；
- SGW（Signaling Gateway）提供与 PSTN 网络的信令转换和互通；
- HSS（Home Subscriber Server）则是存储用户属性的数据库。

软交换和 IMS 的引入，体现了电信网络向下一代网络（Next Generation Networks，NGN）的演进和融合趋势。NGN 是下一代电信网络融合演进的目标。ITU-T 对 NGN 的定义是：NGN 是一个基于分组交换的网络，能够提供包括电信业务在内的多种业务，使用多种宽带、支持服务质量（QoS）的传输技术，实现业务相关功能和底层传输相关技术的分离，并且支持普遍的移动性，实现用户的泛在接入和用户业务的一致性。

NGN 的基本思想是采用分组交换方式，实现多业务的融合。由于 NGN 建立在 IP 之上，因此也常用"All-IP"来描述电信网络向 NGN 的融合演进。NGN 的含义就是可以通过不同的终端，在任何时候、任何地点获取信息和享受多样化的业务。为达到这个目标，要求网络具有以下的特征：

- 应用层与控制层分离，以便使业务与用户的物理位置具备无关性。
- 控制层与传输层分离，使呼叫或会话的控制独立于承载的控制，可实现基于不同承载提供相同的控制能力。
- 传输层与接入层需要完全分离，使得无论何种终端、何种接入方式都可以共享同一承载网络，从而充分利用网络资源，屏蔽网络的复杂性。

图 2-8 所示为固定网络和移动网络向 NGN 融合演进的示意。应该看到，网络融合是一个长期的过程，必须要综合考虑保护现有网络的投资，并且能够保证新旧网络之间的平滑过渡。但是，目前移动网络和固定网络还有各自的特殊需求和发展空间，短期内还无法直接通过一种网络架构实现。因此现有的移动网络和固定网络应该是在网络的演进中融合，而不是对现有网络的融合。

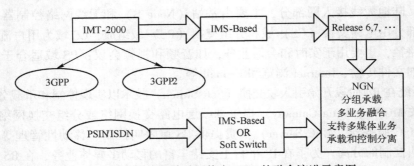

图 2-8　固定网络与移动网络向 NGN 的融合演进示意图

根据网络演进和融合的目标,对于移动网络而言,将毫无疑问地按照 3GPP 定义的 R5、R6、R7 或者 3GPP2 定义的 Release A、Release B 的基于 IMS 的方向发展;对于固定网络而言,可能会有两个方向,即基于 IMS 的逻辑架构或者基于软交换的具体设备形态。但最终两个网络的发展方向将是一致的,未来的网络必然是一个融合的网络。

2.3.3 广播电视网

我国广播电视网经过几十年的发展,已经拥有完善的有线、无线、卫星传输覆盖网络。我国拥有 1.6 亿有线电视用户,有线电视网络是入户带宽最高的基础网络,能够将 400 套以上的高清晰度电视和数字音频节目直接传送到每个用户端。

与美国、日本、韩国等发达国家相比,目前我国广播电视网络在网络、业务、终端、用户、运营、安全等方面都存在一定的差距。例如,网络接入带宽利用不足,双向改造进程滞后;业务互通不足,开放性和多样性不够等。与传统广播电视网提供的单向广播业务相比,宽带流媒体和互动多媒体业务是未来网络的主要业务。电视的数字化进程使得基于网络并具有互动性的网络电视显现出强劲的发展势头。

2008 年 12 月,我国正式开始建设中国下一代广播电视网络 NGB,NGB 就是以有线电视数字化和移动多媒体广播电视(CMMB)的成果为基础,以自主创新的高性能宽带信息网(3TNet)核心技术为支撑,适合中国国情的、三网融合的、有线无线相结合的、全程全网的下一代广播电视网络。图 2-9 是 NGB 网络示意图,分为骨干网、城域网和接入网。

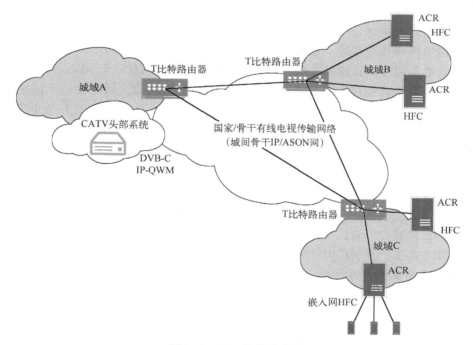

图 2-9 NGB 网络示意图

NGB 的核心技术 3TNet 是指 T 比特的路由、T 比特的交换和 T 比特的传输。3TNet 具有 T 比特交换容量、多类型业务接入、动态资源分配、自动连接控制、网络保护恢复、组播等功能。因此,3TNet 重点解决了 NGB 体系的网络架构技术、多业务承载技术以及网络管理技术等问题。

如图 2-9 所示，NGB 创新地提出了以核心网基于 ASON（自动交换光网络）电路交换、边缘网基于 IP 分组交换的混合交换体制为基础的新型网络架构。大规模接入的汇聚路由器（ACR）具备 T 比特路由交换能力，同时提供组播和单播通道，前者用于传输视频流，后者用于数据交互和宽带业务。在 NGB 的接入网技术中，很重要的一种就是 EPON（基于以太网的无源光网络）加缆桥的技术，通过 EPON 网络的部署，完成对 HFC（混合光纤同轴电缆）的双向改造。

在 3TNet 方面，目前已经在长三角地区连接了 5 万真实试验用户，平均接入速率超过 40 Mbit/s，形成了全球领先、规模最大、能提供高清晰度视频服务的示范网络环境；在 CMMB 方面，目前已在 29 个省（区市）开展了 CMMB 运营支撑系统建设，27 个省（区市）完成了运营签约，220 个城市开通了 CMMB 信号，2008 年成功服务于北京奥运会。

与传统电视单向、固定、限量播出节目不同，NGB 强调的是一种全业务平台、门户化的运营模式，强调的是海量音、视频及大量增值应用、电视商务等综合服务，且具有超强的多向互动功能。NGB 业务的核心是视频，特点是高清和互动。同时，在有线数字电视的 DVB 与 IP 结合形成双模架构之后，跨地域的业务运营成为可能，它将打通有线电视网络划地而治的关节，盘活全程全网的有线网络资源。

2.3.4 三网融合与多网融合

下一代信息通信网络的发展趋势是网络的数字化、宽带化、IP 化，以及多网之间的协同与融合。所谓"三网融合"，就是指建立在网络互联互通、资源共享基础上的互联网、电信网和广播电视网的相互渗透、互相兼容，并逐步整合成为统一的信息通信网络。

各类信息通信网络在其建设之初，并未考虑与其他网络的互联互通以及综合业务发展的需求，因此目前较普遍地存在着网络基础设施重复建设的问题。同时我们又注意到，互联网、电信网、广播电视网在分别向下一代互联网、下一代电信网、下一代广播电视网的发展和演进过程中，网络功能趋于一致、业务范围趋于相同，都可以为用户提供宽带上网、通话和提供电视信号等多种综合服务。特别是 TCP/IP 协议的普遍采用，使得各种以 IP 为基础的业务都能够在不同网络间实现互通，从而在技术上为三网融合奠定了基础。

我国在建设宽带通信网、数字电视网、下一代互联网的"十五""十一五"规划中，就已明确提出要推进三网融合。2010 年 1 月，国务院常务会议决定加快推进电信网、广播电视网和互联网三网融合。会议提出了推进三网融合的阶段性目标。

2010~2012 年重点开展广电和电信业务双向进入试点，探索形成保障三网融合规范有序开展的政策体系和体制机制。

2013~2015 年，总结推广试点经验，全面实现三网融合发展，普及应用融合业务，基本形成适度竞争的网络产业格局，基本建立适应三网融合的体制机制和职责清晰、协调顺畅、决策科学、管理高效的新型监管体系。

2010 年 7 月，国务院正式公布了第一批三网融合试点城市名单，北京、上海、深圳、杭州、大连、哈尔滨、南京、厦门、青岛、武汉、绵阳、长株潭城市群等 12 个城市或城市群入围。

三网融合的本质是未来的互联网、电信网和广播电视网都可以承载多种综合应用与业务，并进一步创造出更多融合业务。特别是将来在与多种传感网络融合之后，多网融合将会使得建立在人与物、物与物之间互联互动基础之上的物联网业务成为可能。

2.3.5 电信网与传感网的融合

传感器网络（简称传感网）被定义为由大量部署在物理世界中的，具备感知、计算和通信能力的微小传感器所组成的，对物理环境和各种事件进行联合感知、监测和控制的网络。传感器网络采集到的物理世界的信息，既可通过互联网传输到监控计算机，也可通过电信网络传输，融入电信网络的业务平台之中。

传感网与电信网的融合，就是指传感网通过网关与电信网相连，利用电信网对传感网及其提供的业务进行监控、管理和完成业务的承载与合作实施，并通过电信网扩展传感网所提供的业务。图 2-10 所示为电信网与传感网的融合网络结构示意图，其中 AAA 服务器为认证（Authentication）、授权（Authorization）和计费（Accounting）服务器；HLR/HSS 为归属位置寄存器/归属签约用户服务器。从图中可以看到，实现电信网与传感网融合的一种重要网络设备就是网关。

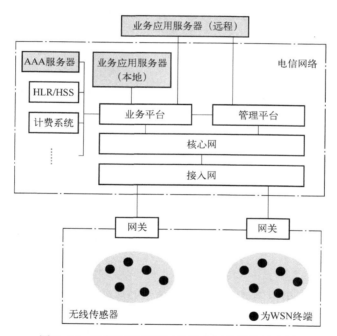

图 2-10　电信网与传感网的融合网络结构示意图

网关（Gateway）是一种传输层及其以上层的网络设备，一般在路由器上通过安装网关软件实现。与路由器不同的是，连接它的网络设备可能运行着两种或多种传输层及其以上层的协议，所以实际上可以把它看作是一种协议转换器。一般的协议转换只需要修改数据包的头标和尾部，但是某些情况下可能还包括改变数据速率、数据包尺寸以及整个数据包的格式。

为实现电信网与传感网的融合，网关设备要负责连接传感网与电信网，主要完成传感网的配置与组网、协议转换、地址映射和数据转发等工作，还可能集成介入控制、认证与授权、流量监控与计费以及故障管理等功能。

作为现阶段物联网的普遍模式，M2M（Machine-to-Machine/Man）将可能成为电信网与传感网融合后的一种新型电信增值业务模式。M2M，是一种以机器终端设备智能交互为核心的、网络化的应用与服务。它在机器内部嵌入通信模块，通过各种承载方式将机器接入网络，为客户提供综合的信息化解决方案，以满足客户对监控、指挥调度、数据采集和测量等方面的信息化需求。

M2M 将可能带来一个可以达到亿级通信量业务的市场，M2M 除了带来多网融合，还将带来多行业的融合。到 2021 年底，我国电力行业将会有超过 50 亿 M2M 终端的需求，交通行业将会有 2000 万 M2M 终端的需求，除此以外，还有来自智能抄表、智能家居、健康医疗、企业安防、物流行业、金融行业、精细农业等多种行业应用的需求。

面向人与物、物与物互联互动的物联网应用，将会给现有的各种信息通信网络带来新的需求。例如，对物的标识与寻址体系和当前的电信号码与 IP 寻址体系可能不同，物与物通信的上下行带宽需求和人与人通信对带宽的需求可能不同，为适应物与物通信的低功耗、低移动特性，无线资源管理需要实现特定的优化，相应地，安全协议也需要作特定的优化。相信这些对协议的标准化与新的网络优化的需求，将会在下一代信息通信网络的演进与融合的过程中，逐步得以实现。最终，达到人与物、物与物的泛在互联与互动。

2.4 应用层

应用是整个物联网运行的驱动力，提供服务是物联网建设的价值所在。应用层的核心功能和任务在于站在更高的层次上组合、管理、运用资源。本节将介绍应用层的业务模式和流程，服务资源和服务质量。

2.4.1 业务模式和流程

服务是一个或多个分布式业务流程的组成部分。

1. 业务模式

目前，物联网相关业务可以分为以下 3 种模式，分别是业务订制模式、公共服务模式和灾害应急模式。

（1）业务订制模式

在业务订制模式下，用户需要自己查询、确定业务的类型和内容。业务订制模式主要包含业务订制和业务退订两个过程。

用户可以通过主动查询和信息推送两种方式，获知物联网系统提供的业务类型以及业务内容。

图 2-11 显示了业务订制过程的主要环节。用户挑选业务类型，确定业务内容后，向物联网应用系统订制业务。物联网应用系统受理业务请求后，会确认业务已成功订制。然后建立用户与所订制业务的关联，并将业务相关的操作以任务形式交付后台执行。任务执行返回的数据或信息由应用系统反馈给用户。

图 2-12 显示了业务退订过程的主要环节。用户向物联网应用系统提交需要退订的业务类型和内容。应用系统受理业务退订的请求，解除用户与业务之间的关联，之后会给用户一个确认，表示业务已经成功退订。

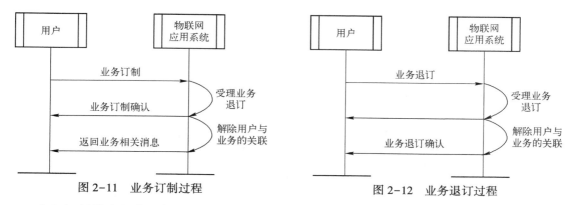

图 2-11　业务订制过程　　　　　　　　　　图 2-12　业务退订过程

业务订制模式的典型例子包括个人用户向物联网应用系统订制气象服务信息、交通拥堵服务信息等。企业用户向物联网应用系统订制的服务包括智能电网、工业控制等。

（2）公共服务模式

在公共服务模式下，通常由政府或非盈利组织建立公共服务的业务平台，在业务平台之上定义业务类型、业务规则、业务内容、业务受众等。

与业务订制模式不同，公共服务模式有以下特点。

● 无需订制：公共服务的业务平台会自动将有效业务受众与相关业务进行关联，推送业务信息。

● 无需付费：业务受众无需向所享有的公共服务支付任何费用。

图 2-13 显示了物联网公共服务业务平台的系统结构。业务平台的核心层包括业务规则、业务逻辑和业务决策 3 个组件，这 3 个组件之间彼此关联、相互协调，保证公共服务业务顺利、有效地运行。此外，业务逻辑组件与信息收集系统相连；业务决策组件与指挥调度系统、信息发布系统相连。信息收集系统、指挥调度系统和信息发布系统处在外围层，因为这 3 种系统可以由第三方厂商提供。

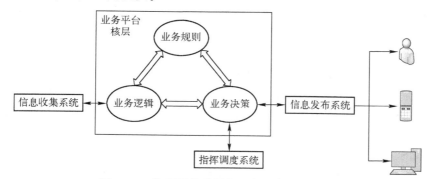

图 2-13　物联网公共服务业务平台系统结构

公共服务模式的典型例子包括公共安全系统、环境监测系统等，这些系统无时无刻不在为城市居民提供服务。

（3）灾害应急模式

随着突发自然灾害和社会公共安全复杂度的不断提高，应急事件会更复杂，牵涉面也会越来越广，这为灾害应急模式下的物联网系统的设计提出了更高的要求。

典型的灾害应急模式的物联网应用场景包括地震、泥石流等。

图 2-14 显示了灾害应急物联网系统的结构。

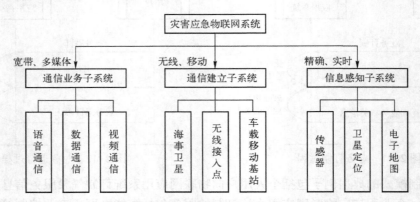

图 2-14   灾害应急物联网系统结构

在通信业务层面，物联网系统必须提供宽带和多媒体通信服务。将语音、数据和视频等融合于一体，为指挥中心和事发现场之间提供反映现场真实情况的宽带音视频通信手段，支持应急响应指挥中心和现场多个车载指挥系统之间的高速数据、语音和视频通信，支持对移动目标的实时定位。

在通信建立层面，物联网系统必须支持无线和移动通信方式。由于事发现场的不确定性，应急联动指挥平台必须具备移动（或准移动）的性能，具备在任何地方、任何时间均能和指挥中心共享信息的能力，减少应急呼叫中心对固定场所的依赖，提高应急联动核心机构在紧急情况下的机动能力。

在信息感知层面，物联网系统必须实现对应急事件多元信息的采集和报送，并与应急联动综合数据库和模型库的各类信息相融合，形成较完备的事件态势图。再结合电子地图，基于信息融合和模糊动态预测技术，对突发性灾害发展趋势（如火险蔓延方向、蔓延速率、危险区域等）进行动态预测，进而为辅助决策提供科学依据，有效地协调指挥救援。

2. 业务描述语言

（1）XML

XML 实际上是目前通用的表示结构化信息的一种标准文本格式，它没有复杂的语法和包罗万象的数据定义。XML 同 HTML 一样，都来自 SGML（标准通用标记语言）。SGML 是一种在 Web 发明之前就早已存在的，用标记来描述文档资料的通用语言。但 SGML 十分庞大且难以学习和使用。于是 Web 标准化组织 W3C 建议使用一种精简的 SGML 版本——XML。XML 与 SGML 一样，是一个用来定义其他语言的元语言。与 SGML 相比，XML 规范不到 SGML 规范的 1/10，简单易懂，是一种既无标签集也无语法的新一代标记语言。图 2-15所示为一段 XML 代码。

```
<?xml version="1.0" encoding="UTF-8" ?>
<painting>
    <img src="madonna.jpg" alt='Foligno Madonna, by Raphael' />
    <caption>This is Raphael's "Foligno" Madoona, painted in
        <data>1511</data>-<data>1512</data>.
    </caption>
</painting>
```

图 2-15   XML 代码片段

XML 具有许多明显的优点：

- 可扩展性。这一点至关重要。企业可以用 XML 为电子商务和供应链集成等应用定义自己的标记语言，还可以为特定行业定义该领域的特殊标记语言，作为该领域信息共享与数据交换的基础。
- 灵活性。XML 提供了一种结构化的数据表示方式，使得用户界面分离于结构化数据。所以，Web 用户所追求的许多先进功能在 XML 环境下更容易实现。
- 自描述性。XML 文档通常包含一个文档类型声明，因而 XML 文档是自描述的。不仅人能读懂 XML 文档，计算机也能处理。XML 表示数据的方式真正做到了独立于应用系统，并且数据能够重用。XML 文档被看作是文档的数据库化和数据的文档化。

除了上述先进特性以外，XML 还具有简明性。它只有 SGML 约 20% 的复杂性，但却具有 SGML 功能的约 80%。XML 比完整的 SGML 简单得多，易学、易用并且易实现。另外，XML 也吸收了人们多年来在 Web 上使用 HTML 的经验。

XML 支持世界上几乎所有的主要语言，并且不同语言的文本可以在同一文档中混合使用，应用 XML 的软件能处理这些语言的任何组合。所有这一切将使 XML 成为数据表示的一个开放标准，这种数据表示独立于机器平台、供应商以及编程语言。

从 1998 年开始，XML 被引入许多网络协议，以便于为软件提供相互通信的标准方法。简单对象访问协议（SOAP）和 XML-RPC 规范为软件交互提供了独立于平台的方式，从而为分布式计算环境打开了大门。

（2）UML

软件工程领域在 1995～1997 年取得的最重要的、具有划时代意义的成果之一就是统一建模语言（Unified Modeling Language，UML）的出现。UML 是用来对软件密集系统进行描述、构造、可视化和文档编制的一种语言。图 2-16 给出了一种 UML 的使用范例。

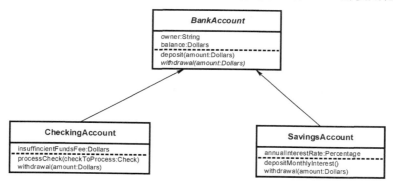

图 2-16　UML 使用范例

- 首先也是最重要的一点，UML 融合了 Booch、OMT 和 OOSE 方法中的概念，它是可以被上述及其他方法的使用者广泛采用的简单、一致、通用的建模语言。
- UML 扩展了现有方法的应用范围。特别值得一提的是，UML 的开发者们把并行分布式系统的建模作为 UML 的设计目标，也就是说，UML 具有这方面的能力。
- UML 是标准的建模语言，而不是一个标准的开发流程。虽然 UML 的应用必然以系统的开发流程为背景，但根据现有开发经验，不同的组织、不同的应用领域需要不同的开发过程来建立自身的 UML 模型。

UML 的重要内容可以由下列 5 类图来定义。

- 第一类是用例图（Use Case Diagram），从用户角度描述系统功能，并指出各功能的操作者。
- 第二类是静态图（Static Diagram），包括类图、对象图和包图。其中类图描述系统中类的静态结构，不仅定义系统中的类，表示类之间的联系，如关联、依赖、聚合等，还包括类的内部结构（类的属性和操作）。
- 第三类是行为图（Behavior Diagram），描述系统的动态模型和组成对象间的交互关系，包括状态图和活动图。其中，状态图描述类的对象所有可能的状态以及事件发生时状态的转移条件；活动图描述满足用例要求所要进行的活动以及活动间的约束关系。
- 第四类是交互图（Interactive Diagram），描述对象间的交互关系，包括顺序图和合作图。其中，顺序图显示对象之间的动态合作关系，它强调对象之间消息发送的顺序；合作图描述对象间的协作关系，合作图与顺序图相似，也显示对象间的动态合作关系。
- 第五类是实现图（Implementation Diagram）。其中的构件图描述代码部件的物理结构及各部件之间的依赖关系。

（3）BPEL

业务过程执行语言（Business Process Execution Language，BPEL）是一种基于 XML 的，用来描写业务过程的编程语言，被描写业务过程的每个单一步骤则由 Web 服务来实现。

2002 年，IBM 公司、BEA 公司和微软公司一起开发和引入了 BPEL 作为描写协调 Web 服务的语言。这个描写的本身也由 Web 服务提供，并可以当作 Web 服务来使用。

BPEL 模型有助于更好地理解如何使用 BPEL 描述的业务流程，如图 2-17 所示。流程（Process）由一系列活动（Activity）组成，流程通过伙伴链接（Partner Link）来定义与流程交互的其他服务；服务中可以定义一些变量（Variable）；流程引擎可以通过关联集合（Correlation Set）将一条消息关联到特定的流程实例。

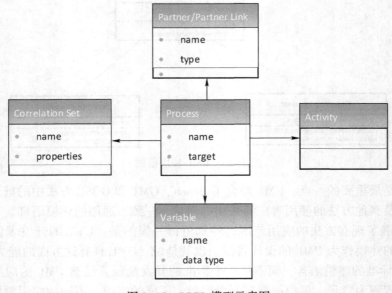

图 2-17　BPEL 模型示意图

相对于对象组装技术，服务组装更为复杂。服务之间的交互关系是动态的、按需发生的，而且缺少中央控制。因此，BPEL 提供的服务组装模型提供了下列特性。

- 灵活性：服务组装模型应该具有丰富的表现能力，能够描述复杂的交互场景，而且能够快速地适应变化。
- 嵌套组装：一个业务流程可以表现为一个标准的 Web 服务，并被组装到其他流程或服务中，构成更粗粒度的服务，这样做提高了服务的可伸缩性和重用性。
- 关注点分离：BPEL 只关注与服务组装的业务逻辑；其他关注点，比如服务质量（Quality of Service，QoS）、事务处理等，可作为附加扩展，由具体实现平台进行处理。
- 会话状态和生命周期管理：与无状态的 Web 服务不同，一个业务流程通常具有明确的生命周期模型。BPEL 提供了对长时间运行的、有状态交互的支持。
- 可恢复性：这对于业务流程（尤其对长时间运行的流程）是非常重要的。BPEL 提供了内置的失败处理和补偿机制，对于可预测的错误进行必要的处理。

3. 业务流程

业务流程与系统相似，拥有物理结构、功能组织以及试图实现既定目标的协作行为。业务流程的组件（也称为参与者）是业务流程相关的人和系统。参与者具有物理结构，能按照功能进行组织，并相互协作产生业务流程的预期结果。

在某种意义上，流程执行完成得到的结果必须是可度量和可计量的，因为只有通过度量，人们才能判断流程是否成功完成预期目标；只有通过计量，人们才可以判断流程是否符合设定的标准。业务流程在本质上是交付特定结果的行动方案，事实上预期产生的结果是业务流程设计和规划的出发点。

从业务流程开发者的角度看，设计和规划业务流程时，需要考虑如下的关键问题：

- 定义业务流程的组件和服务；
- 为组件和服务分配活动职责；
- 确定组件和服务之间所需的交互；
- 确定业务流程组件与服务的网络地理位置；
- 确定组件之间的通信机制；
- 决定如何协调组件和服务的活动；
- 定期评估业务流程，判断它是否符合需求。

面向服务架构（Service-Oriented Architecture，SOA）是一种将信息系统模块化为服务的架构风格。一条业务流程是一个有组织的任务集合，SOA 内在的思想就是用被称为服务的组件来执行各个任务。

图 2-18 给出了 SOA 中定义的服务层次和扩展阶段的关系，可以分为以下三个阶段。

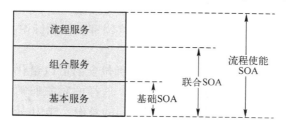

图 2-18　基础服务层次和 SOA 扩展阶段

- 第一个阶段只有基本服务。每个基本服务提供一个基本的业务功能，并且这个基本功能不会被进一步拆分。基本服务可以分为基本数据服务和基本逻辑服务两类。
- 第二个阶段在基本服务之上增加了组合服务。组合服务代表了由其他服务（基本和/或其他组合服务）组合而成的服务。组合服务的运行层次要高于基础服务。
- 第三个阶段在第二个阶段的基础上增加了流程服务。流程服务代表了长期的工作流程或业务流程。从业务的观点来看，业务流程是可中断的、长期运行的服务流。与基本服务、组合服务不同，流程服务通常有一个状态，该状态在多个调用之间保持稳定。

在成功的 SOA 中，设计开发人员可以迅速地将服务按不同方式重新组合，从而实现新的或更好的业务流程。基于 SOA 的思路进行业务流程的建模、设计，是业界推崇的方法，也是业务流程设计的一个重要原则。

目前，成熟的物联网产业链还未形成，因此很难概括出物联网业务流程的独有特点。根据业务流程管理（Business Process Management）提供的准则和方法，物联网业务流程应包含以下三个层次。

- 业务流程的建立：根据预期的输出结果整理业务流程的具体需求；定义各种具体的业务规则；划分业务中各参与者的角色，并为它们分配功能职责；设计和规划出详细的业务方案，并协调参与者之间的交互。
- 业务流程的优化：由于市场环境、用户群的变化，所提供的功能和服务也应随之调整变化。优化过程中，需要注意去除无用流程环节、低效流程环节和冗余流程环节，增加必须的新环节，之后重新排列各环节之间的顺序，形成优化之后的业务流程。
- 业务流程的重组：相对于业务流程优化，业务流程重组是更为彻底的变革行动。对原有流程进行全面的功能和效率分析，发现存在的问题；设计新的业务流程改进方案，并进行评估；制定与新流程匹配的组织结构和业务规范，使三者形成一个体系。

目前，市场上出现了很多帮助企业用户进行业务流程建模、分析和管理的系统软件。提供业务流程系统软件的国外公司包括 IBM、Microsoft、BEA、Oracle、SAP 等，国内公司包括金蝶软件、神州数码等。

2.4.2 服务资源

物联网系统的服务资源包括标识、地址、存储资源、计算能力等。

1. 标识

在许多系统和业务中，都需要对不同的个体进行区分。应对这种需求的方法就是给每个对象起一个唯一的名字。这种名字称为标识（Identifier）。标识只是为每个对象创建和分配唯一的号码或字符串。之后，这些标识就可以用来代表系统中的每个对象。

大多数在物理世界中存在的实体并未真正出现在抽象的逻辑环境中。如果要在逻辑环境中为物理实体分配角色，描述它们的行为，必须将物理实体和标识关联起来。在标识和物理实体进行关联之前，标识本身并没有任何意义。

一个标识符代表唯一一个对象，说明标识符所包含的可以量化的值具有唯一性。但是，不排除一个对象在不同的系统中扮演不同的角色，这样的对象通常具有多种类型的标识符。例如，一个自然人在不同的社会组织结构里有不同的身份，作为一个国家的公民，可以拥有唯一的身份证编号；作为一个学校的学生，可以拥有唯一的学号。因此，标识符的唯一性是针对某一种特定的标识符类型而言的。

组成物联网的设备种类繁多，数量巨大、为保证任何设备在身份上的唯一性，需要设立一个标识管理中心。标识管理中心的两个基本职责是：

- 分配唯一标识符；
- 关联标识符和它们应该标识的对象。

初级的唯一标识符分配是一项相对简单的任务。通常的做法是，指定管理中心在数据库中维护一个标识符列表，然后确保每个分配的新标识符不在数据库中引发冲突即可。但是，只有一个标识管理中心有时是不现实的。因此，实际中多使用层次标识符。

全局唯一标识符（Universally Unique Identifier, UUID）属于层次标识符。创建 UUID 的方法很多，著名的有 GUID 标准和 OID 标准。

（1）GUID 标准

一个 GUID（Globally Unique Identifier）是长度为 128 位的二进制数字序列。GUID 使用计算机网卡（NIC）的 48 位 MAC 地址作为发放者的唯一标识符。MAC 地址本身包含两部分的 24 位编码。第一部分标识了网卡制造商，它的标识管理中心是 IEEE 注册管理中心；MAC 地址的其余部分由制造商唯一分配，并唯一标识网卡，制造商因此就成了 MAC 地址第二部分的标识管理中心。

GUID 的其余部分（唯一标识对象的部分）是从公历开始到分配标识符时刻之间流逝的时间（以 100 ns 为间隔进行度量），它将作为单个对象标识符。只要被分配了 MAC 地址的机器不在两个 100 ns 之间产生多个标识符，就将为每个对象产生唯一的标识符。

图 2-19 显示了 GUID 的结构。

图 2-19　GUID 的结构

从 GUID 的结构组成，可以明显地看出涉及 3 个层次的标识管理中心：

- IEEE 注册管理中心分配网卡制造商的标识符，该标识符是分配给网卡 MAC 地址的第一部分。
- 制造商发放各个网卡的标识符，该标识符是分配给网卡 MAC 地址的第二部分。
- 负责分配 GUID 的组件运行在一台计算机上。组件使用计算机 MAC 地址，加上计算机时钟确定的值，生成一个完整的 GUID，用于标识特定对象。

（2）OID 标准

对象标识符（Object Identifier, OID），目前已经成为 ISO 和 ITU 标准工作组的对象标识方法。整个 OID 标识体系呈现树形结构，从树根上分出 3 支，分别代表 ITU-T 标准工作组、ISO 标准工作组以及 ITU-T 和 ISO 联合工作组。图 2-20 显示了代表中国的 OID 分支在 OID 标识体系中的位置。

OID 标识体系具有以下特点：

- OID 标识树形结构由弧和节点组成，两个不同节点由弧连接。
- 树上的每个节点代表一个对象，每个节点必须被编号，编号范围为 0 至无穷大。
- 每个节点可以生长出无穷多的弧，弧的另一端节点用于表示根节点分支之下的对象。

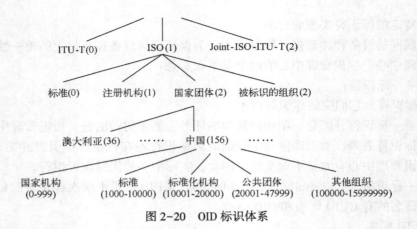

图 2-20　OID 标识体系

OID 标识符需要注册登记之后才能生效。国际范围内 OID 注册公示网站的网址是 http://www.oid-info.com，可以查询已分配 OID 标识符所关联的对象。在中国负责接受国内各企业和机构 OID 注册申请的单位是国家 OID 注册中心，它受理 OID 注册申请，负责已分配 OID 的公示等，注册中心网站的网址是 http://www.china-oid.org.cn。

SNMP（Simple Network Management Protocol）是 IETF 工作组定义的一套网络管理协议。SNMP 的管理信息库即 MIB（Management Information Base）是一种树形结构，就是 OID 体系中的一个重要组成部分。在 MIB 中，一个 OID 表示一个特定的 SNMP 目标。

2. 地址

地址包含了网络拓扑信息，用于标识一个设备在网络中的位置。对于网络中的一个设备，标识符用于唯一标识它的身份，其不随设备的接入位置变化而发生改变；而设备的地址是由其在网络中的接入位置决定的。标识如同人的名字，地址如同人的家庭住址。一个人搬家后，家庭住址会发生改变，而人的名字通常不会因搬家而变更。

标识符只保证被标识对象的身份唯一性，标识符的结构呈现扁平特点，没有内部结构，无法进行聚合，导致可扩展性不好。地址则需要采用层次性的名字空间，体现一定的拓扑结构，层次名字空间包含一定的结构特性，有利于聚合。

在 OSI 参考模型中，第二层数据链路层使用 MAC 地址，第三层网络层使用 IP 地址。为了更好地保证设备的唯一性，IEEE 提出将 48 位的 MAC 地址扩展为 64 位的 EUI-64 地址。但是，无论是 MAC 地址还是 EUI-64 地址，它们都属于标识的范畴。因为名字空间的扁平特性，这两种数据链路层的地址都无法用于大范围的网络寻址。

IP 地址是目前使用最广泛的网络地址。互联网现在使用 IP 地址既表示节点的位置信息，又表示节点的身份信息，混淆了地址和标识的功能界限，也就是所谓的 IP 地址语义过载。因此，在这里有必要指出的是，IP 地址的功能是用于互联网中进行分组路由，而非标识一个网络设备的身份。

根据 IP 协议的版本不同，IP 地址对应地存在两个版本，即 IPv4 地址和 IPv6 地址。

IPv4 地址长度是 32 位。为方便人们使用，IPv4 地址以字节为单位划分成 4 段，用符号"．"区分不同段的数值，将段数值用十进制表示。例如，"149.15.230.45"就是一个 IPv4 地址。最初，为构建层次化的网络以及高效寻址，IPv4 地址被分为 5 类。A 类地址首位是 0，B 类地址前 2 位是 10，C 类地址前 3 位是 110，D 类地址前 4 位是 1110，E 类地址前 5 位是 11110。

IPv6 地址长度是 128 位。相对于 IPv4 地址，使用 IPv6 地址增加了分组的开销，但巨大的地址空间足以支持未来许多年的需求。做一个简单的对比，假设地址分配效率可以达到 100%，IPv4 潜在地可以寻址 40 亿个节点，而 IPv6 潜在地可以寻址 $3.4×10^{38}$ 个节点。

IPv6 地址被划分为以下 3 个类别。

- 单播地址：单播地址是点对点通信时使用的地址，此地址仅标识一个网络接口。网络负责将对单播地址发送的分组送到该网络接口上。
- 组播地址：组播地址表示主机组。严格地说，它标识一组网络接口，该组包括属于不同系统的多个网络接口。当分组的目的地址是组播地址时，网络尽可能将分组发到该组的所有网络接口上。
- 任播地址：任播地址也标识接口组，它与组播的区别在于发送分组的方法。向任播地址发送的分组并未被发送给组内的所有成员，而只发给该地址标识的"最近"的那个网络接口。它是 IPv6 新加入的功能。

从 32 位扩大到 128 位，不仅能够保证为数以亿万计的主机编址，而且也为在等级结构中插入更多的层次提供了余地。在 IPv4 中，只有网络、子网和主机 3 个基本层次，而 IPv6 地址的层次可以多很多。

表 2-2 给出了 IPv6 地址的初始分配情况。从表中可以看到，显然有大量地址空间（多于 70%）尚未分配，留给未来的发展和新增加的功能。地址空间中的两个部分（0000 01 和 0000 010）被保留给其他（非 IP）地址方案。网络服务访问点（Network Service Access Point，NSAP）地址由 ISO 的协议使用，互联网分组交换（Internet Packet Exchange，IPX）地址由 Novell 网络层协议使用。

表 2-2 IPv6 地址的初始分配情况

二进制前缀	类 型	占地址空间的百分比（%）
0000 0000	保留	0.39
0000 0001	未分配	0.39
0000 001	ISO 网络地址	0.78
0000 010	IPX 网络地址	0.78
0000 011	未分配	0.78
0000 1	未分配	3.12
0001	未分配	6.25
001	可聚合的全局单播地址	12.5
010	未分配	12.5
011	未分配	12.5
100	基于地理位置的单播地址	12.5
101	未分配	12.5
110	未分配	12.5
1110	未分配	6.25
1111 0	未分配	3.12
1111 10	未分配	1.56
1111 110	未分配	0.78
1111 1110 0	未分配	0.2
1111 1110 10	链路本地使用地址	0.098
1111 1110 11	场点本地使用地址	0.098
1111 1111	组播地址	0.39

3. 存储资源

随着科技的进步，人们制造数据的方式千变万化，制造出来的数据量也在高速增长。例如，图书馆里保存的大量书籍、论文资料；互联网上的多媒体业务、电子商务等；生物、大气、高能物理等大型科学实验产生的数据。

存储数据是进一步使用、加工数据的基础和必要前提，也是保存、记录数据的重要方法。常用的存储介质包括磁盘和光盘。衡量存储介质性能的重要指标包括存储容量和访问速度。

（1）磁盘

磁盘属于计算机的外部存储器，如硬盘。硬盘的物理外观是一个方形的密封盒子里放有圆形的磁性盘，密封盒子用于保护磁盘不被划伤，避免数据丢失。

硬盘接口有以下几种。

- ATA（Advanced Technology Attachment）：是用传统的 40 针脚并口数据线连接主板与硬盘。具体分为 Ultra-ATA/100 和 Ultra-ATA/133 两种，表示硬盘接口的最大传输速率分别是 100 MB/s 和 133 MB/s。
- SATA（Serial ATA）：SATA 也称为串口硬盘，仅使用 4 支针脚就能完成所有的工作，分别用于连接电缆、连接地线、发送数据和接收数据，这样的结构可以降低系统能耗和系统复杂性。SATA 定义的数据传输速率可达到 150 MB/s。
- SATA2：SATA2 是在 SATA 基础上发展起来的，它采用了原生命令队列（Native Command Queuing，NCQ）技术，对硬盘的指令执行顺序进行优化，引导磁头以高效率的顺序进行寻址，避免磁头反复移动带来的损耗，延长磁盘的寿命。SATA2 的数据传输速率可以达到 300 MB/s。

硬盘记录密度决定了可以达到的硬盘存储容量。东芝公司最新展示的 2.5 英寸（in）硬盘每平方英寸可以记录数据 2 TB，希捷公司最新展示的硬盘每平方英寸可以记录 10 TB 的数据。

为打破单个硬盘存储容量的限制，磁盘阵列的概念被提了出来。磁盘阵列是由很多价格较低、容量较小、稳定性较高、速度较慢的磁盘，组合成一个大型的磁盘组，利用个别磁盘提供数据所产生的加成效果，提升整个磁盘系统在存储容量和访问速度两方面的性能。

（2）光盘

光盘是不同于磁性载体的光学存储介质。根据光盘结构，光盘主要分为 CD、DVD、蓝光光盘等。这几种光盘的主要结构原理一样，区别在于光盘的厚度和用料。

一般而言，光盘的记录密度受限于读出的光点大小，即光学的绕射极限（Diffraction Limit），其中包括激光波长、物镜的数值孔径。缩短激光波长、增大物镜数值孔径可以缩小光点，提高记录密度。

读取和烧录 CD、DVD、蓝光光盘的激光是不同的。例如，读出 CD 时，激光波长为 780 nm，物镜数值孔径为 0.45；读出 DVD 时，激光波长为 650 nm，物镜数值孔径为 0.6；读出蓝光光盘时，激光波长为 405 nm，物镜数值孔径为 0.85。激光光束的不同导致了光盘容量的差别，CD 的容量只有 700 MB 左右，DVD 则可以达到 4.7 GB，而蓝光光盘可以达到 25 GB。

最近，日本东京大学的研究团队在研究中发现了一种材料，可以用来制造更便宜、容量更大的超级光盘。这种材料是一种透明的新型氧化钛，平常是能导电的黑色金属状态，在受到光的照射后会转变成棕色的半导体。在室温下受到光的照射，能够任意在金属和半导体之间转变，因而产生储存数据的功能。由这种材料制成的超级光盘的容量可达到25000 GB，即25 TB，这表明超级光盘的容量是蓝光光盘的1000倍。

4. 计算能力

计算是分析、处理数据的基本操作。由于具有高速数值计算和逻辑计算能力，电子计算机已经成为信息时代不可缺少的基础和重要的工具。除了保证计算结果的正确性，谈及计算能力更多的是强调电子计算机的计算速度。

目前，为提高计算机的计算能力的研究方向主要有两个，一个是研制超级计算机，另外一个是研究新型计算机。

（1）超级计算机

超级计算机通常是指由数百数千甚至更多的处理器组成的、能计算普通计算机不能完成的大型复杂课题的计算机。为更好地理解超级计算机的运算速度，将普通计算机的运算速度比做人的走路速度，那么超级计算机就达到了火箭的速度。

表2-3中列出了2020年6月公布的国际超级计算机排名的前10位，表格中"最高运算速度"和"运转速度峰值"的单位是Tflo/s，即每秒10^{12}次浮点运算。可以看到，中国的超级计算机占有前10名中的两席。

表2-3 2020年6月公布的国际超级计算机前10名

排名	地　　点	超级计算机名	最高运算速度/Tflops	运转速度峰值/Tflops
1	日本理化学研究所计算科学研究中心	富岳	415,530.0	513,854.7
2	美国橡树岭国家实验室	顶点	148,600.0	200,794.9
3	美国劳伦斯利弗莫尔实验室	Sierra	94,640.0	125,712.0
4	中国国家超级计算无锡中心	神威太湖之光	93,014.6	125,435.9
5	中国国家超级计算广州中心	天河-2A	61,444.5	100,678.7
6	意大利埃尼	HPC5	35,450.0	51,720.8
7	美国英伟达	Selene	27,580.0	34,568.6
8	美国得克萨斯先进计算机中心	Frontera	23,516.4	38,745.9
9	意大利 CINECA	Marconi-100	21,640.0	29,354.0
10	瑞士国家超级计算中心	代恩特峰	21,230.0	27,154.3

（2）新型计算机

新型计算机包括生物计算机、量子计算机和光子计算机。下面简单列举各种计算机的特点。

生物计算机又称仿生计算机，是以生物芯片取代在半导体硅片上集成数以万计的晶体管制成的计算机。生物计算机芯片本身还具有并行处理的能力，其运算速度要比当今最新一代的计算机快10万倍。用蛋白质制成的计算机芯片，它的一个存储点只有一个分子大小，所以它的存储容量可以达到普通计算机的10亿倍。

量子计算机是利用原子所具有的量子特性，进行信息处理的一种全新概念的计算机。如果将一群原子聚在一起，它们不会像电子计算机那样进行线性运算，而是同时进行所有可能的运算。只要 40 个原子一起计算，就相当于今天一台超级计算机的性能。量子计算机以处于量子状态的原子作为中央处理器和内存，其运算速度可能比目前的奔腾 4 芯片快 10 亿倍，就像一枚信息火箭，在一瞬间搜寻整个互联网，可以轻易破解任何安全密码。

光子计算机是一种由光信号进行数字运算、逻辑操作、信息存储和处理的新型计算机。光子计算机的基本组成部件是集成光路，要有激光器、透镜和核镜。由于光子比电子速度快，光子计算机的运行速度可高达一万亿次每秒，它的存储量是现代计算机的几万倍。

虽然，上述新型计算机是未来计算机发展的重要方向，揭示了人类能获得的计算能力还有大幅度的提升空间，但是新型计算机目前还处于实验室研究阶段，距离大规模的成熟的商业应用还有很长的距离。

2.4.3 服务质量

物联网的服务质量可以分别从通信、数据和用户 3 个方面来细分，下面做进一步的描述和解释。

1. 通信为中心的服务质量

（1）时延

时延是指一个报文或分组从一个网络的一端传输到另一端所需要的时间。它包括了发送时延、传播时延、处理时延、排队时延。图 2-21 展示了不同种类的时延和它们在通信中产生的位置。

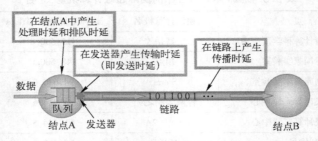

图 2-21 时延种类与产生位置

发送时延，在排队论中也称为服务时延，指一个分组从成为发送队列中第一个分组起，至该分组被完全发送出去所需要的时间。发送时延通常由媒体访问机制决定。例如，当媒体访问机制是时分多址（TDMA）时，分组的发送时延为一轮调度周期；当媒体访问机制是载波侦听多路访问（CSMA）时，分组的发送时延为节点竞争接入信道的时延。频分多址（FDMA）和码分多址（CDMA），这两种媒体访问机制的本意，就是让所有节点并发、同时地进行通信，发送时延的问题不是太明显。

传播时延是指电磁波在空气和电缆、光波在光缆等传输媒质中传播需要的时间。在普通的传输媒质中，电磁波的传播速度通常都是在每秒 29 万千米以上。大多数情况下，通信距离为几到几千千米，因此传播时延的量级一般为 0.03 秒甚至更短。

处理时延是指网络节点对分组进行的解析、读取、存储和处理所占用的时间。影响处理时延的因素主要包括数据的读取和存储速度、指令的执行速度以及硬件的响应速度。处理时延通常是用于衡量硬件性能的重要指标。相对于其他 3 类时延，处理时延可以忽略不计。

网络节点一般都配有数据缓冲区，用于存储等待发送的分组。通常，数据缓冲区是一个先入先出的队列，因此分组进入数据缓冲区也可以形象地比喻为"排队"。

排队时延是指从一个分组进入数据缓冲区开始，至该分组排到队列中的第一位所需要的时间。很显然，一个分组的排队时延与两个因素有关：第一个因素是该分组进入数据缓冲区时数据缓冲区中已有的分组数目；第二个因素是队列中先于该分组的其他分组的发送时延的长短。如果一个分组的排队时延很大，则可以推断缓冲区积压的分组过多，或者每个分组的发送时延过长。

时延是通信服务质量的一个重要指标。低时延是网络运行正常的表现，也是网络运营商追求的目标。时延过大通常是由于网络负载过重导致。网络带宽有限好比道路通行能力有限，当网络中的数据流量过大造成网络拥堵时，网络中的数据传输速率将十分低下，从而造成大的时延。

（2）公平性

由于通信网络能够为网络节点提供带宽资源的总量是有限的，所以公平性是衡量网络通信质量的重要指标，可以有以下几种理解：

- 保证网络内的每一个节点都能够绝对公平地获得信道带宽资源。
- 保证网络内的每一个节点都能够有均等的机会获得信道带宽资源。
- 保证网络内的每一个节点都有机会获得信道带宽资源。

很显然，以上 3 种公平性保证的强度是呈递减趋势的。然而，第一种公平性在实际网络环境中很难得到保证。因此，在实际运用过程中，更多的是强调后面两种公平性所代表的含义，并用于衡量网络性能。

根据 OSI 网络 7 层参考模型，数据链路层的 MAC 子层负责提供网络节点对信道访问的功能。其中，竞争型 MAC 协议的公平性是一个很重要的研究内容。例如，在 CSMA/CA 中，一旦检测到冲突，为降低再次冲突的概率，需要等待一个随机时间。二进制指数退避算法是竞争型 MAC 协议主要采用的一种退避机制，其主要缺陷是在信道持续繁忙的情况下，竞争窗口较小的节点在完成一次数据发送后极可能再次快速接入信道，从而演变成长期占用信道资源，降低了很大一部分其余网络节点接入信道的机会。

MAC 协议主要解决网络节点邻域范围内的信道访问方面的问题。路由协议则保证数据分组在网络范围内正确地选择合适、有效的通信路径，准确无误地从源节点出发到达目的节点。路由选择的原则很多，直观上选择连接源节点和目的节点之间的最短路径却是最好的选择。但是，如果最短路径上的链路状况不稳定或者数据流量过载，最短路径很可能是一个差的选择。基于多径路由的策略，通过协调、均衡不同路径上的网络负载，既避免了网络性能恶化，也实现了路由层的公平性。

传输控制协议（Transport Control Protocol，TCP）是目前在网络中广泛应用的传输层协议。理论和实验表明，TCP 本身的拥塞控制机制会导致 TCP 协议在无线网络中的应用出现许多不公平问题；TCP 对数据分组和控制分组丢弃敏感度的不对称会导致上、下行 TCP 流的不公平；TCP 闭环拥塞控制的贪婪特性会造成上行 TCP 流之间的不公平，以及 TCP 长短流之间的不公平。对于 TCP 的不公平性问题，当前较难找到行之有效的解决方案。

以上讨论的各层协议对应于两个或更多个节点之间的公平性。节点自身对于数据缓冲区的管理则体现了数据分组之间的公平性，队列公平性是评价分组的排队规则以及队列的管理方式优劣的重要参考。

（3）优先级

网络通信中的优先级主要是指对网络承载的各种业务进行分类，并按照分类指定不同业务的优先等级。正常情况下，网络保证优先等级高的业务比优先等级低的业务有更低的等待时延、更高的吞吐量；网络资源紧张时，网络甚至会限制为优先等级低的业务提供服务，尽力满足优先等级高的业务需求。

在多媒体通信中，多媒体通信应提供包括视频图像、语音和数据等多种业务的服务。

视频图像业务的具体形式包括高清电视、可视电话、会议电视、视频点播等。视频图像业务的主要特点包括两个：第一是数据传输量大，以会议电视为例，一路会议电视信号至少需要 4.3 MHz 的带宽；第二是数据传输的实时性要求高，根据视觉暂留原理，人的肉眼在某个视像消失后，仍可使该物像在视网膜上滞留 0.1~0.4 秒。因此，多媒体视频流的传输延时和抖动应该低于 0.1 秒。

语音业务的具体形式包括固定电话和移动电话等业务。以固定电话为例，一路普通电话需要 3.4 kHz 的带宽。因此，语音业务对带宽的要求相对视频图像业务是很低的。ITU G.114 规范建议，在传输语音流量时，单向语音包端到端延迟要低于 150 毫秒。对于国际长途呼叫，特别是卫星传输时，可接受的单向延迟为 300 毫秒。如果超过 300 毫秒则通话的质量会变得让人不能忍受。过多的包延迟可以引起通话声音不清晰、不连贯或破碎。因此，语音业务对时延有很高的要求。

数据业务的具体形式包括短信、网上聊天和邮件等。以短信为例，一个手机用户发送的短信所包含的数据量通常不超过 100 个字节。因此，相比视频图像和语音业务，数据业务对带宽资源的要求是最低的。另外，无论是短信、网上聊天还是邮件通信方式，实际通信过程中允许的延迟甚至可以是几小时。从网络传输速度看，数据业务对通信时延几乎没有任何要求。

根据以上分析，视频图像业务享受网络服务的优先等级高于语音业务，而语音业务享受网络服务的优先等级高于数据业务。大多数网络协议都承认这几种业务之间的优先等级顺序。

除了不同业务之间的优先等级之外，通信中也会考虑不同用户之间的优先等级。因为网络运营商可以就服务条款和要求与网络用户达成一定的协议，网络则根据运营商与用户之间达成的协议提供相应的服务。协议要求不同，自然会体现出不同用户之间在享受网络服务时的优先等级。

（4）可靠性

通信的一个基本目的就是保证信息被完整地、正确地从源节点传输到目的节点。保证信息传输的可靠性也是通信的一个重要原则。

在网络中，有些服务如 HTTP、FTP 等，对数据的可靠性要求较高，在使用这些服务时，必须保证数据包能够完整无误地送达；而另外一些服务，如邮件、即时聊天等，并不需要这么高的可靠性。根据这两种服务不同的需求，对应地有面向连接的 TCP 协议，以及面向无连接的 UDP 协议。

连接（Connection）和无连接（Connectionless）是网络传输中常用的术语，二者的关系可以比喻为打电话和写信。打电话时，一个人首先必须拨号（发出连接请求），等待对方响应，接听电话（建立了连接）后，才能够相互传递信息。通话完成后，还需要挂断电话

（断开连接），才算完成了整个通话过程。写信则不同，你只需填写好收信人的地址信息，然后将信投入邮局，就算完成了任务。此时，邮局会根据收信人的地址信息，将信件送达指定目的地。

两者之间有很大不同。打电话时，通话双方必须建立一个连接，才能够传递信息。连接也保证了信息传递的可靠性，因此，面向连接的协议必然是可靠的。无连接就没有这么多讲究，它不管对方是否有响应，是否有回馈，只负责将信息发送出去。就像信件一旦进了邮箱，在它到达目的地之前，你可能没法追踪这封信的下落；接收者即使收到了信件，也没有必要通知你信件何时到达。在整个通信过程中，没有任何保障。因此面向无连接的协议是不可靠的。当然，邮局会尽力将邮件送到目的地，绝大多数信件会安全到达，但在少数情况下也有例外。

传输可靠性主要解决的是分组丢失的问题。导致分组丢失的原因主要包括通信线路受到破坏、通信信号受到噪声的干扰以及网络出现严重拥塞。

以多媒体通信为例，语音分组的丢失，将导致通话质量的下降；视频图像流中出现重要分组的丢失，甚至可能导致无法在接收方恢复图像画面。为弥补分组丢失带来的损失，通信接收方通常会要求发送方重传丢失的分组，如果收发双方距离很远，这种丢失分组导致的重传会对网络资源造成严重的浪费。

2. 数据为中心的服务质量

（1）真实性

数据的真实性是用于衡量使用数据的用户得到的数值与数据源的实际数据即"真值"之间的差异。

对于数据真实性可以有以下几种理解：

- 接收方和发送方持有数据中的数值之间的偏差程度。
- 接收方和发送方持有数据所包含的内容在语义上或上下文环境中的吻合程度。
- 接收方和发送方持有数据所指代范围的重合程度。

造成数据不真实的情况主要分为3种。第一种是非人为的客观原因，例如，数据采集设备的精度较低、通信设备能力不强、网络资源受限等；第二种是非恶意的主观人为原因，例如，记录错误、漏记、分析出错等；第三种是恶意的人为原因，例如，伪造数据、篡改数据等。显然，第三种情况的数据失真原因给数据服务质量造成的损失最为严重。

（2）安全性

数据安全的要求是通过采用各种技术和管理措施，使通信网络和数据库系统正常运行，从而确保数据的可用性、完整性和保密性，保证数据不因偶然或恶意的原因遭受破坏、更改和泄露。

数据安全有对立的两方面的含义：一是数据本身的安全，主要是指采用现代密码算法对数据进行主动保护，如数据保密、数据完整性、双向强身份认证等；二是数据防护的安全，主要是采用现代信息存储手段对数据进行主动防护，如通过磁盘阵列、数据备份、异地容灾等手段保证数据的安全。数据安全是一种主动的包含措施，数据本身的安全必须基于可靠的加密算法与安全体系，主要有对称算法与公开密钥密码体系两种。

数据处理的安全是指如何有效地防止数据在录入、处理、统计或打印中，由于硬件故障、断电、死机、人为的误操作、程序缺陷、病毒或黑客等造成的数据库损坏或数据丢失现象，某些敏感或保密的数据被不具备资格的人员或操作员阅读，从而造成数据泄密等后果。

数据存储的安全是指数据库在系统运行之外的可读性。一个标准的数据库文件，稍微懂得一些基本方法的计算机人员，都可以打开阅读或修改。一旦数据库被盗，即使没有原来的系统程序，照样可以另外编写程序对盗取的数据库进行查看或修改。从这个角度说，不加密的数据库是不安全的，容易造成商业泄密。这涉及计算机网络通信的保密、安全及软件保护等问题。

（3）完整性

数据完整性是指数据的精确性和可靠性。它是应防止数据库中存在不符合语义规定的数据和防止因错误信息的输入输出造成无效操作或错误信息而提出的，用于确保数据库中包含的数据尽可能地准确和一致。

数据完整性有 4 种类型：实体完整性、域完整性、引用完整性和用户定义完整性。

实体完整性将行定义为特定表的唯一实体。实体完整性的要求是数据库使用者要保证表的标识符列或主键的完整性（通过索引、Unique 约束、Primary Key 约束或 Identify 属性）。

域完整性是指特定列的输入有效性。强制域有效性的方法有：限制类型（通过数据类型）、格式（通过 Check 约束和规则）或可能值的范围（通过 Foreign Key 约束、Check 约束、Default 定义、Not Null 定义和规则）。

在输入或删除记录时，引用完整性保持表之间已定义的关系。在 Microsoft SQL Server 2000 中，引用完整性基于外键与主键之间或外键与唯一键之间的关系（通过 Foreign Key 和 Check 约束）。引用完整性确保键值在所有表中一致。这样的一致性要求不能引用不存在的值；如果键值更改了，那么在整个数据库中，对该键值的所有引用要进行一致的更改。

用户定义完整性使用户得以定义不属于其他任何完整性分类的特定业务规则。所有的完整性类型都支持用户定义完整性。

（4）冗余性

数据冗余是指数据库的数据中有重复信息的存在。如果数据冗余程度过高，肯定会对资源造成浪费。但是，完全没有任何数据冗余并不现实，也存在弊端。因此，应该从两个角度来看待数据的冗余性。

一方面，应当避免出现过度的数据冗余。如果数据重复存在的情况很严重，这自然浪费了很多的存储空间，尤其是存储海量数据的时候。除此之外，数据冗余会妨碍数据库中数据的完整性。关系模式的规范化理论的主要思想之一就是最小冗余原则，即规范化的关系模式在某种意义上应该冗余度最小。降低数据冗余度，不仅可以节省存储空间，也可以提高数据的传输效率。

另一方面，必须引入适当的数据冗余。数据库软件或操作系统的故障、设备的硬件故障、人为的操作失误、网络内非法访问者的恶意破坏甚至网络供电系统故障等，都将造成存储在设备上的数据丢失和毁坏。为消除这些破坏数据的因素，数据备份是一个极为重要的手段。数据备份的基本思想就是在不同地方重复存储数据，从而提高数据的抗毁能力，为灾害数据恢复提供坚实的基础。

（5）实时性

对数据的实时性要求，与应用的背景有着密切关系。相关的典型应用主要包括工业生产控制、应急处理、灾害预警等。

冷链物流与人们的生活息息相关。例如，速冻食品、包装熟食、冰淇淋和奶制品、快餐原料等在生产、储藏、运输、销售等环节中，都需要始终处于规定的低温环境中，才能保证质量。如温度监控系统需要随时掌握整个物资储藏环境的温度，如果监测到的温度出现异常而不能及时通报给控制中心，则有可能延误管理人员采取相应的温度调节措施。

应急处理的一个典型例子就是处理突发在建筑物中的火灾。一般情况下，发生火灾后，人员安全疏散允许的时间是：耐火等级为一、二级的民用建筑为6分钟，公共建筑为5分钟，观众厅为2分钟。当火灾发生时，如果显示火灾严重程度和发展态势的数据及时地被传回管理中心，则有助于快速形成有效灭火、转移人员、财产的应急处理方案，最大限度地降低火灾造成的各种损失。

由于地震这种自然灾害具有人力无法抗衡的严重破坏力，建立有效的灾害预警机制是降低灾害损失的重要方法。当海洋中发生地震时，对陆地上人口密集地区的预警时间为一到两分钟；当陆地发生地震时，对震中地区提供的预警时间通常为十几秒、甚至几秒。尽管获取预警的时间可能非常短暂，但是这种灾害预警机制对于减少人员伤亡和减轻损失具有非常重要的意义。

3. 用户为中心的数据质量

无论是网络通信还是各种数据，其最终目的是为不同的用户提供有效的服务。因此，用户对网络通信服务、数据质量的评价是最有意义的。用户体验是业界如今很时髦的一个概念，强调用户在接受服务过程中建立起来的主观感受。

（1）智能化

对于用户体验到的智能化服务，搜索引擎的功能是一个很好的实例。

搜索引擎的真正目的是为不同的搜索意图提供准确的对应信息。研究用户搜索意图是改进搜索引擎设计的重要手段。用户搜索意图的研究主要包括两个方面：一是使搜索引擎提供更好的交互功能，显式或隐式地获取用户意图；二是对用户意图尽可能准确地分类。

目前，一种比较流行的对用户搜索意图分类的方法是将其分为以下3类。

- 导航型（Navigational）：寻找某类特殊站点，这类站点能够为用户提供该站点上进一步的导航操作。
- 信息型（Informational）：寻找站点上某种以静态形式存在的信息，这是用户通常的一种查询。
- 事务型（Transactional）：寻找某类特殊的站点，这类站点的信息能够直接被用户下载或做进一步的在线操作，如购物、游戏等。

就上述分类而言，导航型意图意味着用户想要获取能够提供导航信息的这类特殊站点。例如，主页或包含足够多导航信息的非主页。信息型意图意味着用户在进行最通常的一种查询，并且在查询返回的结果中寻找其感兴趣的内容。事务型意图意味着用户按照事务提前安排好的流程进行查询、搜索等操作。

对于搜索引擎，通过获取和分类用户搜索意图可以实现针对不同的意图提供独特、贴切的信息，以满足用户个性化的需求。这就是智能化的重要体现。

（2）吸引力

有用是一个服务产生吸引力的最重要因素，有用是针对用户的需求而言的。例如，手机的出现使得人们摆脱固定电话的束缚，可以实现在任何地点、在移动的过程中进行通话。因此，移动通信服务得以快速的普及，很快形成庞大的用户群体。电子邮件的出现，使得信件在世界范围内投递的时间大大缩短，也极大地降低了邮件交互的成本。因此，电子邮件成了人们日常工作、学习、交流的重要方式。

新颖性是提升一个服务吸引力的重要环节。这种新颖性可以是服务内容上的新颖性，也可以是服务形式上的新颖性，两者同样重要。前者是指设计出新颖的功能，后者是对已有功能进行新颖的组合。例如，手机定位是移动运营商提供的一种内容新颖的服务；将手机定位功能用于汽车救援、医疗急救等则属于提供新颖的服务形式。

人机交互过程中也十分强调通过人的感官建立服务的吸引力。人的感官包括触觉器官、视觉器官、听觉器官、嗅觉器官和味觉器官。人通过感官认知世界，用户通过各种感官体验服务质量。服务应该通过各种感官向用户传达一种信息，即让服务本身产生吸引力。例如，通过形状和色彩的搭配使网页上的画面产生视觉上的吸引力，或者通过悦耳的音乐或者朗读产生听觉上的吸引力。

（3）友好度

用户不是专业的服务设计人员，不了解服务的具体实现细节。用户在体验服务的过程中也没有必要了解服务在设计上的细节。因此，在提供服务的过程中，应当尽量让用户感受到服务过程的友好。

服务的设计应当符合人体工学原理。人体工学，在本质上就是使工具的使用方式尽量适合人体的自然形态，这样就可以使正在使用工具的人在工作时，身体和精神不需要任何主动适应，从而尽量减少使用工具造成的疲劳。人体工学的具体应用，包括生活中常见的各种造型设计、按钮的位置安排、说明文字的设计等多个方面。

容易使用是友好度的另外一个重要体现。在服务过程中，用户与软件或者网页等人机界面的交互是难以避免的，相关的提示或者说明应该易于用户理解，并且服务本身具备对用户误操作的纠错能力。例如，文件下载过程中，会有下载进度提醒；对于用户的一些重要操作，系统会利用符合人认识习惯的颜色或者形状，形象地传递提示信息。

更广义的友好度，还包括在服务过程中添加符合用户生活习惯、文化背景以及特殊爱好的元素，从而实现为用户提供个性化服务。

总之，要避免一切让用户体验的结果是服务过程很复杂、充满挫折感的设计元素，友好度的优劣是制约用户接受服务的重要因素。

2.5 物联网架构实例

体系结构是指说明系统组成部件及其之间的关系，指导系统的设计与实现的一系列原则的抽象。体系结构可以保证系统开发人员在开发过程中所做的每一个技术选择都与系统的预期需求相符合，因此，建立体系结构是设计与实现网络化计算系统的首要前提。体系结构可以精确地定义系统的组成部件及其之间的关系，指导开发者遵循一致的原则实现系统，以保证最终建立的系统符合预期的需求。

因此，在物联网这种新型的网络化计算体统中，同样需要事先确定设计物联网系统的体系结构，物联网体系结构是设计与实现物联网系统的首要基础。近年来，国内外的研究人员对物联网体系结构进行了广泛深入的研究，提出了多种具有不同结构的物联网体系结构。具有代表性的有以下几个。

1. SENSEI

SENSEI 项目是欧盟第七框架计划（Framework Program 7，FP7）所设立的关于物联网体系结构的项目。SENSEI 旨在构建一个普遍且值得信赖的服务框架，使真实世界与数字世界相连接，此连接将产生"智慧区域"，涉及监测与警报、追踪与反馈、个人状况、受众参与和数据广告等功能。例如，通过将一些已经联网的无线传感器置入公共汽车中，当有一辆公共汽车快要进站时，车站管理者将接收到一条信息，这将让他们迅速调度并使汽车能够更快地到达目的地。SENSEI 系统已经在挪威进行测试，通过为家畜装上 GPS 定位系统，家畜的所有者将可以追踪它们的位置。智慧城市服务已经在贝尔格拉德开始用于测量温度、湿度、公共汽车的二氧化碳排放量以及对汽车的行驶路线进行实时定位，市民们能够通过手机和其他网络获取这些信息。

SENSEI 项目是由芬兰、法国、德国、意大利、爱尔兰、荷兰、挪威、塞尔维亚、罗马尼亚、西班牙、瑞典、瑞士和英国的产业界、大学与研究中心联合执行的。欧盟第七框架计划资助了该项目 1490 万欧元（项目总经费为 2320 万欧元），该项目于 2008 年 1 月开始，已于 2010 年 12 月结束。

SENSEI 所提出的体系结构主要由以下几层构成：通信服务层、资源层、应用层，这些层自下而上依次连接。通信服务层所实现的功能是把地址解析、数据通信、移动管理等所有的网络基础设施的服务关联结合起来，为资源层提供统一的网络通信服务；资源层是 SENSEI 体系结构中的核心环节，涵盖了大量的资源模型，这些模型广泛地存在于真实的物理空间中，资源层的模块有基于语义的资源查询与解析、资源发现、资源聚合、资源创建和执行管理等功能，这些功能可以为应用层和物理空间之间的信息、资源的交互提供统一规划的接口；应用层可以帮助使用者规划统一的接口。SENSEI 将底层感知网络抽象为服务和资源，使后台的信息服务器计算量有效减少。图 2-22 给出了 SENSEI 的体系架构。

2. IoT-A

IoT-A 项目同样是欧盟第七框架计划所设立的关于物联网体系结构的项目。IoT-A 项目的目标是建立一个物联网体系结构参考模型并且定义该参考模型下的物联网关键组成模块，然后通过一个实验验证网络；采用仿真与原型系统验证的方式，

图 2-22　SENSEI 体系架构

验证所提出的体系结构的设计原理和设计准则，并且探索不同体系结构对物联网实现技术的影响。IoT-A 由 19 家公司共同开发研究。欧盟第七框架计划资助了该项目 1800 万欧元，该项目于 2010 年 9 月开始，已于 2013 年 9 月结束。

IoT-A 项目所提出的物联网参考模型中，将不同的无线通信协议均抽象为一个统一的物物通信接口，更加明确地定义了资源之间进行交互的方式和接口。并在此物物通信接口基础上，使用 IP 协议来支持大规模异构网络之间的互通互联，从而更加明确地指出物联网中所使用的互联技术。IoT-A 支持大量的物联网应用。图 2-23 给出了 IoT-A 参考模型的简要示意图。

3. USN

USN 体系结构由韩国电子通信技术研究所在 2007 年日内瓦的一次网络全球标准会议上第一次提出。USN 体系结构自顶向下将物联网分为五层（如图 2-24 所示）：应用网络层、

中间件层、网络基础设施层、接入网、传感网。每一层的功能定义如下：传感网用于采集、测量并传输周围环境的信息；接入网由一些网关或汇聚节点组成，向感知网与外部网络或控制中心之间的通信提供基础设施；网络基础设施是指基于后 IP 技术所形成的下一代互联网（NGN）；中间件由大量软件组成，负责海量数据的采集与处理分析；应用网络层包含了物联网今后可能涉及的未来各个行业，它们将有效使用物联网以提高生产和生活的效率，实现效益最大化。USN 体系架构如图 2-24 所示。

图 2-23　IoT-A 体系架构

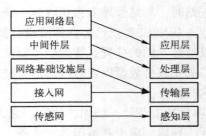

图 2-24　USN 体系架构

　　USN 物联网体系结构基于互联网的网络设施基础，按照不同功能层级把物联网的组成机构一一分析了出来。由于 USN 体系结构的功能层次比较清楚地定义了物联网的组成，因此目前被国内工业与学术界广泛接受。但是需要注意的是，虽然 USN 是作为物联网参考体系结构被提出的，但是 USN 架构并没有定义各层之间的接口。例如，感知网与接入网之间的通信接口、中间件与应用网络层之间的数据接口等，USN 都没有做出统一的规则及格式定义。因此，USN 结构还有待于进一步完善。

4. M2M

　　M2M 可以说是物联网的支撑技术之一，用来表示机器对机器之间的连接与通信。比如，机器间的自动数据交换（这里的机器也指虚拟的机器，比如应用软件）从它的功能和潜在用途角度看，M2M 引起了整个"物联网"的产生。M2M 技术解决方案需要综合运用电子、电信和信息技术来实现终端与系统的通信。每个具体 M2M 应用又是深度融合在企业的日常业务运营、管理以及决策的实际经营过程中或是个人和家庭的日常生活中。M2M 技术运用的复杂性和业务流程的专业性远远超越了一般有人介入的信息化和移动互联网服务。

　　M2M 作为物联网在现阶段的最普遍的应用形式，在欧洲、美国、韩国、日本等实现了商业化应用。主要应用在安全监测、机械服务和维修业务、公共交通系统、车队管理、工业自动化、城市信息化等领域。提供 M2M 业务的主流运营商包括英国的 BT 和 Vodafone，德国的 T-Mobile，日本的 NTT-DoCoMo，韩国 SK 等。中国的 M2M 正处于快速发展阶段，各大运营商都在积极研究 M2M 技术，尽力拓展 M2M 的应用市场。

　　ETSI 于 2008 年底成立了 M2M 技术委员会（ETSI TC M2M），希望通过汇聚和明确各方面 M2M 需求，发现和填补现有各标准之间的断裂地带，通过与其他标准化组织的合作与沟通，最终发展一个端到端的 M2M 全面架构体系，推进多应用共享的水平化服务能力层和接口。ETSI 研究了多种行业应用需求，成果向应用的移植过程比较平稳，同时注意了与 3GPP 研究体系间的协同和兼容。

　　3GPP 的研究重点在于移动网络优化技术，正式研究在 R10 阶段启动。M2M 在 3GPP 内对应的名称为机器类型通信（Machine-Type Communication，MTC）。3GPP 并行设立了多个工作项目（Work Item）或研究项目（Study Item），由不同工作组按照其领域并行展开针对MTC的研究。3GPP2 中 M2M 的研究参考了 3GPP 中定义的业务需求，研究的重点在于CDMA 2000 网络如何支持 M2M 通信，具体内容包括 3GPP2 体系结构增强、无线网络增强和分组数据核心网络增强。

　　M2M 相关的标准化工作在中国主要在通信标准化协会移动通信工作委员会（TC5）和泛在网技术工作委员会（TC10）中进行。

　　ETSI TC M2M 于 2011 年 10 月发布了 M2M 功能架构标准（详见 ETSI TS 102 690）。在该标准中，ETSI 采用了 RESTful 架构模式，强调了在网络侧以及终端/网关设备内的服务能力层（Service Capabilities Layer, SCL）。M2M 的功能架构如图 2-25 所示：在具有存储模块的设备、网关和网络域中部署 M2M 服务能力层（Service Capacity Layer, SCL）；设备和网关中的应用程序通过 dIa 接口访问 SCL；网络域中的应用程序通过 mIa 接口访问 SCL；设备或网关与网络域中的 SCL 交互，由 mId 接口实现。

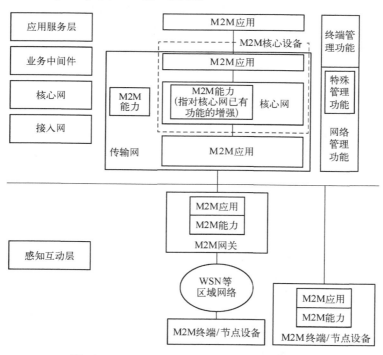

图 2-25　ETSI TS 102 690 标准中的 M2M 架构

　　各服务能力层（SCL）都包含一个标准化的用于存储信息的树状资源结构，进而 ETSI标准化了处理这些资源的流程，从而使 SCL 与各应用以及各应用之间能经过标准接口以资源的形式交互信息。同时，ETSI 提供了标识应用和终端的方式、位置信息、基于通信优化策略的存储/转发机制、基于 OMA DM 或 BBF TR-69 的终端管理等功能。

5. EPC 体系架构

　　为满足对单个物品的标识和高效识别，美国麻省理工学院的自动识别（Auto-ID）实验室在美国统一代码协会（UCC）的支持下，提出利用 RFID、无线通信技术，构造一个覆盖世界万物的系统，并提出了电子产品代码（ElectronicProductCode, EPC）的概念。即每一个对象都将被赋予一个唯一的 EPC，并由采用无线射频识别技术的信息系统管理、彼此联系；数据传输和数据储存由 EPC 网络来处理。随后，国际物品编码协会（EAN）和美国统一代码协会（UCC）于 2003 年 9 月共同成立了非营利性组织 EPCGlobal，将 EPC 纳入了全球统一标识系统，实现了全球统一标识系统中的 GTIN 编码体系与 EPC 概念的完美结合。

目前，EPCglobal 的主要职责是在全球范围内为各行业建立和维护 EPC 网络，采用全球统一标准，实现供应链各环节信息能够实时地自动识别。通过发展和管理 EPC 网络标准，提高供应链上各个合作组织间信息的透明度以及全球化供应链的运作效率。

EPCglobal 网络是实现自动实时识别和供应链信息共享的网络平台。通过整合现有信息系统和技术，EPCglobal 网络使得企业可以更高效地运行，更好地实现基于用户驱动的运营管理。EPCglobal 为企业提供以下服务：

- 分配、维护和注册 EPC 管理者代码；
- 对用户进行 EPC 技术和 EPC 网络相关内容的教育培训；
- 参与 EPC 商业应用案例的实施和 EPCglobal 网络标准的制定；
- 参与 EPCglobal 网络、网络组成、研究开发和软件系统等的规范制定和实施；
- 指导 EPC 研究方向；
- 测试和认证；
- 试点和用户测试。

EPCglobal 提出的"物联网"体系架构认为，一个物联网主要由 EPC 编码体系、射频识别系统及信息网络系统 3 个部分组成。主要由 EPC 编码（96 位 EPC 编码结构见表 2-4）、EPC 标签、EPC 读写器、EPC 中间件、ONS 服务器和 EPCIS 服务器等构成。

表 2-4　96 位 EPC 编码结构

	标　头	厂商识别代码	对象分类代码	序　列　号
EPC-96	8	28	24	36

- EPC 标签是产品电子代码的信息载体。
- EPC 读写器是用来识别 EPC 标签的电子装置，与信息系统连接，实现数据交换。
- EPC 中间件是加工和处理来自读写器的信息和事件流的软件，主要任务是在将数据送往企业应用程序之前，进行标签数据校对、读写器协调、数据传输、数据存储和任务管理。
- ONS 服务器根据 EPC 编码及用户需求进行解析，以确定与 EPC 编码相关的信息存放在哪个 EPCIS 服务器上。
- EPCIS 服务器提供了一个模块化、可扩展的数据和服务接口，使得 EPC 的相关数据可以在企业内部或者企业之间共享。它有两种运行模式，一种是 EPCIS 信息被已经激活的 EPCIS 应用程序直接调用，另一种是将 EPCIS 信息存储在资料档案库中，以备今后查询时进行检索。

6. WoT

Web of Things（WoT）定义了一种面向应用的物联网，把万维网服务嵌入到系统中，WoT 是指利用 Web 的设计理念和技术，采用简单的万维网服务形式使用物联网，将物联网网络环境中的设备抽象为资源和服务能力连接到 Web 空间，搭建基于异构网络和分布式终端的泛在应用开发环境，使得物联网上的嵌入式设备和业务更容易接入与访问。这是一个以用户为中心的物联网体系结构，试图把互联网中成功的、面向信息获取的万维网应用结构移植到物联网上，用于简化物联网的信息发布和获取。

WoT 是 IoT 的一种实现模式，指的是将那些嵌入智能设备的日常用品或者计算机都集成到 Web。不像其他，IoT 系统那样，WoT 利用了 Web 的标准，将互联网整个生态系统扩展到日用智能设备，现在在 WoT 里被广泛接受的 Web 标准包括 URI，HTTP，REST，RSS等。WoT 架构使用 HTTP 作为应用层协议，同时使用 REST 接口将智能设备的同步能力开放出来，并且适用于整个 ROA（Resource Oriented Architectures，基于资源的架构），利用 Web 标准（Atom）或者服务器推送机制（Comet）将智能设备的异步能力开放出来。WoT 利用这些特点，使得智能设备的服务的耦合性降低，同时也提供了一个统一的接口让开发者更加容易地运用。WoT 可以真正释放设备联网的潜能，WoT 的目标是为所有被束缚在智能设备内部的信息提供 URIs，使用标准的 MIME 来编码这些信息，并且通过 HTTP 来传输这些信息。

可以说，WoT 是 IoT 的一种实现模式。目前 IoT 系统多数都是垂直化的系统，开放性很差，彼此的互通性成问题，资源的共享性差，升级困难，成本很高。WoT 系统提供了一种开放的方式，有利于资源的重用，跨平台的协作等。与此同时，WoT 能够与当前其他基于Web 的技术进行很好的集成与互通，有利于快速业务生成。如与 SNS 的开放平台共同生成新业务。同时由于采用 HTTP 协议作为传输技术，可以借鉴许多成熟的 HTTP 技术方案，成本很低。另一方面，由于 WoT 基于 Web 技术，并且是开放的，容易受到攻击，安全性较差。由于采用 HTTP 协议作为传输技术，故效率和时延特性也受到 HTTP 协议的制约，比很多自有的 IoT 系统低。

从上述描述中可以看出，当前存在的物联网体系结构仍旧停留在描述物联网功能构造这一点上，不能实现物联网体系的形式化说明和验证。也就是说，现存的物联网体系结构大多是从功能性的角度给物联网做出了说明，对于功能部件和部件之间的连接关系的抽象定义与说明没有详细的研究和结论。这是物联网当前发展的局限性所决定的，也是发展过程中必经的环节。随着各国对物联网体系结构研究的深入和实际设计经验的积累，必然会推动物联网体系结构更加统一、规范化和完善，实现物联网网络架构的最终融合统一。

本章小结

建立物联网体系架构的目的在于引导和规划物联网产业的发展以及相关技术标准的制定。物联网作为一个有机的系统整体，其体系架构呈现出完整、层次分明的特点。感知层是整个物联网体系架构的基石，其主要功能在于感知现实世界和执行用户的命令反馈；网络层主要促进异构网络的融合，以及为底层网络连接核心网络提供多元化的接入方式；应用层是整个物联网体系中最接近用户的层面，其功能在于管理和调度网络的服务资源，保证应用需要的服务质量。物联网的体系架构准确、详细地描述了物联网系统所具有的功能，以及各种功能之间的内在联系。

练习题

1. 物联网体系架构由哪几层构成？
2. 在物联网感知层中，传感器节点存在哪些约束？
3. 请列举出几种常见的传感器。
4. 三网融合指的是哪些网络的融合？
5. 物联网的服务质量分为哪几个方面？
6. SENSEI 项目提出的体系结构是什么？
7. 如果想要检测火焰，需要什么传感器？如果是检测车辆碰撞呢？
8. 请利用物联网的感知功能实现路灯的自我节能。
9. 请以智慧农业物联网项目结合物联网体系架构，简单说说如何分配不同层的不同功能。

10. 随着物联网技术的快速发展，AIoT（智能物联网）逐渐进入人们的视野，AIoT 的整体架构主要包括智能设备与解决方案层、操作系统层、基础设施层，与传统的物联网体系架构有着很大的相似之处。请简要分析 AIoT 的架构与物联网体系架构的相同和不同之处。

第3章 物联网感知技术

感知功能是构建整个物联网系统的基础。感知功能的主要关键技术包括传感器技术和信息处理技术。其中，传感器技术涉及数据信息的采集，信息处理技术涉及数据信息的加工和处理。下面逐一介绍各项技术的要点。

3.1 传感器技术

传感器处于观测对象和测控系统的接口位置，是感知、获取和监测信息的窗口，如果说计算机是人类大脑的扩展，那么传感器就是人类五官的延伸，有人形象地称传感器为"电五官"。

传感器技术是半导体技术、测量技术、计算机技术、信息处理技术、微电子学、光学、声学、精密机械、仿生学和材料科学等众多学科相互交叉的、综合性和高新技术密集型的前沿研究领域之一，是现代新技术革命和信息社会的重要基础。它与通信技术、计算机技术共同构成信息产业的三大支柱。

美国和日本等国家都将传感器技术列为国家重点开发关键技术之一。美国国家长期安全和经济繁荣至关重要的22项技术中有6项与传感器技术直接相关。美国空军2000年列举出15项有助于提高21世纪空军能力的关键技术，传感器技术名列第二。日本对开发和利用传感器技术相当重视，并将其列为国家重点发展的核心技术之一。日本科学技术厅制定的20世纪90年代重点科研项目中有70个重点课题，其中有18项与传感器技术密切相关。

由于世界各国普遍重视和加大开发投入，传感器技术发展十分迅速，近十几年来其产量及市场需求年增长率均在10%以上。

1. 传感器的定义、组成和分类

传感器是能感受规定的被测量，并按照一定的规律将其转换成可用输出信号的器件或装置。从广义上讲，传感器是获取和转换信息的装置。在某些领域中又称为敏感元件、检测器、转换器等。

通常传感器由敏感元件和转换元件组成。其中，敏感元件是指传感器中能直接感受或响应被测量的部分，而转换元件是指传感器中将敏感元件感受或响应的被测量转换成适合于传输或测量的电信号的部分。一般这些输出信号都很微弱，因此需要有信号调理与转换电路将其放大、调制等。目前随着半导体技术的发展，传感器的信号调理与转换电路可以和敏感元件集成在同一芯片上。一般传感器组成框图如图3-1所示。

传感器种类繁多，可按不同的标准分类。按外界输入信号转换为电信号时采用的效应分类，可分为物理、化学和生物传感器；按输入量分类，可分为温度、湿度、压力、位移、速度、加速度、角速度、力、浓度、气体成分传感器等；按工作原理分类，可分为电容式、电阻式、电感式、压电式、热电式、光敏、光电传感器等。表3-1给出了传感器常见的分类方法。

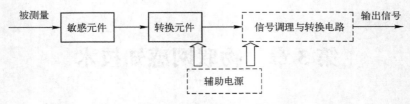

图 3-1 一般传感器组成框图

表 3-1 传感器分类方法

分类方法	传感器类型	描述
按输入量分类	温度传感器、湿度传感器、压力传感器、浓度传感器、加速度传感器等	以被测量类型命名，包括物理量、化学量、生物量等
按输出信号分类	模拟传感器、数字传感器、膺数字传感器、开关传感器等	以输出信号的类型命名
按工作原理分类	电阻应变式传感器、电容式传感器、电感式传感器、光电式传感器、热电式传感器、光敏式传感器等	以传感器工作原理命名
按敏感材料分类	半导体传感器、陶瓷传感器、光导纤维传感器、高分子材料传感器、金属传感器等	以制造传感器的材料命名
按能量关系分类	能量转换型传感器	也称为换能器，直接将被测量转换为输出电能量
	能量控制型传感器	由外部供给能量，被测量控制输出电能量

2. 传感器性能指标

传感器在稳态信号作用下，其输入/输出关系称为静态特性。衡量传感器静态特性的重要指标是线性度、灵敏度、重复性、迟滞、分辨率和漂移。

（1）线性度

传感器的线性度就是其输出量与输入量之间的实际关系曲线偏离直线的程度，又称为非线性误差。线性度定义为在全量程范围内，实际特性曲线与拟合直线之间的最大偏差值与满量程输出值之比。

实际使用中，几乎每一种传感器都存在非线性。因此，在使用传感器时，必须对传感器输出特性进行线性处理。

（2）灵敏度

传感器的灵敏度是其在稳态下输出增量与输入增量的比值。

（3）重复性

重复性表示传感器在按同一方向作全量程多次测试时，所得特性不一致性的程度。多次按相同输入条件测试的输出特性曲线越重合，其重复性越好，误差也越小。

传感器输出特性的不重复性主要由传感器机械部分的磨损、间隙、松动、部件的内摩擦、积尘以及辅助电路老化和漂移等原因产生。

（4）迟滞

迟滞特性表明传感器在正向（输入量增大）行程和反向（输入量减小）行程期间，输出输入特性曲线不重合的程度。

（5）分辨率

传感器的分辨率是在规定测量范围内所能检测输入量的最小变化量。

（6）漂移

传感器的漂移是指在外界的干扰下，输出量发生与输入量无关的、不需要的变化。漂移包括时间漂移和温度漂移。时间漂移是指在规定的条件下，零点或灵敏度随时间的缓慢变化；温度漂移为环境温度变化而引起的零点或灵敏度的漂移。

3. 物理传感器

物理传感器是检测物理量的传感器。它是利用某些物理效应，将被测的物理量转化成为便于处理的能量信号的装置。下面以电阻应变式传感器、压电式传感器、光纤传感器作为物理传感器的代表进行介绍。

（1）电阻应变式传感器

电阻应变式传感器以应变效应为基础，利用电阻应变片将应变转换为电阻变化。传感器由黏贴在弹性元件上的电阻应变敏感元件组成，当被测物理量作用在弹性元件上，弹性元件的变形引起应变敏感元件的阻值变化，通过转换电路转变成电量输出，电量变化的大小反映了被测物理量变化的大小。

电阻应变片作为应力检测手段已有 50 多年的历史，应用最多的是金属电阻应变片和半导体应变片两种，其最大特点是使用简便、测量精度高、体积小和动态响应好，在测量各种物理量（如压力、转矩、位移和加速度等）的传感器中被广泛采用。缺点是电阻值会随温度变化而变化，易产生误差。随着技术发展，人们发明了很多温度补偿方法，使电阻应变式传感器的准确度有了极大提高，得到了广泛应用。

（2）压电式传感器

压电式传感器以某些物质所具有的压电效应为基础，在外力作用下，在电介质的表面上产生电荷，从而实现非电量测量。压电传感元件是力敏感元件，可测量最终能转换为力的那些物理量，例如，力、压力、加速度等。压电效应分为正压电效应和逆压电效应两种。

正压电效应也可以叫作顺压电效应。某些电介质，当沿着一定方向对其施加力而使它变形时，内部就产生极化现象，同时在它的一定表面上产生电荷，当外力去掉后，又重新恢复为不带电状态。当作用力方向改变时，电荷极性也随着改变。

逆压电效应也可以叫作电致伸缩效应。当在电介质的极化方向上施加电场，这些电介质就在一定方向上产生机械变形或机械压力，当外加电场撤去时，这些变形或应力也随之消失。

压电式传感器具有响应频带宽、灵敏度高、信噪比大、结构简单、工作可靠、重量轻等优点。近年来，由于电子技术的飞速发展，随着与之配套的二次仪表以及低噪声、小电容、高绝缘电阻电缆的出现，使压电传感器的使用更为方便。因此，压电式传感器在工程力学、生物医学、石油勘探、声波测井、电声学等许多技术领域中获得了广泛的应用。

（3）光纤传感器

光纤传感器是 20 世纪 70 年代中期发展起来的一种基于光导纤维（Optical Fiber）的新

型传感器。光纤传感器以光作为敏感信息的载体，将光纤作为传递敏感信息的媒介，它与以电为基础的传感器有本质区别。光纤传感器的主要优点包括电绝缘性能好、抗电磁干扰能力强、非侵入性、高灵敏度和容易实现对被测信号的远距离监控等。

光纤传感器的分类方法很多，以光纤在测试系统中的作用，可以分为功能性光纤传感器和非功能性光纤传感器。功能性光纤传感器以光纤自身作为敏感元件，光纤本身的某些光学特性被外界物理量所调制来实现测量；非功能性光纤传感器是借助于其他光学敏感元件来完成传感功能，光纤在系统中只作为信号功率传输的媒介。

根据光受被测量的调制形式，光纤传感器可以分为强度调制光纤传感器、偏振调制光纤传感器、频率调制光纤传感器和相位调制光纤传感器。

4. 化学传感器

化学传感器必须具有对被测化学物质的形状或分子结构进行俘获的功能，同时能够将被俘获的化学量有效地转换为电信号。下面以气体传感器和湿度传感器作为化学传感器的代表进行介绍。

（1）气体传感器

气体传感器是指能将被测气体浓度转换为与其成一定关系的电量输出的装置或器件。气体传感器必须满足下列条件：

- 能够检测爆炸气体的允许浓度、有害气体的允许浓度和其他基准设定浓度；
- 对被测气体以外的共存气体或物质不敏感；
- 性能稳定性好；
- 响应迅速，重复性好。

气体传感器从结构上可以分为两大类，即干式和湿式气体传感器。凡构成气体传感器的材料为固体者均称为干式气体传感器；凡利用水溶液或电解液感知被测气体的称为湿式气体传感器。气体传感器通常在大气环境中使用，而且被测气体分子一般要附着于气体传感器的功能材料表面且与之发生化学反应。正是由于这个原因，气体传感器可以归属于化学传感器。

气体传感器主要包括半导体传感器、红外吸收式气敏传感器、接触燃烧式气敏传感器、热导率变化式气体传感器和湿式气敏传感器等。

（2）湿度传感器

湿度传感器是指能将湿度转换成为与其成一定比例关系的电量输出的装置。湿度传感器包括电解质系、半导体及陶瓷系、有机物及高分子聚合物系 3 大系列。

电解质系湿度传感器，包括无机电解质和高分子电解质湿敏元件两大类。感湿原理为不挥发性盐溶解于水，结果降低了水的蒸气压，同时盐的浓度降低导致电阻率增加。通过对电解质溶解液电阻的测试，即可知道环境的湿度。

半导体及陶瓷湿度传感器按照制作工艺，可以分为涂覆膜型、烧结体型、厚膜型、薄膜型及 MOS 型等。

有机物及高分子聚合物湿度传感器的原理在于有机纤维素具有吸湿溶胀、脱湿收缩的特性。利用这种特性，将导电的微粒或离子参入其中作为导电材料，就可将其体积随环境湿度的变化转换为感湿材料电阻的变化。其典型代表有碳湿敏元件和结露敏感元件。

5. 生物传感器

生物传感器通常将生物物质固定在高分子膜等固体载体上，被识别的生物分子作用于生物功能性人工膜时，会产生变化的电信号、热信号、光信号。生物传感器中固定化的生物物质包括酶、抗原、激素以及细胞等。按不同的生物物质，生物传感器可以分成三种：酶传感器、微生物传感器、免疫传感器。

酶传感器主要由固定化的酶膜与电化学电极系统复合而成。酶的催化具有高度的专一性，即一种酶只能作用于一种或一类物质，产生一定的产物。酶传感器既有酶的分子识别功能和选择催化功能，又具有电化学电极响应快、操作简便的优点。

微生物传感器是以活的微生物作为分子识别元件的传感器。主要工作原理有利用微生物体内含有的酶识别分子；利用微生物对有机物的同化作用；利用微生物的厌氧性特点等。微生物传感器尤其适合于发酵过程的测定。

免疫传感器是由分子识别元件和电化学电极组合而成的。抗体或抗原具有识别和结合相应的抗原或抗体的特性。在均相免疫测定中，作为分子识别元件的抗原或抗体分子不需要固定在固相载体上；而在非均相免疫测定中，则需将抗体或抗原分子固定到一定的载体上，使之变成半固态或固态。

6. MEMS 传感器

微机电系统（Micro-Electro-Mechanical Systems，MEMS）技术建立在微米/纳米基础上，是对微米/纳米材料进行设计、加工、制造、测量和控制的技术。完整的 MEMS 是由微传感器、微执行器、信号处理和控制电路、通信接口和电源等部件组成的一体化的微型器件系统。

MEMS 传感器能够将信息的获取、处理和执行集成在一起，组成具有多功能的微型系统，从而大幅度提高系统的自动化、智能化和可靠性水平。它还使得制造商能将一件产品的所有功能集成到单个芯片上，从而降低成本，所以适用于大规模生产。

MEMS 传感器首先在物理量测量中获得成功，其代表为微机械压力传感器。目前，以膜片为压力敏感元件的硅机械压力传感器已经占据了压力传感器市场的很大份额，它具有体积小、重量轻和可批量化生产的特点。MEMS 技术进一步在加速度、角速度、温度等其他物理量测量上得到了迅速的推广。

MEMS 加速度传感器主要应用于测量冲击和振动。例如，在笔记本电脑里内置加速度传感器，动态监测笔记本电脑的振动情况，在颠簸环境甚至坠落情况下最大限度地减小硬盘的损伤；在相机和摄像机中内置加速度传感器可以监测手部的振动，并根据这些振动，自动调节相机的聚焦。

MEMS 陀螺仪能够测量沿一个轴或几个轴运动的角速度，是补充 MEMS 加速度传感器功能的理想技术。如果组合使用加速度计和陀螺仪这两种传感器，系统设计人员就可以跟踪并捕捉三维空间的完整运动，为最终用户提供现场感更强的使用体验、精确的导航系统以及其他功能。

3.2　RFID 技术

射频标签（Radio Frequency Identification，RFID）是一种无线自动识别技术，它可以将物品编码采用无线标签的方式记录下来，提供给标签信息读取的小型发射设备。RFID 又称为射频识别技术，目前广泛应用于交通、物流、医疗、安全等众多领域，可以对各种物品、物资流动过程进行动态、快速、准确的识别和管理。

RFID 技术集成了无线通信、芯片设计与制造、天线设计与制造、标签封装、系统集成、信息安全等技术，目前已经进入成熟发展期。RFID 应用以低频和中高频标签技术为主，超高频技术具有可远距离识别和低成本的优势，有望成为未来的主流。

1. RFID 系统组成及工作原理

工业界经常将 RFID 系统分为阅读器、天线和标签三大组件。

（1）阅读器

阅读器是对标签内信息进行读取（有时也能写入）的设备，是 RFID 系统最重要的组件。阅读器可设计成固定式或手持式。固定式阅读器一端通过标准网口、RS232 串口或 USB 接口同主机相连，另一端通过天线与 RFID 标签通信。手持式阅读器则把天线以及智能终端设备等集成在一起。

（2）天线

天线用于在标签和阅读器之间传递射频信号，与阅读器相连。阅读器可以同时连接一个或多个天线，但每次使用时只激活一个天线。天线的形状、大小随着工作频率和功能的不同而不同。

（3）标签

RFID 标签是由耦合元件、芯片及微型天线组成的，每个标签内部存有唯一的电子编码，附着在物体上，用来标识目标对象。

按照 RFID 不同的分类标准，可以将 RFID 标签分为不同的类型，如表 3-2 所示。

表 3-2　RFID 标签的分类

分 类 标 准	标签具体类别
工作模式	主动式 RFID（有源标签）、被动式 RFID（无源标签）
工作频率	低频 RFID、中高频 RFID、超高频 RFID、微波 RFID 等
封装形式	粘贴式 RFID、卡式 RFID、扣式 RFID 等

根据工作模式，可以分为主动式 RFID 和被动式 RFID。主动式 RFID 标签内部携带电源，又被称为有源标签。有源 RFID 标签具备低发射功率、通信距离长、传输数据量大、可靠性高和兼容性好等特点。被动式 RFID 标签因内部没有电源设备又被称为无源标签。无源 RFID 标签内不含电源，它的能量要从 RFID 读写器中获取，当无源 RFID 标签靠近 RFID 读写器时，将激活 RFID 标签能量，它具有体积小、重量轻、成本低、寿命长等优点，可以制作成各种不同形状，方便在不同的环境中应用，但通常要求与读写器之间的距离较近，且读写器的功率较大。

根据工作频率，可以分为低频 RFID、中高频 RFID、超高频 RFID 和微波 RFID 等。低频 RFID 标签的典型工作频率为 125 kHz 与 133 kHz；中高频 RFID 标签的典型工作频率为 13.56 MHz；超高频 RFID 标签的典型工作频率为 860～960 MHz，微波 RFID 标签的典型工作频率为 2.45 GHz 与 5.8 GHz。

按照封装形式，可以分为粘贴式 RFID、卡式 RFID、扣式 RFID 等，这些样式应用在不同的场合中。

RFID 工作原理并不复杂。阅读器通过天线发送某一频率的射频信号，在天线工作区域内的标签产生感应电流，感应电流的能量使标签激活，将自身编码等信息通过卡内天线发送出去；阅读器对接收到的信号进行解调和解码，然后送到后台系统进行处理；主系统根据不同的设定做出相应的处理，发出控制指令。

2. RFID 产业标准——EPCglobal Network

RFID 技术为仓储库存、供应链管理、产品跟踪等领域提供了很大的便利。产品供应商需要知道产品和供应链信息，并与其他合作伙伴共享信息。过去，条形码在全球供应链中提供了标准的产品静态信息交换方法，而随着 FRID 和互联网技术的发展，应用了 RFID 的下一代动态条形码技术正逐渐成为主流。最典型的就是由国际标准组织 GS1 所推行的 RFID 信息共享标准——EPCglobal Network。

EPCglobal Network 系统架构如图 3-2 所示。EPCglobal Network 有六大组件：EPC（Electronic Product Code，电子产品码），EPC 标签和阅读器，EPC 中间件，EPC ONS（EPC Object Naming Service，对象名解析服务），EPC IS（EPC Information Service，EPC 信息服务）和 EPC DS（EPC Discovery Service，EPC 搜索服务）。而终端使用者通过各种企业应用来查看 EPC 资料。下面分别进行介绍。

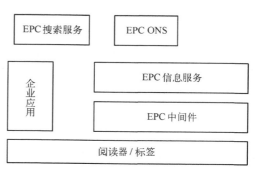

图 3-2　EPCglobal Network 系统架构

（1）EPC

EPC 即电子产品码，是用来唯一识别供应链中商品的编码，可以看作新一代条形码。与传统条形码相比，EPC 码可以给每一个商品赋予一个独一无二的编号，能记录更为丰富详细和具有时效性的商品信息，并可以将商品的有关信息在全球 EPC Network 中共享。

（2）EPC 标签和 EPC 阅读器

EPC 标签是在射频标签中封装了记录 EPC 码的芯片，是 EPC 码的载体。EPC 阅读器是可以检测 EPC 标签并与 EPC 中间件通信的射频阅读器。最新的 EPC 标签封装标准以及标签和阅读器之间的信息交换标准为 EPC Gen2。

（3）EPC 中间件

EPC 中间件负责 EPC 阅读器与后端计算机系统之间的信息交换、上传下载，并能处理一些即时的信息和事件，目前的规范标准是 ALE（Application Level Event，应用层事件）。在市场上，EPC 中间件主要有服务软件和嵌入式系统两个发展方向。

（4）EPC ONS

EPC 将产品的 EPC 码解析成产品相关信息服务的地址，类似于 DNC 在 Internet 中的作用，是 EPC Network 中很重要的一环。ONS 架构主要包括 ONS 服务器网络和 ONS 解析器两个部分，ONS 服务器网络负责分层管理 ONS 记录，并对 ONS 记录查询请求进行回应；ONS 解析器负责完成 EPC 码到 DNS 域名格式的转换及解析 DNS NAPTR 记录来取得产品信息服务的所在位置。ONS 提供静态和动态两类服务，静态服务提供产品的静态信息；动态服务能提供产品较为即时的信息，如其在供应链中经过各个环节上的信息。

（5）EPC IS

EPC IS 是一组软件标准，提供产品信息的存储、通信和传播等的一套标准界面，就像是 Internet 上的 Web 网站。EPC IS 为分层式模组化架构，包括抽象资料模型层、资料定义层、服务层和 bindings。EPC IS 有两种运行模式，一种是 EPC IS 信息被已经激活的 EPC IS 应用程序直接应用；另一种是将 EPC IS 信息存储在资料档案库中，以备今后查询时进行检索。

（6）EPC DS

EPC DS 是一种发现网络中 EPC 信息服务的工具，类似于 Internet 中的搜索引擎。

3. RFID 研究前景

在 RFID 应用过程中，防冲突及安全是 RFID 技术的关键技术。RFID 阅读器与标签之间的通信面临信道共享和访问冲突问题，由于多个标签共享 Tag-to-Reader 的上行信道，当多个标签同时回应阅读器的查询时，如果没有相应的防冲突机制，必然会引起冲突，致使标签信息漏读或无法被阅读器正确识读。由于 RFID 技术的自身特点，以及受限于标签的计算和存储能力，传统的防冲突技术如 Aloha、Binary Tree、CSMA/CD 等，难以直接应用于 RFID。设计高效、高鲁棒性的 RFID 防冲突算法成为亟待解决的技术难题。

RFID 技术的无线传输、信号广播、资源受限等特点给攻击者带来了巨大的活动空间。随着 RFID 技术的不断推广，RFID 存在的安全问题越来越受人们的普遍关注。目前出现在各种文献资料中的 RFID 安全问题多达 14 种之多：假冒、重放、追踪、去同步化、病毒、偷听、冲突、会话劫持、克隆、频率干扰、篡改、能量分析、拒绝服务、中间人攻击等，需要对这些问题进行分类，建立合理的分类模型，并找到相应的解决办法。

RFID 技术研究前景广阔，在识别类型方面，需要研究物体识别、位置识别和地理识别方法及技术；研究具有可远距离识别和低成本优势的超高频 RFID 技术，并进一步研制超高频 RFID 和新型集成 RFID 的标签、读写设备；研究用于室内、丛林、街道等复杂环境下的高精度、高鲁棒性的定位算法，并进一步研制低成本的实时定位系统。在对周围电磁环境及网络环境充分认知的基础上，建立典型应用场景下的情境感知模型，配合智能化信息处理，实现用户可定制的推拉式服务。

3.3 信息处理技术

在物联网应用系统中，传感器提供了对物理变量、状态及其变化的探测和测量所必需的手段，而对物理世界由"感"而"知"的过程则由信息处理技术来实现，信息处理技术贯穿由"感"而"知"的全过程，是实现物联网应用系统物物互联、物人互联的关键技术之一。

1. 信息处理技术一般性描述

信息处理技术所涉及的内容和范围极其广泛，它可以泛指任何对数据或信息进行操作的方法和过程。从目标上看，信息处理技术以高效能地实现信息的转换、传输、发布和使用等为目标。从实现方法和技术手段上看，信息处理技术既可以采用串行或并行方式，也可以基于集中式或分布式的机制来实现。

在物联网应用系统中，信息处理指基于多个物联网感知互动层节点或设备所采集的传感数据，实现对物理变量、状态、目标、事件及其变化的全面、透彻感知，以及智能反馈、决策的过程。物联网中信息处理技术面临数据多源异构、环境复杂多样、目标混杂及突发事件的不确定性等技术挑战。

从概念上说，信息处理技术涵盖数据处理、数据融合（Data Fusion）、数据挖掘（Data Mining）、数据整合（Data Integration）等诸多技术领域，信息处理可以泛指上述任何一个技术领域，在有明确上下文的情况下，信息处理甚至可与这些名词互换使用。

2. 数据融合的 JDL 模型

数据融合作为主要的信息处理技术之一，在信息系统设计中具有至关重要的作用，在一些文献中它也被称为"信息融合（Information Fusion）"。尽管对这门交叉学科已有二三十年的研究历史，但至今仍没有一个被普遍接受的定义，其主要原因是其应用面非常广泛，各行各业均按自己的理解给出了不同的定义。

目前能被大多数研究者接受的有关数据融合或信息融合的定义是由美国三军实验室理事联合会（Joint Director of Laboratories，JDL）提出的。JDL 从军事应用的角度认为，数据融合是一种多层次、多方面的处理过程，包括对多源数据进行检测、相关、组合和估计，从而提高状态和身份估计的精度，以及对战场态势和威胁的重要程度进行完整的评价。

JDL 在给出数据融合定义的同时，提出了一个数据融合的层次模型，即数据融合的 JDL 模型（如图 3-3 所示）。可以看到，在 JDL 模型中，数据融合可以分为 5 个不同的处理级别，预处理级（Level 0：Sub - Object Assessment）、目标评估级（Level 1：Object Assessment）、态势评估级（Level 2：Situation Assessment）、影响评估级（Level 3：Impact Assessment）和过程优化级（Level 4：Processing Refinement），一般认为，前两个处理级别属于数据融合的低级层次，以数值计算过程为主；后三个处理级别属于数据融合的高级层次，主要采用基于知识及知识推理的方法。

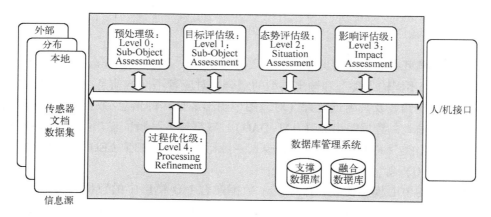

图 3-3　JDL 模型示意图

表 3-3 给出了数据融合的 JDL 模型中不同处理级别所需完成的估计过程及其结果的对照表。

表 3-3　JDL 模型中不同处理级别特征对照表

数据融合级别	估计过程	结果
预处理级（Level 0）	特征提取	信号/特征状态
目标评估级（Level 1）	目标属性状态估计	目标属性
态势评估级（Level 2）	关系状态估计	关系或态势
影响评估级（Level 3）	代价/效用分析	系统效用
过程优化级（Level 4）	性能分析	系统性能/效率度量

　　获取正确的物理世界信息是物联网应用系统设计的基础目标之一，数据融合是实现这一目标的关键。由于系统资源等限制条件，直接将数据融合的 JDL 模型运用于物联网系统设计较为困难。尽管如此，物联网系统中信息处理技术仍可以充分借鉴 JDL 模型层次化处理的思想进行设计，以满足不同的应用需求。

3. 数据融合的 I/O 模型

　　Dasarathy 等人基于信息/数据融合过程的输入数据类型和输出数据类型的不同，提出了一个描述信息/数据融合的 I/O 功能模型，图 3-4 所示为一个简化的 Dasarathy 数据融合 I/O 模型。

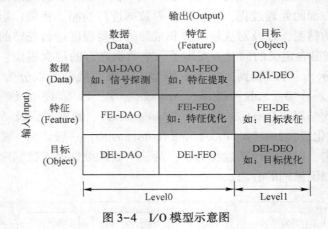

图 3-4　I/O 模型示意图

　　可以看到，模型中输入和输出分别对应数据（Data）、特征（Feature）和目标（Object）3 种不同的类型，不同输入类型和输出类型的组合则对应着不同的信息/数据融合过程类别。Dasarathy 等人对对角线及其附近位置（对应图中阴影部分）的信息/数据融合过程类别进行了描述，如数据输入—数据输出类（DAI-DAO）、数据输入—特征输出类（DAI-FEO）、特征输入—特征输出类（FEI-FEO）、特征输入—目标输出类（FEI-FEO）、目标输入—目标输出类（DEI-DEO）等。

　　与数据融合的 JDL 模型比较，Dasarathy 数据融合 I/O 模型中的数据、特征两类输出类型对应的信息/数据融合过程对应于 JDL 模型中的 Level 0 处理级别，而目标输出类型对应的信息/数据融合过程对应于 JDL 模型中的 Level 1 处理级别。

　　Dasarathy 数据融合 I/O 模型可以进一步扩展其输入/输出数据类型，使其与 JDL 模型中的 Level 0～Level 4 处理级别对应起来，即可将输入/输出类型扩展为 6 类：数据（Data）、特征（Feature）、目标（Object）、关系（Relation）、影响（Impact）、响应（Response），而信息/数据融合过程类别则可扩展至包括目标输入—关系输出（DEI-RLO）、关系输入—影响输出（RLI-IMO）等。

4. 物联网感知互动层中信息处理关键技术

从体系架构上看，信息处理技术无论在物联网感知互动层还是应用服务层，均承担着支撑性的作用。在物联网感知互动层，信息处理技术主要完成传感器数据预处理、目标/事件探测、目标特征提取优化、数据聚合等功能，借助信息处理技术，物联网感知互动层还可以初步完成对目标属性的判断甚至给出对目标状态的简单预测信息。在物联网应用服务层，信息处理技术主要完成知识生成获取、态势分析、信息挖掘、数据搜索以及实现信息反馈决策等功能。下面简单介绍物联网感知互动层中信息处理过程所采用的一些关键技术。

（1）数据预处理技术

数据预处理技术是指将传感器获得的原始信号或原始数据进行操作，完成数据归一化、噪声剔除抑制、数据配准和信号分离等处理过程。数据预处理为后续特征提取、模式识别、决策融合的实施提供了条件。以信号分离为例，信号分离是将混叠的多个独立目标或事件信号分离开来的数据/信号预处理技术。"鸡尾酒会问题"是一个比较经典的信号分离问题，它描述了人可以在嘈杂环境中识别自己感兴趣的声音的能力。与此对照，盲源信号分离（Blind Source Separation，BSS）技术就是研究在未知系统的传递函数、源信号的混合系数及其概率分布的情况下，从混合信号中分离出独立源信号的技术。图 3-5 为盲源信号分离问题示意图。

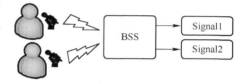

图 3-5　盲源信号分离问题示意图

（2）特征提取技术

特征提取技术是通过提取表示某一特定模式结构或性质的特征，并采用一个特定的数据结构对其进行表示的过程。从概念上说，特征提取技术包括特征生成技术、特征选择技术和特征变换技术，其中特征选择和特征变换可实现特征维数的消减。表 3-4 给出了一些典型的特征及对应的特征生成算法。

表 3-4　典型特征及特征生成算法

特征类别	特征	特征生成算法
时间域特征	最大值、最小值	时域峰值检测算法
	过零统计	过零检测算法
	峰度值	时域统计量算法
频率域特征	傅里叶系数特征	傅里叶变换算法
	功率谱密度特征	傅里叶变换算法
变换域特征	离散小波特征	离散小波变换算法
	倒谱系数	倒谱变换算法
	DCT 特征	离散余弦算法
	K-L 特征	K-L 变换算法
时-频域特征	短时傅里叶系统	STFT 算法
	连续小波包特征	连续小波变换算法

（3）模式识别技术

模式识别技术是对来自感知互动层传感节点或设备感知的信号（如振动、声响、图像、视频等）进行分析，进而对其中的物体对象或行为进行判别和解释的过程。事实上，作为人和动物获取外部环境知识，并与环境进行交互的重要基础，模式识别普遍存在于人和动物的认知系统。

物联网应用系统的目标之一就是要实现对物理世界的全面透彻感知。因此，模式识别技术在物联网感知互动层信息处理过程中具有不可或缺的重要作用。从方法学上看，模式识别可以分为基于统计的模式识别方法和基于结构句法的模式识别方法。从算法实现上看，模式识别算法可以分为有监督学习的方法和无监督学习的方法，表3-5给出了常用的模式识别算法。

表3-5 常用的模式识别算法

类 别	模式属性	算 法
有监督学习算法	离散	贝叶斯方法
	离散	决策树方法
	离散	支持向量机方法
	离散	K近邻方法
	离散	神经网络方法
	离散	最大熵马尔可夫模型
	连续	卡尔曼滤波方法
	连续	粒子滤波方法
无监督学习算法	离散	K-means聚类方法
	连续	PCA回归方法
	连续	ICA回归方法
	离散	HMM方法

模式分类是模式识别的核心内容，目前已有大量的模式分类方法，如决策树、人工神经网络、支持向量机等。Jain等人把分类器分为3种类型：基于相似度或者距离度量的分类器、基于概率密度的分类器和基于决策边界的分类器。

（4）决策融合技术

相对于数据融合和特征融合而言，决策融合是一种高层次的融合，每一种传感器基于自身的数据做出局部或者单一决策，然后在融合中心完成融合处理。

决策融合给出有关目标身份和类别的最终结果，因此融合结果的好坏直接影响着决策水平。决策融合处理的是各个参与决策的实体（可以指传感器或节点等）产生的局部决策数据，所处理的数据量最少，因而对于通信量的要求也最小，而局部决策数据的精度则对最终融合结果有直接的影响。

基于多分类器的决策融合是一类具有代表性的物联网感知互动层决策融合技术，可以适用于物联网的分布式计算环境。基于多分类器的决策融合方法按有无训练过程可以分为无需训练的融合和基于训练的融合两大类。这里的训练指的是将各个单分类器的决策结果进行融合以得到最终决策时可能采用的过程，不是指各单分类器完成自身局部决策时可能需要的训练过程。

无需训练的融合算法包括：多数投票法、最大（最小、均值和乘积）法等。基于训练的融合方法则包括简单 Bayes 法、BKS 方法、概率乘积法、模糊积分法、基于判决模板（Decision Template）法等。上述决策融合方法对于多分类器中各单分类器的输出结果类型的可适用性、分类器间的相关性等方面均有所不同，算法复杂程度也有差别，以下选择一些典型方法进行介绍。

- 多数投票法（Majority Voting）：多数投票法是最简单的一类融合方法，在一些应用场合却相当有效。该方法无需任何训练过程，但这种算法通常假设各分类器间满足相互独立性。
- 最大值（最小值、均值和乘积）法（Maximum、Minimum、Average、Product）：这类方法通过一个函数 f 作用于多分类器系统中各单分类器输出的决策结果，根据 f 的计算结果得到系统的最终决策。这种方法同样无需任何训练过程。
- BKS（Behavior-Knowledge Space）法：这种融合方法是一种基于查找表的方法，BKS查找表需要大数据量的训练集通过训练过程来生成。一旦查找表建立后，多分类器的最终决策则直接根据各单分类器局部决策结果，查找表中对应判决标签而产生。
- 基于判决模板（Decision Template）法：这种融合方法建立一组判决模板，通过将各分类器的输出结果与这组判决模板进行相似性度量计算，形成最终决策。基于判决模板法在建立判决模板时，同样需要大数据量的训练集通过训练过程来完成。图 3-6 给出了基于判决模板决策融合方法的框图。

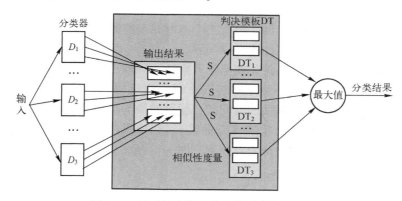

图 3-6　基于判决模板的决策融合方法框图

物联网感知互动层通常包含分布于多个不同位置的、资源受限的、异构的传感节点/设备。与传统意义上的信息处理技术不同，物联网感知互动层信息处理过程面临资源受限、分布式网络环境以及多源异构数据源等技术挑战，设计高效、可靠的感知互动层信息处理方法是保障物联网应用服务层性能的基础和前提条件。

3.4　定位技术

在物联网应用系统中，基于位置的服务在医疗、安防、物流等行业的应用需求不断增加。精准感知用户的位置是基于位置服务的核心问题。物联网中的定位技术是指通过发射和接收无线设备信号，确定目标物的位置的一种技术。通过无线设备的不同，可以将定位技术分为基于全球定位系统（Global Positioning System，GPS）的长距离定位技术和短距离传输定位技术。通过定位方法的不同，可以分为基于单元识别的定位和基于距离的定位。本节介绍常用的定位技术，并对各种技术的优缺点进行分析。

3.4.1 定位技术的基本原理

利用移动通信系统辅助 GPS 定位，即 A-GPS 技术。通过移动基站向手机用户发送当前的卫星星历以提高 GPS 接收机搜索卫星的速度，缩短初次定位时间。移动通信系统也可以利用自身网络进行独立定位，定位原理主要有如下几种。

（1）单元识别 Cell-ID

移动通信系统是由一系列蜂窝网络组成的，手机用户获得通信服务是由其关联的相邻基站实现的，Cell-ID 技术是根据这些基站的覆盖范围估算出用户位置。无线网络根据服务的基站来估计终端所处的小区号，位置业务平台把小区号翻译成经纬度坐标。这种方法实现简单，无需在无线接入网增加设备，对网络结构改动小，缺点是定位精度低。

（2）基于距离的定位

基于距离的定位通过测量节点间的绝对距离或者角度信息，然后利用节点定位算法计算待测节点的位置。常用的测量距离或角度的方法有基于到达的时间（Time of Arrival，TOA）、基于到达时间差（Time Difference of Arrival，TDOA）以及基于到达角（Angular of Arrival，AOA）。

基于 TOA 定位的原理是：由于信号传播速率已知，通过测量基站与待测点之间信号传输的时间，便可计算出两者间的距离。当有三个基准站与待测点距离已知时，便可利用三边测量法确定待测点的位置。其原理如图 3-7 所示。

基于 TDOA 定位原理：通过测量无线电信号到达不同地点的基站的时间差，对信号发射源进行定位。在对待测点定位时，从基站将同一时间测量同一信号得到的数据发送至主基站，主基站计算信号到达两个从基站的时间差，便可转换为待测点到两站的距离差。由于到两个定点的距离之差为定值的点的轨迹（双曲线），因此采用三台基站对待测点进行定位，便可得到两条双曲线，其交点即为待测点位置。图 3-8 所示为 TDOA 定位示意图。

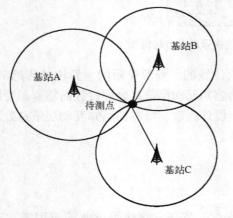

图 3-7　三边测量法定位

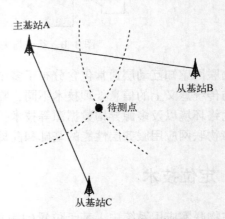

图 3-8　TDOA 定位示意图

基于 AOA 定位原理：通过多个信号接收器或阵列天线，接收发射节点的信号，可计算接收节点和发射节点之间的相对方位或角度，然后利用三角测量法或其他方法计算出未知节点的位置。

3.4.2　关键定位技术

根据信号发射点和接收点之间的距离，可以把定位技术分为以 GPS 为代表的长距离定位技术、以射频识别技术和蓝牙技术为代表的短距离定位技术。下面对其中的关键定位技术进行详细介绍。

1. 长距离定位技术

在开阔的室外环境中，全球定位系统 GPS 成功提供了精确的定位。GPS 由 24 颗卫星组成（其中 21 颗是工作卫星，3 颗是备份卫星），每颗卫星距离地面 12000 公里，并以 12 小时为周期环绕地球运行。使得在任意时刻，在地面上的任意一点都可以同时观测到 4 颗以上的卫星。在定位时，观测到的 4 颗卫星向 GPS 接收机发送其位置与精确时间，GPS 接收机接收发自每一颗卫星的信号，同时记录其位置和信号到达时间，便可利用无线电信号传输时间测量卫星到接收机的距离。接收机根据到每颗卫星的距离，利用三维坐标系中的距离公式，可计算出接收机所在位置，从而实现定位目的。

由于受到卫星运行轨道、卫星时钟误差，大气对流层、电离层对信号的影响，以及人为的 SA 政策等多种因素的影响，民用 GPS 定位精度存在较大误差。因此普遍采用差分 GPS（DGPS）技术，如采用局域差分 GPS 技术以提高定位精度。其原理为，在间隔小于一定距离的两个 GPS 接收机同步观测同一组卫星进行定位所产生的误差基本一致，如果将其中一个 GPS 接收机设置为基准站，其精确位置已知，基准站便可计算精确位置与 GPS 定位位置的误差，通过将误差传输给用户 GPS 接收机，便可消除用户 GPS 接收机的误差。通过使用差分 GPS 技术，可使定位精度大幅提高。

GPS 的缺点是穿透力很弱，无法穿透钢筋水泥，通常要在室外才能正常工作。信号被遮挡或者削减时，GPS 定位精度会受到很大影响，因此在室内或者较为封闭的空间无法使用。

2. 短距离定位技术

短距离传输定位技术主要有如下几种。

（1）射频识别技术

射频识别技术利用射频方式进行非接触式双向通信交换数据，以达到识别和定位的目的。通过射频信号自动识别目标对象并获取相关数据，广泛应用于资产跟踪、身份识别、生产自动化等领域。这种技术的作用距离短，一般最长为几十米。但它可以在几毫秒内得到厘米级定位精度的信息，且传输范围很大，成本较低，同时由于其非接触和非视距等优点，有望成为优选的室内定位技术。目前，射频识别研究的热点和难点在于理论传播模型的建立、用户的安全隐私和国际标准化等问题。优点是标识的体积比较小，造价比较低，但是作用距离近，不具有通信能力，而且不便于整合到其他系统之中。

（2）蓝牙技术

蓝牙技术通过测量信号强度进行定位。这是一种短距离低功耗的无线传输技术，在室内安装适当的蓝牙局域网接入点，把网络配置成基于多用户的基础网络连接模式，并保证蓝牙局域网接入点始终是这个无线微网（Piconet）的主设备，就可以获得用户的位置信息。蓝牙室内定位技术最大的优点是设备体积小、易于集成在 PDA、PC 以及手机中，因此很容易推广普及。其不足在于蓝牙器件和设备的价格比较昂贵，而且对于复杂的空间环境，蓝牙系统的稳定性稍差，受噪声信号干扰大。

（3）ZigBee 技术

ZigBee 是一种新兴的短距离、低速率无线网络技术，它介于射频识别和蓝牙之间，也可以用于室内定位。它有自己的无线电标准，在数千个微小的传感器之间相互协调通信以实现定位。这些传感器只需要很少的能量，以接力的方式通过无线电波将数据从一个传感器传到另一个传感器，所以它们的通信效率非常高。ZigBee 最显著的技术特点是它的低功耗和低成本。

（4）UWB 技术

UWB 技术是用脉冲信号进行高速无线数据传输的短程通信技术，普遍应用于家庭电子产品之间的高速无线通信传输，其能穿透建筑物，且不会受到信号反射导致的多路径效应的影响。UWB 脉冲由于具有极高的带宽，持续时间短至纳秒级，因而具有很强的时间分辨能力。利用基于信号到达时间的测距技术，可以得到厘米级的测距结果，因此有较高的定位精度。

（5）超声波定位技术

超声波测距主要采用反射式测距法，通过三角定位等算法确定物体的位置，即发射超声波并接收由被测物产生的回波，根据回波与发射波的时间差计算出待测距离。超声波定位的整体定位精度较高，结构简单，但超声波受多径效应和非视距传播影响很大，同时需要大量的底层硬件设施投资，成本较高。

3. 其他定位技术

（1）基于无线局域网（WLAN，WiFi）的定位技术

无线局域网络（WLAN）是一种全新的信息获取平台，可以在广泛的应用领域内实现复杂的大范围定位、监测和追踪任务，而网络节点自身定位是大多数应用的基础和前提。当前比较流行的 WiFi 定位是无线局域网络系列标准 IEEE 802.11 的一种定位解决方案。该系统采用经验测试和信号传播模型相结合的方式，易于安装，只需要很少基站，能采用相同的底层无线网络结构，系统总精度高。基于无线局域网络的定位方法目前主要有以下两种方式：通过接收到的信号强度或者到达时间延迟进行测距，利用三角测量的方法计算出行人的位置；基于 RSSI 的指纹图技术（Fingerprint），它根据接收信号强度标识 RSSI 来定位，这种技术先将安装有无线网络接入点的定位场景划分为一个个网格，然后测量在每个网格中心的接收信号强度，建立 RSSI 指纹数据库，在实时导航中根据用户终端接收的无线网络信号强度、利用有关算法估算出用户位置，这种方法需要事先建立 RSSI 数据库，其精度取决于网格划分的大小、每个网格采集的接收信号强度的数量和采用的定位算法，如果网格划分得足够小，可以达到 $1\sim3\,m$ 的精度。

（2）包含自主传感器的定位技术

在微机电系统（MEMS）技术的推动下，各种传感器尺寸变小，成本降低，被广泛用于个人导航定位系统。基于自包含传感器的定位技术，其突出优势在于导航定位的自主性和连续性。最普遍的自包含传感器包括惯性传感器（加速度计和陀螺仪）、磁罗盘等，这些传感器也叫作航迹推算传感器。基于不同的物理特性和应用环境，这些传感器可以相互组合实现

不同的配置方案，如陀螺和加速度计组合的惯性导航系统，磁力计和加速度计组成的无漂移定位方法，陀螺仪、磁力计和加速度计冗余定位方法等。

目前包含自主传感器的个人导航系统有两种，一种是传统的个人导航，基于牛顿运动定律，可以通过三个方向的加速度数据积分计算出三维速度和位置，理论上计算结果更精确可靠，但实际应用中，却存在很大误差；另一种是航迹推算个人导航，依据人行走计步和步长进行定位，定位效果比传统惯性导航更准确。从使用步骤上来说，传统惯性导航机制开始导航定位前需要严谨而精确地进行初始平台对准，行走中需要判断零速点实时计算加速度计的误差参数并动态消除后，才能积分计算速度和距离。而航迹推算算法中不需要对加速度计进行误差补偿，直接通过其波形的周期性探测跨步，并根据信号统计结果进行步长估计；从定位性能上来说，在使用低成本传感器的情况下，行人航迹推算比惯性导航机制的定位精度更高。惯性导航机制加速度两次积分计算，导致误差随时间的平方增长，即使行人没有行走，误差也在累积，使定位结果在很短时间内（通常一两分钟）无法使用。行人航迹推算算法可以通过步频探测结果，判断行人是否在行走，使定位误差不随时间增长，而是随着行走距离变大而累积。所以，在行人导航领域，目前普遍使用航迹推算算法来代替惯性积分方法。

3.4.3 定位技术的发展与挑战

现如今，主流的全球卫星导航系统虽然已经被广泛大规模商业化应用，在室外开阔环境下大部分场景已经满足定位精度要求。然而该信号无法覆盖室内，完成复杂的室内定位的精度要求。在复杂的室内环境中，无线电波容易发生反射、折射或者散射，改变传播路径，影响定位精度。总结来说，室内定位所面临的难题包括三方面：复杂的空间拓扑关系，信道环境、异源异构的定位源和移动终端上有限的计算资源。解决以上难题，实现高精度的室内定位目前已成为工业界竞相角力的焦点和我国的重点研发计划项目。

3.5 无线感知

无线感知（Wireless Sensing）[13]是指通过分析受到目标活动影响后的信号强度的变化，反演出目标活动的一种感知方法。人类活动会对接收信号强度（Received Signal Strength Indicator，RSSI）产生影响这一事实早由 Woyach 等人在研究 Zigbee 传感网络时发现。2007年，Youssef 在 WiFi 信号中观察到类似的现象，并展示了使用 RSSI 作为指纹推理人所处位置的可能。受制于 RSSI 本身的粗粒度和信号波动的不确定性，早期基于 WiFi 的非接触式人体感知的精度和适用范围非常有限，直到 2011 年可从商业设备中得到 802.11n 物理层的信道状态信息（Channel State Information，CSI）之后，基于 WiFi 的无线感知才有了快速的发展。CSI 是一种细粒度信息，它提供有关正交频分多路复用系统的频率分集特性的信息，反映在子载波上为精细的振幅和相位信息。

3.5.1 无线感知的基本原理

无线感知的基本原理是通过接收无线信号的变化反演出人类活动。如图 3-9 所示，发射端（如 WiFi 发射路由器）发射出的信号大部分由直射到达接收端（如手机或计算机），小部分通过周围物体（如地面、天花板）的反射到达接收端，接收端信号是所有路径信号的线性加和。而经由人体反射或者衍射的信号同样也会对接收端信号产生影响。把人的活动与接收端信号的变化形成映射关系，通过对接收端信号的分析，对人体行为进行无线感知。

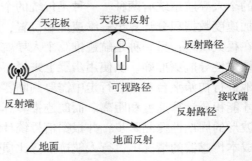

图 3-9　WiFi 无线感知原理

3.5.2　无线感知的关键技术

无线感知技术作为一种新型技术，按照系统架构可以分为两大类，即基于模型识别的感知方法和基于模式识别的感知方法。下面分别对两种方法进行介绍。

1. 基于模型识别的感知方法

基于模型识别的感知方法旨在建立人体活动和信号波动之间的定量映射，利用模型识别接收到的信号的变化从而实现感知。模型识别的方法计算复杂度低，不需要线下训练特征图，通过很多规则化的模型，可以实现高准确度的定位。比较经典的模型如二进制模型，通过设置接收信号强度的阈值，使用信号强度的衰减和方差的增大来判断感知的位置。二进制模型虽然考虑了人体对信号的影响，但是并未对人体的形状进行建模，因此精确度不高。而圆柱模型把人建模为同心圆柱体，外侧为吸气时的胸廓，而内侧为呼气时的胸廓，通过胸廓运动对信号的相位的影响进行建模，检测人体的呼吸速率。

在基于模型识别的感知理论中，菲涅尔模型较为经典且应用广泛。菲涅尔模型最初是为了研究光的干涉和衍射，揭示了光从光源到观察点的物理特性。后用来对无线信号的传播进行建模。本小节对基于菲涅尔区的无线感知理论进行介绍。

（1）菲涅尔区简介

如图 3-10a 所示，菲涅尔区间表示的是以接收端和发送端为焦点的一系列椭圆区间。P_1 为发射端，P_2 为接收端，接收端和发送端之间的信号直接传播路径称为可视路径/直接路径。由 P_1、P_2 为焦点可以构成一系列椭圆区域，从内到外为第一菲涅尔区、第二菲涅尔区，…，一直到第 n 菲涅尔区。Q_1 为第一菲涅尔区上的点，其特点是反射路径（$P_1Q_1P_2$）的长度比直线传播路径 P_1P_2 长半个波长。可以推导出，若信号波长为 λ，则第 n 菲涅尔区上的点 Q_n 满足如下表达式：

$$|P_1Q_n| + |P_2Q_n| - |P_1P_2| = n\frac{\lambda}{2} \tag{3.1}$$

（2）基于菲涅尔模型的无线感知原理

将无线感知系统中无线信号的收发机看作是椭圆的焦点，该模型描述了多径传播中信号自由传播的规则。视距（Light of Sight，LoS）传播是指在发射天线和接受天线间能相互"看

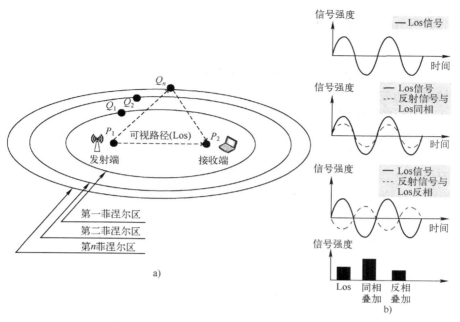

图 3-10　WiFi 传播菲涅尔区模型

见"的距离内，电波直接从发射点传播到接收点（一般要包括地面的反射波）的一种传播方式，其空间波在所能直达的两点间传播。当目标位于菲涅尔区时，经由人体反射的信号会与视距传播的信号叠加，从而出现信号衰减和增强的现象。以 Q_1 为例，经由反射路径（$P_1Q_1P_2$）到达 P_2 的信号，和经由直射路径（P_1P_2）到达 P_2 的信号相差半个波长，也就是相位相差 π。如图 3-10b 所示，当反射信号和 Los 相位相差 π 时，信号会反相叠加，信号强度减弱。反之，如果反射信号和 LoS 相位相差 2π 时，如 Q_2，信号强度会同相叠加，信号强度增强。

根据干涉原理，当物体跨越每个菲涅尔区边界时，接收信号将表现为波峰或者波谷。当物体沿着椭圆运动时，由于信号路径长度不变，接收端的信号也将保持稳定。

2. 基于模式识别的感知方法

由于人的状态属性是复杂的，例如，行为、手势、身份等，采用建立模型的方法识别人的行为和信号变化之间的关系是困难的。因此，在感知目标引发的信号变化具有独特一致的特征时，基于模式识别的方法可以通过选取信号特征进行学习，识别出感知目标。

特征提取的目的是从预处理后的信号中提取具有代表性的可代表人体属性的特征，可以分为时域特征、频域特征、小波域特征、深度特征等。对于简单的任务，可以通过直觉进行特征选取。例如，人体活动的动静检测。人的活动会引起信号强度的波动，选取一到两个信号特征就足以应付。随着感知任务复杂化，例如，需要识别出更多的活动目标种类，或具有更精细的感知目标能力时，基于模式识别的方法必须引入大量的统计学习特征，导致统计特征之间的相互作用关系和选取逐渐脱离直觉。近年来，随着基于数据驱动的深度学习方法的发展，使用神经网络的方法在高维空间中训练，使得多域混合特征的学习成为可能。理论上，随着特征维度的增加，其拟合能力增加，但是可解释性也随之消失。因此，在实际工程中，特征的选取和调优基本依赖于试错，从而降低学习效率和方法的合理性。

3.5.3 无线感知的应用与挑战

无线感知在现实应用中机遇与挑战并存。无线感知技术在公共安全、智能互动上表现突出的同时，也面临着不小的挑战。下面分别进行介绍。

1. 无线感知的应用

无线感知设备中信道状态信息的提供使得基于无线感知的应用成为可能。基于无线感知的应用可以大致分为两类，面向公共服务的应用（如安全监控和紧急救援）和面向个人服务的应用（如智能互动和智能检测）。

（1）安全监控

在一些特定场景中，如需要大面积监控或者在夜晚和有烟雾的情况下进行监控，无线感知可以发挥巨大的作用。在国防边境安全性检测中，在巨大的人烟稀少的国防边境部署摄像头进行安全性检查的代价昂贵。因此，使用基于无线感知的感知方法，可以大面积监控是否有人闯入边境。

（2）紧急救援

在一些紧急救援情况下，如火灾救援和人质解救任务中，需要在执行救援任务之前获得被困人员的状态信息。无线感知就可以解决这一问题，它不仅可以提供受困者的位置信息，同时还可以提供人员的状态和活动信息，这些信息的提供会大大提高救援任务的效率。

（3）智能互动

在科幻电影中，未来的人们会通过不同姿势与计算机进行互动，无线感知有希望将此变为现实。现在，基本上大部分区域都被 WiFi 或者其他无线信号所覆盖。无线感知技术可以通过分析无线信号的变化来感知人类的位置、活动、手势等，从而实现智能的互动。

（4）智能检测

人口老龄化正在成为中国最为严峻的问题之一。如何在无人的情况下对老年人进行身体情况检测成为一个重要的问题。精密的无线感知应用不仅可以检测老年人的位置，还可以检测老年人的呼吸频率以及不慎的跌倒，从而实现及时的报警。

2. 无线感知的挑战

在拥有广阔前景的同时，无线感知还面临着如下挑战。

- WiFi 无线感知无法检测到微小的人类行为。例如，在手势识别领域，用户的手势对于多普勒频移的影响非常小。
- WiFi 无线感知应用环境的复杂性和多变性。例如，在穿墙人数统计领域，CSI 对于环境非常敏感，一个检测方格中人类的活动可能影响到另一个检测方格中的 CSI 结果。大量的人群数量统计会给 WiFi 提供非常复杂和多变的环境。
- WiFi 无线感知需要对复杂的多路信号进行分析。

3.6 移动群体感知

近年来，随着体积更小、精度更高的传感器的产生和无线网络的飞速发展，使用移动设备对目标数据进行精密感知成为可能。移动群智感知[14-16]指的是人们使用移动设备收集和共享数据，从而完成传统感知方式无法完成的感知数据的收集和分析。移动群智感知结合了人群的智慧和设备的感知能力，提供了一种新的感知模式，并且拓展了新一代的智能网络——实现物物互联、人物互联和人人互联。通常情况下，移动群智感知应用被部署在移动智能设备上，例如手机这种可以对周围物理环境进行感知，并且将数据上传至中心服务器的设备。图 3-11 展示了典型的群智感知系统。

移动群智感知的目标是，分发感知任务给可靠的参与者，高效收集参与者上传的数据，并对其进行处理和分析，同时通过基于学习的算法动态更新任务分发策略，从而提高下一轮数据收集的质量。

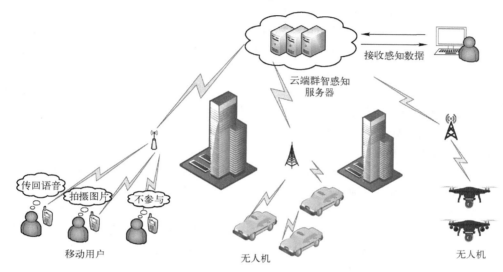

图 3-11　典型的群智感知系统

3.6.1　群智感知的关键技术

群智感知中的关键技术可以大致分为任务分配技术、激励机制技术和隐私保护技术。下面分别进行介绍。

1. 任务分配技术

如何有效地将任务分配给任务参与者是移动群智感知中的一项关键技术。一个好的任务分配算法可以减少群智感知中的资源消耗，提高整体的感知数据质量。任务分配模型需要考虑几个要素：

- 任务完成者的参与度。
- 任务完成者的一些属性（如任务完成质量等）。
- 参与者空间分布。

在任务分配技术中，参与者将一些信息（如地理位置）发送给中心服务器，中心服务器/服务请求者选择参与者完成某项任务。来自美国天普大学的吴杰教授团队在 INFOCOM 上提出了两种基于贪心的任务分配方法，离线任务分配和在线任务分配方法，并把参与者的移动能力考虑进任务分配中。离线任务分配方法优先把任务分配给有空闲的完成任务时间最短的参与者；在线任务分配方法在离线的基础上，在每一次服务请求者和任务参与者相遇时使用离线任务分配策略分发任务。这两种方法均在含有参与者实际轨迹的数据集中验证了有效性。该团队还在 TMC 期刊中提出了一种基于参与者任务完成时间的任务分配方法，将总体平均任务完成时间和最大任务完成时间最小化，从而缩短整体的任务完成时间。以上两种任务分配方法考虑了不同的实际情况，但是都容易受到任务攻击，因为任务参与者可以轻易上传错误数据来降低总体任务完成质量。为了提高任务完成质量，来自中国科学技术大学的团队在 PMC 期刊中提出了基于任务完成质量的任务分配方法，该方法使用方格划分任务，任务参与者需要完成整个方块中的所有任务并上传。

2. 激励机制技术

群智感知中数据的收集依赖于参与者自愿使用携带的手机进行数据收集与上传，这其中可能会造成参与者时间、资源的消耗和隐私泄露的风险。一个好的激励机制可以帮助参与者弥补损失、降低风险，从而提高任务完成质量和参与者的参与度。激励机制可以按照奖励的内容分为外在激励和内在激励技术两种。

外在激励技术是指通过对任务完成者提供实质性的奖励（如金钱等），激励完成者高效完成任务。这种激励技术也是群智感知领域研究最为广泛和深入的一种技术。来自南京大学的陈贵海教授团队在 TMC 发表的文章中设计了一种参与者贡献水平的奖励机制，对高贡献水平的参与者给予高的奖励，对于低贡献水平的参与者给予低的奖励，从而提高参与者的整体贡献水平。该团队在 MobiHoc 上提出了一种基于用户感知质量的激励机制，通过期望最大化和贝叶斯推断来推测用户的感知质量，并且对高感知质量的用户给予高的奖励。

很多激励技术都忽略了参与者的动态到达性和不同的任务要求（如感知地点的不同，感知时长的不同），因此无法应用于实际情况。一个群智感知任务的成功与否在于用户上传数据的质量高低。低质量的数据，如重复的数据、低精确度的数据、错误的数据，会影响到整体任务的质量，某些极端情况下，用户通过上传低质量的数据"骗取"感知奖励，这些都会对群智感知任务产生不好的影响。使用非监督学习的方法，对用户上传的数据质量和用户声誉进行评级，通过对高级别的用户给予高的金钱奖励，对低级别的用户给予低的奖励，从而提高整体的感知数据质量。

和外在奖励不同，一些非物质的内在奖励机制同样可以激励用户参与到群智感知系统中。在一些群智感知系统中，人类既可以作为服务的提供者，又可以充当服务的使用者。如交通情况感知，既可以提供当前道路交通情况数据，又可以获取前方道路的交通拥挤情况；如餐馆点评服务平台，既可以为当前就餐的餐馆进行点评，又可以查看其他餐馆的点评数据。这种基于服务的激励机制可以激励用户参与到群智感知任务中来。除了服务，社交效益同样可以作为内在激励机制让用户参与其中。来自香港中文大学的黄建伟教授团队在 INFO-COM 上发表的文章中，由用户根据自己的社交网络决定自己的贡献程度。通过把社交网络效益引入到激励机制中，能够提高感知数据的多样性，从而提高感知数据的质量。

3. 隐私保护技术

群智感知任务往往和位置有着密切关系，用户上传的数据很可能暴露用户的位置信息以及一些个性化信息。隐私保护技术一般从两个方面保护用户隐私，一方面是防止服务提供商推断用户隐私，另一方面是防范其他用户的恶意攻击。为了防止服务提供商推断用户的隐私，一些技术选择在密集人群处为用户下载任务，还有一些技术使用任务指示灯、基于属性的身份验证、位置隐私保护路由方案保护用户的隐私。为了防止群智感知中的恶意攻击，提高群智感知系统的可信任程度，一般会从恶意网络节点的筛查和用户信息的加密这两个方面进行突破。恶意节点一般通过散布虚假网络公钥的方式对数据传输网络进行攻击。

3.6.2　群智感知的应用及挑战

群智感知的应用分为三个类别，且主要面临五个方面的挑战，下面分别进行介绍。

1. 群智感知的应用

现阶段移动群智感知的应用可以分为 3 个类别：环境、公共设施和社会。

在环境方面的应用如来自美国加州伯克利大学的 Prabal Dutta 教授等人发布的 Common Sense 应用。使用可以与手机通信的手持空气质量传感器收集空气污染数据（如二氧化碳、氮氧化物），分析和可视化后通过 Web 发布。Creek Watch 是由 IBM 在 2010 年 11 月发布的 iPhone 应用，人们路过河流的时候，可以花费几秒钟的时间搜集水质数据，包括流量、流速和垃圾数量，后台服务器汇总数据后在网站上公布。来自澳大利亚新南威尔士大学的 Chun Tung Chou 教授团队发布的一款 Ear-Phone 应用使用手机根据噪声级别监测对人类听力有害的噪声污染，并绘制成噪声地图通过 Web 共享。来自美国纽约州立大学布法罗分校的 iMurat Demirbas 教授团队发布的 iMap 应用使用手机采集人的时间—地点轨迹，并使用已有模型计算空气中二氧化碳的含量和 PM2.5 的值，实现间接环境监测的功能。

在公共设施方面的应用如交通拥堵情况的检测、道路状况的检测（如道路坑洼、噪声）、寻找停车位、公共设施报修（如消防栓、交通信号灯、井盖等）和实时交通监测与导航等。例如，来自新加坡南洋理工大学的 Zhou P 等人设计了 Android 平台下的公交车到站时刻预测系统；来自葡萄牙的里斯本大学的 Marta Santos 发布了一款 GBus 应用，允许个人使用移动设备收集公交车站点信息，包括站点名称、图片和描述；来自伊利诺伊大学芝加哥分校的 James Biagioni 等人发布了一款 EasyTracker 应用，使用安装有地图的智能手机，从 GPS 轨迹中提取高密度点获取公交站点，并采集各站点公交到站时刻来计算公交站点间运行时间，从而预测公交到站时刻。

在社会方面的应用如社交网络应用以及社会感知。例如，腾讯提供的根据个体之间的共同好友而进行的好友推荐机制；来自美国华盛顿大学的 Jon Froehlich 等人发布的 Ubigreen 应用通过手机感知和用户参与的形式半自动采集用户出行习惯，鼓励用户绿色出行；来自美国卡耐基梅隆大学的 James Hays 等人通过 im2GPS 应用构建自己的 GPS 照片知识库，使人们可以通过拍摄照片查询自己所处的位置；来自美国加利福尼亚大学的 Sasank Reddy 等人发布的 DietSense 应用允许用户在社交群中分享个人饮食习惯，人们可以比较自己的饮食习惯并向他人提出建议。

2. 群智感知的挑战

作为新兴的研究领域，群智感知网络在基础理论、实现技术、实际应用 3 个层面都面临着许多传统传感器网络不曾遇到的挑战，可概括为以下 5 个方面。

- 群智感知数据的高效传输。很多群智感知应用需要连续地采集感知数据并传输到数据中心，而基于移动蜂窝网络与互联网进行连接来上报感知数据的传输方式将消耗过多的用户设备电量和数据流量，并对移动蜂窝网络造成很大压力；因此，需要设计能量有效的数据传输方法，例如基于短距离无线通信方式，利用用户之间相互接触或用户与 WiFi 热点接触的机会来转发数据。

- 群智感知数据的价值挖掘。群智感知数据来自不同的用户、不同的传感器，具有多模态、多关联等特征，必须将这些海量数据进行智能的分析和挖掘才能有效地发挥价值，形成从数据到信息再到知识的飞跃。涉及的技术包括大数据存储与处理、数据质量管理、多模态数据挖掘等。
- 群智感知网络的资源优化。克服移动节点在能量、带宽、计算等方面的资源限制是群智感知网络实用化的关键。首先，由于用户数量和传感器的可用性都会随着时间而动态变化，难以准确地对能量和带宽需求进行建模和预测来完成特定的感知任务。其次，需要考虑如何从大量的具有不同感知能力的用户中选择一个有效的用户子集，在资源限制条件下，合理调度感知和通信资源。
- 群智感知网络的激励机制。群智感知应用依赖大量普通用户参与，而用户在参与感知时会消耗自己的设备电量、计算、存储、通信等资源并且承担隐私泄露的威胁，因此必须设计合理的激励机制对用户参与感知所付出的代价进行补偿，才能吸引足够的用户，从而保证所需的数据收集质量。
- 群智感知网络的安全与隐私保护。感知数据可能泄露用户的隐私和敏感信息，因此必须设计合理的隐私保护机制，在确保用户隐私的同时能够尽可能完成数据收集任务。

本章小结

物联网的诞生就是为了实现"广域和大范围的人与人、人与物、物与物之间信息交换需求的互联"，而其中的关键就是通过多方面的手段，融合多种感知技术。传感器技术作为现代信息技术的三大支柱之一（传感技术、计算机技术、通信技术），低功耗、高精度的传感器研究为物联网感知技术打下了坚实的基础。近年来，随着新零售和物联网概念的提出和兴起，RFID 技术焕发出了巨大的发展潜力，并且有希望成为传统零售业和电商发展瓶颈的"救命稻草"，但是由于 RFID 的低安全性，设计高效、高鲁棒性的 RFID 防冲突算法成为亟待解决的技术难题。物联网中的信息处理技术为物联网中的数据处理制定了一套规范，数据预处理、特征提取、模式识别和决策融合技术缺一不可。以 GPS 为代表的室外定位和以无线网络为代表的室内定位技术，不管在军事上还是商业上，都发挥了巨大的作用，极大改变了人们的生活和观念。无线感知技术通过信号的变化能够捕捉到目标物体的形态变化，从而实现感知，在安全监控、智能互动等方面发挥不可替代的作用，同时，也需要进一步提高精确度和鲁棒性。群智感知技术的出现，将人群的智慧和传感器网络相结合，可以替代传统感知技术完成大型移动感知任务，其中的隐私保护问题还需进一步解决。

由此可见，物联网技术是一个具备时代特性的新技术，也是各种方法相融合的产物。由物联网感知技术而带动的智慧城市、智能汽车、智慧交通等一系列新型业态应运而生。同时，隐私保护问题、数据融合问题等一系列社会和技术问题也随之而来。总而言之，物联网感知技术会在挑战中蓬勃发展。

练习题

1. 什么是传感器？传感器的基本组成包括哪两大部分？这两大部分分别起什么作用？

2. 列举物联网感知互动层的 4 大关键技术？简要解释这 4 大技术的概念和作用。

3. 介绍一种基于距离的定位算法。

4. 在无线感知的菲涅尔区模型中，当物体跨越每个菲涅尔区边界时，接收信号的表现是什么？当物体沿椭圆运动时，接收信号的表现是什么？

5. 什么是群智感知？群智感知方法相比于使用普通的传感器网络进行感知的优势是什么？

6. RFID 技术的原理是什么？

7. 如图 3-12 所示是一个基于无线感知原理的手势识别互动系统框架，该系统通过识别用户的手势（三种手势：石头、剪刀、布），让用户和大屏幕进行隔空游戏互动。请写出分类模块中可以使用的两个分类算法（无监督分类和有监督分类各举出一种），并结合框架图简述其中一个算法的流程。

图 3-12　框架图

8. 假设一个群智感知系统中有 3 个用户，4 个任务。每个用户到达系统的时间为 3，5，15，每个感知任务所需要的完成时间是 9，2，10，5，用户到达系统后才能做感知任务，且用户同一时间只能做一个任务，且必须完全做完一个任务之后才能进行下一个任务。如果任务分配顺序不能改变（即必须要先分配第一个任务，才能再分配第二个任务），那如何进行任务分配（即哪个时间点把哪个任务分配给哪个用户）才能保证总体任务完成时间最短？如果任务分配顺序可以改变，又应该如何进行分配？

9. 请谈谈对定位技术发展趋势的看法。

10. 请举出 4 个在智能手机中使用的传感器？并说说它们的作用。

第4章 物联网传输组网技术

信息传输是实现物联网应用和管理的重要基础，通信组网技术为满足物联网中各类信息传输需求提供了技术支持。本节从通信技术、组网技术、中间件技术和网关技术几个方面介绍物联网信息传输方面的关键技术。

4.1 通信原理

通信技术将物联网中种类繁多的物品高速连接到互联网中，是实现对物品的实时监控和智能控制的重要环节。

4.1.1 常用通信技术

下面将对以下3种常用的通信技术进行分析：
- 窄带通信技术；
- 扩频通信技术；
- 正交多载波通信技术。

下面对其在感知互动网络中应用的优点和缺点进行分析。在下面的分析中仅关注无线通信技术的理论层面，不涉及具体的无线通信标准以及这些无线通信技术的具体硬件实现。

1. 窄带通信技术

窄带通信技术是指占用带宽不超过无线信道相关带宽的无线通信技术的统称，因此窄带通信信道是频域平坦的无线信道，接收机信号处理简单。窄带通信技术根据承载信息的特性不同，可以分为频率调制技术、幅度调制技术和相位调制技术3类。

频率调制（Frequency Modulation）是一种根据基带信号的变化来改变载波频率的调制方式。数字频率调制也称频移键控（Frequency Shift Keying，FSK）。

以二进制频率调制技术为例，基带信息为0时调制器输出频率为 w_1 的波形，基带信息为1时调制器输出频率为 w_2 的波形，而且 w_1 与 w_2 之间的改变是瞬间完成的。频率调制的一种实现方法是采用键控法，即利用受矩形脉冲序列控制的开关电路对两个不同的独立频率源进行选通。频率调制器和频率调制的波形如图4-1所示。

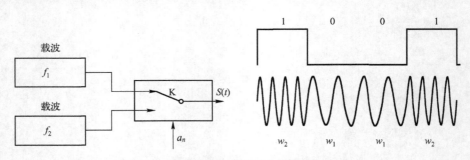

图4-1 频率调制器和频率调制波形示意图

频率调制信号的数学表示式为

$$s(t) = \sum_n a_n g(t - nT_s) \cos(w_1 t) + \sum_n \bar{a}_n g(t - nT_s) \cos(w_2 t) \qquad (4.1)$$

常用的频率调制技术有最小频移键控（Minimum frequency-Shift Keying，MSK）和高斯滤波最小频移键控（Gaussian Minimum frequency-Shift Keying，GMSK）。

幅度调制（Amplitude Modulation）是一种根据基带信号的变化，改变载波幅度的调制方式。数字幅度调制信号也称幅移键控（Amplitude Shift Keying，ASK）。

幅度调制器可以用一个乘法器来实现，幅度调制器和幅度调制的波形如图 4-2 所示。

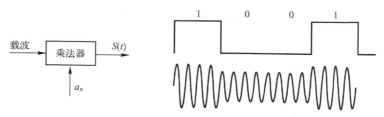

图 4-2 幅度调制器和幅度调制波形示意图

幅度调制信号的数学表示式为

$$s(t) = \sum_n (1 + a_n) g(t - nT_s) \cos(wt) \qquad (4.2)$$

相位调制（Phase Modulation）是一种根据基带信号的变化，改变载波相位的调制方式。数字相位调制技术也称相移键控（Phase Shift Keying，PSK）。

相位调制可以分两个步骤进行，先对基带符号进行映射，将其映射为一个与相位变化值相同的符号，然后将这个符号与载波进行相乘，从而改变载波的相位。相位调制器和相位调制后的波形如图 4-3 所示。

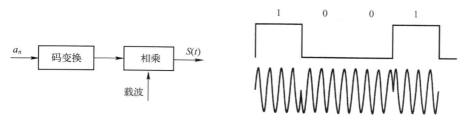

图 4-3 相位调制器和相位调制波形示意图

相位调制信号的数学表示式为

$$s(t) = \sum_n g(t - nT_s) \cos(wt + a_n \pi) \qquad (4.3)$$

常用的调相技术有二进制相移键控（Binary Phase Shift Keying，BPSK）、四相相移键控（Quadrature Phase Shift Keying，QPSK）、交错正交四相相移键控（Offset Quadrature Phase Shift Keying，OQPSK）、差分四相相移键控（Differential Quadrature Phase Shift Keying，DQPSK）和 π/4 正交相移键控（π/4-DQPSK）。

与其他通信技术相比，窄带技术具有结构简单、实现复杂度低，以及由此而获得的低成本、设备尺寸小等优点。

2. 扩频通信技术

扩频通信技术是指利用与信息符号无关的伪随机码，通过调制的方法将信息符号序列的频谱宽度扩展得比原始信号的带宽宽得多的过程。根据调制方法的不同，扩频通信技术可以分为直接序列扩频（Direct Sequeence Spread Spectrum，DSSS）和跳频扩频（Frequency Hopping Spread Spectrum，FHSS）等。

直接序列扩频工作方式，简称直扩方式。就是直接用具有高码率的扩频码序列（通常用 M 序列，Walsh 码等）在发射端去扩展信号的频谱，即将低速的基带符号映射成高速的扩频序列，从而实现信号频谱的扩展；而在接收端，用相同的扩频码序列去进行解扩（通常采用匹配滤波处理），从高速的扩频码序列中恢复出原始的基带符号，即把展宽的扩频信号还原成原始的信息。直接序列扩频工作方式原理如图 4-4 所示。

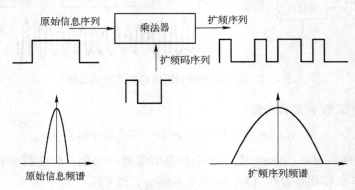

图 4-4　直接序列扩频工作方式原理图

跳频扩频工作方式，简称跳频方式，是指用一定码序列进行选择的多频率频移键控技术。也就是说，用扩频码序列去进行频移键控调制，使载波频率不断地跳变，从而对一个窄带信号进行频谱展宽的通信技术。在接收机与发射机取得同步后，控制接收机的本地振荡信号频率与发射机的载波频率按同一规律同步跳变，从而实现对信号的频率跳变解除，即解跳。跳频调制器和跳频的载频图案如图 4-5 所示。

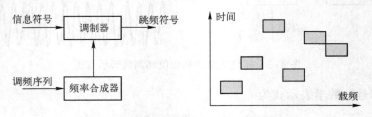

图 4-5　跳频扩频工作方式原理图

与其他的通信技术相比，扩频通信技术有以下优点：
- 低检测概率。
- 抗干扰能力强。
- 通信能耗低。
- 信号特性接近噪声，且对其他设备的干扰类似噪声。
- 在同一个射频频带内实现多个发射机的多址接入。

● 在多径信道中鲁棒性好。

3. 正交多载波通信技术

正交多载波通信技术的原理是将信道分成若干正交子信道，将高速数据信号转换成并行的低速子数据流，调制到在每个子信道上进行传输。在接收端采用相关技术对每个子载波进行匹配滤波处理，从而将每个子载波上所传输的信息序列分开，以减少子信道之间的相互干扰。

在正交多载波通信中，将较宽的无线信道划分成多个子信道，每个子信道上的信号带宽小于信道的相关带宽。因此每个子信道上可以看成平坦性衰落，从而显著降低在高速通信系统中接收机信号处理的复杂度。正交多载波调制系统中，各个子载波的频谱如图4-6所示。从图中可以看出各个子载波都互相重叠，这使得正交多载波调制具有频谱效率上的优势。

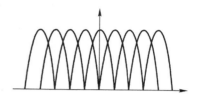

图4-6 正交多载波调制系统中的子载波频谱示意图

正交多载波调制处理可以用下面的公式来表示。

$$s(t) = \sum_{k=0}^{N-1} X_k e^{j2\pi nk/N} \tag{4.4}$$

在实际应用中，可以采用快速傅里叶逆变换（Inverse Fast Fourier Transform，IFFT）处理来实现对原始信息序列的多载波调制处理，在接收端对调制信号进行快速傅里叶变换（Fast Fourier Transform，FFT）来实现多载波信号的解调。

4.1.2 无线通信技术标准与规范

1. 无线局域网规范

无线局域网（Wireless Local Area Networks）在一个局部的区域内为用户提供可访问互联网等上层网络的无线连接。IEEE 802.11 的一系列协议是专为无线局域网制定的规范。

IEEE 802.11 最初是用于解决办公室局域网和校园网中用户终端高速网络接入的一种无线传输技术。由于 IEEE 802.11 标准在速率和传输距离上不能满足人们的需要，因此相继又推出了 IEEE 802.11a、IEEE 802.11b、IEEE 802.11g 和 IEEE 802.11n 几个标准。

IEEE 802.11a 是 IEEE 802.11 原始标准的修订版，工作频率为 5 GHz，使用具有 52 个子载波的正交频分多路复用的调制技术，其中 48 个子载波用于传输数据，4 个子载波用于传输导频信号，每个子载波带宽为 0.3125 MHz。每个子载波上可以采用 BPSK、QPSK、16-QAM、64-QAM 调制，以获得不同的数据传输能力。

IEEE 802.11b 与 IEEE 802.11a 相比，是一种低速和高可靠性的无线局域网传输技术，工作频率为 2.4 GHz。IEEE 802.11b 继承了 IEEE 802.11 标准中直接序列扩频（DSSS）的物理层技术，但它引入了 CCK（Complementary Code Keying，补码键控）技术，以获得更高的数据传输能力。CCK 技术是一种多进制扩频技术。在 CCK 技术中选取了 64 组序列，每组序列由 4 bit 和 8 bit 信息的不同编码组成，从而提高了传输的效率。

IEEE 802.11g 是为了克服 IEEE 802.11a 所使用的 5 GHz 载频非通视情况下传输能力差而做的一个修订，同时又兼顾与 IEEE 802.11b 的互联互通性，因此在 IEEE 802.11g 的物理层集成了工作于 2.4 GHz 的 OFDM 调制解调器和 DSSS 调制解调器，是一种双模通信技术。

IEEE 802.11g 改善了工作于 2.4 GHz 载频的 IEEE 802.11b 技术传输能力不足的情况，同时又很好地保证了与 IEEE 802.11b 的兼容性，提高了 IEEE 802.11 标准体系的竞争力，还延长了 IEEE 802.11b 设备的使用寿命。

IEEE 802.11n 是 IEEE 802.11 标准体系中新推出的又一成功标准。IEEE 802.11n 标准中通过引入多进多出（Multiple Input Multiple Output，MIMO）技术，显著提高了设备的数据传输能力，由原先的 54 Mbit/s 提高到 300 Mbit/s，甚至高达 600 Mbit/s。多进多出技术是 20 世纪末美国贝尔实验室提出的无线通信技术，它在发射端和接收端均采用多天线（或阵列天线）和多信号处理通道。

因此，IEEE 802.11n 产品多数都不止一根天线。MIMO 无线通信技术通过采用空时信号处理技术，在多径环境下可以在每对发射天线和接收天线间建立互相独立的无线通信信道，从而能够成倍地提高信道容量。该技术非常适合于室内环境下的无线局域网系统使用。通过采用 MIMO 技术，信号传输的频谱效率可以达到 20~40（bit/s）/Hz，远高于其他常见的通信技术。

2. 无线城域网规范

无线城域网（Wireless Metropolitan Area Networks）是指基站的信号可以覆盖整个城市的无线数据传输服务，在服务区内的用户可以通过基站访问上层网络。实现无线城域网的技术主要是微波存取全球互通（Worldwide Interoperability for Microwave Access，WiMAX）技术，是工作在微波和毫米波频段的一种空中接口标准，用于将无线热点连接到互联网或将公司、家庭等环境连接到有线骨干网络，并作为线缆和 DSL 的无线扩展技术实现无线宽带接入。IEEE 802.16 的一系列协议对 WiMAX 进行了规范。

IEEE 802.16 标准最早于 2001 年 12 月发布，至今也经过了多次修订和改进。其中值得一提的是 2004 年 10 月推出的 IEEE 802.16d（或称 IEEE 802.16-2004）版本和 2005 年 12 月推出的 IEEE 802.16e（或称 IEEE 802.16-2005）版本。

IEEE 802.16d 是固定宽带无线接入空中接口标准，采用点到多点传播，可以实现家庭与商业场所的宽带连接。它定义了 3 种物理层实现方式：单载波、正交频分复用（Orthogonal Frequency Division Multiplexing，OFDM）和正交频分多址（Orthogonal Frequency Division Multiplex Access，OFDMA）。单载波物理层使 WiMAX 兼容 10~66 GHz 频段视距传输。OFDM 物理层采用 256 个子载波，OFDMA 物理层采用 2048 个子载波，信号带宽从 1.25~20 MHz 可变，具有抵抗多径效应强、频率选择性衰落少、抗窄带干扰强等优势。

IEEE 802.16e（或称 IEEE 802.16-2005）版本是移动宽带无线接入空中接口标准，兼容 IEEE 802.16d，物理层实现方式上与 IEEE 802.16d 类似，只是采用了可扩展的 OFDMA 技术，支持 128、512、1024 和 2048 共 4 种不同子载波数量，但子载波间隔不变，所以信号带宽与载波数量成正比。这种技术使系统可以更灵活地适应信道带宽变化。

IEEE 802.16 标准支持视距（LOS）和非视距（NLOS）两种传播，最大传输距离为 50 km，支持可变速率传输，最高 75 Mbit/s（20 MHz 信道带宽、64QAM 调制、最高的信道编码效率下的理论值），双工方式可选择频分双工（FDD）和时分双工（TDD）两种模式。

IEEE 802.16 组网方式分为两种。一种是小区蜂窝架构，或称点对多点结构（Point to Multipoint，PMP），以基站为核心，直接连接网络中所有其他节点，构建星形拓扑结构。另一种是自组织网状结构，或称 Mesh 结构，所有节点通过一跳或多跳链路相互通信。

在 MAC 层，IEEE 802.16 标准定义了较完整的服务质量（QoS）机制，可以根据业务需要提供实时或非实时的、不同速率的数据传输服务，且可以为每个连接单独设置不同的 QoS 参数。此外，标准还定义了主动授权业务（UGS）、实时轮询业务（rtPS）、非实时轮询业务（nrtPS）和尽力传输业务（BE）4 种不同的上行带宽调度模式，以更好地控制上行数据的带宽分配。

WiMAX 技术具有传输距离远、接入速率高、建设成本低、系统容量大、QoS 机制完善、业务范围广等优势，一度受到关注。2007 年 10 月 19 日，国际电信联盟在日内瓦举行的无线通信全体会议上正式批准 WiMAX 成为继 WCDMA、CDMA2000 和 TD-SCDMA 之后的第四个全球 3G 标准。但是由于 WiMAX 最初并不是作为移动通信技术而是作为无线宽带技术研发的，再加上技术上存在稳定性及无缝切换等问题，它在 3G 领域的发展遭遇瓶颈，很多原计划支持这项技术的公司、运营商削减或放弃了对它的投资。

WiMAX 再次发展是在 2010 年。一是美国政府斥资 7870 亿美元再投资，二是 IEEE 设立新工作组制定了被称为 WiMAX2 的 IEEE 802.16m 标准，并于 2010 年 10 月被国际电信联盟第五研究组在第九次会议上确定为 4G 国际标准。新标准整合了 MIMO、多载波、协同通信等新技术，同时也支持 Femtocells 超小型无线移动基站、自组织网络和中继等，主打移动通信市场，和最初的设计定位已不太相同。目前主要竞争对手是 LTE。

3. 无线广域网规范

无线广域网（Wireless Wide Area Networks）连接信号可以覆盖整个城市甚至国家，其信号传播途径主要有两种：一种是通过多个相邻的地面基站接力传播信号；另一种是通过通信卫星系统传播信号。当前最新技术包括 3G、4G 和 5G 系统。3G 系统的核心技术包括 TD-SCDMA 和 WCDMA，4G 系统的核心技术主要是 LTE 系统。

时分同步码分多址（Time Division-Synchronous Code Division Multiple Access，TD-SCD-MA）是一种由中国提出的 3G 通信技术标准。与国内其他两种 3G 标准相同，TD-SCDMA 技术也基于 CDMA 技术，通过为不同的信道分配不同的扩频码序列，构造出多个互不相干的通信信道，使得多个用户能够同时进行通信。TD-SCDMA 支持两种带宽模式，分别是 1.6 MHz 和 5 MHz。在 1.6 MHz 带宽下，系统的码片速率为 1.28 Mcps。在 5 MHz 带宽下，系统的码片速率为 3.84 Mcps。

TD-SCDMA 技术采用 TDD 的双工方式，从而具有对业务支持灵活、频率使用灵活等优势。得益于 TDD，TD-SCDMA 的上行时隙和下行时隙的比例可以灵活调整，从而调整上下行数据传输能力的比例。TD-SCDMA 不像其他 FDD 的 3G 技术那样需要成对的频带，因此在频率资源的划分上更加灵活。TD-SCDMA 信道的上行和下行信道特性基本一致，因此基站根据接收即可对下行信道进行估计，避免了闭环的信道参数反馈，有利于智能天线技术的应用。

智能天线技术在基站端安装多个天线辐射元，在发射时通过信号处理模块对输给各辐射元的信号进行移相，从而使得各个辐射元所发射的信号在空间形成一个波束，在目标终端位置获得最大的增益。在接收时，信号处理单元对各个天线所接收的信号进行加权合并，加权的系数与目标终端到基站各个天线元的信道参数有关，从而使得各个目标终端的信号增强。通过采用智能天线技术，使得目标用户的信号得到增强，其他用户的信号减弱，从而减小了用户间的干扰，提高了频谱利用率。

世界范围内最广泛商用的第三代移动通信系统是 3GPP 组织制定的 WCDMA（宽带码分多址）标准，在 3GPP 中，WCDMA 被称作 UTRA（Universal Telecommunication Radio Access，通用通信无线接入）技术，包含 FDD 和 TDD 两种操作模式。

和第二代移动通信系统相比，为支持最高 2Mbit/s 的速率，WCDMA 系统定义了基于 5 MHz 带宽的全新接入网技术，采用发送分集来提高下行链路容量，并且支持上下行链路容量非对称特性的业务。WCDMA 上下行链路都采用快速闭环功率控制，提高了链路的性能。

2000 年 3 月，3GPP 发布了第一版 WCDMA 规范，即 R99。从系统角度看，R99 仍采用了分组域和电路域分别承载和处理的方式。随着移动互联网应用和数据业务需求的增长，为实现全 IP 化，3GPP 于 2001 年和 2002 年又相继发布了 R4 和 R5 规范，在核心网引入了软交换和 IMS。R5 规范和 2004 年发布的 R6 规范还分别制定了面向 IP 接入网的 HSDPA（高速下行分组接入）和 HSUPA（高速上行分组接入）技术。

为了与支持 20 MHz 带宽的 WiMAX 技术竞争，3GPP 在研究制定 LTE（长期演进）即 R7、R8 规范时，不得不放弃长期采用的 CDMA 技术，转而选用 OFDM 作为核心传输技术。OFDM 适用于频率选择性信道和高数据速率传输，LTE 物理层采用了带有循环前缀的 OFDM 作为下行多址方式，采用了带有 CP 的单载波频分多址作为上行多址方式。采用 MIMO 技术的 LTE 系统，下行与上行链路峰值速率可达到 100 Mbit/s 和 50 Mbit/s，频谱效率分别是 R6 系统 HSDPA 和 HSUPA 的 3~4 倍和 2~3 倍。

在无线接入网层面，为了满足小于 5 ms 的用户面延迟，LTE 取消了重要的网元无线网络控制器，只由单一的 eNodeB 组成。为支持多种无线接入技术的全 IP 网，3GPP 还开展了 SAE（系统框架演进）工作，推出了全新的系统框架 EPS（演进分组系统）。

LTE 系统可以被看作是准 4G 系统，目前 3GPP 正在完善和增强 LTE 系统，并开展了面向更高数据传输速率和频谱效率的第四代移动通信系统 LTE-Advanced 的研究。

与早期的 2G、3G 和 4G 移动网络一样，5G 网络是数字信号蜂窝网络，在这种网络中，供应商覆盖的服务区域被划分为许多个被称为蜂窝的小地理区域。表示声音和图像的模拟信号在手机中被数字化，由模数转换器转换并作为比特流传输。蜂窝中的所有 5G 无线设备通过无线电波与蜂窝中的本地天线阵和低功率自动收发器（发射机和接收机）进行通信。收发器从公共频率池分配频道，这些频道在地理上分离的蜂窝中可以重复使用。本地天线通过高带宽光纤或无线回程连接与电话网络和互联网连接。与现有的手机一样，当用户从一个蜂窝移动到另一个蜂窝时，他们的移动设备将自动"切换"到新蜂窝中的频道。

5G 网络的主要优势在于，数据传输速率远远高于以前的蜂窝网络，最高可达 10 Gbit/s，比先前的 4G LTE 蜂窝网络快 100 倍。另一个优点是较低的网络延迟（更快的响应时间），在同等条件下 5G 的延迟低于 1 ms，而 4G 为 30~70 ms。由于数据传输更快更便利，5G 网络将不仅仅为手机提供服务，而且还将成为一般性的家庭和办公网络提供商，与有线网络提供商竞争。以前的蜂窝网络提供了适用于手机的低数据率互联网接入，但是一个手机发射塔不能经济地提供足够的带宽作为家用计算机的一般互联网供应商。

4.2　设备互联技术

不同的无线通信设备有不同的尺寸、供电能力、信息处理能力。同时对互联设备相互之间的距离远近、传输数据速率要求也各不相同，需要考虑不同的无线技术实现设备之间的互联通信。比较具有代表性的是蓝牙技术、ZigBee 技术、WiFi Direct 技术、HomeRF 协议和UWB 技术，其中蓝牙和 ZigBee 技术是具有超低能量消耗和短距离的低速无线电技术，而WiFi Direct 属于速度更快的宽带无线电技术；HomeRF 主要用于智能家居领域，而 UWB 则以其低功耗高速率著称。除此之外，还有一些新兴技术，如 IEEE 802.15.6、60 GHz 技术、可见光通信和 Z-Wave 等。下面分别进行介绍。

4.2.1 典型无线互联技术

1. 蓝牙技术

蓝牙技术是一种近距离无线通信标准，最初由瑞典爱立信公司创立，现在由蓝牙技术联盟（Bluetooth Special Interest Group，SIG）负责制定。它旨在服务于以个人为单位的人域网（Personal Area Net，PAN），可将个人周围 10 m 内的设备连接起来，并支持音频、互联网、文件等多种格式传输，具有兼容设备丰富、传输稳定、抗干扰能力强等优势。

蓝牙无线收发器体积小巧，大约 9 mm×9 mm，方便嵌入到各种设备中，且成本低廉，易于实现，所以可支持多种设备，如 PC、笔记本电脑、打印机、移动电话、高品质耳机、数码相机等。

抗干扰能力强是蓝牙技术的一大优势。为了最大限度避免连接设备间的相互干扰，蓝牙采用了每秒 1600 跳的调频技术。它把频带分成 79 个独立的跳频信道，每次连接时，无线电收发器以每秒 1600 次的频率按某种伪随机码序列从一个信道跳到另一个信道。由于其他无线电设备不可能按完全相同的规律跳频，所以设备之间的干扰被抑制。同时，若在某特定频率下有其他干扰，其持续时间也不到千分之一秒，因此也降低了外界对蓝牙通信的影响和干扰。

蓝牙系统组网拓扑结构有两种：一种是微微网（Piconet）；一种是分布式网络（Scatternet）。在一个微微网中，允许 2~8 个蓝牙设备相互连接，其中一个设备为主设备，其余为从设备。这些设备的级别相同，具有相同的权限。分布式网络则指多个独立的非同步的微微网相互连接。

蓝牙通信协议从诞生至今已经过了 12 个版本的演变，最明显的变化就是传输速率的变化。0.7 为最早版本，蓝牙 1.0a 版确定了蓝牙使用 2.4 GHz 频谱，最高传输速率仅为 1 Mbit/s。变化最大的版本是蓝牙 2.0，传输速度提升到了 2 Mbit/s，并开始支持双工模式，可以同时传输数据和语音信号，这些提升为蓝牙技术的大规模应用奠定了基础。到了蓝牙 3.0，传输速率又有了一次大幅度的提升，达到了 24 Mbit/s。

值得一提的是由 SIG 于 2012 年 7 月推出的蓝牙 4.0 规范，与以前蓝牙规范不同的是，它是一个综合协议规范，并且提出了全新的低功耗蓝牙模式。

实际上，新规范提出了 3 种模式：高速蓝牙、经典蓝牙和低功耗蓝牙。高速蓝牙的优势在于高速的数据交换与传输；经典蓝牙则以基本的设备连接和信息交换为重点；低功耗蓝牙则以带宽占用少的小型设备连接为主。规范允许 3 种模式互相组合、搭配使用，这样就为实现更多样的应用模式提供了可能。

在这 3 种模式中，低功耗蓝牙是蓝牙 4.0 的最大特点。它本是由 NOKIA 开发的一项专用于移动设备的极低功耗的移动无线通信技术（Wibree）演进而来，后由 SIG 接纳并规范化，并被重新命名为 Bluetooth Low Energy（低功耗蓝牙）。

传统蓝牙技术采用 16~32 个频道进行广播，待机耗电量大，而低功耗蓝牙仅使用 3 个广播通道，且每次广播时射频的开启时间由过去的 22.5 ms 减少到 0.6~1.2 ms，这两个协议规范上的改变大大降低了因为广播数据导致的待机功耗。此外，低功耗蓝牙设计了深度睡眠状态。在此状态下，主机处于超低的负载循环状态，只在需要运作时由控制器来启动。同时数据发送间隔时间增加到 0.5~4 s，而且所有连接均采用先进的嗅探性次额定功能模式，这样从主机、通信模块和射频的能耗都大大降低。

2013 年 12 月，SIG 宣布正式推出蓝牙 4.1，这是蓝牙最新的版本，它主打的关键词是 IOT（全联网），也就是把所有设备都联网。为了实现这一目标，蓝牙 4.1 技术上有了很多改进。一是批量数据传输速率有所提升，这就意味着蓝牙 4.1 可以让各种可穿戴设备收集到的信息尽快传输到手机等设备上。二是蓝牙 4.1 兼容 4G LTE 信号，减小了手机网络信号源对蓝牙的干扰。三是允许不能上网的设备通过可上网的设备连接到网络，并预留了 IPv6 专属通道，这为传感器、嵌入式设备、可穿戴设备等上网困难的设备以手机为中介连接到互联网提供了可能。四是简化了设备断开重连的步骤，取消了重新配对而改成了设备靠近时自动重连。

可以看到，随着蓝牙 4.1 的发布，许多新兴设备（如智能锁、个人健身设备、运动手表等）之间的互联和信息同步将变得简单，这无疑会推动物联网的发展。

2. IEEE 802.15.4/ ZigBee 技术

IEEE 802.15.4 标准是针对低速无线个人区域网络（Low-Rate Wireless Personal Area Network，LR-WPAN）制定的标准，旨在为个人或者家庭范围内不同设备之间的低速互连提供统一标准，重点在于低能量消耗、低速率传输、低成本。IEEE 802.15.4 工作于 ISM 频段，定义了两个物理层，分别是 2.4 GHz 频段物理层和 868/915 MHz 频段物理层，如表 4-1 所示。IEEE 802.15.4 的物理层基于直接序列扩频技术，对于不同频段的物理层，其码片的调制方式各不相同。

表 4-1　IEEE 802.15.4 主要物理层规范的参数配置

频　点	868 MHz	915 MHz	2.4 GHz
带宽	0.6 MHz	2 MHz	5 MHz
信道数	1	10	16
码片调制方式	BPSK	BPSK	OQPSK
传输速率	20 kbit/s	40 kbit/s	250 kbit/s
应用区域	欧洲	美国	全球通用

IEEE 802.15.4 具有以下优势。
- 低功耗：在低功耗待机模式下，采用两节 5 号干电池供电的节点可工作 6 到 24 个月。
- 低成本：IEEE802.15.4 的协议大为精简和优化，从而降低对控制器和存储器的要求，使得节点的成本显著降低。
- 低速率：IEEE 802.15.4 支持的原始数据吞吐率为 20~250 kbit/s，满足低速率传输数据应用的需求。
- 近距离：IEEE 802.15.4 的典型通信距离为 10~100 m，通过多跳接力和增加功放的方

式可以增加通信距离。

- 短延时：IEEE 802.15.4 的响应速度快，从睡眠到唤醒只需 15 ms，节点接入网络只需 30 ms。
- 高容量：IEEE 802.15.4 支持星形、片状和网状网络结构，由一个主节点管理若干子节点，同时主节点还可由上一层网络节点管理，形成多级网络，最多可组成 65000 个节点的大网。
- 高安全：IEEE 802.15.4 提供了三级安全模式。
- 免许可频段：IEEE 802.15.4 采用直接序列扩频工作于 ISM 频段。

ZigBee 协议是由 ZigBee 联盟负责制定的，使用 IEEE 802.15.4 协议作为其 PHY 层和 MAC 层的协议，在其上定义了网络层及支持的应用服务，以便不同设备制造商的设备之间进行通信。

网络层是 ZigBee 协议栈的核心部分。网络层主要实现节点加入或离开网络、接收或抛弃其他节点、路由查找及传送数据等功能，具体功能有：1) 网络发现；2) 网络形成；3) 允许设备连接；4) 路由器初始化；5) 设备同网络连接；6) 直接将设备同网络连接；7) 断开网络连接；8) 重新复位设备；9) 接收机同步；10) 信息库维护。

应用层框架包括应用支持层（APS）、ZigBee 设备对象（ZDO）和制造商所定义的应用对象。应用支持层的功能包括：维持绑定表、在绑定的设备之间传送消息。ZigBee 设备对象的功能包括：定义设备在网络中的角色（如 ZigBee 协调器和终端设备），发起和响应绑定请求，在网络设备之间建立安全机制。ZigBee 设备对象还负责发现网络中的设备，并且决定向它们提供何种应用服务。此外，一个重要的功能是应用者可在应用层定义自己的应用对象。

与蓝牙相比，ZigBee 的功耗更低，有效范围略大，组网能力强，更适用于智能家居、能源、住宅、商业和工业等领域的无线连接。

3. WiFi Direct 技术

WiFi Direct 是 WI-FI 联盟对支持设备对设备通过 WiFi 连接的设备的认证标志，由 2010 年 7 月开始开放认证，通过认证的设备可以无需通过传统网络热点之间连接，实现 P2P 无线传输，所以这项技术也被称作"WiFi P2P"技术。

WiFi Direct 设备到设备传输速率高达 250 Mbit/s，使用 802.11 网络标准获得最大传输速率，设备可连接的最大距离为 656 英尺（1 英尺等于 0.3048 米）。安全方面依赖 WPA2 安全机制，使用 AES 256 位加密技术。

WiFi Direct 建立的网络 Piconet 是一种改进型的 ad hoc 网络，设备通过组建小组来建立连接，网络拓扑为一对一或者一对多。由一部 WiFi Direct 设备负责整个小组，称为组长，控制哪部设备加入、小组何时启动和终止。另一个值得一提的是，WiFi Direct 向 WiFi 设备兼容，即支持 WiFi Direct 的设备能够与支持 WiFi 的设备直接连接。

WiFi Direct 主要解决物理层的连接问题，包括设备发现和服务发现。设备采用类似于发现基础设施接入点时所使用的扫描技术，用于发现其他 WiFi Direct 设备，并使用 WiFi Protected Setup 获取证书、验证设备，然后建立连接。如果目标尚未加入小组，则组建新的小组；如果目标已经加入小组，则加入已经存在的小组。而服务发现是一种可选功能，一个 WiFi Direct 设备向其他 WiFi Direct 设备通报高层应用支持的服务，这个功能由厂商决定是否应用。

节能方面，WiFi 联盟表示 WiFi Direct 设备支持 WMM Power Save 计划，有望将设备的电池使用时间延长 15%~40%。WiFi Direct 能源管理功能包括两种节能机制：机会节能与缺席通知。在机会节能机制中，负责管理小组的 WiFi Direct 设备（以后以组长代称）在组内所有其他 WiFi Direct 设备进入休眠时，自己也进入休眠状态，只定期进入可用状态，以维持发现功能。缺席通知机制则是通报小组中设备一次性或定期性的缺席情况。这些能源管理功能只有在组内成员都是 WiFi Direct 设备（即没有传统 WiFi 设备）时才可用。

WiFi Direct 有如下特点：

- 移动便携性：WiFi Direct 设备能随时互联，无需 WiFi 路由器或接入点；
- 即时可用性：WiFi Direct 设备能够与支持 WiFi 的设备之间创建直接连接；
- 易用性：WiFi Direct 的设备发现和服务发现功能可帮助用户确定可用的设备与服务；
- 简单安全链接：用户通过按下设备上的按钮或输入 PIN 码即可创建安全连接。

WiFi Direct 和蓝牙技术类似，都允许无线设备以点对点形式互相连接，WiFi Direct 的优势在于传输速度和距离，而蓝牙的优势在于低功耗和市场占有率。WiFi Direct 目前还没有成为设备间相互连接的主要平台，但应用前景还是相当可观的。2013 年 8 月，博通公司正式宣布将为旗下无线联网嵌入式设备（Wireless Internet Connectivity for Embedded Devices，WICED）平台加入 WiFi Direct 标准，以便厂商开发出更多可穿戴式传感器。

4. HomeRF 协议

HomeRF 是短距离无线传输技术之一，主要为家庭网络设计，用于家庭内的消费类电子产品的数据和语音传输。

HomeRF 是无线局域网 IEEE802.11 与 DECT（数字式增强型无绳电话）结合的产物，IEEE802.11 采用 CSMA/CA（载波监听多点接入/冲突避免）方式，特别适合于数据业务；而 DECT 使用 TDMA（时分多路复用）方式，特别适合于话音通信。HomeRF 将二者融合，构成了共享无线应用协议（Shared Wireless Access Protocol，SWAP），同时适合话音和数据业务，并且特地为家庭小型网络应用进行了优化。

HomeRF 最初由 HomeRF 工作组于 1998 年公布，2001 年 5 月初推出 HomeRF 2.0 版本。在当时，HomeRF 的用户量是比较大的，并且具有信号不易被干扰的优势。但如今智能家居市场上更流行的是其他一些技术，如 WiFi、ZigBee、Z-Wave、蓝牙等。

5. UWB 技术

UWB 信号是指带宽大于 500 MHz 或基带带宽和载波频率的比值大于 0.2 的脉冲信号（UWBWG，2001），美国联邦通信委员会（FCC）规定 UWB 的频带为 3.1~10.6 GHz，并限制信号的发射功率在-41 dBm 以下。

UWB 具有传输速率高、功耗低、安全性高、定位精确、成本低工艺简单等特点。UWB 采用脉冲调制信号，脉冲工作脉宽一般在纳秒（ns）至皮秒（ps）级，所以用的带宽非常宽，可达到几 GHz，且频谱功率密度极小，数据传输速率高，3 m 范围内可以达到将近 500 Mbit/s。UWB 脉冲时间短，且可以用小于 1 mW 的发射功率实现通信，所以耗电量很低，这样制作工艺上能支持更快速的 CMOS 芯片，产品方面适用于小型电池供电设备。由于 UWB 超宽的带宽对于一般通信系统而言相当于白噪声信号，再加上它极低的功率密度，使 UWB 信号很难检测，若对调制脉冲进行编码加密，则安全系数更高。UWB 定位精度可达厘米级，且由于它极强的穿透能力，可应用于室内和地下环境。脉冲调制易于数字化实现，可使电路集成度更高、成本更低。

20 世纪 60 年代，UWB 最先是为军用雷达而开发的技术。直到 2002 年 FCC 才准许其进入民用领域。UWB 技术的特点使它能在高速无线个人局域网中有出色的表现，此外还有家庭数字娱乐中心、室内定位等应用方向。

但 UWB 在标准化方面却屡遭挫折，IEEE 于 2003 年成立 802.15.3a UWB（超宽带）任务组，致力于定义以 UWB 为基础的最高速率为 480 Mbit/s 的短距离无线通信标准，却由于在由飞思卡尔公司建议的直接序列超宽带技术（DUWB）和由 WiMedia 联盟提出的多频带 OFDM 两项竞争性提议的表决上一直不能达成 75% 的多数同意，于 3 年后的 2006 年投票决定解散。

目前市场上，瑞驰博方（北京）科技有限公司于 2014 年 3 月推出了基于 UWB 技术的红点超宽带室内实时位置平台，将与北斗共建无缝覆盖的导航服务。这是 UWB 在室内定位的一项比较新的应用。

4.2.2 新兴技术

1. IEEE 802.15.6

IEEE 802.15.6 是由 IEEE 于 2012 年推出的用于无线人体局域网（Wireless Body Area Network，WBAN）通信的标准。相对于个人局域网 PAN，人体局域网 BAN 传输距离更短，为 3 米范围内，仅限于人体内或人体周边的植入式或穿戴式装置、医疗保健设备、便携播放器、无线耳机等设备。这项标准有望提供比低功耗蓝牙更稳定和抗干扰的信息传输能力。且由于其应用于人体医疗装置，它也更重视可控性天线的辐射场效应，尽量降低对人体的"比吸收率"（Special Absorption Rate，SAR）的影响。

该协议定义了 WBAN 的物理层和 MAC 层。其中物理层有 3 种：窄带层（Narrowband，NB）、超宽带层（Ultra wideband，UWB）和人体通信层（Human Body Communications，HBC），可以根据不同的应用选用不同的物理层。

厂商要应用新的标准需先推出相应的高层通信协议与软件层。另外，由于医疗产品的设计需要更长的周期，生产需要通过更多部门的许可，所以我们更期待这个标准首先在消费类电子产品中得到应用。

2. 60 GHz 技术

60 GHz 技术是指通信载波为 60 GHz 附近频率的无线通信技术。这一频段大部分都没有被占用，资源较多，干扰少，且带宽极大，理论上可以提供达到数吉比特每秒（Gbit/s）的传输速率。60 GHz 无线信号的高度方向性使其适合点对点通信，15 dB/km 空间损耗使其更适合近距离小范围组网。这些特点类似于 UWB 技术，但能提供比 UWB 更高的传输速率。

60 GHz 良好的应用前景和丰富的带宽资源吸引着各国政府的频带划分、学术界研究和产业界标准制定。应用 60 GHz 技术的规范目前主要有 WirelessHD 和 WiGig/IEEE 802.11ad。

WirelessHD 是由产业团体制定的用于消费电子产品间进行高质量影片传输的标准，使用 60 GHz 频段中的 7 GHz 频带。最早于 2008 年 1 月提出 1.0 版，理论传输速率极限值 25 Gbit/s，最新的版本为 2010 年 5 月提出的 1.1 版，理论传输速率极限值达 28 Gbit/s。

除了更高的传输速率外，WirelessHD 1.1 还优化了系统架构，在物理层定义了高速数据传输（High Rate PHY，HRP）和低速数据传输（Low Rate PHY，LRP）两种传输架构，以便更好地应对不同无线传输需求。在分辨率方面，WirelessHD 1.1 支持 4K 分辨率（即 4096 ×2160 像素的分辨率），这相当于 4 倍 1080p 的数字影片（通常 1080p 的画面分辨率为 1920 ×1080 像素）。这种传输速率和分辨率已使 WirelessHD 1.1 支持 3D 格式影片提供了可能。

除了影片传输，WirelessHD 还有更多可应用的领域。2014 年国际消费电子展期间，起亚汽车公司展出了采用矽映电子科技的 WirelessHD 技术的移动设备的车载信息娱乐概念系统，这个系统让驾驶员和乘客将他们的设备与仪表盘或后座显示器相连，以获得更好的信息娱乐体验。

WiGig/IEEE 802.11ad 则是采用了 60GHz 频段的最新 WiFi 技术标准。IEEE 802.11ad 规范定义了物理层和 MAC 层的协议，而 WiGig 技术在此基础上结合了先进的协议适应层，应用性更加直接、广阔和高效。IEEE 802.11ad 标准已于 2012 年年底正式被批准，它同时采用三个频段，实现 2.4GHz/5GHz/60GHz 无缝切换，解决 60GHz 传输距离短的问题，保证设备最佳连接和最优化的传输性能。

3. 可见光通信

可见光通信是用可见光实现无线通信的一种技术，具体来说主要是靠发光二极管 (LED) 发出高速闪烁信号来传输信息，其通信速度可达每秒数十兆至数百兆。

可见光穿透力弱，室内的信息不会泄露到室外，所以通信安全性高；由于不使用无线电波通信，它可以自由地应用在对电磁信号敏感的环境中；此外，它还具有对人体安全、频率资源丰富等优点。

目前各国投入了大量人力、物力、财力对可见光通信进行研究，并且已经取得了很大成就。韩国三星公司展出过一款双向可见光通信系统；日本中川研究室开发了基于可见光通信的超市定位导航系统，并且已经商业化；欧洲 OMEGA 计划目标是研制出提供高速宽带服务的室内接入网络，目前展出的系统已经达到 513Mbit/s 的传输速率。

在可见光通信的研究中，高调制带宽的 LED 光源、LED 的大电流驱动和非线性效应补偿技术、光源的布局优化、光学 MIMO 技术、高灵敏度的广角接收技术、消除码间干扰技术以及可见光通信系统与现有网络的融合技术等是关键问题和研究的趋势。

未来，可见光通信可应用于室内照明与通信、室内定位、飞机上网等人们日常生活的方方面面，必将成为一种重要的无线通信方式。

4. Z-Wave

Z-Wave 是由丹麦 Zensys 公司主导的一项主要应用于智能家居领域的无线组网规格。它是基于射频的，具有低成本、低功耗、可靠性强、适于网络等特性，工作频段 908.42~868.42MHz，传输速率 40kbit/s，信号覆盖范围 30m（室内）~100m（室外）。此特性使其适用于住宅、商业照明控制、家电控制、防盗检测、抄表等方面。

目前市场上，Z-Wave 在欧美普及率比较高，在智能家居领域的主要竞争对手为 ZigBee。

4.3 组网技术

本节详细介绍多种物联网组网技术，包括拓扑控制技术、信道资源调度技术、多跳路由技术、可靠传输控制技术，以及异构网络融合技术。

4.3.1 拓扑控制技术

网络拓扑结构描述了网络中各节点间的连通性及交互性。拓扑控制研究的问题是：在保证一定的网络连通质量和覆盖质量的前提下，一般以延长网络的生命期为主要目标，兼顾通信干扰、网络延迟、负载均衡、简单性、可靠性、可扩展性等其他性能，形成一个优化的网络拓扑结构。基本的网络拓扑结构包括星状、树状、带状、分簇结构及对等网（MESH）结构。

物联网感知互动层网络拓扑控制的研究是推动物联网进一步发展的关键问题。网络拓扑作为上层协议运行的重要平台，良好性质的结构能提高路由协议和 MAC 协议的效率，有助于实现物联网首要设计目标。

网络的自组织方式和节点能力约束使拓扑算法很难获得接近最优状态的拓扑，拓扑控制算法的评价标准取决于算法的效率，高效的算法应同时呈现于两个方面：降低单位数据传输的所耗能量和降低算法的实现代价。从上述的分析可知，拓扑控制的内部矛盾可概括为需以尽可能小的能量耗费均衡地实现全局数据的传输，在此基础上，还需考虑算法本身实现的代价、现实环境中流量的不可预知性以及网络环境等多方面。

对于大规模网络系统而言，层级网络拓扑控制是当前研究关注的重点，主要以分簇结构研究为主。分簇结构相对于平面结构具有更好的可扩展性及能量有效性，并为相关数据的融合提供合理的组织结构。

现阶段对于拓扑控制的研究，主要集中于如何在保证基本网络功能的前提下最小化能耗，而对于自适应应用支持方面则涉足较少。未来的研究方向将转为从实际应用需求出发，面向任务/目标实现局部自治组网，并为后续的协同数据处理、信息感知提供优化的拓扑管理与数据交互方法。

1. 网络拓扑分类

网络拓扑可以根据节点的可移动与否（动态的或静态的）和部署的可控与否（可控的或不可控的）分为 4 类。

- 静态节点、不可控部署：静态节点随机地部署到给定的区域。这是大部分拓扑控制研究所做的假设。对稀疏网络的功率控制和对密集网络的睡眠调度是两种主要的拓扑控制技术。

- 动态节点、不可控部署：这样的系统称为移动自组织网络。其挑战是无论独立自治的节点如何运动，都要保证网络的正常运转。功率控制是主要的拓扑控制技术。

- 静态节点、可控部署：节点通过人或机器人部署到固定位置。拓扑控制主要是通过控制节点的位置来实现的，功率控制和睡眠调度虽然可以使用，但是是次要的。

- 动态节点、可控部署：在这类网络中，移动节点能够互相定位。拓扑控制机制融入移动和定位策略中。因为移动是主要的能量消耗，所以节点间的能量高效通信不再是首要问题。

2. 拓扑控制的设计目标

拓扑控制的目标是在保证网络连通度和覆盖度的前提下，兼顾网络生存时间、通信干扰、传输延迟、负载均衡、简单性、可靠性、可扩展性等性能指标，形成一个优化的网络拓扑结构。

目前，拓扑控制研究已经形成功率控制和睡眠调度两个主要研究方向。功率控制就是为传感器节点选择合适的发射功率；睡眠调度是控制传感器节点在工作状态和睡眠状态之间切换。物联网感知互动层的拓扑控制主要考虑以下问题。

- 覆盖度：在覆盖问题中，最重要的因素是网络对物理世界的感知能力。覆盖问题可以分为区域覆盖、点覆盖和栅栏覆盖。区域覆盖研究对目标区域的检测问题；点覆盖研究对一些离散的目标点的覆盖问题；栅栏覆盖研究运动物体穿越网络部署区域被发现的概率问题。

- 连通度：传感器节点部署在广阔的空间范围内，通常传感器节点需要以多跳的方式将感知的数据传输到汇聚节点。这就要求拓扑控制必须保证网络的连通性，功率控制和睡眠调度都必须保证网络的连通性，这是拓扑控制的基本要求。

- 网络生存时间：对于网络生存时间可以有多种理解。一般将网络生命周期定义为直到死亡节点的百分比低于某个阈值时的持续时间。也可以认为网络只有在满足一定的覆盖度或者连通度时，才是存活的。

- 通信干扰：减少通信干扰与减少 MAC 层的竞争是一致的。功率控制可以调节发射范围，睡眠调度可以调节工作节点的数量。对于功率控制，无线信道竞争区域的大小与网络节点的发射半径成正比，所以减小发射半径就可以减小竞争。睡眠调度显然也可以通过使尽可能多的节点睡眠，以减小干扰和竞争。

3. 功率控制

功率控制是一个十分复杂的问题，其含义是在无线通信过程中选择最恰当的功率级别发送数据分组，以此达到优化网络应用相关性能的目的。功率控制对物联网感知互动层的影响主要表现在以下几个方面。

- 功率控制对网络能量有效性的影响：包括降低传感器节点发射功耗和减少网络整体能量消耗。在节点传递分组的过程中，功率控制可以通过信道估计或者反馈控制信息。在保证信道连通的条件下，策略性地降低发射功率的富余量，从而减少发射节点的能量消耗。随着发射节点发射功率的降低，其所能影响到的邻居数量也随之减少，节省了网络中与此次通信不相关节点的接收能量消耗，达到了减少网络整体能量消耗的目的。

- 功率控制对网络连通性和拓扑结构的影响：传感器节点的发射功率过低，会使部分节点无法建立通信连接，造成网络的割裂；而发射功率过高，虽然保证了网络的连通，但会导致网络的竞争强度增大。通过功率控制调整网络的拓扑特性，主要就是通过寻求最优的发射功率及相应的控制策略，在保证网络通信连通的同时，优化拓扑结构。

- 功率控制对网络平均竞争强度的影响：当网络中节点密度一定时，发射节点的邻居节点数量与发射半径的平方成正比，而节点的通过流量与发射半径的倒数成正比，因此网络平均竞争强度与节点发射半径成正比。功率控制可以通过降低网络中节点的发射功率，减小网络中的冲突域，降低网络的平均竞争强度。

- 功率控制对网络容量的影响：一方面，表现为可以有效减少数据传输节点所能影响的邻居节点的数量，允许网络内进行更多的并发数据通信；另一方面，节点通信的传输范围越大，网络中的冲突就越多，节点通信也就越容易发生分组丢失或重传，通过功率控制可以降低通信冲突的概率。

- 功率控制对网络实时性的影响：在网络中较低的发射功率需要较多的路由跳数才能到达目的节点；而较高的发射功率则可以有效减少源节点与目的节点之间分组传递所需要的跳数。分组的传输时延在一定程度上与路由跳数成正比。功率控制技术可以根据网络状态，策略性地改变节点的发射距离，从而使网络具有较好的实时性能。

4. 睡眠调度

由于无线通信模块在空闲侦听时的能量消耗与收发状态时相当，加上覆盖冗余，这些都会造成很大的能量浪费。只有传感器节点进入睡眠状态，才能大幅度地降低网络的能量消耗，这对于节点密集型和事件驱动型的数据收集网络十分有效。

如果网络中的节点都具有相同的功能，扮演相同的角色，就称网络是非层次的或平面的；否则就称是层次型的，层次型网络通常又称为基于簇的网络。

非层次型睡眠调度的基本思想是每个节点根据自己所能获得的信息，独立地控制自己在工作状态和睡眠状态之间转换。例如，RIS（Randomized Independent Sleeping）算法，也称为随机独立睡眠算法，将事件划分为周期，在每个周期的开始，每个节点以某一概率独立地决定自己是否进入睡眠状态，RIS 需要严格的时间同步；SPAN 也是一个典型的非层次型睡眠调度算法，其基本思想是在不破坏网络原有连通性的前提下，根据节点剩余能量、邻居度等因素，自适应地决定是成为骨干节点还是进入睡眠状态。睡眠节点周期性地苏醒，以判断自己是否应该成为骨干节点；骨干节点周期性地判断自己是否应该退出。

非层次型睡眠调度与层次型睡眠调度的主要区别在于每个节点都不隶属于某个簇，因而不受簇头节点的控制和影响。

层次型睡眠调度的基本思想是，由簇头节点组成骨干网络，则其他节点就可以进入睡眠状态。层次型睡眠调度的关键技术是分簇。HEEDC（Hybrid Energy-Efficient Distributed Clustering）算法，也称为混合能量高效分布式分簇算法，是层次型睡眠调度的主要代表。HEED 对作为第一因素的剩余能量和作为第二因素的簇内通信代价综合考虑，周期性地通过迭代的办法实现分簇。

5. 拓扑控制存在的问题

拓扑控制的研究也存在许多问题，主要包括以下几个方面。

1）模型过于理想化。 在覆盖控制研究中，一般使用二值感知模型。二值感知模型是指传感器节点在平面上的感知范围是一个以节点为圆心、以感知距离为半径的圆形区域，只有落在该圆形区域内的点才能被该节点覆盖，这与实际情况相差甚远。大多数研究假设节点是同构的，在功率控制研究中，一般认为网络中的所有节点都具有相同的最大发射功率。然而，即使网络中所有的传感器节点使用相同的发射功率，由于天线、地形环境等方面的差异，各个节点所形成的发射范围差别很大。所以，现实中的节点是异构的。但是，节点的异构性又会给理论分析带来了困难，因此，人们对异构节点的研究和分析还比较少。

2）对拓扑控制问题缺乏明确的定义。 拓扑控制的目标是要形成优化的网络拓扑，那么究竟什么样的拓扑才算是优化的呢？目前对这个问题还没有清晰的理解。虽然功率控制技术和睡眠调度技术都是拓扑控制的主要研究手段和解决方法，但是这二者都不能作为某个特定的拓扑控制问题的定义。因为拓扑控制不仅仅是功率控制，也不仅仅是睡眠调度，而且，对于具体的功率控制问题和睡眠调度问题，也缺乏实用化的定义。

3）研究结果没有足够的说服力。 大多数的研究对拓扑控制算法只作理论上的分析和小规模的模拟。但是理论分析所基于的模型本身就是理想化的；小规模的模拟又不能仿真大规模的网络及其复杂的部署环境。实验和应用是算法有效性的最有说服力的证明。但是由于实验成本太高，不太可能做大量节点的实验。同样由于成本和技术等方面的原因，传感器节点大规模组网还没有进入实用阶段。这使得目前的研究结果普遍缺乏足够的说服力。因此，对拓扑控制技术验证平台的研究也是十分必要的。

4.3.2 信道资源调度技术（MAC 层协议）

MAC（Medium Access Control）层负责媒体接入访问控制，负责为节点分配无线通信资源，决定着无线信道的使用方式，其性能直接影响网络整体性能。另外 MAC 协议还决定了无线收发器的使用和节点休眠调度，决定着节点的能耗，是无线传感器网络协议研究的重点。

在无线网络中，MAC 协议负责媒体接入访问控制，主要考虑能耗、可扩展性、实时性、吞吐量、公平性和可靠性等性能指标。与传统无线网络相比，无线传感器网络的优势体现在低能耗自组网长期工作，因此能耗是协议设计的首要指标，其次才考虑其他指标。大多数应用中可靠性和可扩展性是重要的指标，少数应用需要具备一定的实时性和吞吐量保障，而公平性在无线传感器网络中通常不作考虑。无线传感器网络协议设计与具体应用高度相关，没有统一的评价指标，需要根据具体的应用场景决定。

1. MAC 协议设计原则

在物联网感知互动层，网络设备大多为电池供电的传感器节点，此类设备能量有限且难以有效补给。为保证传感器节点能够长期有效工作，MAC 协议以减少能耗、最大化网络生存时间为首要设计目标；其次，为了适应节点部署和拓扑变化，MAC 协议需要具备良好的可扩展性。相比而言，WLAN、WiFi、WiMAX 等无线网络关注的实时性、吞吐量及带宽利用率等性能指标成为次要目标。

传感器节点中的能量消耗主要包括通信能耗、感知能耗和计算能耗。其中，通信能耗所占比重最大。因此，减少通信能耗是延长网络生存时间的有效手段。大量研究表明，通信过程中主要的能量浪费存在于：

- 冲突导致重传和等待重传；
- 非目的节点接收并处理数据形成串音；
- 发送/接收不同步导致分组空传；
- 控制分组本身开销；
- 无通信任务节点对信道的空闲侦听；
- 射频装置频繁地发送/接收状态切换。

基于上述原因，适合传感器节点的 MAC 协议采取多种降低能耗的策略。通常采用"侦听/休眠"交替的信道访问策略，节点无通信任务则进入低功耗睡眠状态，以减少冲突、串音和空闲侦听；通过协调节点间的侦听/休眠周期以及节点发送/接收数据的时机，避免分组空传和减少过度侦听；通过限制控制分组长度和数量，减少控制开销；尽量延长节点休眠时间，减少状态切换次数。同时，为了避免 MAC 协议本身开销过大，消耗过多的能量，MAC 协议应尽量做到简单、高效。

近年来，针对无线传感器网络的应用需求和新特性进行了大量卓有成效的研究，新的

MAC 协议层出不穷。由于各种 MAC 协议关注的网络特性、优化的性能指标、采取的技术手段和面向的具体应用各不相同，同协议栈各层交互和处理的范围与程度也不尽相同，因而实际效果千差万别。

事实上，虽然传感网提出了许多的 MAC 协议，但由于传感网面向应用的特性决定了没有一个协议可以作为认同的统一标准。主要原因在于 MAC 协议的设计不可避免地受物理硬件平台和物理层协议的影响，而目前作为协议栈底层基础架构的物理层仍缺乏统一的标准；其次，无线传感器网络与应用高度相关，应用差异性使 MAC 协议无法兼顾所有网络特性，只能在多个性能指标之间做出选择和折中。

2. MAC 协议分类

目前，研究人员以应用场景为出发点，设计出了形式多样、目标各异的传感网感知互动层的 MAC 协议。可以根据信道访问策略、信道分配方式、数据通信类型、性能需求、硬件特点以及应用范围等作为依据，对现有的 MAC 协议进行分类。

- 根据信道访问策略的不同，可分为竞争协议、调度协议和混合 MAC 协议。竞争协议无需网络的全局信息，扩展性好、易于实现，但能耗大；调度协议有节能优势和时间延迟保障，但帧长度和调度难以调整，扩展性差，且时钟同步要求高；混合 MAC 协议结合了竞争协议和调度协议的优点，但通常比较复杂，实现难度大。
- 根据是单一共享信道还是多信道，可以分为单信道 MAC 协议和多信道 MAC 协议。前者节点体积小、成本低，但控制分组与数据分组使用同一信道，降低了信道利用率；后者有利于减少冲突和重传，信道利用率高、传输时延小，但硬件成本高，且存在频谱分配拥挤的问题。
- 根据数据通信类型，可以分为单播协议和聚播（Converge-Cast）协议。前者适合于沿特定路径的数据采集，有利于网络优化，但扩展性差；后者有利于数据融合与查询，但时钟同步要求高，且数据冗余、重传代价高。
- 根据传感器节点收发器硬件功率是否可变，可以分为功率固定 MAC 协议和功率控制 MAC 协议。前者硬件成本低，但通信范围相互重叠，易造成冲突；后者有利于节点能耗均衡，但易形成非对称链路，且硬件成本增加。
- 根据发射天线的种类，可以分为基于全向天线的 MAC 协议和基于定向天线的 MAC 协议。前者成本低、容易部署，但增加了冲突和串音；后者有利于避免冲突，但增加了节点的复杂性和功耗，且需要定位技术的支持。
- 根据协议发起方的不同，可以分为发送方发起的 MAC 协议和接收方发起的 MAC 协议。由于冲突仅对接收方造成影响，因此，接收方发起的 MAC 协议能够有效地避免隐藏终端问题，减少冲突概率，但控制开销大、传输时延长；发送方发起的 MAC 协议简单、兼容性好、易于实现，但缺少接收方的状态信息，不利于实现网络的全局优化。

此外，根据是否需要满足一定的 QoS 支持和性能要求，MAC 协议还可以分为实时 MAC 协议、能量高效 MAC 协议、安全 MAC 协议、位置感知 MAC 协议、移动 MAC 协议等。

3. 基于竞争的 MAC 协议

竞争协议采用按需使用信道的方式，当节点需要发送数据时，通过竞争方式使用无线信道，若数据发送产生了冲突，就按照某种策略重发数据，直到数据发送成功或放弃发送为止。具体设计时，睡眠/唤醒调度、握手机制设计和减少睡眠时延是竞争协议重点要考虑的3大问题。典型的协议有S-MAC、B-MAC、T-MAC、WiseMAC、X-MAC、PMAC和Sift等。

4. 基于调度的MAC协议

调度协议通常以TDMA协议为主，也可采用FDMA或CDMA的信道访问方式。考虑到硬件成本和计算复杂度，传感器节点上较少采用后面两种方式的MAC协议。调度协议的基本思想是：采用某种调度算法将时槽映射为节点，这种映射导致一个调度决定一个节点只能使用其特定的时槽无冲突访问信道。因此，调度协议也可称为无冲突MAC协议或无竞争MAC协议。调度可静态分配，也可动态分配。

固定时槽分配调度虽然能够实现无冲突通信，但节点空闲侦听的能耗很大，且网络负载越小，空闲侦听比例就越大。因此，很多TDMA协议加入流量自适应技术，动态调整占空比，进一步减小能量开销。典型的协议有TRAMA（Traffic-Adaptive MAC）、D-MAC（Data gathering tree-based MAC）等。

5. 混合MAC协议

混合MAC协议包含竞争协议和调度协议的设计要素，既能保持所有组合协议的优点，又能避免各自的缺点。当时空域或某种网络条件改变时，混合MAC协议仍表现为以某类协议为主，其他协议为辅的特性。混合MAC协议更有利于网络全局优化。典型协议如Z-MAC是一种CSMA/TDMA混合MAC协议。在低流量条件下，使用CSMA信道访问方式，可提高信道利用率并降低时延；在高流量条件下，使用TDMA信道访问方式，可以减少冲突和串扰，Z-MAC具有比传统TDMA协议更好的可靠性和容错能力，在最坏情况下，协议性能接近CSMA。

传感网感知互动层普遍存在的多跳汇集通信方式造成在汇聚节点附近出现分组碰撞、网络拥塞等现象，这种情况被称为漏斗效应（Funneling Effect）。针对漏斗效应，研究人员设计出了Funneling-MAC。Funneling-MAC属于混合MAC协议，在全网范围内采用CSMA/CA，漏斗区域节点采用CSMA和TDMA混合的信道访问方式，Funneling-MAC的各项性能指标普遍优于Z-MAC和B-MAC，可以得到更长的网络生存时间。

6. MAC协议存在的问题

现有MAC协议在扩展性、稳定性、健壮性和安全性等方面还存在着诸多问题，MAC协议要具有实用性，还有许多基础性问题和关键技术问题需要解决。

- 提高能量效率是现有MAC协议的首要设计目标，但不应该是唯一目标。在未来的应用中（如多媒体无线传感器网络WSN、Wearable WSN等），其他性能指标（如延迟、数据传输可靠性和实时性）的重要性会越发显得突出。
- 无线传感器网络的应用特点使得流量类型具有特殊性，现有MAC协议片面追求流量类型普适性的设计方法，牺牲了部分能量效率。未来的工作应当是在更好地认识和理解这种流量类型特殊性的基础上，设计面向特定的应用和流量的MAC协议。
- 现有MAC协议的安全性仍然十分脆弱，安全问题不容忽视。尽管在无线传感器网络中杜绝DoS攻击难以实现，但防止窃听和恶意攻击是可行的，也是必要的。
- 现有MAC协议对节点动态加入、退出网络和失效的考虑以及对节点移动性的支持不足，限制了MAC协议的扩展性和可用性。随着要求硬件节点具有自主移动能力的应用需求的出现，研究移动传感网MAC协议的紧迫性与日俱增。

- 现有无线通信模型和假设（如平面拓扑、对称链路、无环境噪声、Unit Disc 模型等）过于简化和理想，极大地限制了 MAC 协议研究成果转化为生产力，因此需要研究更接近真实物理世界的通信模型。理论研究不能停滞于仿真实验，应当尽可能地向原型系统甚至实际应用系统过渡，这是将理论成果转化为网络标准或产品的必经之路。

4.3.3 多跳路由技术

无线传感器网络（Wireless Sensor Network，WSN）是以数据为中心的网络，其路由技术与应用的数据业务形式紧密相关。大部分传感网络应用的数据流向为多个区域传感数据流向一个或者几个 sink 节点（汇聚节点）。数据传输模型分为连续（周期性）模型、事件驱动模型、任务查询驱动模型和混合模型。同时，邻近区域不同传感器产生相同的数据导致数据的高冗余，进行数据聚合和融合极为必要，能量有限性与网络动态性也是 WSN 路由技术需要考虑的重要问题。

1. 路由协议设计原则

根据传感器节点硬件和部署的特点，传感网感知互动层的路由协议设计应该遵循以下的设计原则。

- 通过减少通信量实现节能：例如，在数据查询或者数据上报过程中采用过滤机制，抑制传感器节点上传不必要的数据；采用数据聚合机制，在数据传输到汇聚节点前就完成可能的数据计算。
- 保持数据流量的负载平衡：通过各个传感器节点分担数据传输，平衡节点的剩余能量，提高整个网络的生存时间。例如，在层次路由中采用动态簇头；在路由选择中采用随机路由而非稳定路由；在路径选择中考虑节点的剩余能量。
- 路由协议应具有容错性：由于传感器节点容易发生故障，因此应尽量利用节点易获得的网络信息计算路由，以确保路由出现故障时能够尽快得到恢复；并可采用多路径传输来提高数据传输的可靠性。
- 路由协议应具有安全机制：尤其对于军事应用，必须考虑在路由协议中增加应对安全威胁的机制。

2. 路由协议分类

路由协议的设计和研究一直是相关领域内关注的焦点，可以根据路由协议采用的通信模式、路由结构、路由建立时机、状态维护、节点标识和投递方式等，对现有的各种路由协议进行如下的分类。

- 根据传输过程中采用路径的多少，可以分为单路径路由协议和多路径路由协议。单路径路由节约存储空间，数据通信量少；多路径路由容错性强，健壮性好，且可从众多路由中选择一条最优路由。
- 根据节点在路由过程中是否有层次结构、作用是否有差异，可以分为平面路由协议和层次路由协议。平面路由协议简单，健壮性好，但建立、维护路由的开销大，数据传输跳数多，适合于小规模网络；层次路由扩展性好，适合于大规模网络，但簇的维护开销大，且簇头是路由的关键节点，其失效将导致路由失败。
- 根据路由的建立时机与数据发送的关系，可以分为主动路由协议、按需路由协议和混合路由协议。主动路由建立、维护的开销大，资源要求高；按需路由在分组传输前需计算路由，时延大；混合路由则综合前两种方式的优点。

- 根据是否以地理位置来标识目的地、路由计算中是否利用地理位置信息，可以分为基于位置的路由协议和非基于位置的路由协议。有大量的应用需要知道突发事件的地理位置，因此催生出了基于位置的路由协议。
- 根据是否以数据来标识目的地，可以分为基于数据的路由协议和非基于数据的路由协议。一些应用要求查询或者上报具有某种类型的数据，因此催生出了基于数据的路由协议。
- 根据节点是否编址、是否以地址标识目的地，可分为基于地址的路由协议和非基于地址的路由协议。
- 根据路由选择是否考虑 QoS 约束，可分为保证 QoS 的路由协议和不保证 QoS 的路由协议。保证 QoS 的路由协议是指在路由建立时，考虑时延、丢包率等 QoS 参数，从众多备选路由中选择一条最适合的路由。
- 根据数据在传输过程中是否进行聚合处理，可以分为数据聚合的路由协议和非数据聚合的路由协议。数据聚合能减少通信量，但需要时间同步技术的支持，并会使传输时延增加。
- 根据路由是否由源节点指定，可分为源节点路由协议和非源节点路由协议。源节点路由协议无需建立、维护路由信息，从而节约存储空间，减少通信开销。但如果网络规模较大，数据包头的路由信息开销也大。
- 根据路由建立时是否与查询有关，可分为查询驱动的路由协议和非查询驱动的路由协议。查询驱动的路由协议能够节约传感器节点的存储空间，但数据传输时延较大。

3. 经典的路由协议

泛洪（Flooding）是最为经典和简单的传统网络路由协议。采用 Flooding 协议时，传感器节点产生或收到数据后向所有邻居节点广播，数据包直到过期或到达目的地才停止转发。Flooding 协议的优点在于不需要维护路由信息，不需要任何复杂的算法和策略。

实际使用过程中发现，Flooding 协议本身存在严重的缺陷。例如，传感器节点几乎同时从邻居节点收到多份相同数据，传感器节点不考虑自身资源限制，在任何情况下都转发数据。因此，Flooding 协议的扩展性很差。

4. 基于数据的路由协议

Directed Diffusion 是一个典型的基于数据的、查询驱动的路由协议，使用属性或者数值命名数据。为建立路由，汇聚节点泛洪广播包含属性列表、上报间隔、持续时间、地理区域等信息的查询请求。沿途节点按需对各查询请求进行缓存与合并，并根据查询请求计算、创建包含数据上报率、下一跳等信息的梯度，从而建立多条指向汇聚节点的路径。

查询请求指定的地理区域内的传感器节点按要求启动监测任务，并周期性地上报数据，途中各节点对数据进行缓存与聚合。汇聚节点可以在数据传输过程中，通过对某条路径发送上报间隔更小或者更大的查询请求，增强或减弱数据上报率。该协议采用多路径，健壮性好；使用数据聚合能减少数据通信量；汇聚节点根据实际情况，采取增强或减弱方式能有效利用能量。

Directed Diffusion 使用查询驱动机制按需建立路由，避免了保存全网信息。梯度建立过程中的网络开销很大，不适合网络中包含多个汇聚节点的情形；数据聚合过程中采用了时间同步技术，会带来较大的开销和时延。

5. 基于位置的路由协议

GPSR（Greedy Perimeter Stateless Routing）协议，也称为贪婪边界无状态路由协议，是一个典型的基于位置的路由协议。采用 GPSR 协议，传感器节点知道自身地理位置并具有统一的网络编址，各节点使用贪心算法尽量沿直线转发数据。

产生或收到数据的传感器节点向以欧氏距离计算最靠近目的节点的邻居节点转发数据，但由于数据会到达没有比该节点更接近目的节点的区域（也称为空洞），导致数据无法传输。当出现这种情况时，空洞周围的节点能够探测到空洞的存在，并可使用空洞的周界传输数据来解决空洞问题。

GPSR 协议避免了在传感器节点上建立、维护、存储路由表，只依赖直接邻居节点进行路由选择，几乎是一个无状态的协议；贪心算法使用接近于最短欧氏距离的路由，数据传输时延小；在网络连通性得到保证的前提下，一定可以发现可达路由。GPSR 协议的缺点是网络中的汇聚节点和源节点分别集中在两个区域时，由于通信量不平衡易导致部分节点失效，从而破坏网络的连通性；需要 GPS 定位系统或者其他定位方法，协助确定传感器节点的位置信息。

TBF（Trajectory Based Forwarding）协议，也称为基于轨迹转发协议，是一个基于源站和位置的路由协议。与 GPSR 协议不同，TBF 协议不是沿最短路径传播。与通常的源站路由协议不同，TBF 协议利用参数在数据包头中指定了一条连续的传输轨迹而不是路由节点序列。传感器节点利用贪心算法，根据轨迹参数和邻居节点位置，计算出最接近轨迹的邻居节点作为下一跳节点。

TBF 协议可以利用 GPSR 协议的方法或其他方法避开空洞，通过指定不同的轨迹参数，很容易地实现多路径传播、广播、对特定区域的广播和组播。TBF 协议的优点在于源站路由避免了中间节点存储大量路由信息；指定轨迹而不是路由节点序列，数据包头的路由信息开销不会随网络变大而增加；允许网络拓扑变化，避免了传统源站路由协议的缺点。TBF 的不足在于随网络规模的增加，路径变长，沿途节点进行计算的开销也相应增加；需要 GPS 定位系统或其他定位方法协助，以确定传感器节点的位置信息。

6. 基于数据聚合的路由协议

LEACH（Low Energy Adaptive Clustering Hierarchy）协议，也称为低功耗自适应成簇分层型协议，是非常著名的基于数据聚合的路由协议。为平衡传感器节点之间的能耗，周期性地按轮随机选举簇头。

成为簇头的节点在无线信道中广播消息，其余传感器节点选择加入接收信号最强的簇头。节点通过一跳通信将数据传输给簇头，簇头也通过一跳通信将聚合后的数据传输给汇聚节点。

LEACH 协议的优点在于采用随机选择簇头的方式避免簇头能量消耗过快，提高了网络生存时间；数据聚合可以有效地减少通信量。但是 LEACH 采用一跳通信，要求节点具有较强的功率通信能力，扩展性差，不适合于大规模网络。

PEGASIS（Power-Efficient Gathering in Sensor Information Systems）协议，也称为功率高效的传感器信息采集系统协议，同样属于基于数据聚合的路由协议。PEGASIS 是 LEACH 的改进。PEGASIS 的思想是为了延长网络的生命周期，节点只需要和它们最近的邻居之间进行通信。节点与汇聚节点间的通信过程是轮流进行的，当所有节点都与汇聚节点通信后，节点间再进行新一回合的轮流通信。由于这种轮流通信机制使得能量消耗能够统一地分布到每个节点上，因此降低了整个传输所需要消耗的能量。

不同于 LEACH 的分簇结构，PEGASIS 协议在传感器节点中采用链式结构进行链接。运行 PEGASIS 协议时，每个节点首先利用信号的强度来衡量其所有邻居节点距离的远近，在确定其最近邻居的同时，调整发送信号的强度以便只有这个邻居能够听到。其次，链中每个节点向邻居节点发送及接收数据，并且只选择一个节点作为链首向汇聚节点传输数据。采集到的数据以点对点的方式传递、融合，并最终被送到汇聚节点。

7. 层次路由协议

TEEN（Threshold sensitive Energy Efficient sensor Network protocol）协议，也称为阈值敏感的能量高效传感器网络协议，是典型的层次路由协议。TEEN 利用过滤方式来减少数据传输量。

TEEN 采用与 LEACH 相同的成簇方法，但是簇头根据与汇聚节点距离的不同，形成层次结构。当簇形成之后，汇聚节点通过簇头向全网节点通告两个阈值（分别称作硬阈值和软阈值）来过滤数据发送。当传感器节点第一次监测到数据超过硬阈值时，向簇头上报数据，并将当前监测数据保存为监测值。

此后只有在监测到的数据比硬阈值大，且其与监测值之差的绝对值不小于软阈值时，节点才向簇头上报数据，并将当前监测数据保存为监测值。TEEN 通过利用软、硬阈值减少了数据传输量，且层次型簇头结构不要求节点具有大功率通信能力。

TTDD（Two Tier Data Dissemination）协议，也称为两层数据传播协议或层次路由协议，主要是解决网络中存在多个汇聚节点以及汇聚节点移动的问题。当多个传感器节点探测到事件发生时，选择一个节点作为发送数据的源节点，源节点以自身作为格状网的一个交叉点来构造一个格状网。

构造格状网的主要过程是：源节点先计算出相邻交叉点的位置，利用贪心算法请求最接近该位置的节点成为新交叉点，新交叉点继续该过程直至请求过期或到达网络边缘。交叉点保存了事件和源节点信息。进行数据查询时，汇聚节点泛洪广播查询请求到最近的交叉点，此后查询请求在交叉点之间传播，最终源节点收到查询请求，数据反向传输到汇聚节点。汇聚节点在等待数据时，可以继续移动，并采用代理机制保证数据的可靠传递。

4.3.4 可靠传输控制技术

在传感器节点的能量和带宽等资源普遍受限的条件下，能否为网络中的数据传输提供可靠的传输保证机制和网络拥塞避免机制，是保证信息有效获取的一个基本问题，也是传输控制技术应当解决的问题。

1. 传输控制的应用需求

在物联网的感知互动层，存在影响数据传输的如下负面因素：

- 网络中无线链路是开放的有损传播介质，存在着多径衰落和阴影效应（由于通信范围有限，路径损耗较低，一般可忽略不计），加之其信道一般采用开放的 ISM 频段，使得网络传输的误码率较高；
- 同一区域中的多个传感器节点之间同时进行通信，节点在接收数据时易受到其他传输信号的干扰；

- 由于能量耗尽、节点移动或遭到外来破坏等原因，造成传感器节点死亡和传输路径失效；
- 传感器节点的存储资源极其有限，在网络流量过大时，容易导致协议栈内的数据包存储缓冲区溢出。

基于上述原因，在协议设计时必须提供一定的传输控制机制，以保证网络传输效率。传输控制机制主要可以分为拥塞控制和可靠保证两大类。拥塞控制用于将网络从拥塞状态中恢复出来，避免负载超过网络的传输能力；可靠保证用于解决数据分组传输丢失的问题，使接收端可以获取完整有效的数据信息。

现有的 IP 网络主要使用协议栈中传输层的 UDP 和 TCP 控制数据传输。UDP 是面向无连接的传输协议，不提供对数据包的流量控制及错误恢复；TCP 则提供了可靠的传输保证，但 TCP 无法被直接用于传感网的感知互动层，原因如下。

- 在 TCP 中，数据包的传输控制任务被赋予网络的端节点，中间节点只承担数据包的转发。而传感网底层网络以数据为中心，中间节点可能会对相关数据进行在网处理，从而改变数据分组的数量和大小。
- TCP 建立和释放连接的握手机制相对比较复杂，耗时较长，传感网底层网络拓扑的动态变化也给 TCP 连接状态的建立和维护带来了一定的困难。
- TCP 协议采用基于数据分组的可靠性度量，即尽力保证所有发出的数据包都被接收节点正确接收到。在传感网底层网络，可能会有多个传感器节点监测同一对象，使得监测数据具有很强的冗余性和关联性。只要最终获取的监测信息能够描述对象的真实状况，具有一定的逼真度就可以，并不一定要求全部数据分组被传输。
- 传感网底层网络中非拥塞丢包和多路传输等引起的数据包传输乱序，都会引发 TCP 的错误响应，使得发送端频频进入拥塞控制阶段，导致传输性能下降。
- TCP 要求每个网络节点具有独一无二或全网独立的网络地址。在大规模的传感器节点组网时，为了减少长地址位带来的传输消耗，传感器节点可能只具有局部独立的或地理位置相关的网络地址或采用无网络地址的传输方案，无法直接使用 TCP。

2. 拥塞控制

拥塞控制技术主要包括 3 个环节，拥塞检测、拥塞状态通告和流量控制。

（1）拥塞检测

准确、高效的拥塞检测是进行拥塞控制的前提和基础。目前，主要的拥塞检测方法有两种，检查缓冲区占用情况和检查信道负载。

1）检查缓冲区占用情况：根据节点内部数据分组缓冲区的占用情况，判断网络是否处于拥塞状态。显然，缓冲区内积压的待发送分组越多，说明网络的拥塞状态越严重。这种方法的优点在于简单，但是缺乏对信道繁忙程度的了解，判断结果不一定准确。

2）检查信道负载：节点通过监听信道是否处于空闲，判断网络是否处于拥塞状态。显然，如果信道长时间繁忙，则说明网络处于拥塞状态。这种方法的准确度比检查缓冲区占用情况要高，但是长时间监听信道会带来能量的浪费。

为了克服这两种方法各自的缺点，形成了一种混合的拥塞检测方案，在缓冲区非空时进行信道状态周期性采样。这种新方法，可以在准确检测网络拥塞的前提下，降低节点的能量开销。

（2）拥塞状态通告

当网络出现拥塞时，往往需要与数据传输相关的所有节点相互合作才能缓解拥塞状态。因此，若节点发现网络处于拥塞状态时，必须将此消息传递给邻居节点或者上游节点，达到消息反馈甚至控制的作用。节点一般采用以下两种方式扩散拥塞状态通告。

1）明文方式（Explicit Congestion Notification，ECN）：节点发送包含拥塞消息的特定类型的控制分组。为了加快该消息的扩散速度，可以通过设定 MAC 层竞争参数来增大其访问信道的优先权。缺点是控制包带来了额外的传输开销。

2）捎带方式（Implicit Congestion Notification，ICN）：利用无线信道的广播特性，将拥塞状态信息捎带在正要传输的数据分组包头中，邻居节点通过监听通信范围内的数据传输，获取相关信息。与明文方式相比，捎带方式减轻了网络负载，但增加了监听数据传输和处理数据分组的开销。

（3）流量控制

当传感器节点检测到拥塞发生后，将会综合采用各种控制机制减轻拥塞带来的负面影响，提高数据传输效率，即流量控制。流量控制的主要方法有：报告速率调节、转发速率调节和综合速率调节。

1）报告速率调节：一般来说，传感器节点的播撒密度较高，数据具有很强的关联性和冗余度。但用户一般只关心网络整体返回的监测信息的准确度，而非单个节点的报告。因此，只要保证获取的信息足够描述被监测对象的状态，具有一定的逼真度，就可以对相关数据源节点的报告频率进行调整，以便在发生拥塞时减轻网络的流量压力。

2）转发速率调节：若网络对数据采集的逼真度要求较高，则一般不适用于报告速率调节，而是选择在流量汇聚发生拥塞的中间节点进行转发速率调节。然而，仅依靠调节转发速率将会导致拥塞状态沿着数据传输的相反方向不断传递，最终到达数据源节点。若数据源节点不能支持报告速率调节，将会导致丢包现象的发生。

3）综合速率调节：在多跳结构的网络中，传感器节点承担着数据采集和路由转发的双重任务。当拥塞发生时，仅通过单一的速率调节方式，往往不能达到有效的控制效果。检测到拥塞发生的节点沿着向数据源节点的方向，向上游节点扩散后压消息，收到此消息的节点将根据本地的网络状况判断是否继续向其上游节点传播。同时，采取一定的本地控制策略，如丢弃部分数据包、降低报告或转发速率、路由改道等来减轻拥塞。

除了上面提到的速率调节方法之外，实际中还采用多路径分流、数据聚合和虚拟网关等方式进行流量控制。

3. 可靠保证

数据传输的可靠保证主要是通过数据重传来实现的，节点需要暂时缓存已发送的数据分组，并用重传控制机制来重传网络传输过程中丢失的数据分组。数据重传主要包含两个主要步骤，丢包检测和丢包重传。

（1）丢包检测

传感器节点主要通过接收到的数据包包头中相关序列号字段的连续性进行丢包检测，发现数据包丢失后将信息反馈给当前持有该数据包的发送节点请求重传。丢包检测的反馈方式有以下 3 种。

1）Acknowledgement（ACK）方式：源节点为发送的每一个数据包设置缓存和相应的重发定时器。若在定时器超时之前收到来自目的节点对此数据包的 ACK 控制包，则认为此数据包已经成功地传输。此时，取消对该数据包的缓存和定时；否则将重传此数据包并重新设置定时器。对于每个数据包，接收节点都需要反馈 ACK，负载和能耗较大。

2）Negative Acknowledgement（NACK）方式：源节点缓存发送的数据包，但无需设置定时器。若目的节点正确收到数据包，则不反馈任何确认指示；若目的节点通过检测数据包序列号检测到数据包的丢失，则反馈 NACK 控制包，要求重传相应的数据包。NACK 只需针对少量丢失的数据包反馈，减轻了 ACK 方式的负载和能耗。其缺点是目的节点必须知道每次传输的界限，使其不能保证单包发送时的可靠性。

3）Implict Acknowledgement（IACK）方式：发送节点缓存数据包，监听接收节点的数据传输，若发现接收节点发送出该数据包给其下一跳节点，则取消缓存。这种方式不需要传输控制包，负载和能耗最小，但只能在单跳以内使用，且需要节点能够正确地监听到邻居节点的传输情况。

（2）丢包重传

网络中的丢包重传方式主要有两种：端到端重传和逐跳重传。基于端到端控制的重传方式，主要依靠目的端节点检测丢包，将丢包信息反馈给数据源节点进行重传处理。控制包和重传数据包的传输需要经历整条传输路径，不但降低了数据重传的可靠性和效率，也加大了网络负载和能量消耗。同时，基于端节点的控制方式使得反馈处理时间相对较长，不利于数据的实时传输。

因此，在传感网底层网络中较多地采用逐跳控制方法，即在每跳传输的过程中，相邻转发节点之间进行丢包检测和重传操作。丢包重传的方向主要包括普通节点向汇聚节点、汇聚节点向普通节点，以及双向可靠保证 3 类。

4. 传输控制存在的问题

由于无线信道的不稳定和复杂性特点，无线网络中的传输控制一直都是协议设计和实际应用的难点。由于传感网中数据传输需求的多样性，传感网底层网络的传输控制还处于起步阶段，还存在以下的问题。

- 设计跨层协作的传输控制协议。在网络中传输控制任务不能仅仅依靠传输层来完成，传感器节点协议栈中的各个层次需进行充分的交互与协作，共同支持和保证数据的可靠传输。
- 提高传输控制协议的综合控制能力。网络中拥塞和丢包的现象可能会同时发生，并互相影响。目前的控制协议大多只对一种问题（拥塞或丢包）进行处理，新的传输控制协议应提供全面的综合控制机制。
- 传输控制协议需要提供公平性保证。在确保传输效率的同时，网络中的多个数据流应按照事先定义的公平性原则，分享无线信道进行数据传输。
- 提供对节点移动性的支持。目前，传输控制协议基本都假定传感器节点和网络是静态的。但在物流等应用中，节点的移动会给网络传输带来更多的不可靠因素，加重了丢包现象的发生，需要设计具有更高处理效率和更快处理速度的控制协议。

4.3.5　异构网络融合技术

物联网是以感知为目的的技术体系，在其发展初期，离不开互联网、移动通信网、多种网络基础设施的支持，从而形成其网络体系高度异构混杂的现状。同时，物联网自身内部在通信协议、信息属性、应用特征等多个方面具有高度异构性，在融合的环境下，实现异构资源的优势互补与协调管理，最大化网络利用率，并最终达到各网络的协同工作，不仅是技术发展的必然趋势，也是网络运营者实现最佳用户体验和最优资源利用的根本途径。如何解决物联网的异构融合问题，是物联网今后走向规模产业化的瓶颈。

目前，国际上对异构网络融合技术的研究主要集中在欧美、日本等发达国家和地区。无线世界研究论坛（Wireless World Research Forum，WWRF）是异构技术研究的重要力量，其第 3、第 6 工作组均将异构环境下的关键技术（如重配置、移动性管理）作为主要研究内容，为欧洲电信标准协会（European Telecommunications Standards Institute，ETSI）、第三代合作伙伴计划（Third Generation Partnership Project，3GPP）、因特网工程任务组（Internet Engineering Task Force，IETF）、国际电信联盟（International Telecommunication Union，ITU）等世界标准化组织的工作贡献力量，并为世界各国开展异构技术的研究指引了方向。

IEEE P1900 作为以异构网络共存为目标的标准化组织已逐步发展起来，围绕着网络功能需求和功能设计，在网络选择、基于策略的联合资源管理以及动态频谱管理等方面提出了有益的成果，并分析了与 IEEE 802.21（异构网络间的切换机制）、IEEE 802.22.1（动态频谱管理）、3GPP 系统架构演进（System Architecture Evolution，SAE）的异同。应当说，欧盟对于异构网络的研究在整个世界上居于领先地位，其研究呈现体系化的特点，涉及体系架构、协议栈、管理结构、业务等多个层面。

欧盟发起的 IST（Information Society Technology）计划，从 FP4（Framework Program 4）到 FP5 再到 FP6，与异构技术研究相关的项目多达 20 多个。从 FP6 开始，欧盟开始专注于完整的体系构建，环境网络（Ambient Network，AN）、WINNER（Wireless World Initiative New Radio）、E2R（End-to-End Reconfiguration）是其中最具影响力的项目，分别从网络融合的解决方案，实现对异构无线空中接口技术的统一，端到端的重配置能力展开，对整个世界在此方向上的研究起到了积极的推动作用。

然而由于问题本身的复杂性，欧盟研究的技术定位以及研究本身也处于刚刚开始的阶段，目前在一些关键科学问题（如系统的性能、分析建模、资源自优化等理论方面）尚有待深入探索。下面仅简单介绍异构网络融合相关的多无线电协作技术和资源管理技术。

1. 异构网络融合的多无线电协作技术

物联网中包含了多种异构网络，从接入方式到资源管理与控制等技术都有较大区别，传统的单无线电技术在处理多种网络接入时有很大局限性，随着硬件技术的发展及成本的降低，多无线电系统的设备日益普及。多无线电指的是单一设备多个独立的无线电系统，每个无线电系统可以使用不同的接入技术及不同的信道。在此基础上，采用多无线电协作技术实现对多无线电接口的管理和资源分配，从而提高网络容量，扩大连通范围，在底层解决异构网络的互联互通问题。

环境网络（Ambient Network，AN）是一种基于异构网络间的动态合成而提出的全新的网络观念。它不是以拼凑的方式对现有的体系进行扩充，而是通过制定即时的网间协议，为用户提供访问任意网络（包括移动个人网络）的能力。

一个环境网络单元主要由 AN 控制空间和 AN 连通性构成。AN 控制空间由一系列的控制功能实体组成，包括支持多无线电接入（MRA）、网络连通性、移动性、安全性和网络管

112

理等的实体。不同 AN 的 ACS 通过环境网络接口通信，并且通过环境服务接口来面对各种应用和服务。在具体实现上，ACS 由多无线电资源管理模块和通用链路层构成。

环境网络最大的特点就是采用了 MRA 技术。MRA 技术可使终端具有同时与一个接入系统保持多个独立连接的能力；通过 MRA 技术，可以实现终端在不同 AN 间的无缝连接以及不同终端在不同 AN 间的多跳数据传输，以扩大 AN 的覆盖范围。

作为环境网络实现异构网络互联的第一步，多无线电接入及其资源分配和管理是其他面向用户的异构网络服务的基础。而多无线电协作技术是 MRA 技术的延伸和扩展，其主要功能是实现多无线电间的资源共享和不同环境网络间的动态协同。其他功能还包括有效的信息广播、发现和选择无线电接入，允许用户利用多无线电接口同时发送和接收数据，以及支持多无线电多跳通信等。

通过多无线电协作，可使终端具有同时与一个接入系统保持多个连接或同时连接不同接入系统的能力，从而在网络容量、能量控制和移动管理等方面均优于传统技术。

2. 异构网络融合的资源管理技术

在异构网络融合架构下，一个必须要考虑并解决的关键问题是：如何使任何用户在任何时间、任何地点都能获得具有 QoS 保证的服务。在异构网络融合系统中，由于网络的异构性、用户的移动性、资源和用户需求的多样性和不确定性等因素，导致传统通信网络的相关研究成果无法直接使用，还需要作进一步的研究，目前的研究主要集中在呼叫接入控制、垂直切换、异构资源分配等方面。

（1）呼叫接入控制

传统蜂窝网络中的呼叫接入控制算法已经得到了广泛的研究，但是难以直接在异构网络中使用，主要有以下原因。

1）网络中多种无线接入技术并存：移动通信网络通过其基础设施（基站）控制和管理各移动用户对信道资源的接入，向用户提供具有 QoS 保证的服务。而 WLAN 则采用载波侦听多点接入/冲突避免（CSMA/CA）的信道资源接入方式，其提供的 QoS 支持具有较大的差异性。

2）用户移动性：在多网络异构融合的网络环境下，大范围覆盖的高速移动与室内环境的低速或相对静止情况并存，传统的用户均匀移动模型已经不再合适，需要考虑不同覆盖区域内用户的不同移动性。

3）多种业务类型：异构网络融合系统提供了多种业务类型，需要不同的 QoS 保证。语音、视频等实时业务是时延敏感而分组丢失可承受的，非实时业务是分组丢失敏感而中等时延敏感的，文件传输等尽力而为的业务是分组丢失敏感但对时延相对不敏感的。不同的网络对不同的业务有不同的支持能力。

4）跨层设计：在基于分组交换的无线网络中，使用相关层优化必将提高系统性能。因而，在研究异构网络 CAC 算法时，应该通过跨层设计来评估呼叫级（呼叫阻塞率、被迫中断概率）和分组级的 QoS 性能。

（2）垂直切换

用户在不同网络之间的移动称为垂直移动，实现无缝垂直移动的最大挑战在于垂直切换。垂直切换就是在移动终端改变接入点时，保持用户持续通信的过程。在多网融合的环境中，传统的采取比较信号强度进行切换的决策方法已经不足以进行垂直切换。由于异构网络融合系统的特殊性，垂直切换决策除了需考虑信号强度外，还需考虑以下几个因素。

1）业务类型：不同的业务有不同的可靠性、时延以及数据率的要求，需要不同的 QoS 保证。

2）网络条件：由于垂直切换的发生将影响异构资源之间的平衡，这就要求在设计垂直切换策略时，需要利用系统的网络侧信息，如网络可用带宽、网络延时、拥塞状况等，从而有效避免网络拥塞，在不同网络间实现负载平衡。

3）系统性能：为了保证系统性能，需要考虑信道传播特性、路径损耗、共信道干扰、信噪比（SNR）以及误比特率（BER）等性能参数。

4）移动终端状态：如移动速率、移动模式、移动方向以及位置信息等。

（3）异构资源分配

异构网络融合系统中的资源分配算法需要有效地控制实时、非实时等多种业务的无线资源接入，需要能有效处理突发业务、分组交换连接中数据分组随机到达以及数目随机变化等情况；异构网络系统中用户需求具有多样性，网络信道质量具有可变性；不同的无线网络分别由各自的运营商经营，这样的经营模式在今后很长的时间内将无法改变。这就决定了这些网络更有可能采取一种松耦合的融合方式。因此，异构网络融合系统应该采用新颖的分布式动态信道资源分配算法。

动态自适应的信道资源分配算法，根据用户的 QoS 要求和网络状态动态调整带宽分配，在网络状况允许时，给用户呼叫分配更多的信道资源，以提升用户的 QoS 保证；当网络拥塞时，通过减少对系统中已接纳呼叫的信道分配来容纳更多的呼叫，从而降低系统的呼叫阻塞率和被迫中断概率，提高系统资源的使用率和用户的 QoS。

系统模型的建立对于异构网络环境中信道分配算法的深入分析至关重要。目前在异构网络资源分配的研究中，还没有提出完整的具有一般性的系统模型。大部分文献使用仿真的方法进行分析，或者仅对融合系统中的分立网络分别进行建模。除此之外，还可以利用多维马尔科夫模型、矩阵运算以及排队论等数学方法，对异构网络融合系统建立多维多域的系统模型，以获得不同算法下该系统模型的各个状态，进一步推导系统的性能，比较不同算法的优劣。

4.4 6LowPAN

物联网中，不同的物体有不同的应用需求、数据规模、电池能力等，这就决定了在不同的物体上运行不同的网络协议。对于数据规模相对较小或能力较弱的物体，就只能运行低速低功耗的网络协议。譬如，在无线传感网中，构成节点的那些自组织、电池供电的小传感器只具有有限的计算能力和有限的能量支持，在这些小传感器上就不适合运行高速的网络协议。而对于类似视频服务这种数据需求量很大的应用，低速的网络协议就不能再满足要求了。因此在物联网应用中，低速网络和高速网络的兼容是一种必然的趋势。在这种趋势下，如何连接高速网络和低速网络协议就成了一个关键的问题。

6LowPAN 就是为了连接运行 IPv6 高速互联网协议的网络和运行低速协议的其他网络。6LowPAN 是 IPv6 over Low Power Wireless Personal Area Network 的简写，即基于 IPv6 的低速无线个域网。6LowPAN 工作组由 IETF 组织于 2004 年 11 月宣布正式成立，负责制定基于 IPv6 的低速无线个域网标准，旨在将 IPv6 引入以 IEEE 802.15.4 为底层标准的无线个域网。

6LowPAN 关键技术包括适配层、路由、包头压缩、分片、IPv6、网络接入和网络管理等技术。6LowPAN 的参考模型如图 4-7 所示。6LowPAN 技术底层采用 IEEE 802.15.4 规定的 PHY 层和 MAC 层，网络层采用 IPv6 协议。由于 IPv6 中，MAC 支持的载荷长度远大于 6LowPAN 底层所能提供的载荷长度，为了实现 MAC 层与网络层的无缝连接，6LowPAN 工作组建议在网络层和 MAC 层之间增加一个网络适配层，用来完成包头压缩、分片与重组以及网络路由转发等工作。

1. 适配层功能介绍

适配层是整个 6LowPAN 的基础框架，6LowPAN 的其他一些功能也是基于该框架实现的。整个适配层功能模块的示意图如图 4-8 所示。

图 4-7　6LowPAN 的参考模型

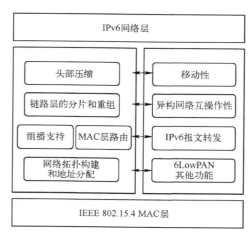

图 4-8　适配层功能模块的示意图

适配层主要功能如下。

（1）链路层的分片和重组

IPv6 规定的链路层最小 MTU 为 1280B，而 IEEE 802.15.4 MAC 最大帧长仅为 127B。因此，适配层需要通过对 IPv6 透明的链路层的分片和重组来传输超过 IEEE 802.15.4MAC 层最大帧长的报文。

（2）头部压缩

在不使用安全功能的前提下，IEEE 802.15.4 MAC 层的最大载荷为 102B，而 IPv6 报文头部为 40B，再除去适配层和传输层（如 UDP）头部，只有 50B 左右的应用数据空间。为了满足 IPv6 在 IEEE 802.15.4 传输的 MTU，除了通过分片和重组来传输大于 102B 的 IPv6 报文外，也需要对 IPv6 报文进行压缩来提高传输效率和节省节点能量。为了实现压缩，需要在适配层头部后增加一个头部压缩编码字段，该字段将指出 IPv6 头部哪些可压缩字段将被压缩。除了对 IPv6 头部以外，还可以对上层协议（UDP、TCP 及 ICMPv6）的头部进行进一步的压缩。

（3）组播支持

组播在 IPv6 中有非常重要的作用，IPv6 特别是邻居发现协议的很多功能都依赖于 IP 层组播。此外，WSN 的一些应用也需要 MAC 层广播的功能。但是 IEEE 802.15.4 MAC 层却不支持组播，只提供有限的广播功能。适配层的作用就是利用可控广播泛洪的方式来在整个 WSN 中传播 IP 组播报文。

（4）网络拓扑管理

IEEE 802.15.4 MAC 协议支持多种网络拓扑结构，包括星形拓扑、树状拓扑及点对点的 Mesh 拓扑等，但是 MAC 层协议并不负责这些拓扑结构的形成，仅仅提供相关的功能性原语。因此需要适配层协议负责以合适的顺序调用相关原语，完成网络拓扑的形成和维护，包括：信道扫描、信道选择、队 N 的启动、接受子节点加入请求、分配地址等。通常使用状态机来维护整个协议过程。

IEEE 802.15.4 协议中使用信标帧实现网络中设备的同步工作和休眠，但是 IEEE 802.15.4 MAC 仅仅提供星形拓扑的信标帧同步机制，在这种拓扑中仅有 PANCordinato 发送信标帧。如果想采用复杂的拓扑，如树状拓扑，就会出现若干节点同时发送 Beacon 的情况。为了避免各个节点发送的信标帧报文在物理信道上产生碰撞，发送信标帧的节点之间必须进行相应的协商。因此，适配层的另一项功能就是提供一定的机制对网络拓扑中各个节点的信标帧发送时间进行统一管理，以免产生信标帧之间的碰撞，导致网络拓扑被破坏。

（5）地址分配

6LowPAN 中每个节点都使用 EUI-64 地址标识符，但是一般的 6LowPAN 网络节点能力非常有限，而且通常会有大量的部署节点，若采用 64 bit 地址将占用大量的存储空间并增加报文长度。因此，更适合的方案是在 PAN 内部采用 16 bit 短地址来标识一个节点，这就需要在适配层来实现动态的 16 bit 短地址分配机制。

（6）路由协议

网络拓扑构建和地址分配相同，IEEE 802.15.4 标准并没有定义 MAC 层的多跳路由。适配层将在地址分配方案的基础上提供两种基本的路由机制：树状路由和网状路由。

2. 适配层报文格式

由于 6LowPAN 网络有报文长度小、低带宽、低功耗的特点，为了减小报文长度，适配层帧头部分为两种格式，即不分片和分片，分别用于数据部分小于 MAC 层 MTU（102B）的报文和大于 MAC 层 MTU 的报文。当 IPv6 报文要在 802.15.4 链路上传输时，IPv6 报文需要封装在这两种格式的适配层报文中，即 IPv6 报文作为适配层的负载紧跟在适配层头部后面。特别是，若 "M" 或 "B" 位被置为 1 时，适配层头部后面将首先出现 MD 或 Broadcast 字段，IPv6 报文则出现在这两个字段之后。

不分片报文头部格式的各个字段含义如下（见图 4-9）：

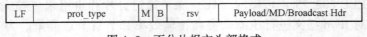

| LF | prot_type | M | B | rsv | Payload/MD/Broadcast Hdr |

图 4-9　不分片报文头部格式

① LF：链路分片（Link Fragment），占 2 bit。此处应为 00，表示使用不分片头部格式。
② prot_type：协议类型，占 8 bit。指出紧随在头部后的报文类型。
③ M：Mesh Delivery 字段标志位，占 1 bit。若此位置为 1，则适配层头部后紧随着的是

"Mesh Delivery"字段。

④ B：Broadcast标志位，占1 bit。若此位置为1，则适配层头部后紧随着的是"Broadcast"字段。

⑤ rsv：保留字段，全部置为0。

当一个包括适配层头部在内的完整负载报文不能够在一个单独的IEEE 802.15.4帧中传输时，需要对负载报文进行分片，此时适配层使用分片头部格式封装数据。分片报文头部格式（见图4-10）如下。

LF	Prot_type	M	B	rsv	Datagram_size	Datagram_tag
Payload/MD/Broadcast Hdr						

a)

LF	Fragment_offset	M	B	rsv	Datagram_size	Datagram_tag
Payload/MD/Broadcast Hdr						

b)

图4-10 分片报文头部格式

a）第一个分片 b）后继分片

① LF：链路分片（Link Fragment），占2 bit。当该字段不为0时，指出链路分片在整个报文中的相对位置，01表示第一个分片，10表示最后一个分片，11表示中间分片。

② prot_type：协议类型，占8 bit，该字段只在第一个链路分片中出现。

③ M：Mesh Delivery字段标志位，占1 bit。若此位置为1，则适配层头部后紧随着的是"Mesh Delivery"字段。

④ B：Broadcast标志位，占1 bit。若此位置为1，则适配层头部后紧随着的是"Broadcast"。若是广播帧，每个分片中都应该有该字段。

⑤ Datagram_size：负载报文的长度，占11 bit，所以支持的最大负载报文长度为2048B，可以满足IPv6报文在IEEE 802.15.4上传输的1280B MTU的要求。

⑥ Datagram_tag：分片标识符，占9 bit，同一个负载报文的所有分片的Datagram_tag字段应该相同。

⑦ Fragment_offset：报文分片偏移，8 bit。该字段只出现在第二个以及后继分片中，指出后继分片中的Payload相对于原负载报文的头部的偏移。

3. 分片与重组

当一个负载报文不能在一个单独的IEEE 802.15.4帧中传输时，需要对负载报文进行适配层分片。此时，适配层帧使用4B的分片头部格式而不是2B的不分片头部格式。另外，适配层需要维护当前的fragment_tag值并在节点初始化时将其置为一个随机值。

（1）分片

当上层下传一个超过适配层最大Payload长度的报文给适配层后，适配层需要对该IP报文分片进行发送。适配层分片的判断条件为：负载报文长度+不分片头部长度+Mesh Delivery（或Broadcast）字段长度> IEEE 802.15.4 MAC层的最大Payload长度。适配层分片的具体过程如图4-11所示。

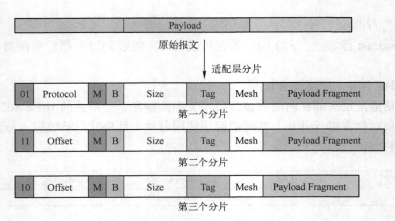

图 4-11 适配层分片过程

对于第一个分片：

① 将分片头部的 LF 字段设置为 01 表示是第一个分片。

② Prot_type 字段置为上层协议的类型。若是 IPv6 协议该字段置为 1。另外，由于是第一个分片，Offset 必定为 0，所以在该分片中不需要 fragment_offset 字段。

③ 用当前维护的 Datagram_tag 值来设置 Datagram_tag 字段。Datagram_size 字段填写原始负载报文的总长度。

④ 若需要在 Mesh 网络中路由，Mesh Delivery 字段应该紧随在分片头部之后，并在负载报文小分片之前。

对于后继分片：

⑤ 分片头部的 LF 字段设置为 11 或 10，表示中间分片或最后一分片。

⑥ Fragment_offset 字段设置为当前报文小分片相对于原负载报文起始字节的偏移，以 8B 为单位。因此每个分片的最大负载报文小分片长度也必须是 8B 边界对齐的，也就是说负载报文小分片的最大长度实际上只有 88 字节。

当一个被分片报文的所有小分片都发送完成后 Datagram_tag 加 1，当该值超过 511 后翻转为 0。

（2）重组

当适配层收到一个分片后，根据源 MAC 地址和适配层分片头部的 Datagram_tag 字段判断该分片是属于哪个负载报文。对于同一个负载报文的多个分片，适配层使用如下算法进行重组，其重组过程如图 4-12 所示。

① 如果是第一次收到某负载报文的分片，节点记录下该被分片的源 MAC 地址和 Datagram_tag 字段以供后继重组使用。需要注意的是，这里的源 MAC 地址应该是适配层分片帧源发地址，若分片帧有 Mesh Delivery 字段的话，源 MAC 地址应该是 Mesh Delivery 字段中的 Originator Address 字段。

② 若已经收到该报文的其他分片，则根据当前分片帧的 Fragment_offset 字段进行重组。若发现收到的是一个重复但不重叠的分片，则使用新收到的分片进行替换。若本分片和前后分片有重叠，则认为是发送方出现了错误，所以丢弃当前分片，不再继续接收。

③ 成功收到所有分片后，将所有分片按 Offset 进行重组，并将重组好的原始负载报文

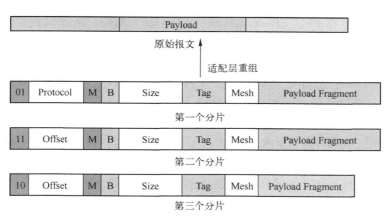

图 4-12　适配层重组过程

递交给上层。同时，还需要删除在步骤①中记录的源 MAC 地址和 Datagram_tag 字段信息。

重组一个分片的负载报文时需要使用一个重组队列来维护已经收到的分片，以及其他一些信息（源 MAC 地址和 Datagram_tag 字段）。同时，为了避免长时间等待未到达的分片，节点还应该在收到第一个分片后启动一个重组定时器，重组超时时间为 15 s，定时器超时后节点应该删除该重组队列中的所有分片及相关信息。

4. 组播支持

IPv6 组播对 IPv6 协议特别是邻居发现协议有非常重要的作用。此外，WSN 的一些应用也需要 MAC 层的广播功能。然而，IEEE 802.15.4 MAC 层不支持组播，仅提供有限的广播功能，这就需要适配层利用一种新的、称为受控广播泛洪的方式，在整个 6LowPAN 网络中传播 IPv6 组播报文。

（1）适配层广播帧

6LowPAN 使用适配层广播帧来封装 IPv6 组播报文或其他广播负载，格式如图 4-13 所示在适配层广播帧中，适配层头部的 B 字段需要被置为 1，并在适配层头部后添加一个 Broadcast 字段。其中 Broadcast 字段的 S 标志位指出 Source Address 字段使用的是 EUI-64 地址还是 16 bit 短地址，Broadcast Radius 字段设置为本网络指定的最大广播跳数，Sequence Number 字段设置为节点当前的广播序号计数值，Source Address 设置为本源节点的 MAC 地址，负载报文将紧随在 Broadcast 字段之后。

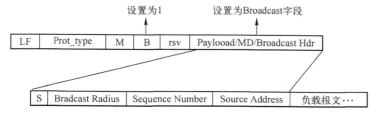

图 4-13　广播帧

（2）受控广播泛洪算法

在介绍受控广播泛洪算法之前，需要先给出 6LowPAN 逻辑节点的概念。运行 IEEE 802.15.4 MAC 协议的无线节点从硬件功能上可以分成全功能节点 FFD（Full Function

Device）和部分功能节点 RFD（Reduce Function Device）两类。从逻辑上划分各节点的不同协议行为，在适配层上将节点分为 PAN Coordinator、Common Coordinator 以及 End Device 三类逻辑节点。

- PAN Coordinator：只能是全功能节点（FFD），在硬件上有着较为丰富的资源，可以承担较为复杂的任务，是整个 6LowPAN 网络的根节点。
- Common Coordinator：只能是全功能节点（FFD），同 PAN Coordinator 相似，有着较为丰富的资源，可作为 PAN 内部在 MAC 层上的路由器，为其邻居节点转发数据。
- End Device：可以使用全功能节点（FFD），也可以使用部分功能节点（RFD），但是考虑到 End Device 节点通常不需要太多的计算资源，因此一般采用部分功能节点（RFD）以节电节能。

适配层使用受控的广播泛洪算法来发送适配层广播帧，其算法描述如下。

源发节点或者中继节点转发适配层广播帧时，应该首先检查其适配层邻居缓存，并根据邻居缓存信息处理。

① 若该节点的所有邻居均为 PAN Coordinator 或者 Common Coordinator，且均为该节点的子节点时，直接用 IEEE 802.15.4 MAC 层广播该适配层广播帧。特别是若只有一个 PAN Coordinator 或者 Common Coordinator 的邻居且其为适配层广播帧的入口节点，不断转发适配层广播帧。

② 若该节点的部分邻居为 End Device 或者为该节点的父节点，并且不为适配层广播帧的入口节点时，除了执行①IEEE 802.15.4 MAC 层广播以外，还要通过 IEEE 802.15.4 MAC 层广播向该邻居发送该帧。

③ 若该节点的邻居均为 End Device 或该节点的父节点，并且不为适配层广播帧的入口节点时，只能通过 IEEE 802.15.4 MAC 层单播向其每个邻居发送该帧。

（3）广播风暴控制

6LowPAN 使用受控广播泛洪算法可以大大减少需要发送的适配层广播帧数量，但是若使用 Mesh 拓扑时，整个 6LowPAN 网络拓扑中会存在大量环路。在这种存在环路的网络中，中继节点对广播帧的重复转发将会造成严重的广播风暴。为了避免广播风暴，每个节点需要记录已经转发过的适配层广播帧。具体做法是在节点维护一张广播记录表（BRT），每张广播记录表中有若干个广播记录项（BRE），每个广播记录项至少有 Source Address、Sequence Number 和 Broadcast Valid Time（广播有效时间，BVT）三个字段。

当节点收到一个适配层广播帧后，首先检查 Broadcast 字段中的 Source Address，若是本地节点地址，直接丢弃；若不是本地节点，则根据 Broadcast 字段中的 Source Address 和 Sequence Number 来检查本节点维护的 BRT，具体如下。

1）若在 BRT 中找到匹配并且 BVT 不为 0 的 BRE，则认为该帧已经被本地节点收到或者转发过，丢弃该广播帧。

2）若没有找到，则认为是第一次收到该广播帧。节点需要为其新建一个 BRE（源发节点发送适配层广播帧时不需要在 BRT 中添加一个新的 BRE），并根据 Broadcast 字段初始化 BRE 的 Source Address 和 Sequence Number 两个字段，BVT 设置为本网络指定的广播有效时间值。同时，将 Broadcast 字段中的 Broadcast Radius 减 1，若该值减到 0 则停止转发，否则使用受控广播泛洪算法继续转发该广播帧。最后，将新收到的适配层广播帧递交给上层。特别是，对于 End Device，可以选择不对收到的广播帧进行转发。

每个 BRE 中有一个 BVT 字段，该值表示一个适配层广播帧在网络中传播的有效时间。协议栈定时减小该值，若该值减小到 0，则认为适配层广播帧已经过期并删除对应的 BRE。若此后再收到 Source Address 和 Sequence Number 均相同的广播帧，节点将不再认为是重复的适配层广播帧，仍然需要为其新建 BRE 并进行比较。

4.5　NB-IoT

NB-IoT（Narrowband Internet of Things，窄带物联网）是 3GPP（The 3rd Generation Partnership Project，第三代合作伙伴项目）Release 13 中引入的新型蜂窝技术，用于为物联网提供广域覆盖。下面主要介绍空中接口（Air Interface，物理层+数据链路层）。描述了窄带物联网如何解决关键的物联网需求，如部署灵活性、低设备复杂性、长电池寿命、单个蜂窝网络内大量设备支持以及超越现有蜂窝技术水平的超大覆盖范围扩展。下面介绍 Release 13 中的 NB-IoT 设计原理，并指出窄带物联网未来发展的几个开放领域。

4.5.1　NB-IoT 简介

人们对将连接解决方案与传感器、执行器、仪表（水、煤气、电力或停车）、汽车、电器等集成在一起产生了极大的兴趣。物联网由不同设计目的的网络组成，3GPP 关注大范围覆盖的物联网，因此在 Rel-13 中引入 EC-GSM-IoT 加强 GSM，并引入 LTE-MTC 加强 LTE以更好地服务物联网用例拓展覆盖范围、降低用户设备复杂度、延长电池寿命、向后兼容窄带物联网，旨在提供部署的灵活性，允许运营商使用现有可用频谱的一小部分引入窄带物联网。NB-IoT 主要针对超低端物联网应用而设计。如图 4-14 所示，NB-IoT 的优势包括：低功耗、大规模连接、远程、良好的信号穿透能力、设备成本低、连接成本低等。

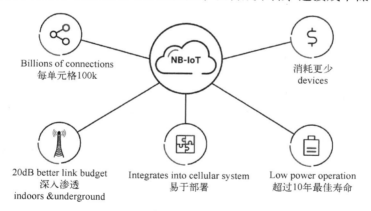

图 4-14　窄带物联网的特点

窄带物联网是一种新的 3GPP 无线接入技术，因为它并不完全向后兼容现有的 3GPP 设备，与 GSM、GPRS、LTE 有着优秀的共存性能。窄带物联网下行链路和上行链路分别需要 180 kHz 的最小系统带宽。GSM 运营商可以用 NB-IoT 替换 GSM 载波（200 kHz）。LTE 运营商通过将一个 180 kHz 的物理资源块（PRB）分配给窄带物联网，可以在 LTE 载波内部部署窄带物联网。窄带物联网的空中接口进行了优化，以确保与 LTE 和谐共存，因此在 LTE 载波内进行窄带物联网的带内部署不会影响 LTE 或窄带物联网的性能。LTE 运营商还可以选择在 LTE 载波的保护频段部署窄带物联网。而宽带物联网广泛重用 LTE 设计，包括数字学、下行正交频分多址（OFDMA）、上行单载波频分多址（SC-FDMA）、信道编码、速率匹配、交错等。这样大大减少了开发完整规范所需的时间。

接下来将具体介绍窄带物联网空中接口，重点关注窄带物联网与 LTE 的关键不同，强调有助于实现上述设计目标的窄带物联网功能。

4.5.2　NB-IoT 关键技术

1. 传输方案和部署选项

（1）下行传输方案

NB-IoT 的下行链路基于下行正交频分多址（OFDMA），与 LTE 一样拥有 15 kHz 子载波间隔，时隙为 0.5 ms，子帧为 1 ms，帧时长为 10 ms。此外，从循环前缀（CP）持续时间和每个时隙的 OFDM 符号数来看，时隙的格式也与 LTE 相同。本质上，窄带物联网载波在频域使用一个 LTE PRB（Physical Resource Block，物理资源块），即 12 个 15 kHz 子载波，共 180 kHz。复用与 LTE 相同的 OFDM 命理（Numerology），确保在下行链路与 LTE 共存的性能。当窄带物联网部署在 LTE 载波内部时，在下行链路中，窄带物联网 PRB 与所有其他 LTE PRB 的正交性保持不变。

（2）上行传输方案

窄带物联网的上行链路支持多频和单频传输。多频传输基于 SC-FDMA，与 LTE 相同的子载波间距为 15 kHz，时隙为 0.5 ms，子帧为 1 ms。单频传输支持两个命理，15 kHz 和 3.75 kHz。15 kHz 命理与 LTE 相同，因此在上行链路与 LTE 共存性能最好。3.75 kHz 单频命理使用 2 ms 时隙持续时间。与下行链路一样，上行窄带物联网载波使用的系统总带宽为 180 kHz。

（3）部署选项

NB-IoT 可以使用超过 180 kHz 的任何可用频谱作为独立载波部署，也可以在 LTE 载波内或在保护带内的 LTE 频谱分配内部署。然而各种部署方案，如独立、带内或保护带部署，当用户设备（UE）首次打开并搜索窄带物联网载波时，应该对用户设备透明。

与现有的 LTE 用户设备类似，窄带物联网用户设备只需要在 100 kHz 栅格上搜索载波。用于促进用户设备初始同步的窄带物联网载体被称为锚点载波。100 kHz 用户设备搜索栅格意味着在带内部署时，锚点载波只能被放置在特定的 PRB 中。例如，在一个 10 MHz 的 LTE 载波中，PRB 索引最好与 100 kHz 网格对齐，可以用作 NB-IoT 锚定载波为 4、9、14、19、30、35、40、45。

对于占用 LTE 系统带宽中最低频率的 PRB，从索引 0 开始索引，如图 4-15 所示。在 DC 子载波上方的 PRB，即 PRB #25，位于 DC 子载波上方的 97.5 kHz。由于 LTE DC 子载波被放置在 100 kHz 栅格上，PRB #25 的中心距最近的 100 kHz 栅格是 2.5 kHz。在 DC 子载波以上的两个相邻 PRB 中心之间的间距为 180 kHz。因此，PRB #30、#35、#40 和#45 从最近的 100 kHz 栅格都以 2.5 kHz 居中。它可以表明，LTE 的载体 10 MHz 和 20 MHz，存在一组 PRB 的索引都集中在 2.5 kHz 是距离 100 kHz 栅格最近的频段位置，而对于 LTE 载波 3 MHz、5 MHz 和 15 MHz 带宽，PRB 索引是集中在至少 7.5 kHz 的远离 100 kHz 栅格的位置。此外，

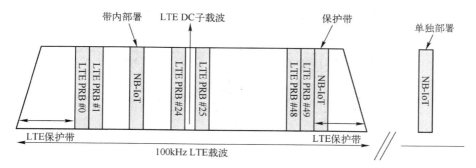

图 4-15　窄带物联网独立部署和下行链路 LTE 带内和保护带部署

NB-IoT 锚定载波不应该是 LTE 载波的任何中间 6 个 PRB（例如 10 MHz LTE 的 PRB #25，尽管其中心距最近的 100 kHz 栅格是 2.5 kHz）。这是由于 LTE 同步和广播信道占用了中间 6 个 PRB 中的许多资源元素，使得这些 PRB 难以用于窄带物联网。

与带内部署类似，在保护带部署中的窄带物联网锚定载波需要有 100 kHz 栅格的中心频率不超过 7.5 kHz。窄带物联网蜂窝搜索和初始采集功能是为用户设备设计的，能够在栅格偏移高达 7.5 kHz 的情况下同步到网络。

窄带物联网可以支持窄带物联网的多载波运行。由于有一个窄带物联网锚定载波就足以促进用户设备初始同步，额外的载波不需要靠近 100 kHz 栅格网格。这些附加的载波被称为次级载波。

2. 物理信道

NB-IoT 物理信道在很大程度上是基于传统 LTE 设计的。本节将重点介绍与传统 LTE 不同的方面。

（1）下行链路

窄带物联网在下行链路中提供以下物理信号和通道：

- 窄带主同步信号（NPSS）。
- 窄带二次同步信号（NSSS）。
- 窄带物理广播信道（NPBCH）。
- 窄带参考信号（NRS）。
- 窄带物理下行控制信道（NPDCCH）。
- 窄带物理下行共享信道（NPDSCH）。

与 LTE 不同，这些窄带物联网的物理通道和信号主要是在时间上多路复用。图 4-16 说明了窄带物联网子帧是如何分配到不同物理通道和信号的。每个窄带物联网子帧在频域跨越一个 PRB（即 12 个子载波），在时域跨越 1 ms。

窄带物联网用户设备使用 NPSS 和 NPSS 进行蜂窝搜索，包括时间和频率同步以及蜂窝身份检测。由于传统的 LTE 同步序列占用 6 个 PRB，它们不能在窄带物联网中重用。这样就引入了一种新的设计。

NPSS 使用子帧中的最后 11 个 OFDM 符号，在每 10 ms 帧中以子帧#5 传输。从用户设备的角度来看，NPSS 检测是最需要计算的操作之一。为了有效地实现 NPSS 检测，窄带物联网使用了一种分层序列。对于一个子帧中的 11 个 NPSS OFDM 符号，每个都传输 p 或 -p，

	子帧序号									
	0	1	2	3	4	5	6	7	8	9
偶数帧	NPBCH	NPDCCH 或 NPDSCH	NPDCCH 或 NPDSCH	NPDCCH 或 NPDSCH	NPDCCH 或 NPDSCH	NPSS	NPDCCH 或 NPDSCH	NPDCCH 或 NPDSCH	NPDCCH 或 NPDSCH	NSSS
	子帧序号									
	0	1	2	3	4	5	6	7	8	9
奇数帧	NPBCH	NPDCCH 或 NPDSCH	NPDCCH 或 NPDSCH	NPDCCH 或 NPDSCH	NPDCCH 或 NPDSCH	NPSS	NPDCCH 或 NPDSCH	NPDCCH 或 NPDSCH	NPDCCH 或 NPDSCH	NPDCCH 或 NPDSCH

图 4-16　窄带物联网下行物理通道和信号之间的时间多路复用

其中 p 是根据根索引为 5 的长度为 11 的 ZC（ZadoffChu）序列生成的基序列。每个长度为 11 的 ZC 序列都映射到窄带物联网 PRB 中最低的 11 个子载波上。

NSSS 具有 20 ms 的周期，在子帧#9 中传输，也使用最后 11 个 OFDM 符号，这些符号由 132 个资源元素组成。NSSS 是一个长度为 132 的频域序列，每个元素映射到一个资源元素。NSSS 是由 ZC 序列和二进制置乱序列之间的元素乘法生成的。ZC 序列和二进制置乱序列的根由窄带物理蜂窝标识（NB-PCID）确定。ZC 序列的循环移位进一步由帧数决定。

NPBCH 携带主信息块（MIB），在每一帧中以子帧#0 进行传输。MIB 在 640 ms 传输时间间隔 TTI（Transmission Time Interval）内保持不变。

NPDCCH 承载下行和上行数据通道的调度信息。进一步承载上行数据通道的混合自动重复请求（HARQ）确认信息以及分页指示和随机访问响应（RAR）调度信息。NPDSCH 携带来自较高层的数据以及分页消息、系统信息和 RAR 消息。如图 4-17 所示，有许多子帧可以被分配来携带 NPDCCH。为降低用户设备的复杂度，所有下行通道均采用 LTE 截尾卷积码（TBCC）。此外，NPDSCH 的最大传输块大小为 680 bit。相比之下，没有空间多路复用的 LTE 支持最大传输块大小（TBS）大于 70000 bit。

NRS 被用来为下行信道的解调提供相位参考。NRS 在每个天线端口的每个子帧中使用 8 个资源元素，在携带 NPBCH、NPDCCH 和 NPDSCH 的子帧使用信息承载符号进行时间和频率复用。

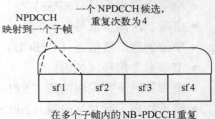

图 4-17　NPDCCH 的映射与重复

（2）上行链路

窄带物联网上行链路包括以下信道：

● 窄带物理随机接入信道（NPRACH）；

● 窄带物理上行共享信道（NPUSCH）。

NPRACH 是一种新设计的信道，因为传统的 LTE 物理随机接入信道（PRACH）使用 1.08 MHz 的带宽，超过了 NB-IoT 上行带宽。一个 NPRACH 前导由 4 个符号组组成，每个符号组由一个 CP 和 5 个符号组成。对于单元半径为 10 km 的 CP 长度为 66.67 μs（格式 0），对于单元半径为 40 km 的 CP 长度为 266.7 μs（格式 1）。每个固定符号值为 1 的符号在

3.75 kHz 音调上调制，符号持续时间为 266.67 μs。然而，音调频率指数（决定声音不同音调的固定振动频率）从一个符号组变化到另一个符号组。NPRACH 前导的波形称为单音跳频。为了支持覆盖范围的扩展，一个 NPRACH 前导可以重复多达 128 次。

NPUSCH 有两种格式。格式 1 用于承载上行数据，使用相同的 LTE Turbo 码进行纠错。NPUSCH 格式 1 的最大传输块大小为 1000 bit，远低于 LTE。格式 2 用于向 NPDSCH 发送 HARQ 确认信号，并使用重复码进行错误纠正。NPUSCH 格式 1 支持基于相同的传统 LTE 命理的多音传输。在这种情况下，可为用户设备分配 12 音、6 音或 3 音。传统 LTE 用户设备仅支持 12 音格式，窄带物联网用户设备由于覆盖范围限制，无法享受更高的用户设备带宽分配，因此引入了 6 音和 3 音格式。此外，NPUSCH 支持基于 15 kHz 或 3.75 kHz 命理的单音传输。为了降低峰值平均功率比（PAPR），单音传输使用符号之间具有相位连续性的 π/2-BPSK 或 π/4-QPSK。

NPUSCH 格式 1 使用与传统 LTE PUSCH 相同的时隙结构，每个时隙有 7 个 OFDM 符号，中间符号作为解调参考符号（DMRS）。NPUSCH 格式 2 每个时隙也有 7 个 OFDM 符号，但使用中间的 3 个符号作为 DMRS。DMRS 用于信道估计。图 4-18 解释了 NB-IoT 上行链路信道的时频结构，其中 tone 表示音调。

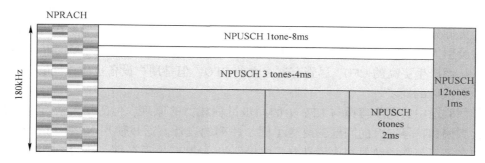

图 4-18　NB-IoT 上行链路信道的时频结构

3. 资源映射

本节将描述窄带物联网资源映射是如何设计的，以确保如果部署在 LTE 载波内，与 LTE 的最佳共存性能。本质上，通过避免将窄带物联网信号映射到传统 LTE 信号已经使用的资源元素，可以保持与 LTE 信号的正交性。

对于独立和保护带部署，不需要保护 LTE 资源，因此 NPDCCH、NPDSCH 或 NRS 可以利用一个 PRB 对中的所有资源元素（定义为一个子帧上的 12 个子载波）。然而，在带内部署时，NPDCCH、NPDSCH 或 NRS 不能映射到由 LTE 蜂窝参考符号（CRS）和 LTE 物理下行控制信道（PDCCH）获取的资源元素。窄带物联网旨在允许用户设备通过初始采集了解部署模式（独立、带内或保护带）以及蜂窝身份（窄带物联网和 LTE）。这样用户设备就可以知道哪些资源元素被 LTE 使用了。有了这些信息，用户设备可以将 NPDCCH 和 NPDSCH 符号映射到可用的资源元素。

另一方面，NPSS、NSSS 和 NPBCH 用于初始同步和主系统信息获取。这些信号需要在不知道部署模式的情况下被检测到。为了实现这一点，NPSS、NSSS 和 NPBCH 避免了每一个子帧中的前三个 OFDM 符号，因为这些资源元素可能会被 LTE PDCCH 使用。此外，与

LTE CRS 获取的资源元素重叠的 NPSS 和 NPSS 信号在基站被穿透，穿透后的信号被留下打孔的标记。尽管用户设备不知道哪些资源元素被打孔，但由于被打孔的资源元素的百分比相对较小，通过将接收到的被打孔的 NPSS 和 NSSS 信号与未被打孔的信号相关联，仍然可以检测到 NPSS 和 NSSS。NPBCH 在 LTE CRS 周围是速率匹配的。然而，这需要用户设备确定 CRS 资源元素的位置，这依赖于 LTE 物理单元标识（PCID）。回想一下，用户设备从 NSSS 中学习蜂窝身份（NB-PCID）。同一个蜂窝使用的 PCID 和 NB-PCID 的值之间的关系，使得用户设备可以使用 NB-PCID 来确定 LTE 的 CRS 位置。

4. 蜂窝搜索和初始捕获程序

同步是蜂窝通信中的一个重要方面。当用户设备第一次上电时，它需要检测一个合适的蜂窝来安装，并对于那个蜂窝获取符号、子帧和帧定时以及与载波频率同步。为了与载波频率同步，用户设备需要纠正由于本机振荡器不准确而出现的任何错误频率偏移，并与基站的帧结构进行符号定时对齐。此外，由于存在多个蜂窝，用户设备需要根据 NB-PCID 来区分特定的蜂窝。典型的同步过程包括确定定时对准、校正频偏、获得正确的蜂窝网标识，以及绝对子帧和帧号参考。

NB-IoT 旨在用于成本非常低的用户设备，并且同时为部署在具有高穿透损耗的环境中的用户设备提供扩展覆盖，例如建筑物的地下室。这种低成本的用户设备配备可以大于 20 ppm（百万分率）初始载波频率偏移（CFO）的低成本晶体振荡器。部署在带内和 LTE 的保护带中会引入额外的栅格偏移（2.5 kHz 或 7.5 kHz），如第二部分关于物理信道特征的介绍所述，从而产生更高的 CFO。尽管有这么大的 CFO，但是用户设备也应该能够在非常低的 SNR 下执行准确的同步。

窄带物联网中的同步遵循与 LTE 中的同步过程相似的原理，但为了解决在极低信噪比下估计大频偏和符号定时的问题，改变了同步序列的设计。通过使用 NPSS 和 NSSS 实现同步，正如在第三节资源映射获取消息方式中提到的，NPSS 出现在每一帧的子帧#5 中，NSSS 出现在每一个偶数编号的帧的子帧#9 中（见图 4-19）。NPSS 用来获取符号定时和 CFO，NPSS 用来获取 NB-PCID 和 80 ms 块内的定时。

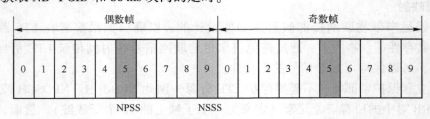

图 4-19　在下行链路帧中的 NPSS 和 NSSS

对于运行在非常低信噪比的用户设备，基于单个 10 ms 接收段的自相关不足以检测。因此，需要在多个 10 ms 段上进行累积过程。由于 NPSS 的固有设计，可以相互干涉地进行累积，为检测提供足够的信号能量。由于初始 CFO 较大，用户设备的采样时间与实际采样时间不同，这种差异与 CFO 成正比。对于深度覆盖的用户设备，实现成功检测所需的累积次数可能很高。结果表明，由于真实采样时间和用户设备采样时间的差异，每个累积过程的峰值叠加不一致，从而导致漂移。这种漂移可以通过使用加权累加程序来处理，因此，最近的累加值比前一个累加值具有更高的优先级。

在同步过程完成后，用户设备拥有符号定时、CFO、80 ms 块内的位置和 NB-PCID 的知识。然后用户设备继续获取 MIB，该 MIB 在 NPBCH 所携带的每一帧的子帧#0 中广播。NPBCH 由 8 个自解码子块组成，每个子块重复 8 次，使每个子块占用 8 个连续帧的子帧#0。该设计旨在为深入覆盖的用户设备提供成功的采集。

在知道符号定时和 CFO 补偿后，在带内和保护带部署中，仍然有一个额外的栅格偏移量，可高达 7.5 kHz。栅格偏置的存在导致载波频率的过补偿或欠补偿。因此，符号定时在向前或向后的方向上漂移，这取决于载波频率是否被过补偿或欠补偿。如果在第一次试验中没有检测到 NPBCH，这可能会导致 NPBCH 检测性能的严重下降。例如，在第一次试验中未成功地检测到 NPBCH，在下一次 NPBCH 检测试验之前会带来 640 ms 的延迟。7.5 kHz 的栅格偏移导致 5.33 μs 的符号定时漂移（假设载波频率为 900 MHz），这大于循环前缀的持续时间。因此，OFDM 丢失了下行正交性。这个问题的解决方案是以计算复杂度的小幅增加为代价的，用户设备可以对可能的栅格偏移量集执行假设测试，以提高检测性能。由于可能的栅格偏移量很小，而且每 10 个子帧中只有一个 NPBCH 子帧，从实现的角度来看，这是可行的。

5. 随机接入

在窄带物联网中，随机接入服务于多种目的，例如在建立无线链路和调度请求时的初始访问。其中，随机接入的一个主要目标是实现上行同步，这对窄带物联网中保持上行正交性很重要。与 LTE 类似，NB-IoT 中基于竞争的随机接入过程包括四个步骤：1）用户设备发送随机接入前导；2）网络发送随机接入响应，其中包含定时超前命令和上行资源调度，供用户设备第三步使用；3）用户设备使用调度资源向网络传输自己的身份；4）所述网络传输争用解决消息以解决由于在第一步中传输相同随机访问前导的多个用户设备所引起的任何争用。

为了在具有不同路径丢失范围的不同覆盖类中的用户设备提供服务，网络可以在一个单元中配置至多三种 NPRACH 资源配置。在每种配置中，为重复一个基本随机访问前导项指定了一个重复值。用户设备测量其下行接收信号功率以估计其覆盖水平，并在为估计覆盖水平配置的 NPRACH 资源中传输随机访问前导。为了方便窄带物联网在不同场景下的部署，窄带物联网允许在时频资源网格中灵活配置 NPRACH 资源，配置参数如下：

- 时域：NPRACH 资源的周期，以及一段时间内 NPRACH 资源的启动时间；
- 频域：频率位置（以子载波偏移量表示）和子载波数量。

在早期窄带物联网现场试验和部署中，一些用户设备实现可能不支持多音传输。在调度上行传输之前，网络需要了解用户设备多音传输能力。因此，用户设备应在随机接入的第一步中表示支持多音传输，以方便在随机接入的第三步中网络调度上行传输。为此，该网络可以将频域内的 NPRACH 子载波划分为两个不重叠的集合。用户设备可选择所述两组中的一组传输其随机接入前导，以在随机接入的第三步中标识是否支持多音传输。

综上所述，用户设备通过测量下行接收信号功率来确定其覆盖水平。用户设备在读取有关 NPRACH 资源配置的系统信息后，可以确定配置的 NPRACH 资源和估计覆盖水平所需的重复次数以及随机接入前导发送功率。然后用户设备可以在 NPRACH 资源的一个周期内连续传输基本单音随机访问前导的重复。随机访问过程的其余步骤与 LTE 类似。

6. 调度和 HARQ 操作

为了实现低复杂度的用户设备实现，NB-IoT 在下行和上行链路只允许一个 HARQ 进程，并且允许 NPDCCH 和 NPDSCH 的用户设备有更长的解码时间。采用异步、自适应的 HARQ 程序来支持调度的灵活性。示例如图 4-20 所示。调度命令通过下行控制标识（DCI）传递，DCI 由 NPDCCH 携带。NPDCCH 可以使用聚合级别（AL）1 或 2 来传输 DCI。使用 AL-1，两个 DCI 在一个子帧中多路复用，否则一个子帧只携带一个 DCI（即 AL-2），编码率较低但覆盖提升。通过重复可以实现进一步的覆盖增强。每次重复占用一个子帧。DCI 可用于调度下行数据或上行数据。在下行数据的情况下，NPDCCH 和相关的 NPDSCH 之间的准确时间偏移在 DCI 中表示。由于预计物联网设备的计算能力将会降低，NPDCCH 结束和相关 NPDSCH 开始之间的时间偏移至少为 4 ms。相比之下，LTE PDCCH 在相同的 TTI 下调度 PDSCH。用户设备接收到 NPDSCH 后，需要用 NPUSCH 格式发回 HARQ 确认。带 HARQ 确认的 NPUSCH 资源也在 DCI 中被指出。考虑到物联网设备中有限的计算资源，NPDSCH 结束和相关 HARQ 确认开始之间的时间偏移至少为 12 ms。这个偏移量比 NPDCCH 和 NPDSCH 之间的偏移量要长，因为 NPDSCH 携带的传输块可能高达 680 bit，比只有 23 bit 的 DCI 长很多。

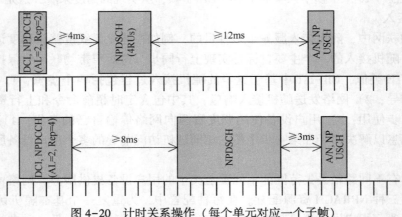

图 4-20　计时关系操作（每个单元对应一个子帧）

同理，上行调度和 HARQ 操作如图 4-20 所示。上行调度授权的 DCI 需要指定分配用户设备的子载波。NPDCCH 的结束和 NPUSCH 的开始之间的时间偏移至少为 8 ms。完成 NPUSCH 传输后，用户设备监控 NPDCCH，了解 NPUSCH 是否被基站正确接收，或者是否需要重新传输。

4.5.3　NB-IoT 性能

IoT 用例的性能要点是数据速率、覆盖范围、设备复杂度、延迟和电池寿命等要求，这些是重要的绩效指标。此外，在 2015 年至 2023 年期间，物联网业务预计年复合增长率为 23%。因此，重要的是确保 NB-IoT 在未来几年有较好的支持能力。本节将在上述方面讨论 NB-IoT 性能。

1. 峰值数据速率

NDSCH 峰值数据速率可以通过使用 680 bit 的最大 TBS 并在 3 ms 内传输。这提供了 226.7 kbit/s 的峰值层-1 数据速率。NPUSCH 峰值数据速率可以通过使用 1000 bit 的最大 TBS 并在 4 ms 内传输来实现。这提供了 250 kbit/s 的峰值一层数据速率。然而，当考虑 DCI，NPDSCH/NPUSCH 和 HARQ 确认之间的时间偏移时，下行链路和上行链路的峰值吞吐量都低于上述数值。

2. 覆盖范围

NB-IoT 的最大耦合损耗比 LTE Rel-12 高 20 dB。覆盖扩展是通过增加重复次数来权衡数据速率来实现的。通过引入单子载波 NPUSCH 传输和 BPSK 调制来保证覆盖增强，以保持接近 0 dB PAPR，从而减少由于功率放大器（PA）退让而未实现的覆盖潜力。具有 15 kHz 单音的 NPUSCH 在配置最高的重复因子（即 128）和最低的调制与编码方案时，第一层数据速率约为 20 bit/s。当配置了重复因子 512 和最低调制编码方案时，NPDSCH 给出了 35 bit/s 的一层数据速率。这些配置支持接近 170 dB 的耦合损耗。相比之下，Rel-12 LTE 网络设计的耦合损耗高达约 142 dB。

3. 设备复杂度

NB-IoT 通过下面突出显示的设计来完成低复杂度用户设备的实现：

- 显著减少了下行链路和上行链路的传输块大小。
- 下行链路仅支持一个冗余版本。
- 下行和上行均只支持单流传输。
- 用户设备只需要单天线。
- 下行链路和上行链路均只支持单个 HARQ 进程。
- 用户设备不需要 Turbo 解码器，因为只有 TBCC 被用于下行通道。
- 不需要进行连接模式移动性测量。空闲状态下，用户设备只需要进行移动量测量。
- 由于用户设备带宽较低，采样率较低。
- 只允许半双工频分双工（FDD）操作。
- 不需要并行处理。所有物理层过程以及物理通道的传输和接收都是以顺序的方式发生的。
- 覆盖目标是通过 20 或 23 dBm PA 实现的，这使得在用户设备中使用集成 PA 成为可能。

4. 延迟和电池寿命

NB-IoT 针对延迟不敏感的应用。然而，对于像发送报警信号的应用，NB-IoT 被设计为允许不到 10 秒的延迟。NB-IoT 旨在支持长电池寿命。对于具有 164 dB 耦合损耗的器件，如果用户设备平均每天传输 200 字节数据，则可以达到 10 年的电池寿命。

5. 容量

窄带物联网支持海量的物联网容量，上下行均使用一个 PRB。上行链路引入子 PRB 用户设备调度带宽，包括单子载波 NPUSCH。请注意，对于覆盖范围有限的用户设备，分配更高的带宽是不具有频谱效率的，因为用户设备不能从中受益，从而能够以更高的数据速率传输。带一个 PRB 的窄带物联网每个单元支持超过 52500 个用户设备。此外，窄带物联网支持多载波操作。因此，通过增加更多窄带物联网载波，可以增加更多的物联网容量。

4.6 LoRaWAN

LoRaWAN 由 LoRa 联盟组织从 2015 年开始标准化，是一个基于开源的 MAC 层协议的低功耗广域网（Low Power Wide Area Network，LPWAN）标准技术，现在已经得到广泛使用。它可以为无线设备提供局域、全国或全球的网络。LoRaWAN 服务于若干物联网中的核心需求，例如安全双向通信、移动通信、位置识别等。本节对该技术标准进行简要介绍。

4.6.1 LoRaWAN 简介

LoRaWAN 使用的是工业、科学、医学频带不允许的无线频谱，也就是说服务供应商不需要取得频率许可证即可部署操作 LoRaWAN 网络。它的工作频率约是 900 MHz 到 430 MHz 范围内，该频率在世界各地有所不同。

LoRaWAN 定义了网络的通信协议和系统架构，包含 MAC 层的组网协议。LoRa（LORAWAN 的物理层技术）则在物理层面描述了无线通信。LoRa 使用线性调频（CSS）调制，保障双边通信，信号噪音等级低。与传统备选方案相比，可以提供更节能、更长的范围。由于 CSS 的干扰范围和鲁棒性，已用于军事和宇宙通信数十年。除此之外，LoRaWAN 也具有低成本、广泛覆盖范围等特性。

虽然现有的 LoRaWAN 组网基本上都使用 LoRa 作为物理层，但是 LoRaWAN 的协议也列出了在某些频段可以使用 GFSK 作为物理层。从网络分层的角度来讲，LoRaWAN 可以使用任何物理层的协议，LoRa 也可以作为其他组网技术的物理层。事实上有几种与 LoRaWAN 竞争的技术在物理层也采用了 LoRa。

如图 4-21 所示，在 LoRaWan 网络中，终端设备发出的每条消息都被范围内的所有基站接收。通过这种通信冗余性，LoRaWANi 提高了通信的可靠性。此外，这种方式也避免了不同基站之间的信息互相传递。与此同时，后端网络系统通过安全校验和传输回溯确认到设备，过滤这些冗余信息。消息被发往对应的应用服务器。LoRaWAN 网络通过基于无线定位技术 TDOA 来定位终端设备。

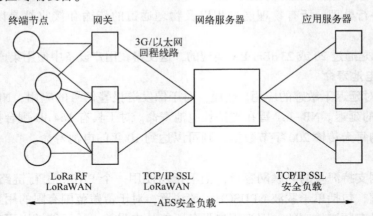

图 4-21 LoRaWAN 网络架构示意图

LoRAWAN 定义了 IoT 应用中三类不同的交流类型。

- A 类：双向终端设备。A 类终端允许双向交流，其中每个终端设备的一次上行传输后会接着两个简短的下行接收窗口。终端设备的传输槽是基于其自身通信需求，其微调是基于一个随机的时间基准（ALOHA 类型协议）。该类型所属的终端设备在应用时功耗最低，终端发送一个上行传输信号后，服务器能很迅速地进行下行通信。注意，任何时候，服务器的下行通信都只能在上行通信之后。
- B 类：具有预设接收槽的双向通信终端设备。这一类的终端设备会在预设时间中开放多余的接收窗口，为了达到这一目的，终端设备会同步从网关接收一个 Beacon（信号标记），通过 Beacon 将基站与模块的时间进行同步。这种方式能使服务器知晓终端设备正在接收数据。

- C 类：具有最大接收槽的双向通信终端设备。这一类的终端设备持续开放接收窗口，只在传输时关闭。

因为需要承担传输各种应用，安全性是任何一项低功耗广域网技术的关键。LoRaWAN 的安全由两个层面提供：网络层和应用层。网络层安全确保了网络节点的认证，应用层安全则确保网络管理员无法访问端用户的应用数据。在技术方面，用高级加密标准（Advanced Encryption Standard，AES）加密，并通过 IEEE EUI64 标识符交换钥匙。

基于当地不同的区域波谱分配和监管要求，LoRaWAN 规范在世界上的不同区域的定义有所不同，目前包括欧洲和北美区域。其他区域注入中国、印度、日本、韩国等的定义还在进行中。

4.6.2　LoRa 关键技术

1. LoRa 功能介绍

作为 LoRaWAN 的物理层技术，LoRa 具有以下特点。

前向纠错编码技术（Forward Error Correction Coding）给待传输数据序列中增加了一些冗余信息，这样，数据传输进程中注入的错误码元在接收端就会被及时纠正。这一技术减少了以往创建"自修复"数据包来重发的需求，并且在解决由多径衰减引发的突发性误码中表现良好。一旦数据包分组建立起来且注入前向纠错编码以保障可靠性，这些数据包将被送到数字扩频调制器中。这一调制器将分组数据包中每一比特馈入一个扩展器中，并将每一比特时间划分为众多码片。

LoRa 具有很强的**抗干扰能力**。LoRa 调制解调器经配置后，可划分的范围为 64～4096 码片/比特，最高可使用 4096 码片/比特中的最高扩频因子。通过使用高扩频因子，LoRa 技术可将小容量数据通过大范围的无线电频谱传输出去。实际上，当通过频谱分析仪测量时，这些数据看上去像噪声，但数据实际上可以从噪声中被提取出来。扩频因子越高，可以提取的数据就越多。在一个运转良好的 GFSK 接收端，8 dB 的最小信噪比（SNR）需要可靠地解调信号，采用配置 AngelBlocks 的方式，LoRa 可解调一个信号，其信噪比为-20 dB，GFSK 方式与这一结果差距为 28 dB，这相当于范围和距离扩大了很多。在户外环境下，6 dB 的差距就可以实现 2 倍于原来的传输距离。

此外，LoRa 还具有**强链路预算**特性。链路预算包括影响接收端信号强度的每一变量，在其简化体系中包括发射功率加上接收端灵敏度。AngelBlocks 的发射功率为 100 mW（20 dBm），接收端灵敏度为-129 dBm，总的链路预算为 149 dB。比较而言，拥有灵敏度-110 dBm 的 GFSK 无线技术，需要 5 W 的功率（37 dBm）才能达到相同的链路预算值。在实践中，大多 GFSK 无线技术接收端灵敏度可达到-103 dBm，在此状况下，发射端发射频率必须为 46 dBm 或者大约 36 W，才能达到与 LoRa 类似的链路预算值。因此，LoRa 技术能够以低发射功率获得更广的传输范围和距离。

2. 物理层报文格式

LoRa 的上行和下行有着不同的报文结构。

上行信息就是从端设备通过一个或多个网关发送至网络服务器的消息。在上行信息中，包括了一个 LoRa 物理层报头（PHDR）以及一个报头 CRC(PHDR_CRC)。每个下行信息都是从网络服务器送往单独一个终端设备，并且通过单独一个网关中继。和上行信息类似，它包括一个 LoRa 物理层报头 PHDR 和对应的校验信息 PHDR_CRC。物理层报文结构如图 4-22 所示。整个报文的完整性由 CRC 部分保障（CRC 部分只包括在上行信息中）。这几个部分由无线电收发器插入报文中。

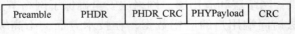

| Preamble | PHDR | PHDR_CRC | PHYPayload | CRC |

图 4-22　物理层报文结构

每一次上行传输后，终端设备都必须打开两个短期接收窗口。接收窗口的开始时间是以传输结束的时间作为参照，如图 4-23 所示。

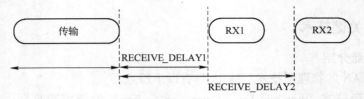

图 4-23　终端设备接收窗口时间示意图

① 第一个接收窗口 RX1 使用的频率是上行频率的一个函数，而数据速率则是上行数据速率的函数。在上行调制完成后，RX1 持续 RECEIVE_DELAY1 秒（前后有 20 微秒的误差）。在默认情况下，第一个接收窗口的下行数据速率和上一个上行链路的数据速率是一样的。

② 第二个接收窗口 RX2 使用固定的可调节频率和数据频率。在上行调制完成后，它持续 RECEIVE_DELAY2 秒（前后有 20 微秒的误差）。它使用的频率和数据速率可以通过 MAC 层命令来修改。默认的频率和数据速率根据不同的区域的定义而有所不同。

一个接收窗口的长度必须至少达到终端设备的无线电收发器的要求，才能够有效地检测到下行链路的报头序言（Preamble）。如果序言被其中一个窗口检测到，那么无线接收器保持激活直到下行帧被解调。如果在第一个窗口中，一个帧被检测到然后被解调，并且在地址和信息完整性代码检查之后确认这个帧的目的地就是当前终端设备，那么这个设备不能打开第二个窗口。

如过网络需要下行传送到终端设备，它必须准确地在至少两个窗口的其中一个的开始处发起传送。如果一个下行传送发生在两个窗口中，那么每个窗口传送的帧必须完全一致。在接收到前一个传输的第一个或第二个窗口的一个下行信息之前，或是前一次传输的第二个窗口过期之前，一个终端设备不允许发起另一个上行信息。

在 LoRaWAN 的传输和接收窗口之间，一个节点可以监听或传输其他协议或进行任何无线电交易，但前提是终端设备保持和当地监管制度以及 LoRaWAN 的规范相符合。

4.6.3　LoRaWAN 关键技术

1. MAC 层报文格式

在 LoRa 中，所有上行和下行信息的 PHY 负载的开头都有一个 8 bit 大小的 MAC 层报头

（MHDR），紧接着的是 MAC 层负载，以及一个 32 bit 的信息完整性检测码（Message Integrity Code，MIC）。MAC 负载的最大长度和设备所处的不同地区相关。

（1）PHY 负载（MAC 层）

MAC 报头（MHDR）长度为 3 bit，指定了消息的类型（MType），以及由 LoRaWAN 的规范所指定的帧编码格式的主要版本（长度 2 bit）。具体而言，LoRaWAN 指定了 8 种不同的 MType：加入-请求（Join-request），加入-接受（Join-accept），重新加入-请求（Rejoin-request），未确认的数据上传/下载（Unconfirmed data up/down），确认的数据上传/下载（Confirmed data up/down），以及专有协议信息（Proprietary protocol messages）。

其中前三种消息用于空中无线（Over-The-Air，OTA）激活过程以及漫游。其余消息类型属于"数据消息"，用于传送 MAC 命令和应用数据，这二者可以合并在同一条消息中。确认的数据消息必须被接收方确认，而未确认的数据消息则不需要。此外，专有协议信息可以用于特定情况下必须非标准信息格式。所有参与设备需要对该专有扩展有统一的认识。当一个终端设备或是网络服务器接收到了未知的专有信息时，它应直接把该信息扔掉。

报头中的另一个部分为主版本描述。其中 00 编码代表 LoRaWAN R1 版本，其余三种编码则代表 RFU 版本。在每个主版本下面，终端设备可以实现不同的子版本。子版本必须被网络服务器提前知晓，例如作为设备订制信息的一部分。如果设备或是网络服务器收到了一个携带了不支持版本的帧，它们应直接把该信息扔掉。PHY 的负载结构如图 4-24 所示。

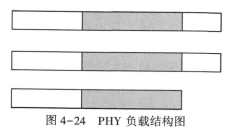

图 4-24　PHY 负载结构图

（2）数据消息的 MAC 负载（MACPayload）

如图 4-25 所示，在数据消息的 MAC 负载中，包含了一个帧报头（FHDR），然后是一个可选的接口域（FPort），以及一个可选的帧负载域（FRMPayload）。FHDR 包括了设备的短地址（DevAddr），一个 8 bit 的帧控制域（FCtrl），一个 16 bit 的帧计数域（FCnt），以及一个最高 120 bit 的帧选项域（FOpts）用于 MAC 命令。该域应当用 NwkSEncKey 方法加密。

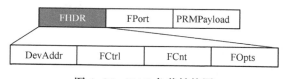

图 4-25　MAC 负载结构图

（3）FHDR 中的动态速率调整

LoRa 网络允许终端设备单独选择任何可行的数据速率和发射功率（Tx Power）。这个特点被 LoRaWAN 用于适应和优化静态终端设备的数据速率与发射功率。这一功能被称为适应性数据速率（Adaptive Data Rate，ADR）。当它被激活时，网络会优化为使用可能范围内最快的数据速率。当无线电频道衰减变化持续且快速地改变时，ADR 控制可能无法使用。当网络服务器无法控制设备的数据速率时，设备的应用层应当进行控制。推荐的做法是使用一系列不同的数据速率。应用层应当在已有网络条件下尽量最小化聚合传播时间。

在 FCtrl 域中，如果上行 ADR 位被设置，网络将会通过适当的 MAC 命令控制数据速率和发射功率。如果 ADR 位没有被设置，无论收到的信号质量如何，网络都不会尝试对终端设备做出控制。在这种情况下，网络依旧可以发出命令来改变信道的 mask（遮盖信息）或是帧重复参数。

在下行传输中，如果 ADR 位被设置，它会告知终端设备现在网络服务器正处于发送 ADR 命令的阶段。设备可以设置或是取消上行传输中的 ADR 位。

如果 ADR 位没有被设置，表明因为无线电信道的快速改变，网络暂时无法估算最佳数据速率。在这种情况下，设备自己可以做出选择。一种常见的用于移动设备的策略是，它可以取消上行传输中的 ADR 位，并且根据自身的策略做出数据速率的调整。另一种策略是，保持上行传输中的 ADR 位，并且在缺少 ADR 下行命令的情况下使用通常的数据速率衰减。这种策略通常用于固定的终端设备。

（4）重新传输过程

在下行链路方面，它的"确认"或是"未确认"帧不能使用同一个帧计数器重新传输。在得到确认的下行链路中，如果确认信息没有被收到，应用服务器将会收到通知，并需要决定是否重新传输一个"确认"帧。

在上行链路中，"确认"和"未确认"帧都被传输了 NbTrans 次（除非一个有效的下行链路在一次传输之后被收到），这一参数可以被网络管理员用于控制节点上行链路的冗余性，从而达到给定的服务质量 QoS。

终端设备应当在重复的传输中采用跳频。它应当等待每次重复结束，直到接收窗口过期。终端设备可自行决定重新传送的间隔。

（5）帧计数器 FCnt

每一个终端设备都有三个帧计数器用于记录通过上行链路送往网络服务器的数据帧数（FCntUp），以及通过下行链路收到的来自网络服务器的帧数（FCntDown）。在下行方向有两种不同的帧计数方案。一种方案使用一个计数器，其中所有端口共享同一个下行帧计数器，此时设备按照 LoRaWAN1.0 标准操作。另一种双计数器方案使用一个单独的 NFCntDown 计数器在端口 0 上用于 MAC 交流。当 FPort 域缺失的时候，另一个 AFCntDown 计数器使用其他的端口，此时的设备按照 LoRaWAN1.1 标准操作。在双计数器方案中，NFCntDown 由网络服务器来管理，而 AFCntDown 则由应用服务器管理。

（6）帧选项

FCtrl 域的"帧选项长度"域（FOptsLen）指定了帧选项（FOpts）的实际长度。该域传输的是最长可达 120 bit 的 MAC 命令。如果 FOptsLen 值不为 0，也就是说 FOpts 域中包含 MAC 命令，那么端口 0 不能被使用，FPort 必须使用非 0 值。MAC 命令不能同时存在于负载域和帧选项域。如果同时存在，那么设备将选择忽略整个帧。如果帧报头包括选项，那么 FOpts 域必须在信息完整性代码被计算之前加密。加密方案使用了 IEEE 802.15.4/2006 描述的方法，使用 128 位 AES。用于 Fopts 域的钥匙 NwkSEncKey 同时应用于上行和下行两个方向。

（7）帧接口域（FPort）

如果帧负载域不为空，那么 FPort 域必须不为空。端口值为 0 意味着 FRMPayload 中只包含 MAC 命令，此外，收到的任何包含 0 端口的帧都应当被 LoRaWAN 实现处理。端口 1~223 是应用专有。包含这些端口的帧需要通过 LoRaWAN 实现让应用层接触到。如果端口值不在 1~224 之间，从应用层来的传输请求都需要被 LoRaWAN 丢弃。端口 255 目前被保留下来用作将来的标准化应用扩展。

2. MAC 层命令

在网络管理中，LoRaWAN 规定了一系列的 MAC 命令用于在网络服务器和终端设备之间交换。MAC 层的命令不对应用、应用服务器，或是终端服务器上的应用公开。一个数据帧可以包含任意序列的 MAC 命令，或是在 FOpts 域中，或是在一个单独的数据帧的 FRMPayload 域中（帧端口设置为 0）。前一种情况下，MAC 命令必须被加密且不超过 120 bit。在后一种情况下，MAC 命令同样必须被加密，而且不能超过 FRMPayload 的最长长度。

一个 MAC 命令由一个 8 bit 的命令标识符和一个可能为空的命令专有比特序列组成。MAC 命令由接收端接收，其顺序和发送的顺序一致。MAC 命令的回复被依序添加到一个缓冲区。所有在一个帧中收到的 MAC 命令也必须在同一个帧中回复。这意味着，包括这些回复的缓冲区必须被放到一个帧中。

如果缓冲区长度超过了最大的 FOpt 字段允许长度，那么设备必须把这个 buffer 作为 FRMPayload 的一部分从端口 0 送出。如果设备同时有应用负载和 MAC 回复需要送，且二者无法放入同一个帧中，那么 MAC 命令的回复具有发送优先权。如果缓冲区长度大过 FRMPayload 允许的长度，那么设备应当裁剪缓冲区到 FRMPayload 的最大长度，然后再组合帧。也就是说，后面的 MAC 命令有可能被去掉。无论如何，即使回复必须被去掉，所有 MAC 命令也都要被执行。

网络服务器禁止在同一个上行链路中生成一系列可能无法被终端设备回复的 MAC 命令。网络服务器应当按如下方式计算可以被回复的最大 FRMPayload 长度。如果最新的上行链路 ADR 位为 0，那么对应最低数据速率的最大负载长度必须被考虑使用；如果 ADR 位是 1，那么最新的上行链路使用的数据速率所对应的最大负载长度必须被考虑使用。

目前可用的 MAC 命令约为 30 个，其中几个的示例如下。

- ResetInd：ABP 使用该命令来重置网络并协商协议版本。相应地，网关返回 ResetConf 命令用来确认该命令。
- LinkCheckReq：用于终端设备验证自身和网络的连接性。相应地，网关返回 ResetConf 命令用来确认该命令，其中包括收到的信号功率估算，用来衡量终端设备的接收质量。
- LinkADRReq：由网关发出，请求终端设备改变数据速率、传输功率、重复速率，或是传输频道。相应地，设备返回 LinkADRAns 命令用于确认。
- DevStatusReq：网关命令，请求终端设备状态。设备返回 DevStatusAns 命令作为确认，包括电池等级和解调容限。
- NewChannelReq：网关命令，创建或修改无线电频道的定义。设备返回 NewChannelAns 命令用于确认。
- DlChannelReq：网关命令，通过从上行频率中移动下行频率，修改下行 RX1 无线电频道的定义。终端设备返回 DlChannelAns 命令作为确认。

4.7 SigFox

Sigfox 和 LoRaWAN 类似，是一种低功耗广域技术，由一家同名的法国 IoT 网络运营商提供。在市场策略方面，LoRaWAN 同时面向公共网络和个人网络，而 Sigfox 主要针对公共网络。

4.7.1 SigFox 简介

目前，随着物联网技术的爆炸性增长，物联网在许多领域（如安全、农业、智能城市和智能家居等）有越来越多的实际应用。物联网应用要求长距离、低数据率、低能耗和成本效益等。因此，物联网应用的需求推动了一种新的无线通信技术的出现，例如低功耗广域网（Low-Power Wide Area Networks，LPWAN）。由于其低功耗、长距离和低成本的通信特性，LPWAN 在工业界和研究界越来越受欢迎。与许多已建立的物联网技术的相对短的范围相比，LPWAN 技术提供了长达数公里的链接范围。此外，一个无线网关可以为数十万个物联网设备提供网络连接。因此，LPWAN 需要部署和维护的基础设施数量很低。

最流行的 LPWAN 技术之一叫作 SigFox。SigFox 于 2009 年在法国图卢兹首次作为专有标准物联网协议开发。SigFox 的技术和网络有设备电池寿命长、设备成本低、连接费低、网络容量高、覆盖范围长等特点，可以满足大规模物联网应用的需求。另外，SigFox 还保证了高抗干扰能力并使用下行链路以增加其安全性。目前，SigFox 被广泛用作连接低功耗设备（例如智能电表、智能手表等）的通信标准。截至 2020 年 11 月，SigFox 物联网网络已覆盖全球 72 个国家的 580 万平方公里，覆盖人口达到 13 亿。

4.7.2 SigFox 关键技术

SigFox 是远程蜂窝无线通信，主要为低吞吐量物联网和 M2M 应用提供端到端物联网连接服务。SigFox 关键技术包括 SigFox 网络架构和 SigFox 无线通信规则。

1. SigFox 网络架构

SigFox 网络架构包括设备、基站和核心网络等，如图 4-26 所示。

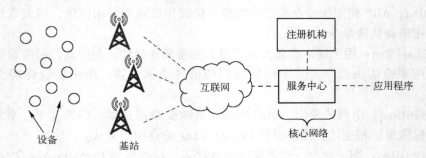

图 4-26　SigFox 网络架构

（1）设备（Device）

传感器、制动器等设备通过相邻基站提供无线连接。设备没有绑定到特定的基站。因此，不需要关联信令。

（2）基站（Base station）

基站通过公共互联网与单个基于云的核心网络连接。这种方法避免了支持设备移动性的切换过程。

（3）核心网络（Core network）

核心网络由服务中心和注册管理机构组成。

（4）服务中心（Service Center）

服务中心控制和管理基站与设备。

（5）注册机构（Reg. Authority）

注册机构负责授权设备的网络访问。

（6）应用程序（Application）

应用程序可以通过网络接口和多个应用程序接口与设备收集的数据以及设备本身进行交互。

2. SigFox 无线通信规则

SigFox 无线电通信规则称为 3D-UNB（3D-Ultra Narrow Band），3D 代表三重多样性，即时间、频率和空间上的多样性，UNB 表示超窄带（Ultra Narrow Band）。SigFox 连接的对象被命名为端点（EP）。SigFox 连接对象和 SigFox 网络（Sigfox Network，SNW）之间的无线电接口实现了 SigFox V1 无线电通信规则 1.4 版，其架构如图 4-27 所示。

每层功能如下：

① Applicative/Control（应用/控制层）

图 4-27 SigFox V1 无线电通信规则

● 用户信息。

● 控制消息。

● 有效载荷加密。

② MAC/Link（数据链路/链接层）

● 重放攻击保护。

● 身份验证。

● 完整性检查。

● 上行链路和下行链路程序。

● 访问共享技术。

③ PHY（物理层）

● 错误检测。

● 误差修正。

● 白化。

● 头和计时器。

● 调制。

● 频率选择。

SigFox 无线通信具有超窄带、随机接入与协同接收、短消息等特点。

（1）超窄带（Ultra Narrow Band，UNB）

图 4-28 介绍了基于超窄带实现的 SigFox 技术。

SigFox 使用 192 千赫的公共波段通过无线电交换信息。为了实现长距离链路，同时限制发射功率，SigFox 在上行链路和下行链路都使用超窄带（UNB）无线电传输。UNB 的占用空间小，因此可以在操作频带内同时发送更多信号，此外 Sigfox 协议还减少了无线电帧的大

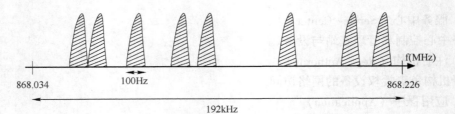

868.034   100Hz   868.226

192kHz

图 4-28   基于超窄带的 SigFox 技术

小。这两个功能与认知无线电技术的结合使 Sigfox 网络可以达到很高的容量。另外，UNB 固有的坚固性加上基站的空间多样性提供了强大的抗干扰能力。UNB 在扩频信号的环境中具有非常强的鲁棒性。UNB 是在公共 ISM 频段上进行运作的最佳选择。

SigFox 每条消息的宽度为 100 Hz，传输数据速率为每秒 100 或 600 位，具体取决于所在地区。这使得 SigFox 基站能够在不受噪声影响的情况下进行长距离通信。使用的频段取决于位置，比如在欧洲，使用的频段在 868~868.2 MHz；在世界其他地方，所使用的频带在 902~928 MHz，并根据当地法规有所限制。

（2）随机接入与协同接收

随机接入即网络和设备之间的传输不同步。设备在随机频率上发送一条消息，然后在不同的频率和时间上发送两个副本，被称为 "时间和频率分集"。Sigfox 基站监控全 192 kHz 频谱并寻找 UNB 信号解调。SigFox 没有被动接收模式，下行消息由对象发起，在传输窗口完成后，打开接收窗口以进行通信。在端点节点发送第一条消息之后的 20 秒之后，接收窗口才会打开。该窗口将保持打开状态 25 秒，以允许从基站接收短消息（4 字节）。

SigFox 使用星型网络架构实现协同接收。协同接收的原理是对象不像蜂窝协议那样连接特定的基站。发射的消息可以被附近的任何基站接收，并且基站的数量平均为 3 个。

空间分集与重复的时间和频率分集是 Sigfox 网络高服务质量背后的主要因素。

（3）短消息

为了解决远程对象的成本和自主性限制，Sigfox 设计了一种用于小的消息的通信协议。消息大小从 0 到 12 字节。12 字节的有效载荷足以传输传感器数据、警报等事件的状态、GPS 坐标甚至应用数据。

对于下行链路消息，其有效载荷的大小是静态的：8 字节。8 字节的数据足以触发操作、管理设备或远程设置应用程序参数。SigFox 基站的占空比为 10%，保证每台设备每天发送 4 条下行消息。如果还有额外的资源，设备可以接收更多。

（4）上行链路

首先讨论上行链路中的 3D-UNB 规则。图 4-29 从应用/控制层到物理层展示了上行链路的格式和功能，并概述了上行链路通信堆栈和相应的构建步骤。

① LI：长度指示器（Length Indicator），端点根据 LI 值和 UL-AUTH 大小与其他消息参数的关系设置 LI 位。

② BF：双向碎片（Bidirectional Frag），端点应按照如下标准设置：

● 0b0 在一个 UL-container 存储上行过程的应用程序信息。

● 0b1 在一个 UL-container 存储双向过程的应用程序信息。

③ REP：重复标志（Repeated Flag），端点应将其设置为 0x0。

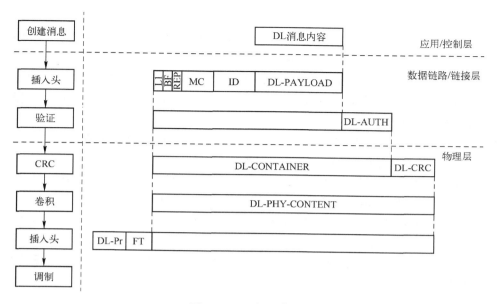

图 4-29　上行通信栈

④ MC：消息计数器（Message Counter），它是一个 12 位的字段，取值在 0 到（MC_{max} - 1）之间。MC_{max}值在产品证书中定义。发送 UL 消息后，端点应将消息计数器增加 1。当发送 MC =（MCmax-1）的 UL 消息时，下一条 UL 消息的 MC 值为 0。

如果设备不支持有效载荷加密，其 MC_{max} 在整个生命周期内应保持不变，并从 128、256、512、1024、2048、4096 中选择一个。如果设备支持有效载荷加密，其 MC_{max}应为 4096。

对于由 UL 消息引起的所有 N 个上行链路帧，消息计数器值是相同的。每一条新消息后，消息计数器都将递增，而不考虑空中使用的上行或双向过程。

⑤ ID：标识符（Identifier），它是一个 32 位的字段。端点应将端点标识符的字节以相反的顺序加载到 ID 字段中，过程如图 4-30 所示。

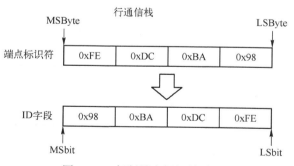

图 4-30　复制端点标识符到 ID

⑥ UL-AUTH：上行链路身份验证（Uplink Authentication），它是一个可变长度的字段。端点根据 UL-AUTH 与其他消息参数的关系设定长度，内容按三个步骤设定，具体如下：

- 步骤一：在构建 UL-DATAIN 时，端点需要依次连接 6 个字段：LI，BF，REP，MC，ID 和 ULPAYLOAD。当有效载荷加密激活时，终端应添加 RoC 字段，作为 UL-DATAIN

的第一个字段。

- 步骤二：终端使用 CBC 模式的 AES128 作为认证算法，如图 4-29 所示，其中认证密钥（Ka）提供给 3D-UNB 系统所有者。
- 步骤三：终端应将 AES/CBC 结果的 2~5 个 MSBytes 复制到 UL-AUTH 字段中。

⑦ UL-CRC，上行链路错误检测字段（Uplink Error Detection Field），16 位字段。端点应计算 UL-CRC 字段，步骤如下：

- 步骤一：用多项式生成器 X16+X12+X5+1 设计 UL-CONTAINER 值。
- 步骤二：将余数与 0xFFFF 进行异或运算。

⑧ 上行链路卷积编码功能。端点使用规定的 UL 帧卷积编码的多项式中的卷积码之一编码 UL-CONTAINER+UL-CRC 的拼接，并将结果放入 UL-PHY-CONTENT 字段。

⑨ FT，上行链路帧类型（Uplink Frame Type），它是一个 13 位字段。端点应根据规定的 UL 的帧类型值选择相应的值。

⑩ UL-Pr，上行链路前导（Uplink Preamble），19 位字段。端点应将其值设置为 0b1010101010101010101。

⑪ 上行过程

仅上行过程（U-procedure）是由希望发送 UL 消息到 SNW（Silicon Nano-electronics Workshop）的端点发起的，没有继续下行消息。端点在每个消息的基础上选择 U-procedure。

（5）下行链路

接下来讨论下行链路中的 3D-UNB 规则。图 4-31 从应用/控制层到物理层展示了下行链路的格式和功能，并概述了下行链路通信堆栈和相应的构建步骤。

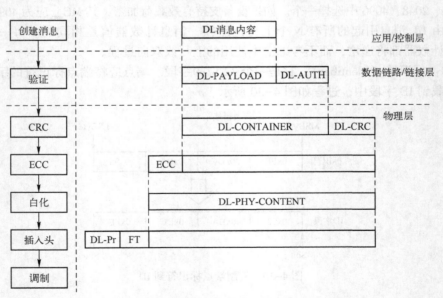

图 4-31　下行通信栈

① 下行消息的内容是一个定长字段。它携带用户的远程应用服务器准备的应用数据，以响应上行消息。DL-PAYLOAD 字段的格式取决于用户。

② DL-AUTH，下行身份验证（Downlink Authentication），DL-AUTH 字段由 SNW 通过三个步骤进行评估：

- 步骤一：按照规定顺序，SNW 连接五个字段来构建 DL-DATAIN。
- 步骤二：SNW 在 DL-DATAIN 上运行 AES128 算法，并使用 3D-UNB 系统所有者知道的认证密钥（Ka）。
- 步骤三：SNW 将 AES128 结果的两个 MSByte 复制到 DL-AUTH 字段中。

③ DL-CRC，下行错误检测（Downlink Error Detection），SNW 评估 DL-CRC 字段，具体如下：

- 用多项式生成器设计 DL-CONTAINER 值。
- 复制 DL-CRC 字段中的剩余部分。

④ ECC，下行链路纠错（Downlink Error Correction），下行链路中的纠错功能通过 DL-CONTAINER 和 DL-CRC 字段的连接实现了 BCH15-11 纠错码。SNW 分两步评估 ECC 字段（见图 4-32）。

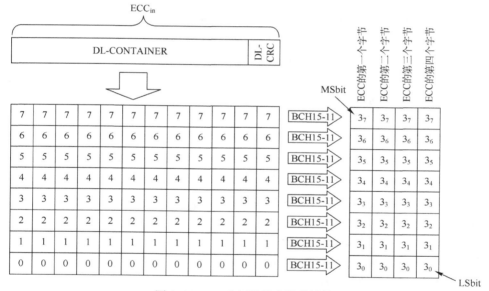

图 4-32　DL 中纠错码字段的计算

⑤ 下行链路白化功能

SNW 分三步评估 DL-PHY-CONTENT，步骤如下（见图 4-33）。

- 步骤一：计算白化函数的初始值为（端点标识×MC）mod512，其中 MC 值来自对应双向序列的上行帧。
- 步骤二：如果（端点标识×MC）mod512 等于 0，则将初始值设置为 51110。
- 步骤三：XOR 将 ECC、DL-CONTAINER 和 DL-CRC 字段依次与 PN9 多项式生成的伪随机比特流连接。

⑥ FT，下行链路帧类型（Downlink Frame Type），它长为 13 位，值为 0b1001000100111（即 MSbit 被零填充时为 0x1227）。

⑦ DL-Pr，下行链路前导（Downlink Preamble），它是一个 91 位字段。它的值是由 1 和 0 交替组成的位串，以 1 结尾。内容如图 4-34 所示。

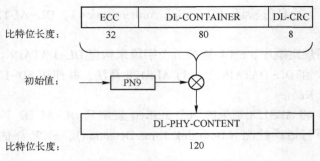

图 4-33 DL 中的白化功能

图 4-34 DL-Pr 的内容

⑧ 双向过程（Bidirectional Procedure，B-procedure）

B-procedure 由希望发送 UL 消息和接收后续下行消息的端点发起。如果一个下行链路消息被网络发送，并且在端点的 MAC/链路成功接收，一个确认消息被端点发送。当没有收到 DL 消息时，将省略确认消息。端点根据每个消息选择 B-procedure。它可以混合它与单/多帧程序。B-procedure 的流程图如图 4-35 所示。

（6）上行链路和下行链路的调制

用于上行链路和下行链路的调制分别是差分二进制相移键控（DBPSK）和高斯频移键控（GFSK）。在 DBPSK 调制中，当数据位为 1 时，调制信号改变其相移，从而提供高频谱效率，所以 DBPSK 比 GFSK 的带宽效率更高。GFSK 更倾向于增加上行链路范围，补偿上行链路频带中允许的较低发射功率。此外，由于有噪声的通信信道，发射信号相移以非常低的速率变化，DBPSK 接收功率集中在非常窄的带宽内并达到高接收功率水平，因此 DBPSK 可以提供良好的抗干扰保护，使得通信更加可靠。

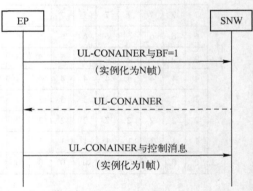

图 4-35 B-procedure 的流程

4.8 中间件技术

中间件是一类连接软件组件和应用的计算机软件，它包括一组服务，以便运行在一台或多台机器上的多个软件通过网络进行交互，如图 4-36 所示。也有人将中间件定义为分布式系统中位于操作系统和应用软件间的软件层。尽管对中间件的定义有多种，但各类定义对中间件内涵的描述是一致的，即"连接"二字。概括起来，中间件是位于不同软件之间的，能够在各类软件间起到连接作用的软件组件，这里描述的软件既包括操作系统，也包括应用程序及其他可复用的软件模块。中间件技术所提供的互操作性，推动了分布式体系架构的演进。

中间件通常用于支持分布式应用程序，并简化其复杂度。对于应用软件开发，中间件远比操作系统和网络服务更为重要。中间件提供的程序接口定义了一个相对稳定的高层应用环境，不管底层的计算机硬件和系统软件怎样更新换代，只要将中间件升级更新，并保持中间件对外的接口定义不变，应用软件就几乎不需任何修改，从而保护了企业在应用软件开发和维护中的投资。

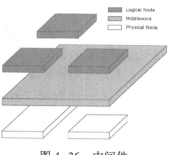

图4-36　中间件

4.8.1　中间件发展历史

最早具有中间件技术思想及功能的软件是 IBM 公司的 CICS。第一个严格意义上的中间件产品是贝尔实验室开发的 Tuxedo，Tuxedo 在很长一段时期内只是实验室产品，后来被 Novell 收购，在经过 Novell 并不成功的商业推广之后被 BEA 公司收购。IBM 的中间件 MQ-Series 也是 20 世纪 90 年代的产品，其他许多中间件产品也都是最近几年才成熟起来的。

现代中间件技术已经不局限于应用服务器、数据库服务器。围绕中间件，Apache 组织、IBM 公司、Oracle（BEA）公司、微软公司各自研发出了较为完整的软件产品体系。中间件技术创建在对应用软件部分常用功能的抽象上，将常用且重要的过程调用、分布式组件、消息队列、事务、安全、连结器、商业流程、网络并发、HTTP 服务器、Web Service 等功能集于一身或者分别在不同品牌的不同产品中分别完成。图 4-37 展现了一些中间件的应用场景。

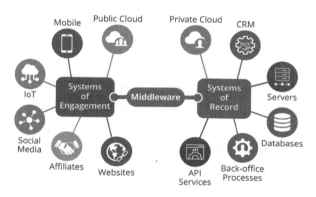

图4-37　中间件的应用场景

商业中间件及信息化市场主要存在微软阵营、Java 阵营、开源阵营。阵营的区分主要体现在对下层操作系统的选择以及对上层组件标准的制定。目前主流商业操作系统主要来自 UNIX、苹果公司和 Linux 的系统以及微软视窗系列。微软阵营的主要技术提供商来自微软公司和其商业伙伴，Java 阵营则来自 IBM 公司、Oracle 公司、BEA 公司（已被 Oracle 公司收购）及其合作伙伴，开源阵营则主要来自诸如 Apache 公司、SourceForge 等组织的共享代码。

4.8.2　中间件技术的特点

一般来说，中间件具有以下特点。

（1）满足大量应用的需要

中间件通过 API 等方式向应用开发者提供通用功能调用模块，中间件所提供的功能大多是与应用无关的，或者是从多种应用中抽象出来的通用功能，所以中间件通常可以满足不同种类、大量应用的需求。

（2）运行于多种硬件和操作系统平台

现代的中间件系统几乎都采用了跨平台设计。例如，采用虚拟机等技术手段实现对多种硬件平台及操作系统平台的兼容。大量商用中间件系统采用 Java 语言编写，Java 语言本身是一种跨平台的编程语言，用其编写的中间件软件系统能够轻易地实现一处编译、多处运行。中间件能够屏蔽掉硬件和操作系统的异构性，解决应用在异构环境下的运行和通信问题。

（3）支持分布式计算

中间件提供客户机和服务器之间的连接服务，针对不同的操作系统和硬件平台，它们可以有符合接口和协议规范的多种实现。中间件是一种独立的系统软件或服务程序，分布式应用软件借助这种软件在不同的技术之间共享资源。中间件软件管理着客户端程序和数据库或者早期应用软件之间的通信。中间件在分布式的客户和服务之间扮演着承上启下的角色，如事务管理、负载均衡以及基于 Web 的计算等。

（4）支持标准的协议与接口

成熟的商用中间件系统都遵循标准化的通信协议与访问接口，如 HTTP、XML、SOAP（简单对象访问协议）、WSDL 等，这使得基于中间件的应用之间能够互联互通。大部分 ESB（企业服务总线）中间件还能够进行各类通信、编码协议间进行自动转换适配，从而将采用不同技术体系的应用整合起来，实现异构技术体系的融合。

4.8.3　中间件技术的分类

中间件包括的范围十分广泛，针对不同的应用需求涌现出多种各具特色的中间件产品。在不同的角度或不同的层次上，对中间件的分类也会有所不同。基于目的和实现机制的不同，中间件主要分为远程过程调用中间件（Remote Procedure Call，RPC）、面向消息的中间件（Message-Oriented Middleware）和对象请求代理中间件（Object Request Brokers）3 类。

（1）远程过程调用中间件

远程过程调用（RPC）是指由本地系统上的进程激活远程系统上的进程。处理远程过程调用的进程有两个，一个是本地客户进程，一个是远程服务器进程。对本地进程控制本地客户进程生成一个消息，并通过网络发往远程服务器。网络信息中包括过程调用所需要的参数，远程服务器接收到消息后调用相应过程，然后将结果通过网络发回客户进程，再由客户进程将结果返回给调用进程。因此，远程系统调用对调用者表现为本地过程调用，但实际上是调用了远程系统上的过程。

由于 RPC 一般用于应用程序之间的通信，而且采用的是同步通信方式，因此比较适合于不要求异步通信方式的小型、简单的应用系统。而对于一些大型的应用，往往需要考虑网络或者系统故障，处理并发操作、缓冲、流量控制以及进程同步等一系列复杂问题，这种方式就很难发挥其优势。

（2）面向消息的中间件

面向消息的中间件是指利用高效可靠的消息传递机制进行平台无关的数据交流，并基于数据通信进行分布式系统的集成。通过提供消息传递和消息排队模型，它可以在分布环境下扩展进程间的通信，并支持多通信协议、语言、应用程序、硬件和软件平台。

越来越多的分布式应用采用消息中间件来构建。消息中间件的优点在于能够在客户和服务器之间提供同步和异步的连接，并且在任何时刻都可以将消息进行传输或者存储转发，这也是它比远程过程调用更进一步的原因。另外，消息中间件不会占用大量的网络带宽，可以跟踪事务，并且通过将事务存储到磁盘上实现网络故障时的系统恢复。但是与远程过程调用相比，消息中间件不支持程序控制的传递。

目前常见的基于消息的中间件有：Apache ActiveMQ、IBM 公司的 MQSeries、Oracle 公司的 MessageQ 等。

（3）对象请求代理中间件

对象请求代理可以看作是与编程语言无关的面向对象的 RPC 应用。从管理和封装的模式上看，对象请求代理和远过程调用有些类似，不过对象请求代理可以包含比远过程调用和消息中间件更复杂的信息，并且可以适用于非结构化或者非关系型的数据。

公共对象请求代理体系结构（Common Object Request Broker Architecture，CORBA）是由 OMG 组织制定的一种面向对象应用程序标准体系。对象请求代理（Object Request Broker，ORB）是这个模型的核心组件，它的作用在于提供一个通信框架，透明地在异构分布式计算环境中传递对象请求。CORBA 规范包括了 ORB 的所有标准接口。1991 年推出的 CORBA 1.1 定义了接口描述语言 OMG IDL 和支持 Client/Server 对象在具体的 ORB 上进行互操作的 API。CORBA 2.0 规范描述的是不同厂商提供的 ORB 之间的互操作。

CORBA 定义了一种面向对象的软件构件构造方法，使不同的应用可以共享由此构造出来的软件构件，每个对象都将其内部操作细节封装起来，同时又向外界提供了精确定义的接口，从而降低了应用系统的复杂性，也降低了软件的开发费用。CORBA 的平台无关性实现了对象的跨平台应用，开发人员可以在更大的范围内选择最实用的对象加入到自己的应用系统之中。CORBA 的语言无关性使开发人员可以在更大的范围内，相互利用编程技能和成果，是实现软件复用的实用化工具。

4.8.4 中间件与物联网

物联网感知互动层主要由各类集成传感器、执行器和通信模块的终端设备、物联网网关设备等组成，通常以嵌入式系统的形式存在。

感知互动层的特点之一是设备软硬件异构性非常强。首先，不同应用对硬件资源的需求不同，使得设备所采用的 CPU、存储器差别很大，这就造成了软件层面所使用的技术方案多种多样，软件一致性很差，为一种平台开发的应用很难被移植到其他平台上去，软件开发工作中，由于存在大量重复劳动使得开发效率低下、软件通用性和可维护性差；其次，不同应用采用的通信协议不同，为设备间信息交互带来了较大障碍，物联网应用除了要兼容各种硬件异构性，还要兼容信息通信层面的异构性，开发难度大大增加。

除了传统的嵌入式操作系统外，嵌入式中间件在这一层面将起到重要的作用。使用嵌入式中间件技术，屏蔽硬件平台、操作系统平台、通信协议的异构性，为感知互动层的物联网应用提供统一的开发、运行环境，降低应用开发难度，加快开发速度，同时也避免了因为应用重复开发而造成的资源浪费。

下面介绍两种物联网感知互动层相关的中间件系统。

1. RFID 中间件

在目前的 RFID 应用中，从前端数据的采集，到与后端业务系统的连接，大多是采用定制化软件开发的方式。一旦前端标签种类增加，或是后端业务系统有所变化，都需要重新编写程序，开发效率低、维护成本高等问题非常突出。

RFID 中间件是 RFID 标签和应用程序之间的中介，应用程序端使用中间件所提供的一组通用的应用程序接口连接到 RFID 读写器，读取 RFID 标签的数据。这样一来，即使存储 RFID 标签情报的数据库软件或后端应用程序发生变化，或者读写 RFID 读写器种类增加或发生变化等情况发生时，应用端也不需作修改，解决了多对多连接的维护复杂性问题。

RFID 中间件可以从架构上分为两种：以应用程序为中心和以架构为中心。

- 以应用程序为中心：以应用程序为中心的设计概念是通过 RFID 读写器厂商提供的 API，直接编写特定读写器读取数据的适配器，并传输至后端系统的应用程序或数据库，实现与后端系统或服务连接的目的。

- 以架构为中心：随着企业应用系统的复杂度增高，企业无法为每个应用编写适配器，同时面对对象标准化等问题，企业可以考虑采用厂商所提供标准规格的 RFID 中间件。以架构为中心的 RFID 中间件，不但已经具备基本数据搜集、过滤等功能，同时也满足了企业多对多的连接需求，并具备平台的管理与维护功能。

2. OSGi

OSGi（Open Service Gateway initiative）是 OSGi Alliance 提出的基于 Java 语言的服务（业务）规范。OSGi 最初的主要目的在于使服务提供商通过住宅网关，为各种家庭智能设备提供各种服务。目前该平台逐渐成为一个为室内、交通工具、移动电话和其他环境下的所有类型的网络设备的应用程序和服务进行传递与远程管理的开放式服务平台。

该规范的核心部分是一个框架，其中定义了应用程序的生命周期模式和服务注册。基于这个框架定义了大量的 OSGi 服务：日志、配置管理、偏好、HTTP（运行 Servlet）、XML 分析、设备访问、软件包管理、许可管理、星级、用户管理、I/O 连接、连线管理、JINI 和 UPnP。

OSGi 实现了一个优雅、完整和动态的组件模型。应用程序（称为 Bundle）无需重新引导就可被远程安装、启动、升级和卸载（其中 Java 包/类的管理被详细定义）。API 中还定义了运行远程下载管理政策的生命周期管理。服务注册允许 Bundle 去检测新服务和取消的服务，然后做出相应配合。

OSGi 的初衷就是为嵌入式系统提供统一的服务支撑平台。嵌入式 OSGi 架构已经在宝马汽车等设备上获得了成功应用。相信 OSGi 这种灵活的技术体系能够在物联网感知互动层获得更多的应用。

当然，除了感知互动层，中间件技术在物联网体系架构中的网络传输层和应用服务层也有着十分广泛和重要的应用。

网络传输层主要涉及各类网络接入技术、核心网络传输技术等，如 2G/3G 技术、传统数据通信技术等。这一层面的技术已经有几十年的发展与应用，相对来讲已经非常成熟了。

对于物联网应用系统而言，网络传输层主要扮演网络接入与承载的角色。这一层面对中间件的使用主要是在电信运营商内部。

应用服务层承载了物联网的各类应用，是物联网的核心层次。传统的企业应用构建技术、互联网技术在应用服务层得到大量应用，如中间件技术、Web2.0相关技术等。在中间件层面，EAI、SOA、ESB/MQ、SaaS等技术理念及原有面向互联网应用的基于模型—视图—控制器（Model-View-Controller，MVC）三层架构的应用服务器中间件仍将扮演重要的角色。

此外，由于物联网应用系统的规模比传统信息化系统要大得多，且系统所集成的各类设备、软件种类也比传统信息化系统要多，系统的异构性更强，这给物联网应用构建带来了更大的挑战，同时对中间件技术也提出了更高的要求。相信这将促使中间件技术的进一步革新与演进。

4.9 网关技术

物联网连接的感知信息系统具有很强的异构性，即不同的系统可以采用不同的信息定义结构、不同的操作系统和不同的信息传输机制。为了实现异构信息之间的互联互通与互操作，未来的物联网不仅需要以一个开放的、分层的、可扩展的网络体系结构为框架，实现异种异构网络能够与网络传输层实现无缝连接，并提供相应的服务质量保证，同时要实现多种设备异构网络接入，这些设备即物联网网关。

在感知互动层中的感知设备，需要通过物联网网关与网络传输层中的设备相连。移动通信网、互联网、行业和应急专网等都是物联网的重要组成部分，这些网络通过物联网的节点、网关等核心设备进行协同工作，并承载着各种物联网的服务。这些设备是物联网的硬件支撑，通过集成各种计算与处理算法，完成异种异构网络的互联互通。因此，物联网网关是连接感知互动层和网络传输层的关键设备，是开展物联网研究和工程化开发的主要内容之一。

物联网网关必须考虑以下问题。

（1）对感知设备移动性的支持

随着物联网技术的发展，感知互动层节点的移动性需求越来越强。在物联网中，移动可以分为两种形式：节点移动性，单个节点发生移动，并且变换网络的接入位置；网络移动性，若干节点组成的局部网络整体发生移动，并且变换网络的接入位置。因此网关必须能够支持以上两种不同的移动方式，保证感知互动层或其节点在移动过程中的正常路由寻址和不间断通信。

（2）服务发现

感知互动层中包含不同类型的感知设备，因而需要网关支持服务发现的功能。服务发现主要用于解决设备间的相互发现及网络服务的自动获取，对于可靠性相对较低的感知互动层而言，服务的自动发现至关重要，但由此带来的通信开销和请求时延也相当显著。因此，物联网网关需要研究低功耗、低时延服务发现机制。

（3）感知互动层与网络传输层IPv6/IPv4的报文转换

网关的逐层协议转换是网关的一个基本功能，需要解决以下关键技术：IPv6/IPv4网络与感知互动层网络中数据包头部网络地址转换以及压缩机制；在不同网络中以及不同结构层次间的网络服务发现机制；感知互动层中不同功能节点与 IPv6/IPv4 网络无缝结合的通信机制；IPv6/IPv4 网络中基于连接的 TCP 与感知互动层间的互通机制。

（4）IPSec 与感知互动层安全协议转换

物联网的信息安全是保障整个网络安全的一个重要方面。网关需要对感知互动层以及网络传输层的 IPv6/IPv4 网络的信息机密性和完整性提供支持。信息安全可以通过 OSI 体系中的应用层、传输层、网络层以及数据链路层来实现，具体实现时需要满足感知互动层多项限制因素，如轻量级代码、低功耗、低复杂度以及带宽限制要求等。

（5）远程维护管理

在很多场合中，物联网的感知互动层节点及其网关部署在环境恶劣的地点，而且节点和网关的数量众多，因而人员现场维护的难度极大，因此网关必须支持远程维护方法。此外，为了感知互动层节点的管理效率，减轻感知互动层网络维护人员的负担，还需要提供基于网关的感知互动层异常情况自动检测及修复机制。通过 IPSec 与感知互动层安全协议的对应转换，实现网络整体的安全保障；实现网关支持的远程维护管理。

（6）IPv6/IPv4 自适应封装技术

在物联网这个异构互联的系统中，要实现底层设备与互联网相连，需要实现 IPv6/IPv4 自适应封装技术。在感知互动层中，节点使用自身的 ID 组网是常见的方式，这些 ID 可以是压缩的 IPv6/IPv4 地址，也可以是其他标识符，因而网关首先需要包含一种地址翻译机制，自动实现传感器节点标识符到互联网中 IPv6/IPv4 地址的映射。

此外，传感器网络的报文分组小而且多，如果对每个感知互动层报文都单独封装成为一个独立的互联网报文，必将带来极大的资源浪费。因而网关上还需要报文分段和重组机制，能够根据报文类别及序列号等信息，将多个感知互动层的小报文打包构成一个较大的互联网报文，在报文传输实时性的基础上，有效节省网络资源。

本章小结

信息传输是实现物联网应用和管理的重要基础，通信组网技术为满足物联网中各类信息传输需求提供了技术支持。本章从通信技术原理、组网技术、中间件技术和网关技术等几个方面介绍了物联网信息传输方面的关键组网技术。首先分析了三种常用的通信技术：窄带通信技术、扩频通信技术，以及正交多载波通信技术。在设备互联技术方面，基于对于通信设备的不同和设备间传输的距离速率等条件考虑，介绍了若干代表性的通信技术，包括蓝牙、ZigBee、WiFi Direc、HomeRF 协议，以及 UWB 技术等。之后，介绍了多种组网技术，如拓扑控制技术、信道资源调度技术、多跳路由技术、可靠传输控制技术、异构网络融合技术等。此外，在很多当前物联网应用中，都要求长距离、低数据率、低能耗和成本效益等。因此，物联网应用的需求推动了低功耗广域网通信技术的发展。

在介绍低能耗低数据网络技术 6LowPAN 技术之后，本章详细介绍了三种主流的低耗广域通信技术：NB-IoT、LoRaWAN，以及 SigFox 等。相比传统 LPWAN 技术，NB-IoT 波形更加简单，因此带来低功耗。此外，NB-IoT 具有很好的建筑渗透性，因此在智慧城市类应用方面具有一定优势。由于较低的网络复杂性和使用非授权频段，LoRaWAN 在价格方面则具有特别的优势（其模块约为 NB-IoT 等蜂窝 LTE 模块价格的一半）。而 SigFox 则使用专有技术如使用慢速调制率等来达到更大的传播范围。SigFox 对于只需要发送低频少量的突发应用数据是较为合适的选择。最后，本章介绍了物联网的中间件和网关相关的相关知识。

练习题

1. 窄带通信技术、扩频通信技术和正交多载波通信技术分别指什么？
2. 请介绍两种典型的无线互联技术。
3. MAC 协议分类以何为依据？并介绍两种 MAC 协议。
4. 什么是 6LowPAN？
5. 什么是中间件？
6. 什么是网关？
7. 请画出 LoRaWAN 的网络架构图。
8. 请画出 SigFox 的网络架构。
9. 请从 SigFox 的特点中分析 SigFox 的优点和缺点。
10. 请比较 NB-IoT 与 LoRaWAN 的相同点与不同点。

第5章 物联网云边端平台技术

随着物联网的广泛应用，数据收集量获得极大增长。一方面，随着终端设备相关技术的不断发展，其数据采集能力也随之进步，例如，安全监控拍摄的画面分辨率升至 1080P 甚至 4K，红外、结构光等信号采集设备的运行频率不断提高，温度、湿度、空气质量、烟雾成分等传感器的精度与敏感度不断增强，这使得设备端产生的数据规模出现快速增长。另一方面，新型应用不断涌现，例如智慧健康领域中对人体生理指数的全天候监测与分析，自动驾驶领域中智能车辆对周遭环境的信息处理与行车决策的生成，工业物联网领域中智能工厂对生产车间机床设备的运行侦测与预警。不同于传统应用所面对的全量历史数据，越来越多的新型应用需要对持续产生的流式数据进行低延迟、快速响应的实时处理，以保障任务的顺利运行。这使得物联网系统已经不能仅仅满足于"设备互联"，而需要真正地从以往低资源、低计算密度的模式，发展成为具备高效数据处理能力的大数据管理系统。

对于传统云计算模式而言，物联网系统通常将网络边缘的结构化、非结构化数据（如数值、文本、音频以及视频）直接上传至位于网络中心的数据仓库，由云端应用利用大规模的计算资源进行处理。这种模式虽然实现了云平台资源按需取用、集约化成本降低的优势，但面临着处理延迟高、网络传输开销大、设备能源消耗高、隐私安全性差等根本性缺陷。为了解决基于云平台的物联网系统所面对的这些问题，边缘计算提出了数据处理的新型范式。边缘计算是在网络边缘执行计算的一种新型计算模型，其基本理念是将设备端计算任务卸载至更加接近数据产生源（设备本身）的计算资源（边缘平台）上运行。同时，处于网络外围的边缘平台与中心化的云平台呈互补关系，二者相互结合，形成层次化的云-边-端三层协同平台。

因此，新模式下物联网系统形态包括：

1）由云平台、边缘平台和设备端组成的云边端协同资源平台，该平台提供计算、存储、网络通信等基础设施服务，负责统筹规划调度多端资源，以及系统部署、系统升级、系统迁移等功能。

2）在云边端资源平台提供的基础设施之上，物联网应用无法直接运行，难以调度底层复杂的计算任务，因此还需要新型大数据管理系统作为数据处理平台，对海量物联网批数据、流数据提供高效的存储、计算等能力，对大规模批处理任务、流处理任务提供高效的分布式调度能力，以服务于不同规模的新型物联网应用。

3）由云边端平台以及大数据系统的支撑的物联网应用，例如机器学习、深度学习等智能化应用。

云边端平台作为基础设施，为大数据系统提供资源支持；大数据管理系统作为处理平台，为物联网应用提供高效的大数据存储以及计算能力。依据这条主线，本章将分别介绍云计算和边缘计算技术、大数据管理技术，以及云边协同的概念及技术挑战。

5.1 虚拟化与云计算技术

虚拟化是云计算的一个关键使能技术，是云计算构建资源池的一个主要方式，虚拟化和云计算的紧密配合为用户提供了更好的服务。

5.1.1 虚拟化技术

下面介绍虚拟化技术的概念、分类和架构。

1. 虚拟化技术的概念

虚拟化（Virtualization）技术是一个广义的术语，它通常指能够使计算元件在虚拟硬件资源的基础上运行的技术。通过虚拟化技术，原有的硬件服务器被虚拟成了等同数量或者更多的虚拟服务器，每个虚拟服务器上可以运行不同的操作系统，拥有不同的计算资源、存储资源和网络带宽。虚拟化技术将有限、固定的 IT 资源根据不同需求进行重新规划，以达到最大利用率，是一个简化管理、优化资源利用效率的解决方案。

虚拟化前每台主机上只能运行一个操作系统，软硬件结合十分紧密，在同一主机上运行多个应用程序容易遭到冲突，系统整体的资源利用率低。虚拟化打破了操作系统和硬件间的相互依赖，将操作系统和应用程序当作单一个体管理，能在任何硬件上运行。

2. 虚拟化技术的分类

目前虚拟化技术已不再局限于硬件虚拟化，逐渐发展成为内存虚拟化、存储虚拟化、网络虚拟化、桌面虚拟化、数据虚拟化等多方面的软硬件结合的虚拟化技术。

（1）内存（Memory）虚拟化

内存管理在操作系统中十分复杂和关键。如图 5-1 所示，内存虚拟化可以动态为虚拟机分配内存，并维护真正物理地址和虚拟机地址之间的映射关系，还可以允许联网的多个计算机共享内存池，从而提高整体性能。

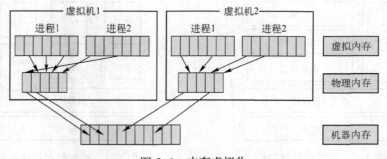

图 5-1　内存虚拟化

（2）存储（Storage）虚拟化

存储虚拟化将多个硬件资源进行抽象化表现，由一个中央控制台进行集中控制和管理，同时保证数据集中安全。通过软件技术，存储虚拟化可以识别真实硬件资源的可用容量，而对于用户而言是透明的，用户不会看到具体的存储硬件，也不必担心数据的流通过程。存储虚拟化是一种集中化管理方式，可以提供存储硬件的利用率，降低管理成本。

（3）网络（Network）虚拟化

网络虚拟化将软硬件网络资源抽象集成为一个软件管理的虚拟网络。网络虚拟化可以将多个物理网络合并为一个基于软件的虚拟网络，也可以将一个物理网络划分为独立的虚拟网络。网络虚拟化可以减少成本，缩短网络配置时间，增强网络的安全性。

（4）桌面（Desktop）虚拟化

桌面虚拟化将计算机桌面环境和操作系统进行虚拟化，使其与访问桌面的物理设备分离开。通过桌面虚拟化，用户可以使用其他设备通过网络访问该桌面系统，以增强资源管理效率，实现远程办公，同时增加数据的安全性。

（5）数据（Data）虚拟化

数据虚拟化是一种数据管理方法，它集成了不同系统、计算机上的数据，数据的数据细节（原始结构或存储位置）对用户来说是透明的，又可以为用户提供整体的数据视图。数据虚拟化可以提高数据访问效率、减少开发成本，从而提高整体生产力，同时可以打破数据孤岛，实现数据的合理有效利用。

虚拟化技术有利于进行资源配置，提高业务管理水平，得到越发广泛的应用，催生出了容器、云计算、边缘计算、软件定义网络、软件定义存储等一系列前沿技术，逐渐进入软件定义一切的时代。

3. 虚拟化技术的架构

根据在整个系统中位置的不同，虚拟化架构可以分为以下几种。

（1）寄居虚拟化架构

寄居虚拟化架构中虚拟化程序在宿主操作系统之上安装和运行，依赖于宿主操作系统对设备的支持和物理资源的管理，如图5-2所示。

（2）裸金属虚拟化架构

裸金属虚拟化架构中虚拟化软件直接在硬件上面安装，再在其上安装操作系统和应用，依赖虚拟层内核和服务器控制台进行管理，如图5-3所示。

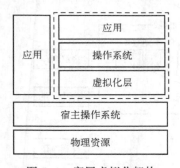

图5-2 寄居虚拟化架构

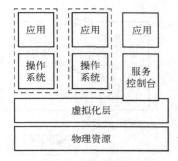

图5-3 裸金属虚拟化架构

（3）操作系统虚拟化架构

操作系统虚拟化架构在操作系统层面增加虚拟服务器（容器）功能，把单个的操作系统划分为多个容器，使用容器管理器来进行管理，如图5-4所示。

（4）混合虚拟化架构

混合虚拟化架构将一个内核级驱动器插入到宿主操作系统内核。这个驱动器作为虚拟硬件管理器来协调虚拟机和宿主操作系统之间的硬件访问，如图5-5所示。

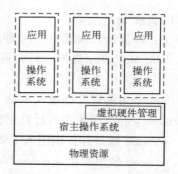

图 5-4 操作系统虚拟化架构　　　　　　图 5-5 混合虚拟化架构

5.1.2 云计算技术

下面详细从云计算技术的概念出发，详细阐述云计算的相关知识。

1. 云计算技术的概念

云计算是近年来 IT 业发展过程中出现的新概念，不同个人、不同机构对云计算有不同的定义。例如，维基百科上的定义是："一种基于互联网的计算新方式，通过互联网上异构、自治的服务为个人和企业用户提供按需即取的计算"。

著名咨询机构 Gartner 将云计算定义为："云计算是利用互联网技术将庞大且可伸缩的 IT 能力集合起来作为服务，提供给多个客户的技术"。而 IBM 公司则认为："云计算是一种新兴的 IT 服务交付方式，应用、数据和计算资源能够通过网络作为标准服务，在灵活的价格下快速地提供给最终用户"。

尽管不同机构有各种不同的定义，但云计算的本质基本上可以归结为以下几点。

- 资源整合：云计算的前提必须是将各类 IT 资源进行高度的整合。例如，通过虚拟化技术将零散的硬件资源整合起来，成为集中的、可统一管理的硬件资源池，可以灵活地供用户分配、使用；通过软件服务平台、中间件技术整合各类软件资源，实现软件的复用及按需使用。
- 按需服务：云计算是按需的、弹性的，用户可以根据自身需求订购合适的 IT 资源，可以通过自助服务的方式动态更改资源订购量，满足不断变化的 IT 资源需求。用户无需担心 IT 资源的短缺与浪费，一切资源均在云中。
- 低成本：云计算通过资源整合、按需服务的方式实现 IT 资源的使用率最大化，从而大幅度降低了单位 IT 资源的使用成本，实现低成本的运营与使用。

2. 云计算技术的发展历史

早在 20 世纪 90 年代提出的网格计算的思想，就考虑充分利用空闲的 CPU 资源，搭建平行分布式计算。而在 1999 年出现的 SETI@ home 更是成功地将网格计算的思想付诸实施，构建了一个成功的案例。

云计算与网格计算有许多相似之处，也是希望利用大量的计算机，构建出具有强大的计算能力的系统。但是云计算有着更为宏大的目标，它希望能够利用这样的计算能力，在其上构建稳定而快速的存储以及其他服务。而 Web2.0 正为云计算提供这样的机遇。在 Web2.0 的引导下，只要有一些有趣而新颖的想法，就能够基于云计算快速搭建 Web 应用。这正是云计算所带来的直接变化。

下面列举了一些云计算发展史上的关键点。

1961 年，John McCarthy 提出"计算资源将来可能被组织起来而成为公共资源"的原始云计算思想。

1984 年，Sun 公司的联合创始人 John Gage 提出"网络就是计算机"，用于描述分布式计算技术带来的新世界，今天的云计算正在将这一理念变成现实。

1998 年，VMware 成立并首次引入 X86 的虚拟技术。

2005 年，Amazon 公司发布 Amazon Web Services 云计算平台。

2006 年，Amazon 公司推出弹性计算云（Elastic Compute Cloud，EC2）服务。

2008 年，Google App Engine 发布。

2010 年，Microsoft 公司正式发布 Microsoft Azure 云平台服务。

2011 年，苹果公司发布了 iCloud。

2014 年，Docker 发布了第一个正式版本 v1.0。

2015 年，Kubernetes v1.0 发布，进入云原生时代。

2018 年，微软收购 Github。

3. 云计算技术的 3 个层次

按技术特点和应用形式来分，云计算技术可以分为 3 个层次，如图 5-6 所示。

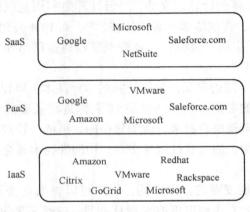

图 5-6　云计算的 3 个层次

（1）基础架构即服务 IaaS

基础架构即服务（Infrastructure as a Service，IaaS）指的是以服务的形式来提供计算资源、存储、网络等基础 IT 架构。用户通常能够根据具体应用需求，通过自助订购等方式来购买所需的虚拟 IT 资源，并通过 Web 界面、Web Service 等方式对虚拟 IT 资源进行配置、监控、管理。

IaaS 除了提供虚拟 IT 资源外，还在云架构内部实现了负载均衡、错误监控与恢复、灾难备份等保障性功能，将用户从 IT 基础设施建设、维护的工作中解脱出来，同时也为用户节省了大量建设、运营成本。

目前，IaaS 平台的主要提供商包括 VMware、Citrix、Redhat、Microsoft、Amazon 等，从技术层面上来看，IaaS 一般是基于虚拟化技术来实现的。

（2）平台即服务 PaaS

平台即服务（Platform as a Service，PaaS）是指以服务形式向开发人员提供应用程序开发及部署平台，让他们可利用此平台来开发、部署和管理应用程序。PaaS 平台一般包括数据库、中间件及开发测试工具，并且都以服务形式通过互联网提供。Paas 可通过远程 Web 服务使用数据存储服务，还可以使用可视化的 API，甚至还允许开发者混合并匹配适合应用的其他平台。用户或者厂商基于 PaaS 平台可以快速开发自己所需要的应用和产品。同时，PaaS 平台可以帮助开发者更好地搭建基于 SOA 架构的企业应用。

目前，主流的 PaaS 平台有 Google App Engine、Amazon Web Service、Force.com、Microsoft Windows Azure Platform 等。

（3）应用软件即服务 SaaS

应用软件即服务（Software as a Service，SaaS）是随着互联网技术的发展和应用软件的成熟而兴起的一种完全创新的软件应用模式。它是一种通过 Internet 向终端用户提供应用软件的模式，厂商将应用软件统一部署在自己的服务器上，客户可以根据自己的实际需求，通过互联网向厂商订购所需的应用软件、服务，并按订购的服务多少和时间长短向厂商支付费用，并通过互联网获得厂商提供的技术支持。

通过 SaaS，用户无需再购买软件，而改用向服务提供商租用基于 Web 的软件来管理企业经营活动，并且无需对软件进行维护，服务提供商会全权管理和维护软件。软件厂商在向客户提供互联网应用的同时，也提供软件的离线操作和本地数据存储，使用户随时随地都可以使用其订购的软件和服务。

相比传统软件使用方式而言，SaaS 不仅减少或取消了传统的软件授权费用，而且厂商将应用软件部署在统一的服务器上，免除了最终用户在服务器硬件、网络安全设备和软件升级维护上的支出，客户不需要个人计算机和互联网连接之外的其他 IT 投资，就可以通过互联网获得所需软件和服务，大大降低了软件使用成本。

目前，有代表性的 SaaS 服务提供商有：Google、Microsoft、Saleforce.com、Netsuite 等。

4. 云计算技术的部署模式

从部署模式上来看，云计算系统可以分为公有云计算系统、私有云计算系统和混合云计算系统 3 类。图 5-7 给出了云计算的部署模式。

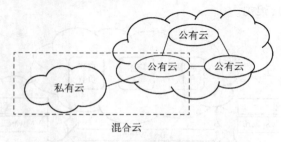

图 5-7　云计算部署模式

（1）常见的云计算部署模式

1）公有云。

公有云通常位于互联网等公共网络中，通过 Web 应用或 Web 服务的方式来向用户提供云计算服务。公有云计算系统具有完备的自助服务功能，能够服务于几乎不限数量的、不限地理位置的、拥有相同基本架构的用户。

公有云计算系统以 Amazon、Google、Rackspace、Salesforce.com、Microsoft 等公司推出的产品为代表，向用户提供了丰富多彩的 IT 服务和商业应用。例如 Amazon 公司为应用开发者提供的弹性的、可靠的、自助的 IaaS 服务平台 Amazon EC2；Google 公司、Microsoft 公司分别推出的 Google App Engine、Microsoft Azure Platform 则以 PaaS 的形式为应用开发者提供开放的应用开发、运行环境；在 SaaS 领域，则以 Google 公司的 Gmail/Google Docs、Microsoft 公司的 Microsoft Online Services 为代表，这类公有云产品直接为终端用户提供在线邮件、在线办公等应用领域的软件服务。

2）私有云。

私有云是针对单个机构的需求而特别定制的云计算系统。例如，一些金融机构的业务支撑平台、政府机构内部使用的公共政务平台、企业内部的私有 IT 服务平台等。私有云计算系统通常是自封闭的系统，只允许机构内部人员、应用系统使用，信息安全性较高。

一般来讲，私有云计算系统都会基于一些成熟的云计算解决方案来搭建。例如 VMWare 公司的 vSphere、RedHat 公司的 Enterprise Virtualization、Microsoft 公司的 Hyper-V 虚拟化等。通过采用虚拟化操作系统和网络技术，能够降低机构内部使用服务器和网络设备的数量，提高 IT 资源的利用率和 IT 基础设施的可用度，并使机构内部 IT 资源的管理更为明晰。

3）混合云。

简单来说，混合云计算系统表现为公有云、私有云的组合。《混合云白皮书（2017 年）》中给出混合云的规范定义："混合云是在云计算演进到一定程度后才出现的一种云计算形态，它不是简单地将几种云（比如公有云、私有云）等叠加堆砌，而是以一种创新的方式，利用各种云部署模型的技术特点，提高用户跨云的资源利用率，催生出新的业务，更好地为用户服务。"数个云以某种方式整合在一起，为一些商业计划提供支持。有时用户可能需要用一套单独的证书访问多个云，有时数据可能需要在多个云之间流动，或者某个私有云的应用可能需要临时使用公有云的资源。大多数公司在长时间内都会同时使用企业预置型软件和公共 SaaS 解决方案，混合云计算系统则作为连接企业预置型软件和公共 SaaS 解决方案的桥梁。

另外，利用混合云可以实现私有云和公有云之间的负载均衡，一个达到其饱和点的私有云可以把一些进程自动地迁移到公有云，从而维持整个应用系统的稳定性与可用性。图 5-8 描述了一个简单的混合云架构。

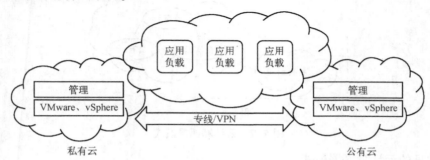

图 5-8　混合云架构

（2）云计算部署模式的选择策略

机构在对各种云计算部署模式进行比较时，通常会考虑以下因素。

- 成本：哪种云现在比较省钱，哪种云长期看比较省钱？
- 安全性：同内部网络相比，公有云的安全性如何？对机构本身有何风险？
- 法规：如果采用公有云的话，是否能够证明自己遵守必要的法规？
- 管制：公有云供应商能够提供怎样的技术和商业实务方面的透明度？我是否拥有管理云服务供应商的工具？

各类云计算部署模式没有绝对的好与不好，机构具体采用何种云计算部署模式还得综合自身应用需求、经济实力、经营策略等多方面的因素。

5. 云计算技术前沿

（1）超融合技术

超融合技术是在随着互联网发展，计算机存储能力和计算节能出现不匹配的情况下催生出的一项新技术。

超融合架构是指在同一套单元设备（x86服务器）中不仅仅具备计算、网络、存储和服务器虚拟化等资源和技术，而且还包括缓存加速、重复数据删除、在线数据压缩、备份软件、快照技术等元素，而多节点可以通过网络聚合起来，实现模块化的无缝横向扩展（Scale-out），形成统一的资源池。

超融合架构是位于硬件之上、操作系统之下的中间件，具有良好的数据保护性、灵活性、可扩展性、可维护性和能耗性，在构建私有云、构建 ERP 企业管理系统、构建大数据平台和构建桌面云等领域有广泛的应用。超融合架构如图 5-9 所示。

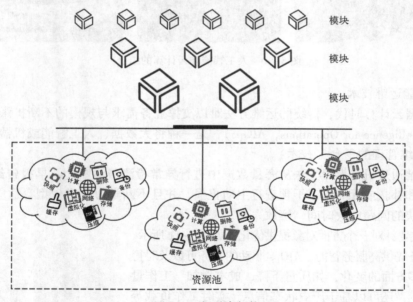

图 5-9　超融合架构

（2）云边端融合技术

随着物联网技术的迅速发展与广泛应用，2020 年全球物联网设备预计可达到 500 亿。海量异构的设备产生的数据量呈指数级增长，同时用户对实时性和安全性有了更高的要求。尽管云计算在过去 10 余年成功缓解了数据量增长带来的压力，但网络带宽和硬件资源的限制使得云计算不能保证计算的实时性。

在此背景下，边缘计算应运而生，它与云计算的融合和协同发展，可以有效解决边缘端的大数据处理问题，降低对云端的依赖，提升用户体验。云计算和边缘计算的融合可以更好地满足各种需求场景的匹配，最大化其应用价值。云边端融合技术在内容分发网络、工业互联网、能源、智能家居、智慧交通、安防监控、农业生产、医疗保健及云游戏等方面有着广泛的应用前景。

（3）人工智能驱动下的云计算技术

在人工智能驱动下的云计算技术即为智慧计算，它是云计算、大数据和人工智能深度学习的结合。计算机行业逐步由自动化和信息化向智能化转变，人脸识别、自动对话、智能制造、自动驾驶、临床诊断等智能技术日益成熟并开始被大规模应用。这些智能应用都基于海量的历史数据发展而来，后台系统运行在云平台上，并采用深度学习技术不断优化，都是智慧计算的具体应用形态。

人工智能尤其是深度学习的发展离不开海量的数据与强有力的算力，云计算为其提供了基础保障，同时也驱动着人工智能集成到各式各样的应用中；反之，人工智能的发展也丰富了云服务的特性，促进了云计算的研究，人工智能技术应用到云计算平台也推动其发展强大。人工智能与云计算的结合如图 5-10 所示。

图 5-10　人工智能和云计算的结合

（4）智能运维技术

在大数据云计算时代，传统的运维方法难以支撑业务需求与规模的不断扩张。智能运维（Artificial Intelligence for Operations，AIOps），是一种将大数据、人工智能或机器学习技术赋能传统 IT 运维管理的平台（技术）。

智能运维通过机器学习方法从海量数据中进行异常检测与诊断，及早报告给 IT 部门进行快速响应和补救或无需人工干预进行主动止损，并且不断学习改进模型，适应环境变化，从而实现更快的问题解决时间，解放人力。

AIOps 主要针对三个方面对象提供优化，如图 5-11 所示。

- 为服务提供高服务智能。AIOps 驱动的服务可以及时得获悉多方面的变化，如质量下降、成本增加、工作量增加等，还可以基于历史状态信息、实时工作负载等预测未来状态。这种自我感知和自我预测能力可以进一步触发自适应或自修复行为，无需人工干预。
- 为用户提供高服务质量。内置智能的服务可以了解客户的使用行为，并采取主动行动来提高服务质量和客户满意度。例如，服务可以自动向客户推荐调整建议，从而获得更好的性能表现；服务人员也可

图 5-11　AIOps 三方面目标

能知道客户正遭受服务质量问题，并主动与客户联系，提供解决方案，而无需等到客户进行人工服务请求后再做出反应。

- 为工程师提供高工程生产率。为软件和服务工程师提供强大的工具，使其可以在服务的整个生命周期中高效地构建并运行服务。工程师可以从烦琐的手工任务中解脱出来，还可通过人工智能技术学习系统行为模式，预测未来客户活动和服务行为，从而进行必要的架构更改和服务适应策略更改等。

6. 云计算技术的优缺点

任何事物都具有两面性，云计算也不例外。在云计算平台上部署应用或使用 SaaS 软件服务，相对于传统的应用部署方式和购买并使用软件的方式有何优势与劣势？要回答这个问题，需要对现有云计算技术的优缺点进行分析。

云计算具有以下优点。

（1）低成本

通过云计算降低生产成本包括多个方面：

- 降低 IT 基础设施的建设维护成本，应用构建、运营基于云端的 IT 资源。
- 通过订购在线 SaaS 软件服务降低软件购买成本。
- 通过虚拟化技术提高现有 IT 基础设施的利用率。
- 通过动态电源管理等手段，可节省数据中心的能耗。

（2）高灵活性

采用云计算技术，用户可以根据自己的需要定制相应的服务、应用及资源，云计算平台可以按照用户的需求来部署相应的资源、计算能力、服务及应用。同时，利用云计算平台的动态扩展性，在应用业务变化时，可以通过不断添加、删除计算资源的方式来对系统服务能力进行动态调整，实现系统的按需伸缩。

（3）潜在的高可靠性和高安全性

高可靠性和高安全性是云计算的潜在固有特性。在"云"的另一端，有专业的团队来管理信息，有先进的数据中心来保存数据。同时，严格的权限管理策略可以帮助用户放心地与所指定的目标对象共享数据。通过集中式的管理和先进的可靠性保障技术，理论上讲云计算的可靠性和安全性是相当高的。

云计算在理论上有众多优点，但是就目前的应用情况来看，其缺点也较为明显。

首先，企业在将应用从传统开发、部署、维护模式转换到基于云计算平台的模式时不可避免地有转移成本，转移成本的大小由应用复杂度、历史版本关联度、团队工作模式转换难易程度等决定。当然，转移成本大多是一次性的，一旦将应用转移到云平台上后，就不再有转移成本了。

其次，目前云计算平台的可靠性和安全性还不算太高，特别是安全性。由于缺乏成熟的安全保障技术、云信息安全相关法律条款的约束，云计算在对用户数据安全、隐私保护等方面还存在较大的问题。随着技术的进步和相关法律的完善，云计算的安全问题会逐步解决。

7. 云计算技术与物联网的关系

和云计算一样，物联网同样也是一种新兴的技术，物联网能不能利用云计算带来的优势而实现更快速的发展？答案是肯定的。云计算与物联网的结合可以分为几个层次。

第一个层次，利用 IT 虚拟化技术，为物联网后端应用提供运行支撑平台。从后端应用服务层面来看，物联网可以看作是一个基于互联网的，以提高物理世界的运行、管理、资源使用效率水平等为目标的大规模信息系统。采用服务器虚拟化、网络虚拟化和存储虚拟化，使服务器与网络之间、网络与存储之间也能够达到资源共享的虚拟化，实现计算能力的有效利用，为各类物联网应用提供有力支撑。

第二个层次，在虚拟化基础设施的基础上，通过云计算的方式为物联网应用提供标准化的开发、测试平台，即以 PaaS 的形式实现各类物联网应用的构建。通过云计算技术的应用来提高物联网应用的开发效率，降低开发难度，为大规模物联网应用铺平道路。

第三个层次，物联网、互联网的各种业务与应用在一个"大云"中进行集成，实现物联网与互联网中的设备、信息、应用和人的交互与整合，形成一个有效、良性的价值链体系和业务生态系统，推动整个信息产业及各行各业良性的可持续发展。

8. 云计算的业界案例

（1）Amazon 云计算平台

Amazon 公司构建了一个云平台，并以 Web 服务的方式将云计算产品提供给用户使用。这些服务被称为 Amazon Web Services（AWS）。通过 AWS 的基础设施层服务和丰富的平台层服务，用户可以在 Amazon 云计算平台上构建各种企业级应用和个人应用。Amazon 云计算平台的主要产品如下：

1）Amazon Elastic Compute Cloud（Amazon EC2）。Amazon EC2 是一种云基础设施服务，该服务基于服务器虚拟化技术，为用户提供大规模、可靠、可伸缩的计算资源。通过 EC2 所提供的服务，用户可以轻松申请和定制所需的计算资源，按需付费。

2）Amazon Elastic MapReduce（Amazon EMR）。Amazon ElasticMapReduce 是一种 Web 服务，提供企业、研究人员、数据分析师和开发人员轻松、经济高效掌控海量数据的能力。它基于 Amazon Elastic Compute Cloud（Amazon EC2）技术和 Amazon Simple Storage Service（Amazon S3）技术的 Web 规模基础设施，是一种 Hadoop 托管服务运行架构。

Amazon EMR 能即时灵活配置自身所需容量大小，执行数据密集型应用计算，完成 Web 索引、数据挖掘、日志文件分析、数据仓库、机器学习、财务分析、科学模拟和生物信息研究任务。Amazon Elastic MapReduce 技术让用户可以专注于数据分析，无需担心费时的 Hadoop 集群设置、管理或调整，也无需担心所依靠的计算能力。

3）Amazon Simple Storage Service（Amazon S3）。Amazon S3 是 Amazon 云平台提供的具有高扩展性、可靠性、安全性的网络存储服务。通过 S3，用户可以将自己的数据放到存储云上，通过互联网访问和管理。同时，Amazon 云平台的其他服务也可以直接访问 S3。

4）AmazonDynamoDB。AmazonDynamoDB 是一个完全托管的 NoSQL 数据库服务，可以提供快速的、可预期的性能，并且可以实现无缝扩展。Amazon DynamoDB 被设计成用来解决数据库管理、性能、可扩展性和可靠性等核心问题。开发人员可以创建一个数据库表，该表可以存储和检索任何数量的数据，并且可以应付处理任何级别的请求负载量。Amazon DynamoDB 会自动把某个表的数据和负载，分布到足够数量的服务器上，从而可以容纳用户指定的负载量和数据量，同时还能够维持一致性和高性能。

5）Amazon Relational Database Service（Amazon RDS）。目前很多应用仍采用关系型数据库进行存储，为了将这些应用系统无缝迁移到 Amazon AWS 平台，Amazon 设计了 Amazon RDS 来满足用户对关系型数据库服务的需求。Amazon RDS 是一个关系型数据库服务，通过

RDS 用户可以非常容易地建立操作和伸缩云中的数据库。Amazon RDS 提供了 MySQL、Oracle、Microsoft SQL Server 或 PostgreSQL 数据库引擎的功能。这使得当前已用于现有数据库的代码、应用程序和工具也可以用在 Amazon RDS 上。Amazon RDS 可自动修补数据库软件并备份数据库，用户可以自定义数据的存储备份保留时间，并且实现时间点恢复。

6）Amazon Simple Queue Service（Amazon SQS）。Amazon SQS 是用于分布式应用的组件之间数据传递的消息队列服务，这些组件可能分布在不同的计算机或不同的网络。利用 SQS 能够将分布式应用的各个组件以松耦合的方式结合起来，从而创建大规模的分布式系统。松耦合的组件之间相对独立性较强，系统中任何一个组件的失效都不会影响整个系统的运行。用户通过使用 SQS，能以极少的成本消除由于运行和扩展高可用性的消息集群所带来的管理负担。

（2）Google 云计算平台

Google 拥有全球最大规模的搜索引擎，并在海量数据方面拥有先进的技术，如分布式文件系统 GFS、分布式存储服务 Datastore 及分布式计算框架 MapReduce 等。2008 年 Google 推出 Google App Engine Web 运行平台，使客户的业务系统能够运行在 Google 的全球分布式基础设施上。2012 年，Google 推出云计算平台 Google Compute Engine，它是一个基础架构服务。Google 云计算平台主要包括以下产品。

1）Google Compute Engine。Google Compute Engine 是一个基础架构服务，可以让用户使用 Google 的服务器来运行 Linux 虚拟机，得到更强大的数据运算能力。Google Compute Engine 具有 3 个特点：一是延展性，Google 有着庞大的数据运算能力，用户可以使用 Google 的数据中心，在需要使用庞大运算能力的时候使用更多的服务器。二是性能，Google 提供更高性能的服务器。三是性价比，Google 提供相对于竞争对手更高的性价比。

2）Google App Engine。Google App Engine 允许用户在 Google 的基础架构上运行网络应用程序。Google App Engine 应用程序易于构建和维护，并可根据用户应用程序的访问量和数据存储需要的增长而轻松扩展。使用 Google App Engine，用户不再需要维护服务器，只需上传应用程序，它便可立即提供服务。

3）Google Cloud Datastore。Google CloudDatastore 提供了一个托管的 NoSQL 无模式数据库，用于存储非关系数据。Google 自动处理分片和复制，以提供高可用性和一致的数据库。用户无需担心数据的迁移，并可以在用户需要的时候自动扩展。同时，Google Cloud Datastore 提供一个健壮的查询引擎，支持类 SQL 查询。

4）Google Cloud SQL。Google Cloud SQL 提供关系数据库的云服务。用户可以将其数据库迁移到云中，或者使用其现有的需要在应用引擎中进行数据库访问的应用程序。用户使用 Cloud SQL 时，所有的事务都在云中，并由 Google 管理，用户不需要配置或者排查错误，仅仅依靠它来开展工作即可。由于数据在 Google 多个数据中心中复制，因此它永远是可用的。Google 还将提供导入或导出服务，方便用户将数据库带进或带出云。

5）BigQuery。BigQuery 是 Google 推出的一项 Web 服务，该服务让开发者可以使用 Google 的架构来运行 SQL 语句对超级大的数据库进行操作。BigQuery 允许用户上传超大量数据并通过它直接进行交互式分析，从而不必投资建立自己的数据中心。BigQuery 引擎可以快速扫描高达 70TB 未经压缩处理的数据，并且可马上得到分析结果。

5.2　边缘计算技术

云计算发展在实时性、带宽、能耗、安全隐私等方面受限，仅靠云计算不能满足新时代用户需求。边缘计算被提出来解决相应问题，缓解云端压力。本节从边缘计算的诞生及概念出发，引出边缘计算的关键技术，接着讨论边缘计算的优缺点，并给出业界案例。

5.2.1　边缘计算概述

什么是边缘计算（Edge Computing）[7,8]，目前还没有一个统一严格的定义[5]。维基百科上的定义是，边缘计算是一种分布式计算范例，它使数据计算和存储更接近需要的位置，从而缩短响应时间并节省带宽。

随着网络中 IoT 设备及数据量的爆炸式增长，海量数据在数据中心中进行计算，传统的云计算无法满足用户的时延性和安全性等需求，边缘计算的提出实现了计算能力下沉，算力去中心化，缓解了云端压力。

边缘计算的诞生历史如下：

1998 年，Akamai 公司提出内容分发网络 CDN。

2005 年，美国韦恩州立大学提出功能缓存的概念，运用到邮箱以节省延迟和带宽。

2009 年，Satyanarayanan 等提出 Cloudlet 的概念，强调将云服务器的功能下行至边缘服务器。Mollna 提出海计算概念，指的是智能设备的前端处理。

2010 年，提出移动边缘计算，服务于移动用户，提升移动用户体验。

2012 年，思科公司提出雾计算。中国科学院提出"海云"计算，把人类本身、物理世界的设备和子系统组成的终端称为海端，更关注终端连接。

2013 年，美国太平洋西北国家实验室首次提出边缘计算。

（1）内容分发网络 CDN

内容分发网络（Content Distribution Network，CDN）是一种新型网络内容服务体系，它在网络边缘布置缓存服务器从而实现内容的可靠分发。其具体的业务指利用分布在不同区域的节点服务器群组成流量分配管理网络平台，为用户提供内容的分散存储和高速缓存，并根据网络动态流量和负载状况，将内容分发到快速、稳定的缓存服务器上，提高用户内容的访问响应速度和服务的可用性服务。

CDN 到边缘计算的过渡是势在必行的。云计算的算力不足以支撑海量边缘设备与数据，需要边缘计算来缓解压力。而传统的 CDN 主要负责通过边缘服务器进行静态内容分发，其基于分布式的架构天然适合边缘计算。相对于 CDN 来说，边缘计算其"边缘"的含义更加丰富，不仅仅指缓存服务器，而是包含终端设备到云数据中心路径上的所有网络资源，同时，更强调计算功能而非内容分发。边缘计算的出现与广泛应用更好地赋能了 CDN。

（2）移动边缘计算

欧洲电信标准化协会 ETSI 对移动边缘计算（Mobile Edge Computing，MEC）的定义是：在移动网络边缘为应用程序开发人员和内容提供商提供了云计算功能和 IT 服务环境。随着研究和应用的不断推进，MEC 逐渐拓展过渡为"多接入边缘计算"（Multi-access Edge Computing，MEC），包括 WiFi 等非移动网络场景。

MEC 运行在网络边缘，在位置上距离用户十分接近，使得用户请求响应时延大大减小，满足了实时性的需求，将大流量、低时延的业务本地化，减少了核心网的压力，并减少了拥塞发生。同时，在网络边缘的 MEC 不依赖于网络的其他部分，提高了安全性。MEC 在无线网络侧融入了数据计算、存储和处理功能，将传统的无线基站升级为智能基站，极大地提升了用户体验。

（3）雾计算

思科公司于 2011 年提出雾计算（Fog Computing）[6,9]，并在 2012 年对其作详细定义，其在终端设备和传统云数据中心之间引入中间雾层，扩展云的网络结构，提供存储、计算和网络服务。

从字面意思上理解，"云"高高在上，和我们相距甚远，而雾贴近地面，在我们身边。雾计算是对云计算的延伸和补充。相对于云计算来说，雾计算所采用的架构更呈分布式，更贴近网络边缘。雾计算并不要求使用功能强大的服务器，它更强调数量，由多个计算节点集群发挥计算能力。雾计算引入的中间雾层一方面连接终端设备，减少了终端设备同云数据中心之间的通信轮次，降低了主干网的负载压力；另一方面连接云计算中心，可以使用云计算中心强大的计算能力和丰富的应用服务。

雾计算和边缘计算的概念十分相似，在许多场合，IT 专业人员将它们同义使用，但在其他场合则需要细分。本书认为，雾计算和边缘计算在计算发生的确切位置上有所差异。雾计算更表现为一个中间层，计算处理能力放在包括 IoT 设备的 LAN 里面，收集多种来源的数据信息进行计算处理，从物理位置上来说可能距终端设备较远，而边缘计算的计算和处理更接近数据源，在网络边缘设备中进行计算处理而非中央服务器。

（4）海云计算

2012 年中国科学院启动十年战略优先研究倡议——下一代信息与通信技术倡议（Next Generation Information and Communication Technology Initiative，NICT），提出海云计算。海云计算系统一方面通过强化融入在各种物体中的信息装置，实现物体和信息装置的紧密融合，自然地获取物质世界信息，另一方面通过强化海量的独立个体之间局部的即时交互和分布式智能，使物体具备自组织、自计算、自反馈的海计算功能。海云计算即"海计算"系统同"云计算"系统的协同，以迎合"人-机-物"三元融合的趋势，实现智能服务。

海云计算关注"海"的终端设备，而边缘计算关注从终端设备到云服务中心的各种网络资源，海云计算的发展有助于边缘智能的实现。

5.2.2 边缘计算关键技术

下面介绍几个支撑边缘计算的关键技术。

1. 5G 通信技术

2018 年 6 月 14 日，电信运营商、网络设备厂商、终端和芯片厂商、互联网企业等产业各方高度关注的 5G 独立组网功能标准正式冻结，加上 2017 年 12 月完成的非独立组网 NR 标准，5G 已经完成了第一阶段全功能标准化工作，标志着全球首个真正意义上完整的 5G 国际标准正式出台。

5G 技术提供高达 25 Mbit/s 的连接速度，同时使时延降到更低，提供了更快、更可靠的网络，这一方面依赖于边缘计算技术的辅助，另一方面也为边缘计算实时性的要求提供了通信保障。

5G 不是一项技术，而是由多种技术相互配合形成的一个综合体系，核心技术有以下几点。

1）超密集异构网络。4G 中已经通过大规模部署小蜂窝来构建密集异构网络。随着万物互联时代的到来，数据流量将出现井喷式的增长，并主要分布在室内和热点地区。为了满足更高数据传输速率的要求，5G 将进一步构建超密集异构网络来满足流量需求，如图 5-12 所示。

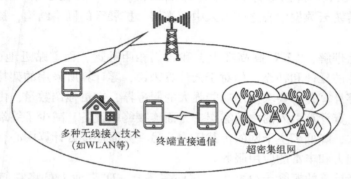

图 5-12　超密集异构网络

2）新型多天线传输。先进的多输入多输出（Multiple-Input Multiple-Output，MIMO）技术是蜂窝系统实现更高频谱效率的核心。通过在发射端和接收端分别使用多个天线，可以成倍地提高系统信道容量。4G 中 MIMO 技术最多支持 8 天线，而 5G 中 MIMO 可以实现 16/32/64/128 天线，甚至更大规模。

3）毫米波。世界不同地区现有频段主要集中在 3 GHZ 以下，频谱资源拥挤，而高频段频谱资源丰富，也能实现更高的传输速率。毫米波段，在 30 到 300 GHz 之间，频谱带宽比 4G 高了 10 倍以上，更适合 5G 通信系统。

毫米波的优势：
- 更高的网络吞吐量，高达 20 Gbit/s。
- 网络延迟低，数据传输速率高。
- 网络连接容量大，支持更多设备和租户。
- 受天气影响小，可以认为具有全天候特性。

毫米波的缺点：
- 传输距离有限，需要高密度部署。
- 穿透能力差，用户需要接近基站视距范围。

4）终端直通（Device-to-Device Communication，D2D）。D2D 技术能够在用户设备之间直接交换数据流量，除了帮助建立直接连接外，无需使用基站或核心网络，如图 5-13 所示。D2D 通信支持基于用户邻近度的新使用模式，包括社交网络应用、点对点内容共享以及在没有网络覆盖的情况下的公共安全通信。D2D 通信技术可以提高区域频谱效率，提升蜂窝网络覆盖范围、减少端到端延迟并降低功耗。

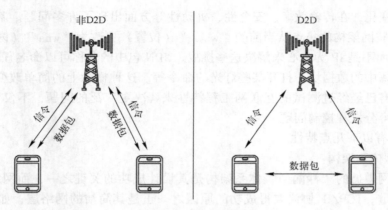

图 5-13　终端直通技术

5）网络切片。5G 网络不仅服务于移动电话，还将服务于具有不同系统要求和功能的更多类型的设备，如智能手表、平板电脑、大规模物联网设备等。为了向每种类型的设备提供高效的服务，需要将一张物理网络切片成多个虚拟网络，每个切片网络都包含自己的无线电接入、传输和核心网络，专用于服务单一类型的设备。为每个切片网络提供独立的网络资源，与其他片之间没有干扰。网络切片推动了任务关键型物联网服务的发展，并实现了不同应用场景下的动态网络资源分配。

6）非正交多址接入（Non-Orthogonal Multiple Access，NOMA）。NOMA 利用用户之间信道增益的差异来对多路发射信号进行叠加，实现对不同用户的数据的多路复用。NOMA 非常适合于实际的广域部署，其中有几个用户分布在覆盖区域，一些用户具有较高的信道增益，而另一些用户的信道增益较差。这将有助于有效地对用户进行配对，从而有效地利用 NOMA 模式。为了实现这一配对，我们只需在发送端进行粗略的信道状态估计，而无需在接收端解码数据所需要的更精细的 CSI（信道状态信息），这一特性使得其在高速移动的场景下有望获得更好的性能。

2. 新型网络技术

边缘计算将计算推到靠近数据源的边缘设备上，网络拓扑可能是高度动态变化的，导致网络中存在很多突发流量，而服务请求者对计算或服务实时性要求较高，并且要保证时间的准确性和数据的完整性，因此需要好的服务发现与快速配置机制。针对这个问题，一些新型网络架构（命名数据网络（Named Data Networking，NDN）、软件定义网络（Software Defined Networking，SDN）等）可以应用到边缘计算场景中。

（1）命名数据网络 NDN

以一个通用网络层（IP）为中心的沙漏型体系架构极大地促进了互联网的发展，其中一个原因就是这种细腰沙漏式的设计使得互联网中上层和下层协议可以独立进行创新而不互相影响，极大地方便了对网络的研究和开发。然而在 20 世纪 70 年代出现 TCP/IP 网络体系结构时，仅考虑到用它建议一个通信网络，因此它的封包是根据通信端点来命名的。

随着科技和网络的发展，人们开始进入"大数据"时代，对电子商务、社交网络、数字媒体、移动上网（如智能手机）的需求越来越大，主要的应用模式也从文本通信转变为信息存取和分发，互联网主要作为分布式网络来使用，这使得用于端到端通信的互联网架构很难适应这种变化，在传输效率、安全性、机动性等方面出现了许多问题。基于这种现状，NDN 提出将互联网架构的焦点从当前的"where"（位置）更改为"what"（内容），以命名内容（数据）而不是 IP 为中心来解决这些挑战。NDN 包中的名称可以命名任何东西——端点、电影或书籍中的数据块、打开某些灯光的命令等。这种概念上的简单改变允许 NDN 网络使用几乎所有已经经过测试的互联网工程特性来解决更广泛的问题，不仅包括端到端通信，还包括内容分发和控制问题。

NDN 架构有以下几点特性。

1）沙漏型体系架构：

如今互联网遵循的"沙漏型"体系架构是其设计成功的关键之一，而网络层是沙漏架构中的重中之重。TCP/IP 协议取得成功的原因之一正是其简洁的网络层，如图 5-14 中左图所示。细腰沙漏模型实现了全球网络互联的最小功能集合，为全球网络互联提出了最小要求，是互联网规模在过去几十年爆炸式增长的关键。它对上层和下层的技术创新没有添加限制：IP 上层协议向下汇聚至 IP 层，同时 IP 协议又不过分依赖于下层协议，IP 尽力保障传输，使得 IP 比较简洁灵活。

NDN 是个全新的架构，但在设计上也充分吸收了当前 IP 架构的优势并针对其局限性进行了改进。NDN 保留并发展了细腰沙漏模型，如图 5-14 右图所示，上层协议为应用而设计，下层协议为了适配物理层和通信协议。NDN 的网络层同 IP 相似，整体也呈"细腰"形态。这有效继承了 IP 架构中设计成功的部分，使得 NDN 协议具有普遍可覆盖性和很好的兼容性，网络上层和下层之间可以独立发展，因此根据具体使用场景和具体网络环境设计不同的上层应用。但在很多细节上与 TCP/IP 协议出现了差异，例如细腰部分不再是 IP 包而是内容块（Content Chunks），这样的设计使得 NDN 将内容和物理或网络地址分离，从根本上解决了当今 TCP/IP 网络中以主机为中心的通信模式和用户以内容为中心的网络需求之间的矛盾。同时，NDN 协议中添加了转发策略层与安全层；策略层主要负责路由和转发，安全层可以对数据进行加密，保障安全性与隐私性。

图 5-14　IP 网络与 NDN 网络体系模型

2）位置无关性：

上述已经说过，NDN 不再关心数据"从哪来""到哪去"，关注焦点从"where"改为"what"，这与如今用户的需求是一致的。NDN 依据内容名称寻址，数据请求方和提供方无需建立链接进行通信，使传输的数据内容与通信终端的位置脱离了关系。这样把处理移动性的难题从应用中剥离出来，应用本身只负责内容分发和获取，无需保存自己的网络层地址，从而降低了应用程序对网络编程的要求。

3）网络层嵌入缓存机制：

在网络研究中缓存技术应用广泛。在 TCP/IP 中，数据是端到端进行传输的，报文以 IP 地址进行命名，对存储内容无感知，路由器转发数据后不能重用缓存数据，因此网络节点的缓存布置变得复杂；路由和转发几乎是一体的，中间节点不能支持多路径传输，也降低了缓存的利用率。大多数缓存只能部署在应用层或系统层，比如终端设备上，应用范围有限。NDN 在此进行了创新，由于 NDN 不基于位置进行通信，中间节点支持多路径传输，因此 NDN 直接把缓存机制加入到架构中，采用网络层嵌入式缓存，路由节点可以将传输的数据内容缓存下来，这样后续从相同请求方或不同请求方再次请求相同内容时，就可以从节点缓存中进行数据获取，既缩短了时间，同时降低了网络消耗。

4）逐跳控制的端到端传输：

NDN 的通信机制中有两种包：兴趣包（Interest Packet）和数据包（Data Packet），两者根据名字进行匹配。传输不再需要建立一条端到端链路，摆脱了通信对硬件设备的依赖性。

5）路由和转发的松耦合：

NDN 的路由不再像 TCP/IP 中几乎是一体的，由于 NDN 支持多路径传输，转发策略可以根据网络状态或需求实时地选择传输路径。

6）安全必须建立在架构中：

在 TCP/IP 网络中，数据的安全性是事后添加的，在 TCP/IP 的设计中并没有对数据的安全性进行深入的考虑，这造成了诸多安全和隐私问题。如图 5-14 右图所示，NDN 通过在网络层之上的安全层为数据添加签名的方式，为数据的交付提供了安全可靠性。NDN 在安全层实现了数据的安全机制，同时上层应用可以建立细粒度更高、根据需求定制的安全认证授权等机制。同时，NDN 中内容同主机位置解耦，攻击发起者无法再针对特定 IP 发动攻击，NDN 可以利用网络架构本身来对抗流量攻击。

（2）软件定义网络 SDN

SDN 起源于 2006 年斯坦福大学的 Clean State 研究课题。2009 年，Mckeown 教授正式提出了 SDN 概念。

在现在的 TCP/IP 网络中，根据预定义的策略配置网络和重新配置网络以响应故障、负载与变化都很困难。更困难的是，目前的网络也是垂直集成的：控制平面和数据平面捆绑在一起。SDN 是一种新兴的范式，它引入网络编程能力，将网络的控制逻辑与底层路由器和交换机分离，打破了垂直集成，促进网络控制（逻辑上）的集中化。

SDN 的架构如图 5-15 所示，从上到下分为应用平面、控制平面和数据平面。

SDN 应用平面通过北向接口（NBI）与控制平面交互，直接以编程方式将其网络要求和所需的网络行为传达给 SDN 控制器。一个 SDN 应用可以包含多个 NBI 驱动（使用多种不同的北向 API）。SDN 应用可以对本身功能进行抽象、封装，通过相应的 NBI 代理对外提供一个或多个更高级别的 NBI。

SDN 控制平面中 SDN 控制器主要负责两项任务，一是将请求从 SDN 应用层向下转换到 SDN 数据路径，二是为 SDN 应用层提供底层网络的抽象视图（可能包括统计信息和事件）。一个 SDN 控制器由一个或多个 NBI 代理、SDN 控制逻辑和控制到数据平面接口驱动组成。

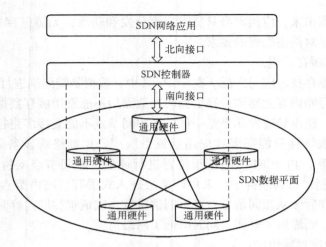

图 5-15 SDN 体系架构图

SDN 数据平面负责数据处理、转发和状态收集等。它由若干网元组成，每个网元可以包含一个或多个 SDN 数据路径。与传统网络数据平面不同的是，SDN 数据平面中包处理的所有模块，包括解析（Parser）、转发（Forwarding）和调度（Scheduling）都是可编程、协议无关的。

SDN 的优缺点如下。

1) 优点：
- 集中式网络设备管理，有助于网络服务自动化；
- 与传统网络相比，具有更高的灵活性、可扩展性和效率；
- 降低了网络维护难度，缩短了网络部署周期，从而降低了运营成本。

2) 缺点：
- 在数据灾难前十分脆弱；
- 高层级应用导致的低可靠性；
- 安全防范复杂。

3. 计算迁移

计算迁移最早起源于 Mahadev 提出的 Cyber Foraging 计算技术，其核心思想是将资源受限的移动终端的工作任务转移到附近更强大的机器上进行计算，从而减少终端上的计算量，提高性能。

在云计算中心中，计算迁移的方法是将计算密集型任务迁移到云计算中心进行计算并返回计算结果。而在边缘计算中，计算迁移更加复杂，需要一个良好的调度方案：迁移还是不迁移？全部迁移还是部分迁移？迁移到哪些节点或服务器上？在不同的任务中调度方案的设计也可能存在较大差异。

在移动边缘计算中，计算迁移主要包括迁移环境感知、任务划分、迁移决策、任务提交、MEC 服务器执行、结果返回六大步骤，如图 5-16 所示。其中任务划分、迁移决策最为关键。

4. 边缘计算编程模型

边缘计算的编程效率不如已广泛采用大量编程框架的云计算的编程效率。边缘计算中海

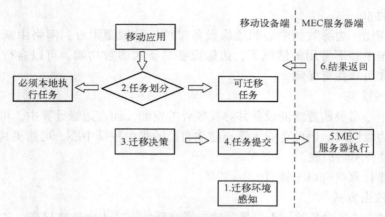

图 5-16　移动边缘计算中的计算迁移流程

量边缘设备种类繁杂，分别运行着不同的平台，传统的编程方式无法适应边缘环境下的应用需求，需要开发新型编程模型，如 Firework 模型。

Firework 模型特点如下：

- Firework 模型将来自多个利益相关方的数据融合为一个虚拟的共享数据集，该数据集是数据和数据所有者预定义功能的集合，并使用隐私保护功能来保护数据隐私，只向目标用户分享敏感知识，防止资料泄露。
- 将应用分解为子服务，用户可以直接订阅中间数据，并利用现有的子服务组合新的应用。
- 为服务提供商和终端用户提供一个易于使用的编程接口。

Firework 模型的抽象概述如图 5-17 所示，它由服务管理、作业管理和执行器管理组成。服务管理层执行服务发现和部署，作业管理层管理计算节点上运行的任务，执行器管理层管理计算资源。

图 5-17　Firework 抽象概述

5.2.3　边缘计算的优缺点

边缘计算作为一种新兴计算模式，已经被广泛应用在物联网中并成为研究热点，了解它的优缺点能帮助其更好地发展与应用。

边缘计算具有以下优点。

（1）低成本

相比于云计算而言，边缘计算通过将计算和服务下沉到边缘端来最大限度地减少带宽使用和服务器资源。每个家庭或办公场所都有可能配备打印机、智能音箱、智能电视等 IoT 设备，为了支持所有设备，必须将计算和服务移动到边缘端。

（2）低时延

将计算和服务移至边缘端的另一个好处是减少时延。当数据源与云计算中心进行通信时，由于负载的压力可能造成网络拥塞从而导致数据包排队的发生，可能会遇到相当大的延迟，而如果距离较近的两个人通过边缘计算进行通信，则时延可能会很小。

（3）可靠性高

与云计算相比，边缘数据中心和边缘设备都位于数据源附近，网络中断的可能性非常小。在边缘数据中心不可用的情况下，边缘设备具备大多数功能，可以自行处理用户的请求，对实时性和可靠性有保障。

（4）可扩展性高

扩展数据中心需要购置新的设备并寻找额外的空间。而在边缘计算中，可以轻松购置边缘设备来扩展边缘网络。因此企业无需再建立自己的集中数据中心，可购买具有足够计算能力的 IoT 设备进行网络扩展。

同时，边缘计算具有以下缺点。

（1）新的攻击方式

随着越来越多 IoT 设备的加入，恶意攻击者有新的方式入侵这些设备。边缘计算客户端越智能，越容易受到恶意软件感染和安全漏洞攻击。同时，网络的高度动态变化性也会使网络安全性面临巨大挑战。

（2）更多本地硬件

原始数码设备需要加入复杂的硬件才能实现智能化。边缘计算的成功应用与否在某种程度上取决于硬件，安装高质量的边缘硬件设备十分重要，需要考虑硬件的尺寸、材质、处理能力、多核任务能力等多方面因素。

（3）异构互操作性

边缘设备之间的互操作性是边缘计算能够大规模落地的关键。运行在不同平台、具有不同数据存储方式的海量边缘设备之间需要制定相关的协议、标准来保证异构边缘设备和系统之间的互操作性。

（4）算法难以更新

小型边缘设备（如一块 ARM）的速度和存储十分有限，一些图像识别、语音处理等 AI 算法难以更新，因此需要和云端进行协同处理。

5.2.4 边缘计算的智能设备

常见的边缘计算的智能设备如下。

1. 树莓派

树莓派（Raspberry Pi）是基于 Linux 的单片机计算机，由英国树莓派基金会开发，目的是以低价硬件以及自由软件来促进学校的基础计算机科学教育，现如今是用于边缘计算的非常常见的智能设备。

树莓派每一代均使用博通（Broadcom）生产的 ARM 架构处理器，如今生产的机型内存在 2 GB 和 8 GB 之间，主要使用 SD 卡或者 TF 卡作为存储媒体，匹配 USB 接口、HDMI 的视频输出和 RCA 端子输出，内置 Ethernet/WLAN/Bluetooth 网络连接的方式。Raspberry Pi OS 是所有型号树莓派的官方操作系统，树莓派基金会网站也提供了 Ubuntu MATE、Ubuntu Core、Ubuntu Server、OSMC 等第三方系统供大众下载。

2. 英伟达

英伟达公司（NVIDIA）除了开发了很多图形处理器可以直接用于边缘计算优化外，也提供边缘计算中心——NVIDIA Tegra，中国大陆官方中文名称："图睿"，是由 NVIDIA 开发的系统单片机系列产品，2008 年 6 月 1 日正式发布，替代之前的 GoForce 系列，主要用于手持式设备。Tegra 可搭配 NVIDIA 专为智能手机及平板电脑开发的 NVIDIA Icera 系列芯片组。Tegra 的主要竞争对手是高通和德州仪器的对应产品。

每个 Tegra 内置 ARM 架构的处理器核心、基于 GeForce 的图形处理器、音效处理器、北桥芯片、南桥芯片和存储器控制器，置入一个单一的软件包。由于并非是 x86 指令集，所以不能运行 Windows 操作系统，但 ARM 架构的耗电率则较低，可选择运行 Windows Mobile 操作系统，或者 Android 操作系统。NVIDIA 原本将此芯片定位用于移动联网设备或者智能手机，但现在也试点用在自动驾驶汽车和游戏机上。

在第一代 Tegra 产品发布的时候，由于经验不足，NVIDIA 只能够专注于一种操作系统。所以，NVIDIA 选择与微软合作。例如 Zune HD 就利用了 Tegra 芯片。之后，NVIDIA 不再专注于一种平台。第二代的 Tegra 已经可以支持 Android。一般认为 Google 可以借助 NVIDIA Tegra 芯片的性能来提高 Android 产品的质量，使之可与苹果公司的产品相竞争。浏览器方面，NVIDIA 与 Opera 合作，加快网页的加载速度，更可以提供动画效果。

3. 华为

华为公司也生产了很多用于边缘计算领域的智能设备，例如 AR502H 系列的边缘计算物联网关，它具备强大的边缘计算能力，开放软硬件资源，提供 SDK 实现计算、存储、网络资源灵活调用，支持容器管理，App 可以随需部署，并可以广泛应用于各种物联网场景，如智慧用能、物联杆站、智能配电房、智慧水利等领域。

同时华为生产的边缘计算 IoT 设备，也提供了丰富的物联网接口，它们可以扩展 IP 化 PLC 通信，积木式地按需进行组合。图 5-18 为 AR502H 设备。

图 5-18　华为 AR502H 设备

4. 百度

2019 年 1 月 9 日，在百度世界大会美国场发布会上，百度智能云发布了中国的首款智能边缘计算产品 BIE（Baidu Intelligent Edge）和智能边缘计算开源版本 OpenEdge，同时百度与英特尔和恩智浦分别联手设计了用于边缘计算的智能硬件产品 BIE-AI-BOX 和 BIE-AI-Board。

据了解，通过智能边缘计算产品 BIE，可以让边缘端设备拥有一定的自决策能力，从而提高作业执行效率，降低成本。目前，百度智能云端云一体化的解决方案已经应用于环境保护、钢铁质检、煤矿探放水、智慧农业等领域。

在环保领域，百度智能云与英特尔联手发布的硬件产品 BIE-AI-BOX，通过其提供的车载视觉能力，正在帮助解决城市环境中比较令人困扰的渣土清理问题。将 BIE-AI-BOX 装在运输车上，可以实时识别渣土掉落情况。一旦发现有渣土掉落，BIE-AI-BOX 能够及时快速地提醒司机处理，同时将相关信息上报给环卫部门，有效控制渣土污染。事实上，除了环保领域，BIE-AI-BOX 更可将车载视觉能力广泛应用于其他领域，如各种类型车的车外路面识别、车外特种设备监控、车内驾驶员行为识别、车内境监控等。图 5-19 为 BIE-AI-BOX产品。

图 5-19　BIE-AI-BOX 产品

在农业领域，百度智能云和恩智浦（NXP）联手发布的硬件产品 BIE-AI-Board，通过麦飞科技的实际应用，可大幅提升病虫害防护治理效率。麦飞科技已经在 2018 年开始使用百度智能云边缘计算架构，实现了麦视监测机上的机上处理算法，不用经过云端处理，直接在监测机飞行业务中实时生成病虫害监测图，该方案保证了本地化消息"零延时"。例如，通过"精准用药"，辽宁盘锦一位农户的农药使用量降低 50%，降低成本的同时也保证了其农产品安全，这是"边缘计算"带给普通人的真实改变。当然，除了农业领域，BIE-AI-Board 这款硬件还将广泛应用于农林、电力、能源等不同行业的各类移动检测类场景。将该硬件安装在无人机、巡检机器人或者各类手持巡检设备上，可大大提升检测效率。

5.2.5　边缘计算的业界案例

边缘计算已经被广泛部署和应用，下面介绍两个边缘计算的业界案例。

1. Cloudlet

Cloudlet 于 2009 年由卡内基梅隆大学教授 Satyanarayanan 提出，到现在一直在不断发展，成为学术界相对成熟的边缘计算系统之一。Cloudlet 在云和边缘设备之间增加了"Cloudlet"层，如图 5-20 所示。Cloudlet 层位于边缘设备附近，是一个资源丰富的微型数据中心，可以像云一样为局域网用户提供计算服务，因此又被称为"小朵云"或"盒子汇总的数据中心"（Data Center in a Box）。

Cloudlet 有三大特性：

1）软状态：一旦安装 Cloudlet，它就进行自我管理，它不会时刻维护与客户端交互的状态信息。

2）资源丰富：它是资源丰富的计算机集群，与互联网连接良好，可以满足多个用户的需求。通常小云电源充足且通过有线的方式接入互联网以保证稳定性。

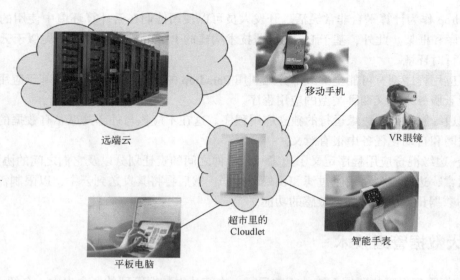

图 5-20　云-Cloudlet-移动设备三层架构

3）靠近用户。物联网设备与 Cloudlet 通信的时延很短。

需要注意的是，Cloudlet 层可以在个人计算机、小成本服务器上实现，既可以是单机，也可以是多设备集群。

2. ParaDrop

ParaDrop 是由威斯康星大学麦迪逊分校开发的开源边缘计算平台，架构如图 5-21 所示。

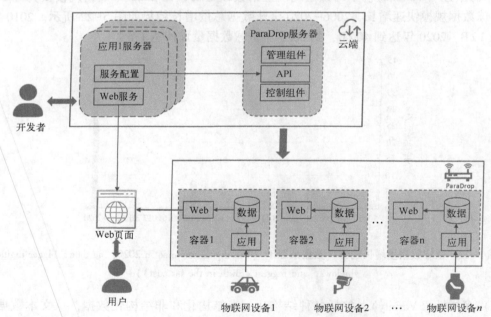

图 5-21　ParaDrop 架构

ParaDrop 在网络的"极端边缘"处启用边缘计算，如 WiFi 路由器上，它们距离数据源仅有一跳。

Paradrop 作为计算平台非常灵活。开发人员可以使用他们在云计算环境中使用的任何编程语言、库和框架。此外，基于 Linux 容器技术构建的 Paradrop 提供了一个类似于云服务提供商的运行时环境。

许多应用程序都有可能全部或部分地利用 Paradrop 的上边缘计算，可以基于应用程序是否依赖于云服务来定义两种类型的应用程序。

- 纯边缘服务是在边缘运行的独立应用程序。这在不应该与外部共享私有数据的家庭物联网和自动化任务中很有意义。
- 云-边缘混合应用程序定义了边缘和云组件之间的责任划分以及它们之间的协调方式。通常，边缘组件将用于过滤和预处理数据，然后再将其发送到云中，以限制需要传输的数据量或删除对隐私敏感的功能。

5.3 大数据管理技术

大数据管理保障物联网系统的正常运行。本节从大数据管理的概念出发，介绍了大数据系统相关知识，接着讨论大数据管理的制程技术和面临的挑战。

5.3.1 大数据管理概念

数据不仅来源于人们的主动获取，更来源于信息系统的自然产生。IBM 提出了大数据的"5 V"特征。

1）海量性（Volume）。全球数据规模呈指数级增长，在 2000 年数据规模仅为 800 TB，随后全球数据规模快速增长，2006−2020 全球数据总量增长趋势如图 5−22 所示。2010 年刚刚突破 1 ZB，2020 年达到 40 ZB，到 2025 年全球数据量预计达 175 ZB。

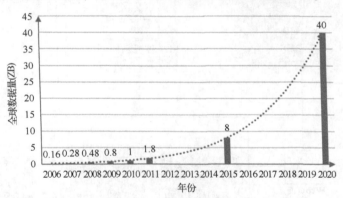

图 5−22　全球数据量增长趋势（数据来源于《The digital universe in 2020：big data，bigger digital shadows，and biggest growth in the far east》）

2）多样性（Variety）。包括各种结构化、半结构化和非结构化数据，从文本数据为主发展到以视频、图片等非结构化数据为主。

3）时效性（Velocity）。海量数据需要在一定时间内进行处理，超过这个时间数据可能会失去作用，例如搜索引擎要求刚刚发布的新闻就要被用户检索到，人脸识别系统要求在极短的时间内完成识别。

4）真实性（Veracity）。要保证数据的准确性和可依赖度，数据中存在着大量伪数据、无效数据、过时数据，使用这些数据进行挖掘对现实事件进行解释和预测会对准确性造成不良影响。

5）潜在价值（Value）。数据价值密度低，分析挖掘数据将带来巨大的技术价值、商业价值、行业价值和社会价值。

由于大数据的以上特性，庞大的数据需要良好的管理体系来帮助其实现价值，如公司、政府机构及其他组织可以采用大数据管理策略来帮助他们处理大型、多样化、快速变化的数据集，并从各种来源的数据集中找到有价值的信息。

简单来说，大数据管理是对大量结构化和非结构化数据的组织、管理和治理。大数据管理与数据生命周期管理（Data Life Cycle Management，DLM）的思想密切相关，DLM 是一种基于策略的方法，用于管理数据在生命周期中的流动：从创建到存储，再到它过时被安全删除，如图 5-23 所示。

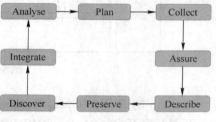

图 5-23　数据生命周期管理

5.3.2　大数据管理系统

在大数据时代，不断增长的数据量、快速处理数据（数据速度）的需求以及数据类型、结构和来源的多样性给我们带来了全新的挑战，传统的数据管理系统已经捉襟见肘。高效数据存储和处理的需求促使多种新的大数据系统被开发出来，这些系统通常被分为三个阵营（如图 5-24 所示）：

1）Hadoop 相关系统（涵盖高级语言和结构化查询语言（SQL））已成为多数大数据应用的实际解决方案。

2）数据库管理系统（DBMSs）和 NoSQL 数据库在线上事务及分析中被广泛使用。

3）在大数据领域，人们对于图数据、流数据和复杂科学数据的特殊处理需要产生了对专用系统的需求。

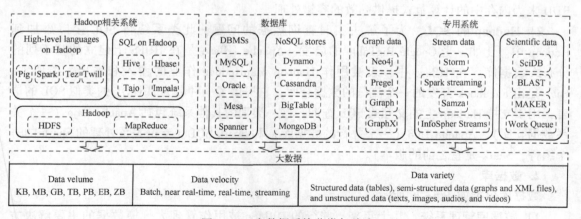

图 5-24　大数据系统分类与总述

1. Hadoop 相关系统

Hadoop2.0 生态环境如图 5-25 所示。

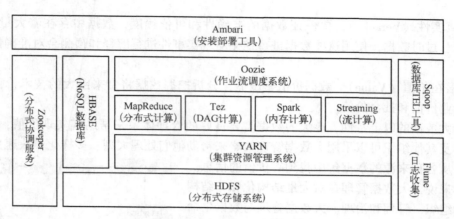

图 5-25　Hadoop2.0 生态环境

Hadoop 的 HDFS 和 MapReduce。受 Google 文件系统（GFS）和 Google MapReduce 的启发，开源社区开发了 Hadoop HDFS 和 MapReduce。随着以 Hadoop 为中心的系统在工业界取得了巨大的成功，在 Hadoop 上开发的各种各样的系统出现了，本书将讨论其中两类主要的系统——高级语言和 SQL。

1）Hadoop 的高级语言。此类系统开发有两个目标。第一个目标是简化 Hadoop MapReduce 作业的开发并自动优化它们的执行，从而使开发人员能够专注于编程逻辑。例如，来自 yahoo！的 Pig 提供一种称为 Pig Latin 的文本语言，用于描述诸如连接、排序、过滤和用户自定义操作等数据操作符。通过使用 Pig Latin，复杂的任务可以转换为一个或多个可在 Apache Pig 上执行的 MapReduce 任务。Apache Tez 和 Twill 的开发都有类似目的。

第二个目标是为了满足不断增长的实时数据提取的需求。传统上，Hadoop MapReduce 提供的批处理通常需要几分钟或几个小时才能完成。因此，在 Hadoop 中添加高级语言的目的是支持实时数据处理。例如，加州大学伯克利分校的 AMPLab 建议 Spark 通过内存计算来加速 Hadoop 的数据处理。Spark 为不同的应用提供了一个简单易用的编程接口，同时使用 RDD 来为内存中的计算范式提供高效的容错处理。

2）Hadoop 的 SQL。为了解决实时查询数据的问题，此类系统将 SQL 接口添加到 Hadoop 中。比如，受 Google BigTable 的启发，Apache HBase 是在 HDFS 上建立的基于列的分布式数据库。在 HBase 中，表被用作 Hadoop MapReduce 作业的输入和输出。类似地，Hive 是由 Facebook 开发的一个流行的数据仓库，它提供了一种名为 HiveQL 的类似 SQL 的语言，用于支持 Hadoop 上的交互式 SQL 查询。这一类别的其他系统包括 Apache Tajo（一个关系数据仓库）、Apache Tajo（一个并行的数据库）和 Spark SQL（支持关系处理的 Spark 的一个组件，Shark 是它之前的版本）。

2. 数据库

数据库分类如图 5-26 所示。

1）数据库管理系统。几十年来，并行的 DBMSs 被用作管理大规模数据的主要解决方案。除了传统的关系型 DBMSs（如 MySQL 和 Oracle），在遵循原子性、一致性、隔离性、持久性属性的基础上（ACID），最近人们还提出了处理大数据的新型数据库。这些数据库（如 Megastore、Mesa 和 Spanner）旨在提供数据库的高可伸缩性，同时为用户提供方便的基

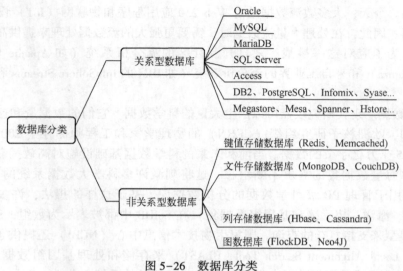

图 5-26　数据库分类

于 SQL 的查询语言。此外，NewSQL 数据库（例如 HStore）是另一种为高吞吐量的在线 OLTP 而设计的关系型数据库，但它仍然保持 ACID 属性。

2）NoSQL 数据库。然而，许多大数据应用并不需要严格的 ACID 约束，比起一致性和可靠性，它们更注重低延迟、高吞吐量这样的性能。在遵循了基本的可用性、软状态、最终基本的一致性后，种类繁多的 NoSQL 数据存储遵守如下要求：基本可用性、软状态（软状态是指允许系统存在中间状态，而该中间状态不会影响系统整体可用性）、最终一致性。对于大数据的处理，三种常用的 NoSQL 数据库分别为 Key/Value 数据库（如 Amazon Dynamo、Cassandra 和 Linkedin Voldemort）、基于列的数据库（如 BigTable 和 Hypertable）和基于文档存储的数据库（如 CouchDB 和 MongoDB）。

3. 专用系统

在学术界、工业界和管理界中越来越多地使用图数据、流数据和科学数据，这促使了许多专用系统的产生。与通用的大数据系统相比，这些专用系统的设计是为了在执行复杂查询或分析特定数据类型时提供更好的性能。根据系统所支持的数据类型，本书介绍三个主流的专用系统。

1）图数据。

随着数据和网络科学的快速发展，越来越多的信息被连接起来形成了个大图。在一个互联的世界里，图自然地模拟出复杂的数据结构，如社交网络、蛋白质相互作用网络和自然网络。图数据被广泛应用于许多领域，如在线零售、社交应用和生物信息学。为了解决图数据日益增长的规模和复杂性所带来的挑战，两类图系统被人们开发出来：（1）图数据库，如 Neo4j；（2）分布式图处理系统，如 Google Pregel 要求程序员根据顶点的操作和交互来编写函数，Giraph 和 Graphx 分别是 Pregel 在 Hadoop 和 Spark 中开源的实现，HaLoop 是 Hadoop 中 MapReduce 的改进版本，它用于迭代图的数据分析。

2）流数据。流式数据处理的巨大的潜在价值与大数据的流处理系统的出现息息相关。在这些系统中，数据不断地到达，并且在短时间内被处理。传统的流数据主要来自传感器网络和金融交易。今天，大多数流数据是由 Web 2.0 应用程序和物联网（IoT）设备生成的文本和媒体数据。因此，在处理大量流数据时，需要更强大的流数据处理来提供高可用性和快速恢复能力。为了应对这一挑战，来自开源社区的流分析系统（如 Apache Storm、Spark Streaming 和 Samza）和来自工业界的流分析系统（如 IBM 的 InfoSphere Streams 和 TIBCO）已经被提出。

3）**科学数据**。现代研究仪器可以产生大量的科学数据，它们的数据量和速度都呈指数级增长。例如，欧洲核子研究组织（CERN）的物理学家和工程师储存了 200 PB 的数据，每年产生约 15 千万亿字节的数据。当前和未来的科学数据基础设施对高效捕获、存储、分析和整合这些海量数据集的需求不断增长，这将刺激许多科学大数据系统的发展，例如，SciDB 是一个用于管理 PB 级科学数据的分析数据库。基于这样的想法，许多科学数据集（如卫星图像、海洋、望远镜和基因组数据集）在 SciDB 中都被表示为数组，SciDB 采用多维数组数据模型来支持复杂的查询。国家生物技术信息中心（NCBI）还提供了一个系统列表（如 Basic Local Alignment Search Tool，BLAST）来存储和处理基因组数据。MAKER 和 Work Queue 是为促进基因组数据大规模并行处理而开发的系统。此外，R 是一个普适的环境，为科学应用程序提供统计分析技术，也为一些最近的系统（如 SparkR）提供了一个可以支持大数据的分布式的 R 的实现。

5.3.3 大数据管理挑战

大数据管理面临的挑战主要有以下几个方面。

1）**数据孤岛**：大数据时代，政企信息化建设突飞猛进，管理智能精细划分。在大多数组织中，不同的业务部门将信息存储在各自的数据库中，同时不同数据库中可能存在相似但不完全相同的信息，形成了"数据孤岛"的现象。数据孤岛现象在企业内部十分常见，对企业内部信息的安全流通造成了巨大的阻碍和危害。

2）**不断增长的数据存储**：数据量较小的时候，修复破损记录非常容易，但是对于一家拥有数百万客户的大型企业来说，则大大加大了复杂性。

3）**数据和体系结构的复杂性**：企业通常同时具有结构化数据（驻留在数据库中的数据）和非结构化数据（包含在文本文档、图像、视频、声音文件、演示文稿等中的数据），并且数据可能以各种不同的格式存储。数据的异构性增大了数据管理的难度。

4）**确保数据质量**：数据质量还受另一大问题——人为错误的影响。当数据驱动的组织使用人工输入的信息作为主要业务决策的基础时，简单的错字可能会带来灾难性的后果。

5）**数据专家短缺**：随着我国大数据发展不断深入，训练有素的数据专业人员缺乏，能够传递价值的数据专家有限。

6）**数据安全性和完整性**：大量通信链路及互联节点存在，黑客可能利用任何漏洞对数据管理系统及数据本身进行攻击。

7）**大数据处理成本**：从数据采集阶段开始，大数据管理就需要大量费用。尽管现在有很多新的计算范式、学习范式出现，如边缘计算、联邦学习等，企业仍需花费较多金钱购买硬件、人员、管理员等。

5.4 云边端协同技术的起源与发展

云边协同能够使云计算和边缘计算两者互补，逐渐成为主流计算模式。本节从云边协同概念出发，介绍云边协同产业实践与面临的挑战。

5.4.1 云边协同概念

如5.1和5.2节所述，云计算是一种能够处理大量复杂数据的技术，它有助于分析大规模数据，而不必在本地维护计算硬件、数据存储和相关软件等。但在带来好处的同时，还有许多挑战需要考虑，例如它的网络依赖性和隐私问题。此外，云平台与数据源距离较远，响应速度慢的情况也时有发生，可能会给延迟敏感应用带来很大的问题。而边缘计算，作为云计算系统的一种方式被引入。因为边缘靠近物联网设备，所以可以降低网络数据处理的延迟并减少数据源和存储中心之间所需的带宽。然而，边缘平台的处理性能通常不如云平台，资源受限且没有足够的内存和处理器来处理大量数据，因此无法执行一些诸如深度学习之类的复杂操作。在这种情况下，边缘计算与云计算需要通过紧密协同合作才能更好地满足各种需求场景的匹配，从而放大边缘计算和云计算的应用价值。

中国工业互联网产业联盟 AII 在其 2017 年发布的《工业互联网平台白皮书（2017）》中关于工业互联网平台功能架构图的描述中，已经初步呈现了云边协同的理念，如图 5-27 所示。

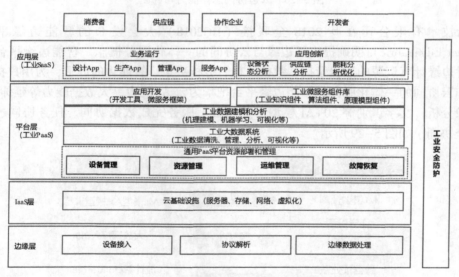

图 5-27　AII 工业互联网平台功能架构图

白皮书指出"第一层是边缘，通过大范围、深层次的数据采集，以及异构数据的协议转换与边缘处理，构建工业互联网平台的数据基础。一是通过各类通信手段接入不同设备、系统和产品，采集海量数据；二是依托协议转换技术实现多源异构数据的归一化和边缘集成；三是利用边缘计算设备实现底层数据的汇聚处理，并实现数据向云端平台的集成。"

如图 5-28 所示，2020 年发布的《边缘计算与云计算协同白皮书 2.0》中指出，"云边协同的能力与内涵，涉及 IaaS、PaaS、SaaS 各层面的全面协同。ES-IaaS 与云端 IaaS 应可实现对网络、虚拟化资源、安全等的资源协同；EC-PaaS 与云端 PaaS 应可实现数据协同、智能协同、应用管理协同、业务管理协同；EC-PaaS 与云端 SaaS 应可实现服务协同。"

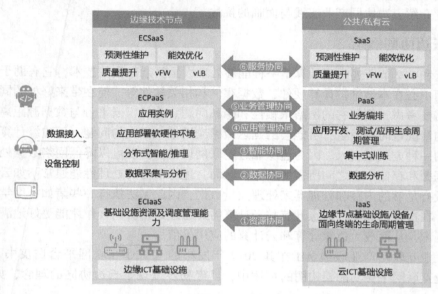

图 5-28　云边协同总体能力与内涵

华为技术有限公司在其 2018 全联接（HC2018）大会发布的智能边缘平台 IEF（Intelligent EdgeFabric）明确提出了边缘与云协同的一体化服务概念。智能边缘平台 IEF 满足客户对边缘计算资源的远程管控、数据处理、分析决策、智能化的诉求，为用户提供完整的边缘和云协同的一体化服务。智能边缘平台把华为云 AI 能力、大数据能力等延伸到边缘，提供图像分析、文字识别等 20+AI 模型，并与云上服务完成数据协同、任务协同、管理协同、安全协同，如图 5-29 所示。

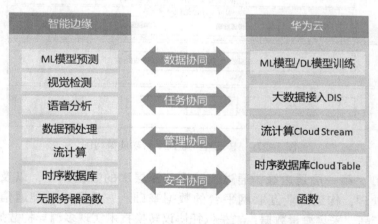

图 5-29　华为边缘与云协同的一体化服务

IEF 能够方便地构建云边协同模型，如图 5-30 所示。云端训练好的模型打包给 IEF，通过 IEF 部署到边缘设备运行，同时将边缘设备的数据通过 DIS 回传给云端进行模型更新，形成闭环。

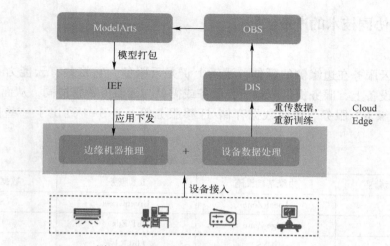

图 5-30　使用 IEF 构建云边协同模型

西门子 2018 年发布了 Industrial Edge 的概念，通过云端部署 Industrial Edge Management，实现边缘计算与云计算的协同，如图 5-31 所示。

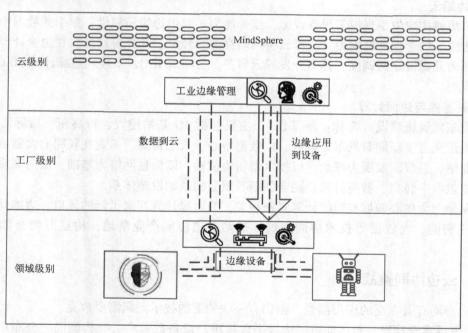

图 5-31　西门子 Industrial Edge

西门子 Industrial Edge 包括边缘管理系统、边缘设备以及边缘应用程序。用户可以从边缘管理系统（例如 MindSphere）的应用商店中将应用下载到边缘设备上；边缘设备配备边缘运行软件，该软件系统一方面向上负责和边缘管理系统的网络连接，另一方面向下负责终端设备及数据采集的自动化联网，同时保障用户安全；用户可以使用西门子或第三方平台的应用服务，也可以根据需求自己进行开发。

5.4.2　云边协同技术的产业实践

1. 云边缘

云边缘：云服务在边缘侧的延伸，逻辑上仍是云服务，它将共有云能力下沉到边缘数据中心及边缘设备上，服务提供依赖于云服务或需要与云服务紧密协同，从而实现边缘基础设施服务、边缘 IoT 服务、边缘数据存储/迁移服务等，表 5-1 列出了一些目前的云边缘服务。

表 5-1　云边缘服务

互联网越过运营商	边缘基础设施	IoT 服务	数据存储/迁移
AWS	Local Zone	GreenGrass	SnowBall
Azure	Edge Zone	IoT Edge	Data Box
Ali Cloud	ENS	LinkEdge	
Tencent Cloud	ECM	IECP	
Huawei Cloud	IEC	IEF	

2. 边缘云

在边缘侧构建中小规模云服务设施，服务能力主要由边缘云提供，集中式数据中心侧主要提供边缘云的管理调度能力。边缘云将网络存储、转发、计算等任务放在边缘处理，以减轻云端压力并提供全网调度、算力分发等云服务。分布式 IDC、多接入边缘计算 MEC、CDN 等属于此类。

3. 新基建与边缘计算

新型基础设施建设（简称：新基建），主要包括 5G 基站建设、特高压、城际高速铁路和城市轨道交通、新能源汽车充电桩、大数据中心、人工智能、工业互联网七大领域，涉及诸多产业链，是以新发展为理念，以技术创新为驱动，以信息网络为基础，面向高质量发展需要，提供数字转型、智能升级、融合创新等服务的基础设施体系。

新基建七大核心领域与边缘计算紧密相关，为边缘计算迎来了新的风口。边缘计算将与 5G、人工智能、大数据等技术协同发展，推动云边协同产业落地，构建万物智能互联的时代。

5.4.3　云边协同挑战

云边协同有着广泛的应用前景，但仍有一些关键的技术问题需要攻克。

1）资源难于管理。整体而言，边缘平台与用户设备数量广、异构型高、分布广泛，而云-边-端三者协同形成混合计算平台，跨度广，实时性要求高，云端对三者资源的管理（如边缘侧设备的接入、计算及网络资源的调配等）具有极大挑战。

2）任务卸载复杂。对于不断涌现、不断变化的新型应用，不是所有的计算任务都可以被完整地卸载到边缘服务器上进行。哪部分任务在云端计算？哪部分在边缘服务器计算？哪些在边缘设备上计算？为了充分发挥整个云边平台的计算力，提高计算效率和计算水平，任务的卸载调度需要进行细粒度的切割与划分，这也为云边协同应用的实现增加了挑战。

3）数据共享不易。云端与边缘端共享难度大。云端距离边缘端往往较远，带宽的限制影响了时延，实时性的数据共享很难实现；边缘与边缘之间共享难度大。边缘节点分布不均，且边缘设备平台广泛异构，不同边缘节点的存储能力、计算能力均有所差距，增大了数据共享的难度；边缘与设备之间共享难度大。往往一个边缘节点连接若干个异构设备，这些设备又有较高的移动性，连接持续性不能得到保障，数据共享可能过时、缺失。

4）开发调试不便。云平台技术发展已较为成熟，开发者可依照完备的技术文档进行工作，而云边协同环境中，边缘设备平台海量异构，无法用传统的编程语言去实现应用，需要进一步探索。

5.5 云边协同数据处理技术

随着计算模式的变更，数据处理技术也在不断发展，适应用户的需求。本节介绍云边协同数据处理技术的驱动因素与业界案例，数据处理模式是本节的重点。

5.5.1 驱动因素

传统云计算无法满足数据源用户的需求，边缘计算应运而生，并发展到今天的云边协同阶段，与此同时，数据处理应用也随之改变，逐步适应着用户需求的变化。这一现象背后有很多因素驱动着。如图 5-32 所示，本节介绍最重要的三个因素：数据来源、数据处理模式、网络通信技术。

图 5-32　数据处理应用驱动因素

1. 数据来源

大数据来源大致可分为两类：一类来源于人类社会活动，另一类来源于物理实体世界的科学数据，简单来说，即人和物。

人。在过去的二十年间，计算机技术迅猛发展，从最简单的邮件系统，逐步向搜索、社交、游戏、购物、新闻、自媒体等应用方向发展，推动着互联网用户产生越来越多的数据。对个人来说，社交关系、个人喜好、作息规律、常住地址、旅游轨迹等等数据都成为大数据的一部分。Facebook 挖掘 22 亿用户的数据并将其商业化，建立起 5000 亿美元的产业；腾讯以用户的社交行为数据为基础，形成近 4000 亿美元的市值。不断扩大的用户群体支撑着数据的快速增长，但随着科技普及，用户量发展陷入瓶颈，由人产生的数据增长逐渐减缓。

物。随着信息技术的不断发展，物联网在人们的日常生活中发挥着越来越重要的作用。网络中的设备数量及数据量呈指数级增长，逐渐进入万物互联的时代。2017 年，在美国家庭的各种互联设备中，除去智能手机和平板电脑外，最受欢迎的物联网设备是流媒体设备（32%）、家庭自动化设备（27%）和智能音箱（24%）等电子产品，这些产品产生了大量的图像数据、文字数据、音频数据等复杂数据，包含了更多样化、更有价值的信息。根据 IDC 预测估计，到 2025 年，将有 416 亿台物联网设备，并将产生 79.4 ZB 的数据。

可以看出，物联网数据来源逐渐由人向"物"转变，由数据中心逐渐转向网络边缘。由各种电子设备产生的海量数据若按照云计算范式上传到集中式服务器上，计算完成后，将计算结果发回传感器和设备，网络将面临重大压力，网络性能受到重大挑战，响应时间也难以得到保证。因此急需边缘平台发挥优势缓解云端压力，形成云-边-端协同平台，进行更好的数据分析及挖掘。

2. 数据处理模式

1）批处理。在批处理模型下，随着时间的推移收集一组数据，然后将其输入到分析系统中。也就是说，当收集完一批信息后，再将其发送进行处理，如图 5-33 所示。当处理大量数据时，或当数据源是无法在流中传递数据的旧式系统时，最常使用批处理。

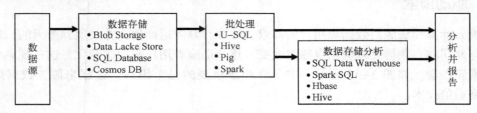

图 5-33　批处理

批处理的一些用例如下：

- 系统垃圾清除；
- 数据仓库；
- 日志分析。

2）流处理。在流处理模型下，数据被逐个发送到分析工具中，如图 5-34 所示。该处理通常是实时进行的，如果要实时获得分析结果，流处理是关键。

目前，在数据驱动的物联网智能应用中，越来越多的场景需要高效流处理来实现实时智能可靠的运算，而边缘端距离数据源近，具有天然优势，流处理更快速可靠。

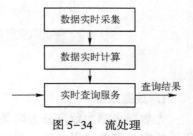

图 5-34　流处理

流处理的一些用例如下：

- 欺诈识别。
- 社交媒体情绪分析。
- 日志监控。
- 客户行为分析。

表 5-2 总结了批处理和流处理的区别。

表 5-2 批处理和流处理对比

批 处 理	流 处 理
随着时间的推移收集数据	数据流连续不断
收集一批数据后，再将其发送进行处理	数据是实时逐段处理的
批处理时间很长，用于处理大量时间不敏感的信息	流处理速度很快，可以立即获取所需信息

3）批流融合处理。随着大数据的逐步发展，单纯的批处理与单纯的流处理框架，都不能完全满足企业的当下需求，需要两者结合起来，使用批处理+流处理的融合处理模式，批流融合处理的特点见表 5-3。在这种情况下，云边协同环境可以为其提供底层支持。

表 5-3 批流融合处理特点

	批处理+流处理	批流融合处理
用户	流批 2 套 API	流批 1 套 API
运行	流批 2 选 1	流批自动切换
运维	多引擎	单引擎

批流融合处理主要有两种技术方案，一种是跨引擎的批流融合处理，例如早前 Storm 和 Spark 的协作使用，批处理交给 Spark 执行，流处理交给 Storm 执行；另一种是引擎本身融合了批流处理，如 Spark、Spark Streaming 和 Flink 等。Flink 作为第三代实时计算引擎因为其独特优势被广泛使用，其批流融合处理架构如图 5-35 所示。

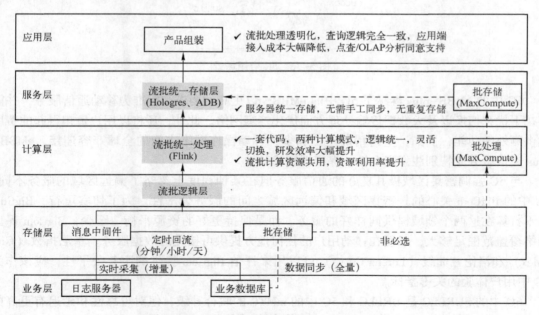

图 5-35 批流融合处理架构（Kappa+Lambda）

批流融合处理模式下，批流任务的业务口径达成一致，不存在数据质量问题，产品搭建效率大大提升。其次，多个计算处理模式只需要一套代码，迭代效率提升，变更成本下降。

3. 网络通信技术

5G 的出现赋能很多应用向智能化转变，同时这些应用可以将计算任务卸载到云边平台上进行更有效快速的数据分析挖掘。5G 拥有更高的传输速度，同一批次可以传输更多数据和操作任务到云边平台，同时 5G 的时延很低，为云边计算的实时性提供了保障，可以完成高度时延敏感的任务，如远程医疗等。

在 5G 网络投入商用的同时，6G 的规划已经开始，旨在满足未来的通信服务需求。目前 6G 的研究尚处于早期阶段，基本架构和性能组件仍未明确，一些研究人员为 6G 提供了愿景。一种说法指出 6G 应该以人为中心，而不是以机器或应用为中心，并主要支持 5 种应用场景：增强移动宽带 Plus（eMBBPlus）、大通信（BigCom）、安全超可靠低延迟通信（SURLLC）、三维集成通信（3D-InteCom）和非常规数据通信（UCDC），如图 5-36 所示。

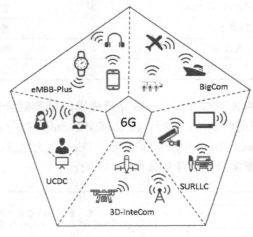

图 5-36　6G 应用场景

6G 中的 eMBB-plus 继承了 5G 中的 eMBB，以更高的要求和标准为移动通信服务，并能够在干扰和切换以及大数据传输处理方面优化蜂窝网络。此外，还将以用户负担得起的费用提供额外的功能，例如，室内精确定位和多种移动操作网络之间的全球兼容连接。eMBB-Plus 通信服务应特别注意安全性、保密性和隐私性。

与 5G 强调密集区域极其良好的通信服务但在某种程度上忽略了偏远区域的服务不同，6G 中的 BigCom 关心的是密集区域和偏远区域之间的服务公平性。为了切实可行，BigCom 并不打算在这两个领域提供同样好的服务，而是保持更好的资源平衡。至少，BigCom 保证网络覆盖范围足够大，以便在移动用户的任何地方提供可接受的数据服务。基尼指数（Gini index）和洛伦兹曲线（Lorenz Curve）可以用来评估 BigCom 提供的服务公平性，应该作为 6G 中用户体验的关键指标。

6G 中的 SURLLC 是 URLLC 和 5G 中的 mMTC 的联合升级，但对可靠性和延迟有更高的要求，并且对安全性有额外的要求。SURLLC 主要服务于工业和军事通信，例如 6G 时代的各种机器人、高精度机床和传送系统。此外，SURLLC 也可为 6G 中的车辆通信提供便利。

6G 中的 3D-InteCom 强调将网络分析、规划和优化从二维提升到三维，其中必须考虑通信节点的高度。卫星、无人机和水下通信都是这种三维场景的例子，得益于三维分析、规划和优化。因此，基于随机几何和图论为二维无线通信构建的分析框架需要在 6G 时代进行更新。

UCDC 可能是 6G 通信中最开放的应用场景。这个应用场景覆盖了那些新颖的通信原型和范例，这些原型和范例不能归入其他四个应用场景。目前，UCDC 的定义和体现仍需进一步的探索，但它至少应该涵盖全息、触觉以及人与人之间的通信。

5.5.2 业界案例

云边协同技术引起了市场的热潮，很多机构和巨头公司开始研究边缘协同解决方案，下面介绍两个案例。

1. IEF 与 Kuiper 边云协同流数据处理集成方案设计

EMQ X Kuiper 是由杭州映云科技有限公司开发，用 Golang 实现的轻量级物联网边缘分析、流式处理开源软件，将在云端运行的实时流式计算框架迁移到边缘，可以运行在各类资源受限的边缘设备上。Kuiper 针对边缘计算中的数据处理，在参考 Apache Spark、Apache Storm 和 Apache Flink 等云端流式处理项目的架构与实现基础上，结合边缘流式数据处理的特点，采用了编写基于源（Source）、SQL（业务逻辑处理）、目标（Sink）的规则引擎来实现边缘端的流式数据处理。Kuiper 架构如图 5-37 所示。

图 5-37　Kuiper 架构图

Kuiper 基于 Apache 2.0 开源协议完全开源，安装包小（10MB 左右），支持跨操作系统（目前可运行在各类 Linux 和 Mac 系统上），使用简单，性能良好，内置 MQTT（消息队列遥测传输）消息处理，如图 5-38 所示，可以实现对物联网消息处理的无缝对接，具有良好的可扩展性、可管理性、可集成性。

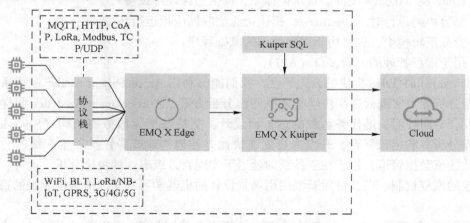

图 5-38　EMQ X Kuiper 集成 EMQ X Edge

华为云 IEF 与 EMQ X Kuiper 的集成解决方案框架如图 5-39 所示。

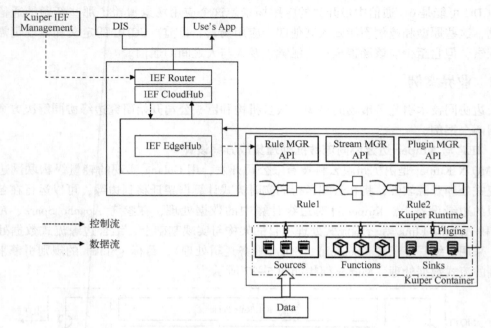

图 5-39　IEF 与 EMQ X Kuiper 的集成架构图

在该架构中，通过 IEF 的数据通道对边缘侧数据集成组件的生命周期进行管理，通过 IEF 的配置通道对边缘侧数据继承规则进行配置，通过 IEF 将边缘侧获取到的数据转入到相应的云服务应用或者用户自己部署在云端的应用中。图 5-39 右侧的 Kuiper Container 负责对接边缘侧其他系统获取数据。

2. Azure IoT Edge 与 Azure Stream Analytics 云边物联网流分析方案设计

Azure IoT Edge 是微软公司研发的云边协同管理平台，基于 Azure 云平台提供的完全托管的服务能力，开发者能够在云端实现向物联网边缘设备中部署标准化容器（例如 Docker 容器）的过程。Azure IoT Edge 包括从底层至上层应用的四个组成部分：

1）Linux 及 Windows 硬件设备认证体系，提供边缘硬件设备；

2）云边协同运行时（Runtime），提供边缘物联网应用运行环境；

3）业务逻辑模块，提供用于逻辑处理的基础程序；

4）用于远程管理的云端接口（API）。

基于 Azure IoT Edge 提供的云边平台，我们能够利用 Azure Stream Analytics 流系统提供的大数据分析能力实现云边端协同的物联网流分析方案。Azure Stream Analytics 同样由微软公司开发，专门针对关键任务负载的运行而设计，支持基于无服务器架构（Serverless）的实时数据分析。利用该平台，开发人员能够快速方便地构建或弹性扩展生产级的、端到端的、健壮的流数据管道，用于在亚秒级的延迟下实现百万级事件的快速分析。此外，该系统内置稳定的恢复机制，以及针对新型应用场景设计的机器学习库，以提供企业级的稳定性和先进性。

正如图 5-40 所示，Azure IoT Edge 云边协同平台能够与 Azure Stream Analytics 大数据流

分析系统进行集成，使我们能够专注于应用的逻辑设计，例如提升深度神经网络模型的洞察力、强化学习模型的推断力、异常事件监测的准确率等，而无需拘泥于系统底层的数据管理与任务调度性能。通过在云端构建和训练人工智能模型，并将其分析能力卸载到边缘本地执行，系统便能够在终端设备采集到数据之后的第一时间基于流处理的拓扑结构进行数据分析，尽可能地降低从实时数据输入到决策输出的处理延迟。

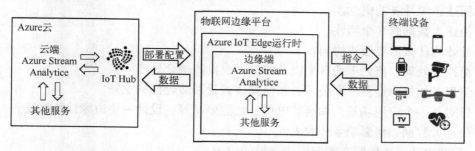

图 5-40 Azure IoT Edge 与 Azure Stream Analytics 云边流分析架构图

同时，借助于 Azure 对上述系统的强大支持，该云边协同的物联网数据流处理方案还具有以下优势。

1）简化开发：Azure IoT Edge 提供的环境支持用自身技术栈中所熟悉的编程语言进行开发，例如 C、Java、Node.js 以及 Python。并且基于标准化容器带来的优势，代码架构在云端和边缘端具有一致性。

2）容错性强：能够在离线或间歇性连接的状态下稳定运行：Azure IoT Edge 能够在不确定性较高的终端设备重新连接云端后自动同步数据状态，确保 Azure Stream Analytics 的流处理服务无缝运行。

3）节省成本：由于云边端三者协同带来的优势，我们无需在云端占用大量资源进行计算，而只需将 Azure Stream Analytics 的流处理程序部署至边缘，在边缘对数据处理后将部分结果发送至云端进行聚合即可。

本章小结

近十年内，随着用户需求的变化，计算范式重心逐渐由云计算技术向边缘计算再向云边协同计算迁移。本章总结了云计算、边缘计算、大数据管理、云边协同的一些基础知识，重点介绍了它们的概念和发展历史。云边计算技术为物联网服务提供高效解决方案，大数据管理技术对于物联网的正确运行必不可少。云计算和边缘计算的有力结合与协同运作，有利于升华它们的自身价值，推动构建万物互联的智能化新世界。

云边协同技术已经在智能交通、智慧城市、智能家居等领域有着广泛的应用，但一些技术领域仍有很大的研究空间。云边协同中整体的资源管理任务量大且较难解决，任务负载尚未有统一的调度方案，和强化学习结合进行智能学习是一个较好的研究方向。云边协同的技术标准仍不成熟，建议相关研究单位从整体出发，制定相关标准，建立良好的云边协同技术体系。

练习题

1. 简述虚拟化的优势。
2. 如何理解云计算的三个层次，可举例说明。
3. 简述边缘计算的概念。
4. 简述大数据的 5 个特性。
5. 简述为什么需要云边协同？
6. 简述批处理、流处理的区别以及如何理解批流融合处理。
7. 请思考如果你经营一家公司，如何知道云是否适合你的业务。
8. 针对某一个应用场景，如智能电梯、智能照明等，设计一个边缘计算框架。
9. 简述大数据如何影响业务收入？
10. 简要设计云边协同在智能安防领域的应用。

第6章 边缘智能技术

边缘计算和人工智能的结合有助于实现更好的服务，本章从边缘智能的产生出发，介绍边缘智能相关概念、评级、技术挑战及使能技术，接着从算法层面介绍模型训练和推理，最后讨论边缘智能发展展望。

6.1 边缘智能技术概述

边缘计算与人工智能的结合催生了边缘智能[10-12]，边缘智能可以充分释放边缘大数据的潜力，接受新兴挑战。边缘智能是边缘计算发展的下一个阶段，边缘计算是打破云计算不足的一种手段，而边缘智能则更注重和产业的结合，促进产业的落地与实现。

6.1.1 边缘智能的产生动机和优势

如图 6-1 所示，边缘智能在更加靠近用户和数据源头的网络边缘侧这一位置训练和部署深度学习模型，既可以享受边缘计算带来的优势（例如，低效率、减少带宽消耗），又在以下几个方面互相受益。

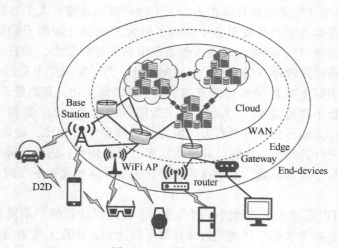

图 6-1 边缘智能框架

1）在网络边缘生成的数据需要人工智充分释放其潜力。由于移动设备和物联网设备数量、种类激增，设备端不断感知物理环境中的大量多模态数据（如音频、图片和视频）。在这种情况下，使用人工智能技术是十分必要的，因为它能够快速分析这些庞大的数据量，并从中提取关键见解，从而做出高质量的决策。作为最流行的人工智能技术之一，深度学习带来了自动识别模式和检测边缘设备感知数据异常的能力，如人口分布、交通流量、湿度、温度、压力和空气质量等。然后，从感测数据中提取的信息反馈给实时预测决策（如公共交

191

通规划、交通控制和驾驶警报），以响应快速变化的环境，提高运营效率。据 Gartner 预测，到 2022 年，超过 80% 的企业物联网项目将包括人工智能组件。

2）边缘具备人工智能分析能力可以帮助企业缩减成本。根据某研究机构发现，边缘距云端的距离影响着数据处理成本，在距离达到 322 公里和 161 公里时，成本分别可缩减 30% 和 60%。而当边缘具备人工智能分析能力时，终端产生的大量数据不必再发送到数据中心，在边缘端就可以进行相关处理，减少了网络带宽的负担。同时，边缘智能具有高度的可扩展性，添加新设备不会对网络带宽需求造成影响，降低了增长成本，因此边缘智能将会具有更高的成本缩减百分比。

3）边缘计算能够通过更丰富的数据和应用场景使得人工智能更加繁荣。一般来说，近年来深度学习蓬勃发展的驱动力有四个方面：算法、硬件、数据和应用场景。算法和硬件对深度学习发展的影响是直观的，而数据和应用场景的作用大多被忽视了。具体而言，为了提高深度学习算法的性能，最常用的方法是使用更多的神经元层来细化 DNN。这样一来，我们需要在 DNN 中学习更多的参数，训练所需的数据也随之增加，这充分说明了数据对于 AI 发展的重要性。认识到数据的重要性之后，下一个问题是，数据从哪里来。传统上，数据大多诞生并存储在超大规模的数据中心。然而，随着物联网的快速发展，这一趋势正在逆转。Cisco 指出，不久的将来，大量的物联网数据将在边缘产生。为了应对这些挑战，边缘计算被提出，通过将计算能力从云数据中心下沉到边缘端来实现低延迟的数据处理，从而实现高性能的人工智能处理。

边缘计算和人工智能在技术上相辅相成的同时，它们的应用和推广也互惠互利。

1）人工智能民主化需要边缘计算作为一个关键的基础设施。人工智能技术不仅已经在我们日常生活中的许多数字产品或服务中取得了巨大的成功（如网上购物、服务推荐、视频监控、智能家居设备等），同时也是新兴创新前沿的关键驱动力，如自动驾驶汽车、智能金融、癌症诊断和药物发现等方向。除了上述例子外，为了实现更丰富的应用程序并推动其进一步发展，一些国际主要 IT 公司已经宣布了人工智能民主化，其愿景是"让 AI 为每个人和每个组织提供无处不在的服务"。为此，人工智能应该更接近人、数据和终端设备。边缘计算在实现这一目标方面比云计算更有力，因为与云数据中心相比，边缘服务器更接近人、数据源和设备；与云计算相比，边缘计算也更实惠、更易访问；边缘计算有可能提供比云计算更多样化的人工智能应用场景。由于这些优势，边缘计算是无处不在的人工智能的关键推动者。

2）边缘计算可以通过人工智能的应用来推广。在边缘计算的早期发展过程中，云计算社区一直在关注哪些高需求的应用使用边缘计算可以达到云计算无法达到的新水平，以及边缘计算的"杀手级"应用是什么。为了澄清这一疑问，微软自 2009 年以来一直在很多领域不断探索什么样的产品应该从云端走向边缘，包括语音命令识别、AR/VR 和交互式云游戏与实时视频分析。相比之下，实时视频分析被认为是边缘计算的杀手级应用。作为建立在计算机视觉之上的新兴应用，实时视频分析不断地从监控摄像机中提取高清视频并进行分析，要求高计算力、高带宽、高隐私性和低延迟。而边缘计算就是能够满足这些严格要求的一种可行方法。回顾边缘计算的发展历程，可以预见，工业物联网、智能机器人、智能城市、智能家居等领域出现的新型人工智能应用将对边缘计算的普及起到至关重要的作用，主要是因为许多与物联网相关的人工智能应用程序代表了一系列计算密集型和能耗密集型、隐私的和延迟敏感的实际应用程序，因此能与边缘计算很好地结合在一起。

由于在边缘端运行人工智能应用的优越性和必要性，边缘人工智能近年来备受关注。2017 年 12 月，在加州大学伯克利分校（UC Berkeley）发表的白皮书《A Berkeley View of Systems Challenges for AI》中，云-边人工智能系统被设想为实现关键任务和个性化人工智能目标的重要研究方向。2018 年 8 月，边缘人工智能首次出现在 Gartner Hype Cycle 中。根据 Gartner 的预测，Edge AI 仍处于创新触发阶段，在未来 5 到 10 年内，它将达到生产率平稳期。在业界，也开展了很多面向边缘人工智能的试点项目。在边缘人工智能服务平台上，传统的云服务提供商，如谷歌、亚马逊和微软，已经推出了服务平台，通过使终端设备能够在本地使用预先训练好的模型运行机器学习推断，将智能带到边缘。在边缘人工智能芯片上，各种用于运行机器学习模型的高端芯片已经上市，例如 Google edge TPU、Intel Nervana NNP、华为 Ascend 910 和 Ascend 310。

6.1.2 边缘智能的范围和评级

虽然边缘人工智能（Edge AI）或边缘智能（Edge Intelligence）这一术语是全新的，但这方面的探索和实践开始得很早。在 2009 年，微软建立了一个基于边缘的支持移动语音命令识别的模型。一些组织和出版社将边缘智能称为在终端设备上本地运行人工智能算法的范例，数据（如传感器数据或信号）在设备上生成。虽然这代表了当前现实世界中最常见的边缘智能方法（如高端人工智能芯片），但需要注意的是，该定义大大缩小了边缘智能的适用范围。在本地运行以 DNN 模型为例的计算密集型算法非常耗费资源，需要在设备中配备高端处理器。这种严格的要求不仅增加了边缘智能的成本，对于现有传统终端设备也是不兼容和不友好的。

因此，边缘智能的范围不应局限于仅在边缘服务器或设备上运行人工智能模型。事实上，最近十几项研究表明，对于 DNN 模型，与本地执行方法相比，使用云边协同机制运行它们可以减少端到端延迟和能耗，这种协作层次结构应该集成到高效边缘智能解决方案的设计中。

此外，关于边缘智能的现有思想主要集中在推理阶段（即运行人工智能模型），因为训练阶段的资源消耗显著地超过推理阶段，所以假设人工智能模型的训练在云数据中心中执行。

边缘智能应该是一种范式，它充分利用终端设备、边缘节点和云数据中心层次结构中的可用数据与资源，以优化 DNN 模型的训练和推理的整体性能。因此边缘智能并不一定意味着 DNN 模型在边缘得到充分训练或推理，而是可以通过数据卸载以云-边缘-设备协调的方式协同工作。具体来说，根据数据卸载的数量和路径长度，可以将边缘智能分为 6 个级别，如图 6-2 所示。具体而言，各种级别的边缘智能的定义如下。

- 云智能：在云中完全训练和推理 DNN 模型。
- 第一级——云-边缘联合推理和云训练：在云中训练 DNN 模型，但以边缘-云合作的方式推理 DNN 模型。这里，边缘云合作意味着数据被部分卸载到云中。
- 第二级——边缘内协同推理和云训练：在云中训练 DNN 模型，但在边缘推理 DNN 模型。这里，边缘内意味着模型推理在网络边缘内执行，数据将被全部或部分卸载到边缘节点或附近的设备上。

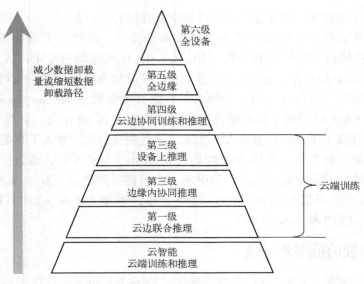

图 6-2　边缘智能的 6 个级别

- 第三级——设备上推理和云训练：在云中训练 DNN 模型，但完全在本地设备上进行 DNN 推理。在这里，设备上意味着不会卸载任何数据。
- 第四级——云-边缘协同训练和推理：以云-边缘协同的方式训练和推理 DNN 模型。
- 第五级——全边缘：训练和推理 DNN 模型全部在边缘上实现。
- 第六级——全设备：训练和推理 DNN 模型全部在设备上实现。

随着边缘智能水平的提高，数据卸载的数量和路径长度逐渐减少，从而降低了数据卸载的传输延迟，提高了数据的私密性，降低了网络带宽成本。但是，这是以增加计算延迟和能耗为代价的。这种冲突表明，通常不存在"最佳级别"；相反，"最佳级别"的边缘智能取决于应用程序，它应该通过综合权衡多个标准来确定，如延迟、能源效率、隐私和网络带宽成本等。

6.2　边缘智能技术主要挑战

边缘和 AI 的结合带来了新的挑战，在进行边缘智能训练和推理时，需要充分考虑以下这些方面。

（1）训练损失

从本质上讲，DNN 训练过程解决了一个寻求最小化训练损失的优化问题。训练损失捕获了学习值和标签值之间的差距，表明训练的 DNN 模型与训练数据的拟合程度。因此，期望能使训练损失最小化。训练损失主要受训练样本和训练方法的影响。

（2）收敛性

收敛指标专门用于分散式方法。直观地讲，分散式方法只有在分布式训练过程收敛到共识时才有效，这是该方法的训练结果。"收敛"一词衡量分散方法是否以及以多快的速度收敛到这样一个共识。在分散训练模式下，收敛值取决于梯度同步和更新的方式。

（3）隐私性

当使用大量终端设备上产生的数据来训练 DNN 模型时，需要将原始数据或中间数据从终端设备传输出去，在这种情况下处理隐私问题是不可避免的。为了保护隐私，期望将隐私敏感度较低的数据从终端设备传输出去。是否实施隐私保护取决于是否将原始数据卸载到边缘。

（4）通信开销

DNN 模型的训练是数据密集型的，原始数据或中间数据应该跨节点传输。直观地说，这种通信开销增加了训练延迟、能量和带宽消耗。通信开销受原始输入数据的大小、传输方式和可用带宽的影响。

（5）延迟

可以说，延迟是分布式 DNN 模型训练最基本的性能指标之一，因为它直接影响训练模型何时可用。分布式训练过程的延迟通常由计算延迟和通信延迟两部分组成。计算延迟与边缘节点的性能密切相关，通信延迟可能因传输的原始数据或中间数据的大小以及网络连接的带宽而异。

（6）能效

当以分散的方式训练 DNN 模型时，计算和通信过程都会消耗大量的能量。然而，对于大多数终端设备，它们的能量是有限的。因此，非常希望 DNN 训练可以节能。能效主要受目标训练模型的大小和所用设备资源的影响。

6.3 边缘智能使能技术

联邦学习作为一种机器学习的新范式，为边缘智能提供了新的解决方案；不同的深度学习框架为边缘智能模型的快速构建和广泛落地提供了有力支撑。

6.3.1 联邦学习

联邦学习（Federated Learning）的概念最早由谷歌提出，它是一种机器学习设定，其中许多客户端（如移动设备或大型组织）在中央服务器的协调下共同训练模型，同时保持训练数据的去中心化及分散性，如图 6-3 所示。

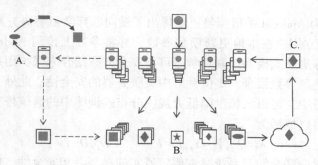

图 6-3　联邦学习模型

具体定义：设数据所有者$\{F_1, F_2, \cdots, F_N\}$，他们都希望通过整合各自的数据$\{D_1, D_2, \cdots, D_N\}$来训练机器学习模型。传统的方法是把所有的数据放在一起，使用$D = D_1 \cup D_2 \cup, \cdots, D_N$来训练一个模型$M_{SUM}$，而联邦学习系统是数据所有者互相协作共同训练一个模型M_{FED}，过程中任何数据拥有者F_i不会向其他人暴露其数据D_i。此外，M_{FED}模型的准确度V_{FED}应该非常接近M_{SUM}模型的准确度V_{SUM}。形式上，设δ为非负实数，则有

$$|V_{FED} - V_{SUM}| < \delta \tag{6.1}$$

我们说，联邦学习算法有δ精度的损失。

联邦学习的长期目标：在不暴露数据的情况下，分析和学习多个数据拥有者的数据（解决数据孤岛）。

1. 联邦学习分类

记每个数据所有者i持有的数据为D_i。矩阵的每一行表示一个样本，每一列表示一个特征。同时，一些数据集可能包含标签数据。例如，在金融领域，标签可能是用户的信用；在营销领域，标签可能是用户的购买欲望；在教育领域，标签可能是学生的学位。用X表示特征空间，用Y表示标签空间，用I表示样本ID空间。特征X、标签Y和样本ID I构成了完整的训练数据集(I, X, Y)。数据的特征空间和样本空间可能不完全相同，根据数据在特征空间和样本ID空间中的分布情况，我们将联邦学习分为横向联邦学习、纵向联邦学习和联邦迁移学习。

（1）横向联邦学习

横向联邦学习，或基于样本的联邦学习，适用于数据集特征空间相同但样本空间不同的场景，如图6-4所示。例如，两个地区银行可能拥有与其各自地区截然不同的用户组，它们的用户交集非常小。然而，它们的业务非常相似，因此特征空间是相同的。

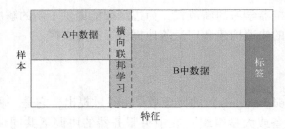

图6-4 横向联邦学习

2017年，谷歌为Android手机型号更新提出了横向联邦学习解决方案。在该框架中，使用Android手机的独立用户在本地更新模型参数，并将参数上传到Android云，从而与其他数据所有者共同训练集中式模型。联邦学习可与安全方案结合来保护用户隐私，也可与同态加密一同使用进行模型参数聚合，提供针对中央服务器的安全性。此外，深度梯度压缩算法也可应用到联邦学习中，可以大幅度降低大规模分布式训练中的通信带宽。

横向联合学习可以概括为

$$X_i = X_j, Y_i = Y_j, I_i = I_j \qquad \forall D_i, D_j, i \neq j \tag{6.2}$$

安全性定义：横向联合学习系统通常假定诚实的参与者和安全性，以对抗诚实但好奇的服务器。也就是说，只有服务器才能危及数据参与者的隐私。但在一些模型中也存在恶意用户，增加了隐私保护的挑战。在训练结束时，通用模型和所有的模型参数将暴露给所有参

196

与者。

（2）纵向联邦学习

纵向联邦学习，或基于特征的联邦学习，适用于两个数据集的用户重叠较多而用户特征重叠较少的场景，如图6-5所示。例如，考虑同一城市两家不同的公司：一家是银行，另一家是电子商务公司。它们的用户集可能包含该地区的大多数居民，因此，它们的用户空间的交集很大。但是由于银行记录了用户的收支行为和信用评级，电子商务保留了用户的浏览和购买历史，所以两者的特征空间有很大的不同。

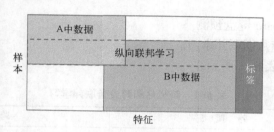

图6-5 纵向联邦学习

纵向联邦学习是将这些不同的特征进行聚合，并以一种隐私保护的方式计算训练损失和梯度，从而利用来自双方的数据协作构建模型的过程。在这样的联邦机制下，每个参与方的身份和地位都是相同的，联邦制帮助每个人建立"共同财富"战略，这也是联邦学习名称的含义之一。纵向联合学习可以概括为

$$X_i \neq X_j, Y_i \neq Y_j, I_i = I_j \qquad \forall D_i, D_j, i \neq j \tag{6.3}$$

安全性定义：一个纵向的联合学习系统通常假设诚实但好奇的参与者。例如，在一个双方当事人的案件中，双方当事人是不串通的并存在一定对立关系。安全性的定义是，攻击者只能从被破坏的客户机获取数据，而不能从其他客户机获取输入和输出以外的数据。为了促进双方之间的安全计算，有时会引入半诚实的第三方（STP）。在这种情况下，假定STP不与任何一方勾结。SMC为这些协议提供了正式的隐私证明。在学习结束时，每一方只持有与自己的特征相关联的模型参数。因此，在推理时，双方还需要协作来生成输出。

（3）联邦迁移学习

联邦迁移学习适用于两个数据集不仅在样本上不同，而且在特征空间上也不同的场景，如图6-6所示。例如，考虑两个机构：一个是位于中国的银行，另一个是位于美国的电商公司。由于地域限制，两个机构的用户群体有一个小交集。另一方面，由于业务不同，双方的特征空间只有一小部分重叠。在这种情况下，迁移学习技术可以应用于为联邦下的整个样本和特征空间提供解决方案。特别地，使用有限的公共样本集学习两个特征空间之间的公共表示，然后应用于仅具有一侧特征的样本的预测。联邦迁移学习是现有联邦学习系统的重要扩展，因为它处理的问题超出了现有联邦学习算法的范围。联邦迁移学习可以概括为

$$X_i \neq X_j, Y_i \neq Y_j, I_i \neq I_j \qquad \forall D_i, D_j, i \neq j \tag{6.4}$$

安全性定义：联邦迁移学习的协议类似于纵向联邦学习中的协议，在这种情况下，纵向联邦学习的安全性定义可以在这里扩展。

另外联邦学习还可以分为**跨设备**、**跨孤岛**两大类：

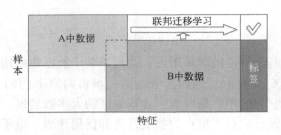

图 6-6　联邦迁移学习

1）跨设备：如 Gboard 键盘预测。

2）跨孤岛：如医疗数据联邦学习。

它们之间的区别如表 6-1 所示。

表 6-1　跨孤岛和跨设备联邦学习

	跨 孤 岛	跨 设 备
例子	医疗机构	手机端应用
节点数量	$1 \sim 100$	$1 \sim 10^{10}$
节点状态	节点几乎稳定运行	大部分节点不在线
主要瓶颈	计算瓶颈和通信瓶颈	WiFi 速度，设备不在线
场景	横向/纵向	横向

2. 联邦学习系统架构

（1）横向联邦学习架构

图 6-7 显示了横向联邦学习系统的训练过程。在本系统中，k 个具有相同数据结构的参与者通过云服务器协作学习一个机器学习模型。一个典型的假设是，参与者是诚实的，而服务器是诚实但好奇的；因此，不允许任何参与者的信息泄露到服务器。这种系统的训练过程通常包含以下四个步骤。

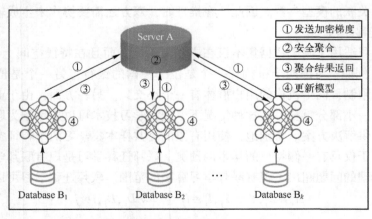

图 6-7　横向联邦学习训练过程

1）参与者局部计算训练梯度。用加密、差分隐私或秘密共享技术屏蔽选择的梯度，并将屏蔽结果发送到服务器。

2）服务器进行安全聚合，不学习任何参与者的信息。

3）服务器将聚合的结果返回给参与者。

4）参与者使用解密后的梯度更新各自的模型。

通过上述步骤不断迭代，直到损失函数收敛，从而完成整个训练过程。该架构独立于特定的机器学习算法（Logistic 回归、DNN 等），所有参与者将共享最终的模型参数。

（2）纵向联邦学习架构

假设 A 公司和 B 公司想联合训练一个机器学习模型，它们的业务系统各有各的数据。此外，B 公司还有模型需要预测的标签数据。出于数据隐私和安全原因，A 和 B 不能直接交换数据。为了保证训练过程中数据的保密性，涉及第三方合作者 C。这里我们假设合作者 C 是诚实的，不与 A 或 B 串通，但甲、乙双方是诚实的，且互相好奇。可信的第三方是一个合理的假设，因为第三方可以由政府等权威机构扮演，也可以由英特尔软件保护扩展（SGXs）等安全计算节点取代。联邦学习系统由两部分组成，如图 6-8 所示。

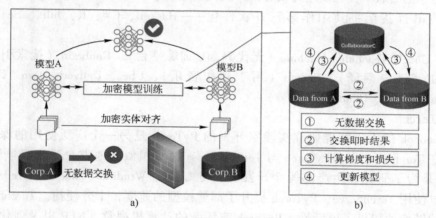

图 6-8　纵向联邦学习训练过程
a）加密实体对齐　b）加密模型训练

第一部分。加密实体对齐。由于两家公司的用户群体不同，系统使用基于加密的用户标识对齐技术来确认双方的共同用户，而无需甲、乙双方公开各自的数据。在实体对齐期间，系统不会显示彼此不重叠的用户。

第二部分。加密模型训练。在确定公共实体之后，可以使用这些公共实体的数据来训练机器学习模型。训练过程可以分为以下四个步骤。

1）合作者 C 创建加密对，并将公钥发送给 A 和 B。

2）A 和 B 加密并交换梯度和损失计算的中间结果。

3）甲和乙分别计算加密梯度和添加额外的掩码。B 也计算加密损失。甲和乙向丙发送加密值。

4）丙解密并将解密的梯度和损失发送回甲和乙。甲和乙取消梯度屏蔽并相应地更新模型参数。

6.3.2 现有框架

深度学习框架通过高级编程接口，可以快速构建深度神经网络模型，这些框架为流行的编程语言提供了不同的神经网络架构，也方便开发人员在不同的平台上使用。

1. Tensorflow

Tensorflow 由 Google Brain 开发，是迄今为止使用最广泛的深度学习框架之一，可用作各类深度学习相关的任务。Tensorflow 提供了从预处理到数据建模的各种 API，它是用 Python、C++和 CUDA 编写的，可以在几乎所有平台上运行——Linux、Windows、macOS、iOS 和 Android。对于 Android 和 iOS，Tensorflow 提供了 TensorflowLite 版本。此外，Tensorflow 具有强大的集群支持，也可以与 CPU、GPU 和 TPU 一起使用。Tensorflow 在其官方网站上有出色的文档说明，包含了其所有模块。最新版本的 Tensorflow 2.0 取得了重大提升。

Tensorflow API 已在 Python 中广泛使用，完全处于稳定版本中。其他语言的 API 仍在开发中，不是稳定的版本，在使用时没有 API 向后兼容性，如 C++、JavaScript、Java 和 Go 语言等。某些语言甚至将其用作第三方软件包——Haskell、C#、R、Julia、Scala、Ruby、MATLAB。

应用：Google Teachable Machine（无代码 ML 训练平台）、Ranbrain（搜索引擎优化）、Deep Speech（语音翻译）、Nsynth（用于制作音乐）、Uber、Delivery Hero、Ruangguru、Hepsiburada、9GAG、Channel.io。

2. PyTorch

由 Facebook 的人工智能研究实验室开发的 PyTorch 是另一个广泛使用的深度学习框架，构建在 Torch 库之上。PyTorch 与 Tensorflow 有很多相似的地方，互相竞争激烈。PyTorch 主要是为了研究和生产部署而开发的，与 Linux、Windows、macOS、Android 和 iOS 兼容。通过使用 TorchServe，PyTorch 提升了部署模型的速度，十分便捷。TorchScript 在图模式功能的转换中提供了灵活性。PyTorch 有活跃的计算机视觉、NLP 以及强化学习技术开发社区。

API：主要用于 Python，但也具有 C++接口。

应用：NVIDIA、Apple、Robin Hood、Lyft、Ford Motor Company。

3. Caffe

Caffe 由加利福尼亚大学伯克利分校开发，是最早的深度学习框架之一，支持各种用于图像分割和分类的体系结构，需要进行编译安装。Caffe 用 C++编写，与 Linux、Windows、macOS 兼容，可在 CPU 上运行，但可通过 GPU 加速获得更好的性能。Caffe 因其速度和行业部署而广受欢迎，使用 NVIDIA GPU 可以处理多达 6000 万张图像。Caffe 拥有适当的文档说明和活跃的开发人员社区，以支持创业公司和研究工作。

Caffe 的使用通常如图 6-9 所示。

图 6-9　Caffe 使用流程

以上的流程相互之间是解耦合的，所以 Caffe 的使用非常优雅简单。

API：Python 和 Matlab。

应用：CaffeOnSpark（来自 Yahoo 的合资企业，集成了 Apache Spark）、Caffe2（Facebook 开发）、Snap Inc.、Cadence Design Systems、Qualcomm。

4. MXNet

MXNet 由 Apache Software Foundation 开发，是一个开源深度学习框架，旨在实现高可伸缩性并受各种编程语言的支持。MXNet 用多种语言编写——C++、Python、Java、Scala、Julia、R、JavaScript、Perl、Go 和 Wolfram 语言，与 Windows、macOS、Linux 兼容。它以快速的模型训练而闻名，轻巧且性能高，可以在智能设备上运行。MXNet 允许命令式编程和符号式编程组合在一起，从而使其高效、灵活、可移植。

API：Gluon Python API，被 Scala、Julia、R、Java、Perl、Clojure 支持

应用：AWS（作为 DL 框架）、华纳兄弟娱乐集团公司、Elbit Systems of America、Kwai。

5. Chainer

由 Preferred Networks 与 Intel、Nvidia、IBM 和 Microsoft 合资开发。Chainer 是一个基于 Numpy 和 CuPy 库完全内置 Python 的跨平台深度学习框架。Chainer 的出现是因为它的动态计算图可以通过 API 轻易获得，此功能称为边运行边定义方法。Chainer 具有 4 个扩展库——ChainerRL（用于强化学习）、ChainerCV（用于计算机视觉）、ChainerMN（用于多 GPU 使用）、ChainerUI（用于管理和可视化）。

API：Python。

应用：PaintsChainer（自动着色）、JPMorgan Chase、Novu LLC、Facebook ADP、Mad Street Den。

6. DeepLearning4j

不同于深度学习广泛应用的语言 Python，DL4J 是为 Java 和 Jvm 编写的开源深度学习库，支持各种深度学习模型。它是由 Eclipse 开发的，涵盖了广泛的深度学习算法，支持 Linux、Windows、macOS、iOS 和 Android、DL4J 最重要的特点是支持分布式，可以在 Spark 和 Hadoop 上运行，支持分布式 CPU 和 GPU 运行。DL4J 是为商业环境，而非研究所设计的，因此更加贴近某些生产环境。

API：支持所有基于 JVM 的语言 Java、Scala、Clojure、Kotlin。

应用：网络安全、欺诈检测、异常检测。被使用于 RapidMiner and Weka、U. S. Bank、Livongo、Thermo Fisher Scientific、NovoDynamics Inc。

7. Keras

由 Francis Chollet 开发的 Python 编写的跨平台神经网络库。Keras 是在 Tensorflow 之上构建的高级 API，是 Kaggle 中使用最广泛的深度学习框架，最好在 GPU 和 TPU 上运行。Keras 模型可以轻松地部署到 Web、iOS 和 Android 上。Keras 以其快速的计算、用户友好性和易于使用而著称。Keras 拥有活跃的社区，处于不断发展中。

API：Python。

应用：已被 NASA、CERN、NIH 和 LHC、Lockheed Martin、福特汽车公司等科学组织使用。

表 6-2 总结了各大开源框架。

表 6-2 各大开源框架总结

框 架	发布时间	维护组织	底层语言	接 口 语 言
Caffe	2013-9	BVLC	C++	C++/Python/Matlab
Tensorflow	2015-9	Google	C++/Python	C++/Python/Java 等
Python	2017-1	Facebook	C/C++/Python	Python
Mxnet	2015-5	DMLC	C++	C++/Python/Julia/R 等
Keras	2015-3	Google	Python	Python
Paddlepaddle	2016-8	Baidu	C++/Python	C++/Python
Cntk	2014-7	Microsoft	C++	C++/Python/C#/. NET/Java
Matconvnet	2014-2	VLFeat	C/Matlab	Matlab
Deeplearning4j	2013-9	Eclipse	C/C++/Cuda	Java/Scalar
Chainer	2015-4	Preferred networks	Python/C	Python
Lasagne/Theano	2014-9	Lasagne	C/Python	Python
Darknet	2013-9	JosephRedmon	C	C

6.4 边缘智能关键训练算法

边缘智能环境下模型训练方式由"端云"训练模式向"端边云"训练模式转变，如图 6-10 所示。在进行边缘的 AI 模型分布式训练中，尤其需要注意训练损失、通信开销、收敛性、安全隐私保护等方面。

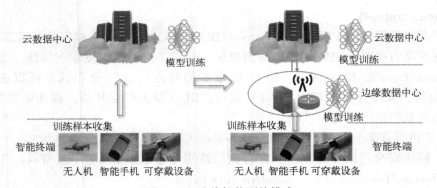

图 6-10 边缘智能训练模式

目前，面向边缘智能的模型训练优化技术主要包括聚合频率控制、梯度压缩、DNN 拆分、知识迁移学习、Gossip 训练、用于边云协作的知识蒸馏、元学习等。

1. 聚合频率控制

该方法着重于 DNN 模型训练过程中通信开销的优化。在边缘计算环境下的深度学习模型训练中，一种普遍采用的方法（如联合学习）是先在本地训练分布式模型，然后集中聚合更新。在这种情况下，更新聚合频率的控制显著地影响通信开销。因此，应该仔细地控制聚合过程，包括聚合内容和聚合频率。

Gaia 系统用于地理分布式 DNN 模型训练，和近似同步并行（Approximate Synchronous Parallel，ASP）模型一同使用。Gaia 的基本思想是将数据中心内的通信与数据中心之间的通信解耦，为每个数据中心启用不同的通信和一致性模型，如图 6-11 所示。为此，开发了 ASP 模型来动态消除数据中心之间不重要的通信，其中聚合频率由预设的显著性阈值控制。然而，Gaia 关注的是容量不受限制的地理分布式数据中心，这使得它通常不适用于容量高度受限的边缘计算节点。

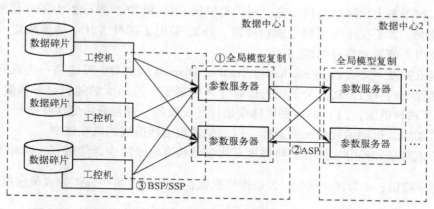

图 6-11　Gaia 系统概述

为了结合边缘节点的容量约束，IBM 提出了一种控制算法，在给定的资源预算下，确定局部更新和全局参数聚合之间的最佳权衡。该算法基于分布式梯度下降算法的收敛性分析，可用于边缘计算中的联邦学习，并具有可证明的收敛性。更新聚合协议 FedCS 可以在容量有限的边缘计算环境中实现联邦学习，以允许集中式服务器聚合尽可能多的客户端更新，并加速机器学习模型的性能改进。FedCS 的图示如图 6-12 所示。

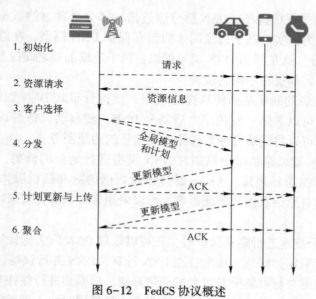

图 6-12　FedCS 协议概述

2. 梯度压缩

为了减少分散训练带来的通信开销，梯度压缩是压缩模型更新（即梯度信息）的另一种直观方法。为此，我们提倡梯度量化和梯度稀疏化。梯度量化通过将梯度向量的每个元素量化为有限位低精度值来执行梯度向量的有损压缩，梯度稀疏化通过传输部分梯度向量来减少通信开销。

分布式 SGD 中 99.9% 的梯度交换是冗余的，深度梯度压缩（Deep Gradient Compression，DGC）可以被用来大大降低通信带宽，对大范围的 CNN 和 RNN 进行 270~600 倍的梯度压缩而不损失精度。为了在压缩过程中保持精度，DGC 采用了四种方法：动量校正、局部梯度剪裁、动量因子掩蔽和热身训练。

边缘随机梯度下降（Edge Stochastic Gradient Descent，eSGD）算法是一类既有收敛性又有实际性能保证的稀疏格式。为了改进边缘计算中基于一阶梯度的随机目标函数优化问题，eSGD 采用了两种机制：（1）确定哪些梯度坐标是重要的，并且只传递这些坐标；（2）设计动量残差累加跟踪过期的残差梯度坐标，以避免稀疏更新造成的低收敛率。

外推压缩算法和差分压缩算法将梯度量化到低精度值来减少通信带宽。两种算法都以 $O\left(\frac{1}{\sqrt{nT}}\right)$ 的速率收敛，n 为客户端数，T 是迭代次数，与全精度集中训练的收敛速度匹配。

借助远程参数服务器可以在无线边缘实现分布式随机梯度下降（DSGD）。数字 DSGD（D-DSGD）假定在 DSGD 算法的每次迭代中，客户机在多址信道（MAC）容量区域的边界上操作，并且采用梯度量化和误差累积来在所采用的功率分配允许的比特预算内传输其梯度估计。在模拟 DSGD（A-DSGD）中，客户机首先利用误差累积稀疏化其梯度估计，然后将其投影到一个可用信道带宽施加的低维空间。这些投影直接通过 MAC 传输，而不使用任何数字代码。

3. DNN 拆分

DNN 拆分的目的是保护隐私。DNN 拆分通过传输部分处理过的数据而不是传输原始数据来保护用户隐私。为了实现基于边缘训练的隐私保护 DNN 模型，在终端设备和边缘服务器之间进行 DNN 拆分。这是因为 DNN 模型可以在两个连续的层之间进行内部拆分而不会损失精度，其中两个分区部署在不同的位置。

DNN 拆分不可避免的问题是如何选择分裂点，使得分布式 DNN 训练仍满足时延要求。利用差异隐私机制，可以在第一卷积层之后划分 DNN，使移动设备的成本最小化，在激活时应用差异隐私机制可以将训练任务外包给不受信任的边缘服务器。

Arden 是一个用轻量级隐私保护机制对 DNN 模型进行划分的框架，可以利用云数据中心的计算能力而不存在隐私风险。Arden 通过任意数据消除和随机噪声添加来实现隐私保护。考虑到隐私扰动对原始数据的负面影响，可以采用带噪训练方法来增强云端网络对扰动数据的鲁棒性。

在应用 DNN 拆分技术进行隐私保护时，还可以处理 DNN 巨大的计算量。边缘计算通常涉及大量设备，因此采用并行化方法来管理 DNN 计算。DNN 并行训练包括数据并行和模型并行两种。然而，数据并行可能带来很大的通信开销，而模型并行往往导致计算资源的利用严重不足。为了解决这些问题，流水线并行将多个小批量同时注入到系统中，以确保计算资源的高效并发使用。PipeDream 系统基于流水线并行设计，支持流水线训练，并自动确定如何在可用的计算节点上系统地分割给定模型。PipeDream 在减少通信开销和有效利用计算资源方面具有优势。PipeDream 自动化机制的概述如图 6-13 所示。

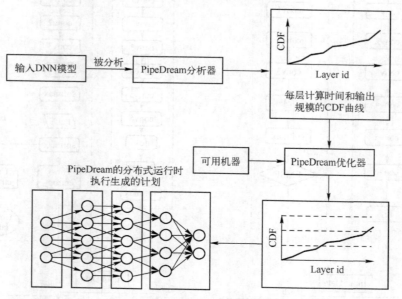

图 6-13　PipeDream 自动化机制

4. 知识迁移学习

知识迁移学习，与 DNN 拆分技术密切相关。在迁移学习中，为了降低 DNN 模型在边缘设备上的训练能耗，首先在一个基础数据集上训练一个基础网络（教师网络），然后重新利用学习到的特征，将它们转移到第二个目标网络（学生网络）上，在目标数据集上进行训练。如果特性是通用的（即适用于基本任务和目标任务），而不是特定于基本任务，则此过程将趋于有效。这种转变涉及一个从一般性到特殊性的过程。

迁移学习方法大大减少了对资源的需求，在边缘设备上的学习很有前景，但其有效性需要深入研究。例如，不同的学生网络结构和不同的教师向学生转移知识的技术，结果因体系结构和传输技术而异。不同类型的知识迁移技术如图 6-14 所示。从教师的中间层和最后一层向较浅的学生传递知识可以获得较好的性能提升，而其他的架构和传递技术则不是很好，有些甚至会带来负面的性能影响。

5. Gossip 训练

Gossip 训练是一种基于随机 Gossip 算法的分散训练方法，旨在缩短训练延迟。随机 Gossip 算法的早期工作是 Gossip 平均，它可以通过点对点交换信息快速收敛到节点之间的共识。Gossip 分布式算法具有完全异步和完全分散的优点，因为它们不需要集中的节点或变量。GoSGD（Gossip Stochastic Gradient Descent）采用异步和分散的方式训练 DNN 模型。GoSGD 管理一组独立的节点，每个节点承载一个 DNN 模型，并迭代进行两个步骤：梯度更新和混合更新。具体地，每个节点在梯度更新步骤中，本地更新其承载的 DNN 模型，然后在混合更新步骤中与随机选择的另一个节点共享其信息，如图 6-15 所示。重复上述步骤，直到所有 DNN 模型都达到一致。

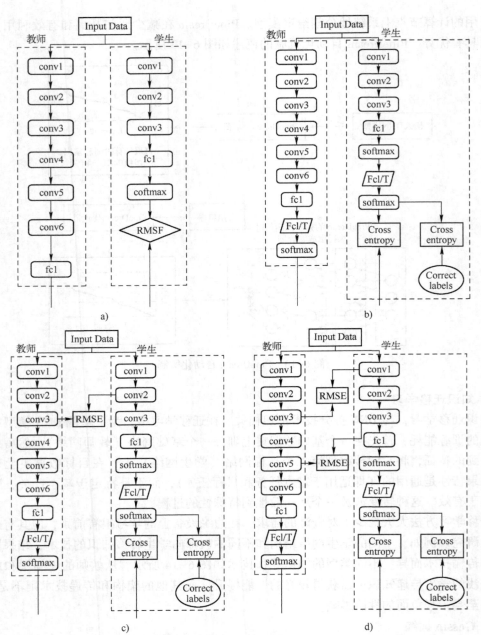

图 6-14　不同类型的知识迁移技术

a)"硬目标"知识迁移　b)"软目标"知识迁移

c)中间代表（单一层）知识迁移　d)中间代表（多层）知识迁移

GoSGD 的目的是加速卷积神经网络训练。另一个基于 Gossip 的算法 Gossiping SGD 旨在保留同步和异步 SGD 方法的优点。Gossiping SGD 用 Gossip 聚合算法代替了同步训练的规约集合运算，实现了异步方式。基于 Gossip 的算法在大规模上会导致通信不平衡、收敛性差和通信开销大等。GossipGraD 是一种基于 GossipGraD 通信协议的 SGD 算法，解决了该问题，适用于在大规模系统上扩展深度学习算法。GossipGrad 将整体通信复杂度从 $O(\log(p))$ 降低

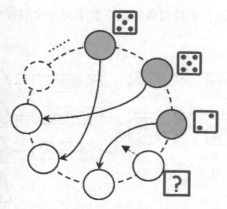

图 6-15　以 Gossip 的算法与随机选择的伙伴沟通

到 $O(1)$，并考虑了扩散，使得计算节点在每个 $\log(p)$ 步骤之后间接交换其更新（梯度），p 为网络中的节点个数。

6. 用于边云协作的知识蒸馏

直接基于局部数据集在边缘设备上进行训练模型，如果不进行智能设计，将会造成性能差和能耗低的问题。其中一个主要原因是人工智能模型训练过程需要很高的计算能力，对于一些实时应用来说，甚至需要更多的能量，这表明大多数边缘设备可能无法仅凭有限的计算能力学习复杂的人工智能模型。另一个关键原因是，每个边缘物联网设备上可用的本地数据样本的数量通常是有限的。仅基于这些有限的局部数据集，边缘节点很难获得准确的预测模型，尤其是对于复杂的深度学习和 RL 算法，模型训练阶段需要大量的数据样本。因此，建立创新的边缘云协作，以提高边缘学习性能，是非常重要的。

在云边的协同学习过程中，假设云数据中心可以访问大量的历史数据和丰富的计算资源，有能力学习人工智能模型的时候保证足够的精度。为了实现云边之间的创新协作，EI 模型训练的一种技术是基于参数的迁移学习。具体来说，转移的知识通过一些特定的参数模型编码成参数，在云数据中心用大量的样本来准确估计需要转移的参数。一个流行的方法是贝叶斯学习框架，其中一些先验知识被编码成具有特定模型参数的先验分布。例如有人使用这种方法来跨域调整最大熵赋值器。

从云端下载预先训练过的人工智能模型参数，可以帮助 Edge 设备应对由于功率有限和训练样本稀缺而带来的挑战。然而，模型参数的直接传输可能会导致通信开销与模型大小成比例。为了缓解这种通信低效问题，知识蒸馏（KD）方法被提出，并广泛应用于边缘云协作模型训练过程，特别是 DNN 训练。KD 侧重于在训练有素的教师神经网络的基础上训练一个学生神经网络，学生神经网络模型大小被压缩，结构更简单。KD 的关键思想是在学生神经网络的损失函数中添加一个蒸馏正则化器，这个额外的正则化器由交叉熵表示，以测量教师和学生之间的知识差距，如图 6-16 所示。KD 不是交换模型参数（即权重或梯度），而是在云和边缘设备之间传输模型输出信息。更具体地说，这里的模型输出信息是被标准化之后的 Logits，它的有效载荷大小仅取决于标签的数量，远远小于高度复杂的 DNN 模型参数的维数。Omidshafiei 等人提出了一种基于 KD 的方法，用于将单任务策略提取为跨多个相关任务的统一策略。遵循联邦学习的精神，Jeong 等人提出了联邦蒸馏——标准化之后的 Logits 从每个边缘设备上传到云服务器，边缘设备定期下载平均的全局标准化之后的 Logits 用于本地训练。

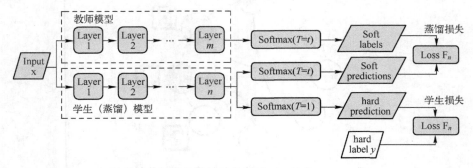

图 6-16　知识蒸馏模型

7. 元学习

最近，元学习通过开发新的工具，利用最新的神经体系结构的强大功能，再次成为小样本快速学习的一种有前景的解决方案。与传统的迁移学习不同，元学习通过利用相关任务的先前经验来明确优化学习能力，这使得只使用这些任务中的少数样本便能快速地学习看不见的任务，如图 6-17 所示。模型 M 来指代之前的神经网络，也可以理解为一个低级网络。优化器 O 或者来指代用于更新低级网络权重的高级模型

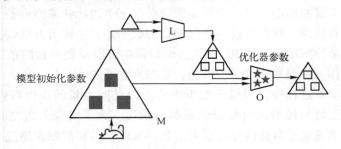

图 6-17　元学习示意图

总的来说，目前的元学习算法可以大致分为三类。

1）基于梯度的方法：使用梯度下降方法训练样本来适应模型参数。

2）基于模型的方法：学习参数化预测器，如递归网络，以估计模型参数。

3）基于度量学习的方法：在 Embeddings 上学习基于距离的预测规则。

其中一种基于梯度的方法 MAML 简单有效，该方法假设所有任务都可以用同一类参数化模型来表示。具体地说，MAML 直接优化了与模型初始化相关的学习性能，使得即使从该初始化开始的一步梯度下降仍然可以在新任务上产生良好的结果，而只需要该任务的几个数据样本。后面一些论文研究扩展了这种方法。Nichol 等人提出了一种名为 Reptile 的一阶方法，这是类似于联合训练，但效果非常好的元学习算法，以规避 MAML 中的二阶导数的需要。这些方法已被扩展到设计新的强化学习算法，其性能显著优于从零开始学习的标准强化学习算法。

元学习以下几个方面的优势，让它自然成为一种很有前途的技术来实现实时边缘智能。

1）快速学习：很多物联网应用程序在网络边缘，如自主驾驶和增强现实，需要密集的计算以实时的方式来完成对象跟踪、内容分析和智能决策，以满足安全、精度、性能和用户体验的要求。

2）小样本：虽然物联网设备集成将产生大量数据，但每个边缘节点的个人数据量是有限的。因此，应用于边缘的技术必须能够在少量本地数据的情况下实现良好的学习性能。

3）任务生成：利用不同边缘节点往往具有不同的本地模型，在共享一些相似性的同时，不断地做出智能决策，任务可以在不同的边缘节点上自动构建，并自然地相互关联。这也推动了平台辅助的协作学习框架发展，其中模型知识由边缘节点联盟以分布式方式协作学习，然后通过平台传送到目标节点，利用其本地数据集进行微调，从而以分布式方式实现实时边缘智能。

6.5　边缘智能关键推理算法

边缘智能环境下模型推理方式由"端云"模式向"端边云"协同推理转变，如图6-18所示。在边缘智能推理时，尤其要注意模型大小、推理时间、计算能耗等方面。

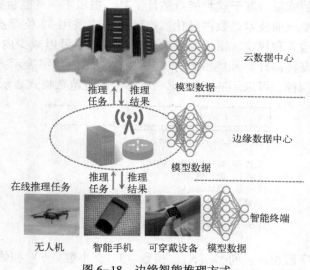

图6-18　边缘智能推理方式

为了在算力和能耗均受限的边缘或终端设备实现低延迟和高效能的模型推理，现有的优化技术主要包括模型压缩、模型分割、模型早退、边缘缓存、输入过滤、模型选择、支持多租户、应用程序特定优化等。

1. 模型压缩

为了缓解高资源需求的 DNN 和资源贫乏的终端设备之间的紧张关系，通常采用 DNN 压缩来降低模型的复杂性和资源需求，从而实现本地设备上的推理，减少响应延迟以及隐私方面的顾虑。也就是说，模型压缩方法优化了延迟、能量、隐私和内存占用这四个指标。各种 DNN 压缩技术已经被提出，包括权重剪枝、数据量化和紧凑架构设计。

权重剪枝是目前应用最广泛的模型压缩技术。这种技术从训练的 DNN 中去除冗余的权重（即神经元之间的连接）。具体来说，首先根据神经元贡献的大小对 DNN 中的神经元进行排序，然后将排序较低的神经元剔除，以减小模型的尺寸。由于去除神经元会影响 DNN 的准确度，因此如何在保持准确度的同时缩减网络规模是 DNN 面临的关键挑战。对于现代大规模 DNNs，2015 年的一项试点研究通过应用基于量级的权重修剪方法解决了这一挑战。该方法的基本思想是：首先去除幅值低于阈值（如 0.001）的小权重，然后对模型进行微调以恢复精度。对于 AlexNet 和 VGG16，该方法可以在不损失精度的前提下，在 ImageNet 上分别减少 9 倍和 13 倍的权值。后续工作 Deep Compression 融合了剪枝、权值共享和 Huffman 编码的优点来压缩 DNNs，进一步将压缩比提高到 35 到 49 倍。

然而，对于能量受限的终端设备，上述基于量级的权重修剪方法可能不能直接适用，因为经验测量表明，权重数量的减少不一定转化为显著的节能。这是因为对于以 AlexNet 为例的 DNN 模型而言，卷积层的能量占总能量消耗的主要部分，而全连接层权重的数目占总权重的大部分。

这表明，权重的数量可能不是一个很好的能量指标，权重修剪应该直接与终端设备的能量有关。麻省理工学院开发了一个在线 DNN 能量估计工具，可以快速简便地估算 DNN 能量。这个细粒度的工具从内存层次结构的不同级别、MAC 的数量和 DNN 层粒度上的数据稀疏性来描述数据移动的能量。基于这种能量估计工具，提出了一种能量感知剪枝方法 EAP。

另一种主流的模型压缩技术是数据量化。这种技术未采用 32 位浮点格式，而是使用更紧凑的格式来表示层输入和权重。由于用较少的位表示数字可以减少内存占用并加速计算，因此数据量化可以提高整体计算和能源效率。DNN 中常用的数字表示方式有浮点数、定点数、指数和二进制数四种，可以用基于 IEEE 754 标准的规范数格式表示，如图 6-19 所示。

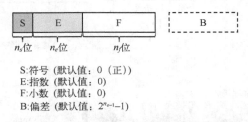

n_s位　　n_e位　　　n_f位

S:符号（默认值：0（正））
E:指数（默认值：0）
F:小数（默认值：0）
B:偏差（默认值：$2^{n_e-1}-1$）

图 6-19　基于 IEEE 754 标准的规范数格式

规范格式由四个字段组成：符号（S）、指数（E）、小数（F）和偏差（B），大多数先前的量化方案仅以特定方式针对固定数目类型调整比特宽度，这可能导致次优结果。为了解决这个问题，卡内基梅隆大学团队研究了层粒度上的最优数字表示问题，根据 IEEE754 标准寻找规范格式的最佳比特宽度。由于可行数字格式的组合爆炸，这个问题具有挑战性，因此开发了一个名为数字抽象数据类型（ADT）的可移植 API。它允许用户将层中要量化的数据声明为数字类型。通过这样做，ADT 封装了一个数字的内部表示，从而将对开发有效 DNN 模型的关注与对优化位级数字表示的关注分离开来。

大多数现有的工作使用单一的压缩技术，可能不足以满足某些物联网设备对准确性、延迟、存储和能量的不同要求与限制。新兴的研究表明，不同的压缩技术可以相互协调，以最大限度地压缩 DNN 模型。例如，Deep Compression 和 Minerva 都结合了权重修剪和数据量化，以实现快速、低功耗和高精度的 DNN 推理。最近，研究人员认为，对于给定的 DNN，应根据需要选择压缩技术的组合，即适应应用程序驱动的系统性能（如准确性、延迟和能量）和跨平台的不同资源可用性（如存储和处理能力）。为此，自动优化框架 AdaDeep 系统地将精确性、延迟、存储和能量等方面的目标和约束条件转化为一个统一的优化问题，并利用深度强化学习（DRL）有效地找到压缩技术的良好组合。

2. 模型分割

为了减轻边缘智能应用在终端设备上的执行压力，如图 6-20 所示，一个直观的想法是模型分割，将计算密集的部分卸载到边缘服务器或附近的移动设备上，以获得更好的模型推理性能。模型分割主要考虑延迟、能量和隐私问题。

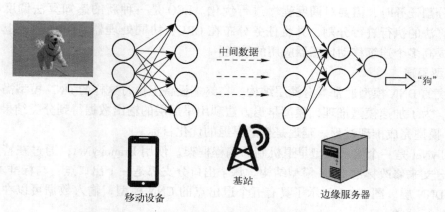

图 6-20　设备和边缘服务器之间的模型分割的图示

模型分割可以分为两种类型：服务器与设备之间的分割和设备之间的分割。对于服务器和设备之间的模型分割，Neurosurgeon 代表了一个标志性的努力。在 Neurosurgeon 中，DNN 模型是在设备和服务器之间进行分割的，关键的问题是找出一个合适的分割点来获得最优的模型推理性能。分别从时延和能量效率两个方面考虑，Neurosurgeon 提出了一种基于回归的方法来估计 DNN 模型中各层的时延，并返回一个最优分割点，使模型推理满足时延或能量要求。

JALAD 框架联合利用模型划分和有损特征编码，将模型划分描述为整数线性规划（ILP）问题，以在保证精度约束下最小化模型推理延迟。对于以有向无环图（DAG）而非链为特征的 DNNs，优化模型分割以最小化延迟被证明是 NP 难解问题。对此，Chuang Hu 等人基于图最小割方法，提出了一种近似算法，该算法提供了最坏情况下的性能保证。上述框架都假设服务器具有边缘智能应用的 DNN 模型。文章《Incremental Offloading of Neural》即IONN 提出了一种用于边缘智能应用的增量卸载技术。IONN 将 DNN 层分割并以增量方式上传它们，以允许移动设备和边缘服务器进行协作 DNN 模型推理。与上传整个模型的方法相比，IONN 显著改善了 DNN 模型上传过程中的查询性能和能耗。

另一种类型的模型分割是设备之间的分割。作为设备间模型分割的开拓性工作，MoDNN 引入 WiFi 直连技术，利用多个授权 WiFi 支持的移动设备在 WLAN 中构建微尺度计算集群，对 DNN 模型进行分割推理。携带 DNN 任务的移动设备将是组的所有者，其他设备将充当工作节点。为了加速 DNN 层的执行，MoDNN 中提出了两种分割方案。实验表明，在2~4 个工作节点的情况下，MoDNN 将 DNN 模型的推理速度提高了 2.17~4.28 倍。在此基础上, MeDNN 中提出了贪婪二维分割, 将 DNN 模型自适应地分割到多个移动设备上, 并利用结构化稀疏剪枝技术对 DNN 模型进行压缩。MeDNN 在 2~4 个工作节点的情况下, 将 DNN 模型推理提高了 1.86~2.44 倍, 节省了 26.5% 的额外计算时间和 14.2% 的额外通信时间。需要注意的是, 在 MoDNN 和 MeDNN 中, DNN 层是水平分割的; 相反, DeepThings 采用了一种融合的分片分割方法, 该方法将 DNN 层垂直分割, 以减少内存占用。

DeepX 也尝试分割 DNN 模型, 但它只将 DNN 模型分割为几个子模型, 并将它们分布在本地处理器上。DeepX 提出了两种方案: 运行时层压缩 (RLC) 和深层架构分解 (DAD)。压缩后的层将由特定的本地处理器 (CPU、GPU 和 DSP) 执行。另外需要注意的是, 当有多个模型分割任务时, 需要对调度程序进行优化。LEO 是一种新的感知算法调度器, 它通过将感知算法的执行进行分割, 并将任务分布在 CPU、协同处理器、GPU 和云上, 从而最大限度地提高多个连续移动传感器应用的性能。

3. 模型早退

高精度的 DNN 模型通常具有深层结构。在终端设备上执行这样的 DNN 模型需要消耗大量的资源。为了加速模型推理, 模型早退方法利用早期层的输出数据得到分类结果, 即利用部分 DNN 模型完成推理过程。延迟是模型早退的优化目标。

BranchyNet 是一个实现模型早退机制的编程框架。使用 BranchyNet, 通过在特定层位置添加出口分支来修改标准 DNN 模型结构。每个出口分支都是一个出口点, 与标准 DNN 模型共享部分 DNN 层。图 6-21 显示了具有五个退出点的 CNN 模型。输入数据可以在这些不同的退出点进行分类。

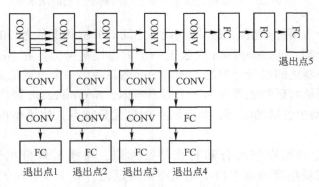

图 6-21　有五个退出点的 CNN 模型

DDNNs 基于 BranchyNet 设计, 是一个跨云、边缘和设备的分布式深度神经网络的框架。DDNNs 具有三层结构框架, 包括设备层、边缘服务器层和云层。每一层代表一个分支网的出口点。提出了最大池 (MP)、平均池 (AP) 和级联 (CC) 三种聚合方法。聚合方法适用于多个移动设备向边缘服务器发送中间数据或多个边缘服务器向云数据中心发送中间数据的情况。MP 通过取每个分量的最大值来聚合数据向量。AP 通过取每个分量的平均值来聚合数据向量。CC 只是简单地将数据向量连接为一个向量。Edgent 也是在 BranchyNet 的基础上构建的, 在模型早退和模型分割的联合应用下, 解决精度–延迟的折中问题。Edgent 的基本思想是通过基于回归的层延迟预测模型, 在给定的延迟需求下, 最大限度地提高精度。

除了 BranchyNet 之外, 还有不同的方法来实现模型的早退。例如, 级联网络简单地将最大池化层和全连接层添加到标准 DNN 模型中，实现了 20% 的加速比。DeepIns 利用 DNN 模型早退，为智能工业提出了一种生产检查系统。在 DeepIns 中，边缘设备负责数据采集，边缘服务器作为第一个出口点，云数据中心作为第二个出口点。此外，有人建议在基本 BranchyNet 模型中添加真实操作（AO）单元。AO 单元通过为不同的 DNN 模型输出类设置不同的置信度阈值标准来确定是否必须将输入传输到边缘服务器或云数据中心以便进一步执行。

4. 边缘缓存

边缘缓存是一种用于加速 DNN 模型推理的新方法，即通过缓存 DNN 推理结果来优化延迟问题。边缘缓存的核心思想是在网络边缘对图像分类预测等任务结果进行缓存和重用，减少边缘智能应用的查询延迟。图 6-22 显示了语义缓存技术的基本过程，如果移动设备的请求命中了存储在边缘服务器中的缓存结果，则边缘服务器将返回对应结果，否则，请求将以全精度模型传输到云数据中心进行推理。

图 6-22　语义缓存技术的过程

Glimpse 是将缓存技术引入 DNN 推理任务的先驱。在目标检测应用中，Glimpse 提出了重用旧的检测结果来检测当前帧上的目标。检测到的旧帧对象的结果缓存在移动设备上，然后截取这些缓存结果的子集，并计算处理帧和当前帧之间的特征光流。光流的计算结果将指导我们在当前帧中将边界框移动到正确的位置。Glimpse 可以获得 1.6~5.5 倍的加速度。

但局部缓存的结果不能扩展到几十张图像，于是 Cachier 被提出来实现数千个对象的识别。在 Cachier 中，边缘智能应用的结果被缓存在边缘服务器中，存储输入的特征（如图像）和相应的任务结果。然后 Cachier 使用最不频繁使用（LFS）作为缓存替换策略。如果输入不能命中缓存，边缘服务器将把输入传输到云数据中心。Cachier 可以将响应能力提高 3 倍或更多。Precog 是 Cachier 的扩展。在 Precog 中，缓存的数据不仅存储在边缘服务器上，而且存储在移动设备中。Precog 使用马尔可夫链的预测将数据预取到移动设备上，速度提升了 5 倍。此外，Precog 还提出根据环境信息动态调整移动设备上缓存的特征提取模型。Shadow Puppets 是另一个改进版的 Cachier。Cachier 使用局部敏感哈希（Locality Sensitive HASH, LSH）等标准特征提取方法从输入中提取特征，但是这些特征可能无法像人一样精确地反映相似性。而在 Shadow Puppets 中，它使用了一个占用空间小的 DNN 生成哈希码来表示输入数据，显著提高了 5~10 倍的延迟。

考虑到同一应用程序在多个近距离设备上的应用场景，以及 DNN 模型经常处理相似的输入数据，FoggyCache 被提出来最小化这些冗余计算。FoggyCache 面临两个挑战：一个是输入数据分布未知，因此问题是如何以恒定的查找质量对输入数据进行索引；另一个是如何表示输入数据的相似性。为了解决这两个问题，FoggyCache 分别提出了自适应局部敏感哈希（A-LSH）和均匀化 kNN（HkNN）方案。FoggyCache 将计算延迟和能耗降低了 3 到 10 倍。

5. 输入过滤

输入滤波是加速 DNN 模型推理的一种有效方法，特别是在视频分析中。如图 6-23 所示，输入滤波的核心思想是去除输入数据的非目标对象帧，避免了 DNN 模型推理的冗余计算，从而提高了推理精度，缩短了推理延迟，降低了能耗。

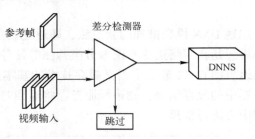

图 6-23　输入过滤的工作流程

NoScope 通过跳过变化不大的帧来加速视频分析。为此，NoScope 实现了一个区分帧间时间差异的差异检测器，例如，检测器监视帧以检查帧中是否出现汽车，并且在 DNN 模型推理中处理带有汽车的帧。这种差异是通过使用轻量级的二值分类器来检测的。在无人机群连续视频传输的场景下，可以优化 DNN 推理的第一跳无线带宽。

FFS-VA 是一个用于多级视频分析的流水线系统。FFS-VA 过滤系统的建立分为三个阶段：第一阶段是流专用差分检测器（SDD），用于去除只包含背景的帧。第二种是流专用网络模型（SNM），用于识别目标帧。第三种是一个 Tiny-YOLO-Voc（T-YOLO）模型，用来移除目标对象低于阈值的帧。一种用于视频分析的两级过滤系统中首先通过输出 DNN 的中间数据来提取帧的语义内容，然后将这些输出特征积累到帧缓冲区中。将缓冲区视为一个有向无环图，过滤系统采用欧氏距离作为相似度度量，计算出前 k 个感兴趣的帧。

上述框架侧重于为单个摄像机过滤视频流中的无趣帧。ReXCam 加速 DNN 模型推理的跨相机分析。ReXCam 利用一个学习过的时空模型来过滤视频帧。ReXCam 将计算工作量减少了 4.6 倍，将 DNN 模型推理精度提高了 27%。

6. 模型选择

有研究人员提出了一种模型选择方法来优化 DNN 推理的延迟、精度和能量问题。模型选择的主要思想是先离线训练一组不同模型大小的 DNN 模型，然后在线自适应地选择模型进行推理。模型选择与模型早退相似，模型早期退出机制的退出点可视为一个 DNN 模型。但关键的区别在于退出点与主分支模型共享部分 DNN 层，模型选择机制中的模型是独立的。

Park 等人提出了一个大/小 DNN 模型选择框架，即使用一个小而快速的模型来尝试对输入数据进行分类，只有当小模型的置信度小于预先设定的阈值时才使用大模型。Taylor 等人指出，不同的 DNN 模型（如 MobileNet、ResNet、Inception）在不同图像的不同评估指标上可以达到最低的推理延迟或最高的准确性。然后，他们提出了一个从延迟和准确性方面选择最佳 DNN 的框架。在这个框架中，训练模型选择器为不同的输入图像选择最佳的 DNN。类似地，IF-CNN 也训练一个称为识别预测器（RP）的模型选择器来改变任务中使用的模型。RP 是一个多任务的 DNN 模型，即 RP 具有多个输出。RP 的输出表示每个候选 DNN 模型获得 top-1 标签的概率。RP 的输入是图像，如果 RP 的输出超过预定的阈值，则选择相应的 DNN 模型。

除了对 DNN 模型推理延迟进行优化外，为了节约能源，一种解决方案是将自适应 DNN 模型选择问题作为超参数优化问题，并考虑设备施加的精度和通信约束，然后采用贝叶斯优化方法（Bayesian Optimization，BO）解决该问题。在精度约束下，每幅图像的最小能量提高了 6 倍。

7. 支持多租户

实际上，一个终端或边缘设备通常同时运行多个 DNN 应用程序。例如，用于互联网车辆的高级驾驶员辅助系统（ADAS）同时运行用于车辆检测、行人检测、交通标志识别和车道线检测的 DNN 程序。在这种情况下，多个 DNN 应用程序将争夺有限的资源。如果没有多租户的支持，即并发应用程序的资源分配和任务调度，全局效率会大大降低。对多租户的支持侧重于优化能源和内存占用。

考虑到运行时资源的动态性，NestDNN 被提出为每个 DNN 模型提供灵活的资源精度权衡。NestDNN 实现了一种新的模型剪枝和恢复方案，将 DNN 模型转化为一个由一组子代模型组成的单一紧凑多容量模型。每个子代模型都提供了一个独特的资源准确性权衡。对于每个并发子代模型，NestDNN 将其精度和延迟编码为一个代价函数，然后 NestDNN 构建一个资源精度运行时调度器，对每个并发子代模型进行最优权衡。为了应对灵活权衡的挑战，主流采用了流行的迁移学习 DNN 训练方法来训练多个不同精度的 DNN 模型，并采用贪婪的方法来寻找符合成本预算的最优调度器。对于单个设备上的多个 DNN 模型执行，HiveMind 被提出来提高这些并发工作负载的 GPU 利用率。HiveMind 由两个关键组件组成：编译器和运行时模块。编译器优化数据传输、数据预处理和跨工作负载的计算，然后运行时模块将优化后的模型转换为执行有向无环图，它将在 GPU 上执行，同时尝试提取尽可能多的并发性。

在更细的粒度上，DeepEye 提出通过调度异构 DNN 层的执行来优化移动设备上多任务的推理。DeepEye 首先将所有任务的 DNN 层分为两个池：卷积层和全连接层。对于卷积层，采用了基于 FIFO 队列的执行策略。对于完全连接层，DeepEye 采用贪婪的方法缓存全连接层的参数，以最大限度地提高内存利用率。

8. 应用程序特定优化

虽然上述优化技术通常适用于边缘智能应用程序，但是可以利用特定于应用程序的优化来进一步优化边缘智能应用程序的性能，即精度、延迟、能量和内存占用。例如，对于基于视频的应用程序，可以灵活地调整帧率和分辨率两个旋钮，以减少资源需求。然而，由于此类资源敏感旋钮也会降低推理精度，因此自然会产生成本-精度的权衡。这就要求在调整视频帧速率和分辨率时，在资源成本和推理精度之间取得很好的平衡。

为了实现上述目标，Chameleon 通过在每个任务之间共享最佳 k 个配置来调整每个视频分析任务的旋钮。在 Chameleon 中，视频任务根据空间相关性进行分组，组长搜索最佳的 k 个配置并与追随者共享。DeepDecision 将旋钮调谐问题描述为一个多选择多约束背包程序，并用改进的蛮力搜索方法进行求解。

表 6-3 总结了边缘智能中各推理技术的特点。

表 6-3　边缘智能 DNN 推理技术

技　术	亮　点
模型压缩	权重修剪和量化，减少存储和计算量
模型分割	计算卸载到边缘服务器或移动设备 面向延迟和能量优化
模型早退	部分 DNNs 模型推理 精度感知
边缘缓存	快速响应并重用之前相同任务的结果
输入过滤	检测输入之间的差异，避免大量计算
模型选择	面向输入优化 精度感知
支持多租户	调度多个 DNN 任务
应用程序特定优化	针对特定的 DNN 应用程序优化 节约资源

另外值得注意的是，在计算机体系架构领域中，硬件加速实现有效的 DNN 推理一直是一个非常热门的课题，并积累了大量的研究成果。感兴趣的读者可搜索最近的专著进一步了解。

6.6　边缘智能发展愿景

边缘智能逐渐渗入各行各业，同时也面临着巨大挑战，分析这些挑战有助于促进其良性发展。

1. 编程和软件平台

目前世界上许多公司都将重点放在人工智能云计算服务提供上。一些领先的公司也开始提供编程/软件平台来提供边缘计算服务，如亚马逊的 Greengrass、微软的 Azure IoT Edge 和谷歌的 Cloud IoT Edge。然而，目前这些平台大多主要充当连接到强大的云数据中心的中继。

随着越来越多的人工智能驱动的计算密集型物联网应用的出现，边缘智能即服务（EIaaS）将成为一个普遍的范式，具有强大边缘人工智能功能的 EI 平台将被开发和部署。这与公共云提供的机器学习即服务（MLaaS）有本质上的不同。本质上，MLaaS 属于云智能，它侧重于选择合适的服务器配置和机器学习框架，以一种成本效益的方式在云中训练模型。而与之形成鲜明对比的是，EIaaS 更多关注的是如何在资源受限和隐私敏感的边缘计算环境中进行模型训练和推理。要充分发挥 EI 服务的潜力，有几个关键的挑战需要克服。首先，EI 平台应该是异构兼容的。未来有很多分散的 EI 服务提供商/供应商，需要制定通用的开放标准，使用户可以随时随地在异构 EI 平台上享受无缝、顺畅的服务。其次，有许多可用的人工智能编程框架（例如 Tensorflow、Torch 和 Caffe 等）。在未来，应该支持不同编程框架训练的边缘人工智能模型跨异构分布的边缘节点的可移植性。第三，有许多专门为边缘设备设计的编程框架（例如 TensorFlow Lite、Caffe2、CoreML 和 MXNet 等），然而，实证测量表明，没有一个框架能够在所有指标上超越其他框架。一个在更多指标上有效执行的框架在未来是可以预期的。最后，轻量级虚拟化和计算技术（如容器和函数计算）应该得到进一步的研究，以便在资源受限的边缘环境中实现高效的 EI 服务放置和迁移。

2. 资源友好型边缘人工智能模型设计

许多现有的人工智能模型，如 CNN 和 LSTM，最初是为计算机视觉和自然语言处理等应用而设计的。大多数基于深度学习的人工智能模型都是资源密集型的，这意味着由丰富的硬件资源（如 GPU、FPGA、TPU）支撑的强大计算能力是这些 AI 模型性能提升的重要因素。因此，如上所述，有许多研究利用模型压缩技术（例如，权重剪枝）来调整 AI 模型的大小，使其对边缘部署更具资源友好性。

除此之外，还可以推广资源感知边缘人工智能模型设计。我们不必利用现有的资源密集型人工智能模型，而是可以利用 AutoML 思想和神经架构搜索（NAS）技术来设计资源高效的边缘人工智能模型，以适应底层边缘设备和服务器的硬件资源约束。例如，可以采用强化学习、遗传算法和贝叶斯优化等方法，通过考虑硬件资源的影响对性能指标的限制（如执行延迟、能量开销等）。

3. 计算感知网络技术

对于边缘智能，基于 AI 的计算密集型应用程序通常在分布式边缘计算环境中运行。因此，具有计算感知的高级网络解决方案是可取的，使得计算结果和数据可以在不同的边缘节点之间高效地共享。

对于未来的 5G 网络，超可靠低延迟通信（Ultra-Reliable Low-Latency Communication，URLLC）已经被定义为要求低延迟和高可靠性的任务关键应用场景。因此，将 5G URLLC 能力与边缘计算相结合，以提供超可靠的低延迟 EI（URLL-EI）服务是有希望的。5G 还将采用软件定义网络、网络功能虚拟化等先进技术，实现对网络资源的灵活控制，支持计算密集型人工智能应用中不同边缘节点的按需互联。另一方面，自主组网机制的设计对于在动态异构网络共存（如 LTE/5G/WiFi/LoRa）下实现高效的 EI 服务提供是非常重要的，允许新添加的边缘节点和设备以即插即用的方式进行自我配置。此外，计算感知通信技术也开始引起人们的注意，例如梯度编码可以缓解分布式学习中的散乱效应，以及用于分布式随机梯度下降的空中计算，对于边缘 AI 模型训练加速非常有用。

4. 各种 DNN 性能指标的权衡设计

对于具有特定任务的边缘智能应用程序，通常有一系列 DNN 候选模型能够完成任务。然而，软件开发人员很难为 EI 应用选择合适的 DNN 模型，因为 top-k 精度或平均精度等标准性能指标不能反映 DNN 模型推理在边缘设备上的运行性能。例如，在 EI 应用程序部署阶段，除了准确性之外，推理速度和资源使用也是关键的度量标准。我们需要探索这些指标之间的权衡，并确定影响它们的因素。

针对目标识别应用，有研究探讨了建议数、输入图像大小和特征抽取器的选择对推理速度和准确性的影响。结果表明，这些因素的新组合比最先进的方法更有效。因此，有必要探讨不同指标之间的权衡，帮助企业提高 EI 应用的部署效率。

5. 智能服务和资源管理

由于边缘计算的分布式特性，提供 EI 功能的边缘设备和节点分散在不同的地理位置和区域。不同的边缘设备和节点可以运行不同的人工智能模型并部署不同的特定人工智能任务。因此，设计有效的服务发现协议，使得用户能够及时地识别和定位相关的 EI 服务提供商，以满足他们的需求，是非常重要的。此外，为了充分利用边缘节点和设备之间分散的资源，将复杂的边缘人工智能模型划分为若干个子任务，并在边缘节点和设备之间有效地卸载这些任务，以便协同执行也是必不可少的。

因为对于许多 EI 应用场景（例如，智能城市），服务环境是高度动态的，很难准确预测未来事件。因此，它需要杰出的在线边缘资源编排和供应能力，以持续适应大规模的 EI 任务。异构计算、通信和缓存资源分配的实时联合优化以及为不同任务需求定制的高维系统参数配置（例如，选择适当的模型训练和推理技术）至关重要。为了解决算法设计的复杂性，一个新兴的研究方向是利用深度强化学习等人工智能技术，以数据驱动的自学习方式适应高效的资源分配策略。

6. 安全和隐私问题

边缘计算的开放性要求分散信任，使得不同实体提供的 EI 服务是可信的。因此，轻量级和分布式的安全机制设计对于确保用户认证和访问控制、模型和数据完整性以及 EI 的相互平台验证至关重要。同时，在考虑可信边缘节点与恶意边缘节点共存的情况下，研究新的安全路由方案和可信网络拓扑对于 EI 服务的交付有重要意义。

另一方面，最终用户和设备将在网络边缘生成大量数据，这些数据可能对隐私敏感，因为它们可能包含用户位置数据、健康或活动记录等。根据隐私保护的要求，例如欧盟的通用数据保护条例（GDPR），在多个边缘节点之间直接共享原始数据集可能会有很高的隐私泄露风险。因此，联邦学习是一种对隐私友好的分布式数据训练的可行范式，使得原始数据集保存在其生成的设备/节点中，并且共享边缘 AI 模型参数。为了进一步提高数据的隐私性，越来越多的研究致力于利用差分私密性、同态加密和安全多方计算等工具来设计保护隐私的 AI 模型参数共享方案。

7. 激励和商业模式

EI 生态系统将是一个庞大的开放联盟，由 EI 服务提供商和用户组成，包括但不限于：平台提供商（如亚马逊）、AI 软件提供商（如 SenseTime）、边缘设备提供商（如海康威视）、网络运营商（如 AT&T）、数据生成器（如物联网和移动设备所有者），以及服务消费者（即 EI 用户）。EI 服务的高效运行可能需要不同服务提供商之间的密切协作和集成，例如，为了实现扩展的资源共享和流畅的服务切换。因此，适当的激励机制和商业模式对于促进 EI 生态系统所有成员之间的有效合作至关重要。此外，对于 EI 服务，用户可以是服务消费者，同时也是数据生成器。在这种情况下，需要一种新的智能定价方案来分解用户的服务消费及其数据贡献的价值。

作为分散协作的一种手段，具有智能合约的区块链可以通过在分散的边缘服务器上运行而集成到 EI 服务中。在 EI 生态系统中，如何根据成员的工作证明，灵活地定价，合理地分配收入，是一个值得研究的问题。此外，为边缘智能设计资源友好的轻量级区块链共识协议也是非常可取的。

本章小结

作为边缘计算发展的下一阶段，边缘智能将人工智能与边缘计算结合起来，实现更好更多样的服务。本章讨论了边缘计算和人工智能的关系，它们是相辅相成相互促进的。然后，基于卸载位置和数量介绍了边缘智能的六种评级，从技术手段讨论了边缘智能面临的挑战。

接着，讨论了边缘智能的使能技术：联邦学习和现有框架。联邦学习有助于解决数据孤岛问题，多种机器学习框架为边缘智能各方面实现的可能性保驾护航。针对边缘智能中的训练和推理算法进行了重点阐述。边缘智能训练算法旨在降低开销，保护隐私以及提升模型性能表现。推理算法旨在加速推理，降低能耗，从而减轻边缘智能应用在终端设备上的执行压力并提升推理精度。最后，对边缘智能发展愿景进行了展望。

练习题

1. 简述边缘智能的概念和分级。
2. 简述边缘智能面临的挑战。
3. 简述联邦学习的分类。
4. 简述深度学习框架的作用。
5. 简述几种不同的边缘智能训练算法内涵。
6. 简述几种不同的边缘智能推理算法内涵。
7. 简要思考联邦学习如何应用到自动驾驶领域。
8. 你认为边缘的智能水平取决于内存吗？为什么？
9. 随着许多 AI 应用开始在医疗领域进行应用，在医疗行业中的数据保护也越发重视。针对医疗机构的数据对于隐私和安全问题特别敏感，直接将这些数据收集在一起是不可行的；另外，因为医疗领域涉及的机构众多，很难收集到足够数量的、具有丰富特征的、可以用来全面描述患者症状的数据。针对此种情况，可以应用本章的哪些技术，为什么？
10. 举例说明如何应用模型选择。

第 7 章　物联网安全与管理技术

物联网的安全与管理是保障物联网正常运行必不可少的环节。本章介绍物联网中的安全与管理技术，并对边缘智能中的前沿安全技术进行分析。

7.1　物联网安全技术

实现信息安全和网络安全是物联网大规模应用的必要条件，也是物联网应用系统成熟的重要标志。因此安全管理[17-19]是物联网应用系统运营的重要支撑技术。本节分析物联网安全特征与目标、物联网面临的安全威胁与攻击；讨论物联网安全体系；着重介绍物联网在感知互动层和网络传输层的安全机制。

7.1.1　物联网安全特征与目标

物联网应用系统中的数据大多是一些应用场景中的实时数据，其中不乏国家重要行业的敏感数据，因此物联网应用系统的安全是物联网健康发展的重要保障。

信息与网络安全的目标是要保证被保护信息的机密性（Confidentiality）、完整性（Integrity）和可用性（Availability）。这个要求贯穿于物联网的感知信息采集、汇聚、融合、传输、决策等信息处理的全过程，物联网所面临的安全问题有着不同于现有网络系统的特征。

首先，在感知数据采集、传输与信息安全方面，感知节点通常结构简单、资源受限，无法支持复杂的安全功能；感知节点及感知网络种类繁多，采用的通信技术多样，相关的标准规范不完善，尚未建立统一的安全体系。

其次，在物联网业务的安全方面，支撑物联网业务的平台具有不同的安全策略，一方面大规模、多平台、多业务类型使得物联网业务层次的安全面临新的挑战；另一方面，从信息的机密性、完整性和可用性角度分析物联网的安全需求与特征。物联网信息机密性直接体现为信息隐私，如感知终端的位置信息。在数据处理过程中同样也存在隐私保护问题，要建立访问控制机制，控制物联网中信息采集、传输和查询等操作。

总之，物联网的安全特征体现了感知信息的多样性、网络环境的复杂性和应用需求的多样性，给安全研究提出了新的更大的挑战。物联网以数据为中心的特点和与应用密切相关性决定了物联网总体安全目标，此目标包括以下几个方面。

- 保密性：避免非法用户读取机密数据，一个感知网络不应泄露机密数据到相邻网络。
- 数据鉴别：避免物联网节点被恶意注入虚假信息，确保信息来源于正确的节点。
- 设备鉴权：避免非法设备接入到物联网中。
- 完整性：通过校验来检测数据是否被修改。数据完整性是消息被非法（未经认证的）改变后才能够被识别。
- 可用性：确保感知网络的信息和服务在任何时间都可以提供给合法用户。
- 新鲜性：保证接收到数据的时效性，确保没有恶意节点重放过时的消息。

7.1.2　物联网面临的安全威胁与攻击

物联网具有感知互动层网络资源受限、拓扑变化频繁、网络环境复杂的特点，除面临一般信息网络的安全威胁外，还面临其特有的威胁和攻击，主要有以下几类。

1. 安全威胁

以下介绍几种物联网在数据处理和通信环境中易受到的安全威胁。

- 物理俘获：是指攻击者使用一些外部手段非法俘获传感节点，主要针对部署在开放区域内的节点。
- 传输威胁：物联网信息传输主要面临中断、拦截、篡改、伪造等威胁。
- 自私性威胁：网络节点表现出自私、贪心的行为，为节省自身能量拒绝提供转发数据包的服务。
- 拒绝服务威胁：是指破坏网络的可用性，降低网络或系统执行某一期望功能的能力，如硬件失败、软件瑕疵、资源耗尽、环境条件恶劣等。

2. 网络攻击

以下为物联网在数据处理和数据通信环境中易受到的攻击类型。

- 拥塞攻击：是指攻击者在获取目标网络通信频率的中心频率后，通过在这个频点附近发射无线电波进行干扰，使得攻击节点通信半径内的所有传感器网络节点不能正常工作，甚至使网络瘫痪。
- 碰撞攻击：是指攻击者和正常节点同时发送数据包，使得数据在传输过程中发生冲突，导致整个包被丢弃。
- 耗尽攻击：是指通过持续通信的方式使节点能量耗尽。如利用协议漏洞不断发送重传报文或确认报文，最终耗尽节点资源。
- 非公平攻击：攻击者不断发送高优先级的数据包从而占据信道，导致其他节点在通信过程中处于劣势。
- 选择转发攻击：攻击者拒绝转发特定的消息并将其丢弃，使这些数据包无法传播，或者修改特定节点发送的数据包，并将其可靠地转发给其他节点。
- 黑洞攻击：攻击者通过申明高质量路由来吸引一个区域内的数据流通过攻击者控制的节点，达到攻击网络的目的。
- 女巫攻击：攻击者通过向网络中的其他节点申明有多个身份，达到攻击的目的。
- 泛洪攻击：攻击者通过发送大量攻击报文，导致整个网络性能下降，影响正常通信。

7.1.3　物联网安全体系

OSI 安全体系架构对于构建物联网的信息安全解决方案，具有重要的指导意义和参考价值。为便于比较，先介绍 OSI 安全体系架构。

OSI 安全体系架构定义了 5 类安全服务、8 类安全机制及安全服务的关系。OSI 的 5 类安全服务是鉴别、机密性、完整性、访问控制和抗抵赖。在 OSI 框架之下，认为每一层和它的上一层都是一种服务关系。5 类安全服务的分类如表 7-1 所示。

表 7-1　OSI 安全服务分类

鉴　别	机密性	完　整　性	访问控制	抗　抵　赖
对等实体鉴别	连接机密性	带恢复的连接完整性	访问控制	有数据原发证明的抗抵赖
数据原发鉴别	无连接机密性	不带恢复的连接完整性		有交付证明的抗抵赖
	选择字段机密性	选择字段的连接完整性		
	通信业务流机密性	无连接完整性		
		选择字段的无连接完整性		

OSI 定义的安全服务与安全机制之间具有如表 7-2 所示的关系。

表 7-2　安全服务和安全机制之间的关系

机制 服务	加密	数字 签名	访问 控制	数据 完整性	鉴别 交换	通信 量填充	路由 控制	公证
对等实体鉴别	√	√	○	○	√	○	○	○
数据原发鉴别	√	√	○	○	○	○	○	○
连接机密性	√	○	○	○	○	○	√	○
无连接机密性	√	○	○	○	○	○	○	○
选择字段机密性	√	○	○	○	○	○	○	○
通信业务流机密性	√	○	○	○	○	√	○	○
带恢复的连接完整性	√	○	○	√	○	○	○	○
不带恢复的连接完整性	√	○	○	√	○	○	○	○
选择字段的连接完整性	√	○	○	√	○	○	○	○
无连接完整性	√	√	○	√	○	○	○	○
选择字段的无连接完整性	√	○	○	√	○	○	○	○
访问控制	○	○	√	○	○	○	○	○
有数据原发证明的抗抵赖	○	√	○	√	○	○	○	√
有交付证明的抗抵赖	○	√	○	√	○	○	○	√

注：√表示具有该功能，○表示不具有该功能。

根据物联网的安全威胁和特征，物联网的安全体系包括以下 3 个部分。

1. 基于数据的安全

该部分主要处理数据的保密性、鉴别、完整性和时效性。用于保障数据安全的方法主要包括以下两点。

- 安全定位：在存在恶意攻击的条件下，物联网应具有仍能有效、安全地确定节点的位置的能力。
- 安全数据融合：物联网应在任何情况下保证融合数据的真实性和准确性。

2. 基于网络的安全

网络通信为应用服务层提供数据服务，在考虑网络安全问题时应基于以下安全策略。

- 安全路由：防止因误用或滥用路由协议而导致的网络瘫痪或信息泄露。
- 容侵容错：网络传输层安全技术应避免故障、入侵或者攻击对系统可用性造成的影响。

222

基于网络的安全还应该使用网络可扩展策略、负载均衡策略和能量高效策略等。

3. 基于节点的安全

基于节点的安全为网络传输层通信和应用服务层数据提供安全基础设施，可采用以下安全机制：

- 安全有效的密钥管理机制。
- 高效冗余的密码算法。
- 轻量级的安全协议。

7.1.4 物联网感知互动层的安全机制

感知互动层安全机制主要有密钥管理、鉴别机制、安全路由机制、访问控制机制、安全数据融合机制、容侵容错机制等。

1. 密钥管理

密钥管理系统是安全的基础，是实现感知信息保护的手段之一。物联网感知互动层密钥管理系统由于计算资源的限制面临两个问题：一是如何构建与物联网体系架构相适应的贯穿多个网络的统一密钥管理系统；二是如何解决物联网感知互动层的密钥管理问题，包括密钥的生成、分配、更新、组播等。

实现统一的密钥管理系统有两种方式：一是以互联网为中心的集中式管理方式，由互联网的密钥分配中心负责物联网感知互动层的密钥管理，一旦物联网感知互动层接入到互联网，则通过密钥分配中心与网关节点进行交互，实现对物联网感知互动层节点的密钥管理；二是以物联网感知互动层各局部网络为中心的分布式管理方式，这种方式对汇聚节点或网关的要求比较高，虽然可以通过分簇等层次式网络结构管理，但对多跳通信的边缘节点、分层算法的能耗较大，使得密钥管理存在成本和开销的问题。

物联网感知互动层的密钥管理系统的设计与传统有线网络或资源不受限的无线网络有所不同，其安全需求主要体现在以下方面：

- 密钥生成或更新算法的安全性。
- 前向私密性，中途退出网络或被俘获的恶意节点无法利用先前的密钥信息生成合法的密钥，继续参与通信。
- 后向私密性和可扩展性，新加入的合法节点可利用新分发或者周期性更新的密钥参与网络通信。
- 源端认证性和新鲜性，要求发送方身份的可认证性和消息的可认证性，即每个数据包都可以寻找到其发送源且不可否认。

物联网感知互动层的密钥管理机制涉及以下 3 个方面：

- 密钥材料的产生、分配、更新和注销。
- 共享密钥的建立、撤销和更新。
- 会话密钥的建立和更新。

在实现方法上，主要有基于对称密钥和非对称密钥两种方法。基于对称密钥的分配方式又可以分为 3 类：基于密钥分配中心方式、预分配方式和基于分组分簇方式，比较典型的解决方法有 SPINS 协议、基于密钥池预分配的 E-G 方法、单密钥和多密钥空间随机密钥预分配方法、对称多项式随机密钥预分配方法、基于地理信息的随机密钥预分配方法、低功耗的密钥管理方法等。对称密钥系统在计算复杂度方面有优势，但安全性方面却不如非对称密钥系统。

在非对称密钥系统领域，MICA2 节点上实现了基于 RSA 算法的外部节点的认证及 TinySec 密钥的分发和基于椭圆曲线密码的 TinySec 密钥的分发。

2. 鉴别机制

物联网感知互动层鉴权技术主要包括以下 3 种。

- 网络内部节点之间的鉴别：物联网感知互动层密钥管理是网络内部节点之间能够相互鉴别的基础。内部节点之间的鉴别是基于密码算法的，具有共享密钥的节点之间能够实现相互鉴别。
- 物联网感知互动层节点对用户的鉴别：用户为物联网感知互动层外部的、能够使用物联网感知互动层收集数据的实体。当用户访问物联网感知互动层，并向物联网感知互动层发送请求时，必须要通过物联网感知互动层的鉴别。
- 物联网感知互动层消息鉴别：由于物联网感知互动层信息可能被篡改或被插入恶意信息，所以要求采用鉴别机制保证其合法性和完整性，其中鉴别机制包括点对点消息鉴别和广播消息鉴别。

3. 安全路由机制

安全路由机制用以保证网络在受到威胁和攻击时，仍能进行正确的路由发现、构建和维护，包括：数据保密和鉴别机制、数据完整性和新鲜性校验机制、设备和身份鉴别机制以及路由消息广播鉴别机制等。

针对安全威胁而设计的安全路由协议有 TRANS（Trust Routing for Location-aware Sensor Networks）和 INSENS（Intrusion-tolerant Routing Protocol for WSNs）。TRANS 是建立在地理路由之上的安全机制，包括信任路由和不安全位置避免两个模块，信任路由模块安装在汇聚节点和感知节点上，不安全位置避免模块仅安装在汇聚节点上；INSENS 是一种容侵的安全路由协议，包括路由发现和数据转发两个阶段。

针对不同的网络攻击，可采用相应的解决方案。例如，针对女巫攻击采用身份验证方法；针对 Hello 泛洪攻击采用双向链路认证方法；针对黑洞攻击采用基于地理位置的路由协议；针对选择转发攻击采用多径路由技术；针对认证广播和泛洪攻击采用广播认证，如 uTESLA 方法。

4. 访问控制机制

访问控制机制以控制用户对物联网感知互动层的访问为目的，能够防止未授权用户访问物联网感知互动层的节点和数据。访问控制机制包括（但不限于）自主访问控制和强制访问控制。

（1）自主访问控制

自主访问控制策略包括（但不限于）访问控制表及访问能力表，其中访问控制表是指在通过访问控制表进行访问控制时，能明确指明网内的每种设备可由哪些用户访问，以及进行何种类型的访问（读取、发送控制命令）。访问能力表是指在通过访问能力表进行的访问控制中，能明确指明每个合法用户能够访问哪些设备资源，以及进行何种类型的访问（读取、发送控制命令）。

自主访问控制机制包括（但不限于）基于用户身份的访问、基于组的访问及基于角色的访问，如果明确指出细粒度的访问控制，则需要基于每个用户进行访问控制。否则，为了简化访问控制表，提高访问控制的效率，在各种安全级别的自主访问控制模型中，均可通过用户组和用户身份相结合的形式进行访问控制。

为了实现灵活的访问控制，可以将自主访问控制与角色相结合，实施基于角色的访问控制，这便于实现角色的继承。

（2）强制访问控制

当主体的安全级别不高于资源的安全级别时，主体能执行添加操作；当主体的安全级别不低于资源的安全级别时，能执行改写或删除已有数据的操作；当主体的安全级别不低于客体的安全级别时，能执行只读操作；当主体的安全级别不低于客体的安全级别时，能执行发送控制命令操作。强制访问控制可基于单个用户、用户组和角色来实施，即为不同的用户、用户组或角色设置不同安全级别的标记，根据这些标记实施强制访问控制。

5. 安全数据融合机制

安全数据融合机制，以保障信息保密性、信息传输安全、信息聚合的准确性为目的，通过加密、安全路由、融合算法的设计、节点间的交互证明、节点采集信息的抽样、采集信息的签名等机制实现。以下介绍基于监督的安全数据融合机制。

首先由信任中心或者汇聚节点选取监督节点，可指定也可选举产生，但不包括聚合节点。然后生成监督信息，包括监督范围和周期等。执行监督功能和数据融合同步进行，监督节点利用无线网络广播的特点，收集监督范围内普通节点采集的发送给所监督的聚合节点的报文，进行数据融合。

监督节点将监督信息发送给路由节点并最终交给汇聚节点，汇聚节点一段时间内未收到监督报文，则判定聚合节点为恶意节点。汇聚节点根据监督节点上传的信息，对聚合节点融合信息的真实性、正确性进行判断。当汇聚节点判定聚合节点融合信息不可靠时，下发撤销聚合节点报文。

6. 容侵容错机制

容侵框架主要包括3个部分。

（1）判定疑似恶意节点

找出网络中的攻击节点或可能被妥协的节点，汇聚节点或网关随机发送一个通过公钥加密的报文给节点，节点必须利用其私钥对报文进行解密并回送给汇聚节点。如果汇聚节点长期收不到回应报文，则认为该节点遭受入侵。另一种判定机制是利用邻居节点的签名，节点发送给汇聚节点的数据包要获得一定数量的邻居节点的签名，汇聚节点通过验证签名的合法性，判定节点为恶意节点的可能性。

（2）针对疑似恶意节点的容侵机制

汇聚节点发现网络中可能存在恶意节点后，发送一个信息包，告知疑似恶意节点的邻居节点可能的入侵情况，邻居节点将该节点的状态修改为容侵，该疑似恶意节点仍能在受控状态进行数据转发操作。

（3）通过节点协作对恶意节点做出处理决定

一定数量的邻居节点发送编造的报警报文给疑似恶意节点，观察其对报警报文的处理情况，邻居节点根据接收到的疑似节点的无效签名数量，决定对其选择攻击或者放弃操作。

容错机制主要包括3个方面的容错。

- 网络拓扑中的容错：通过对网络设计合理的拓扑结构，保证网络出现断裂的情况下仍能正常通信。
- 网络覆盖中的容错：在部分节点、链路失效的情况下，如何事先部署或事后移动、补充节点，从而保证对监测区域的覆盖和连通性。
- 数据检测中的容错：在恶劣的网络环境中，当一些特定事件发生时，处于事件发生区域的节点如何正确获取数据的能力。

7.1.5 物联网网络传输层的安全机制

网络传输层安全机制主要有 IPSec、防火墙、隧道服务、数字签名与数字证书和身份识别与访问控制等。

1. IPSec

IPSec（IP Security）是一个开放式的 IP 网络安全标准，它在 TCP 协议栈中间位置的网络层实现，可为上层协议无缝地提供安全保障，高层的应用协议可以透明地使用这些安全服务，而不必设计自己的安全机制。

IPSec 提供 3 种不同的形式来保护 IP 网络的数据。

- 原发方鉴别：可以确定声称的发送者是真实的发送者，而不是伪装的。
- 数据完整性：可以确定所接收的数据与所发送的数据是一致的，保证数据从原发地到目的地的传输过程中，没有任何不可检测的数据丢失与改变。
- 机密性：使相应的接收者能获取发送的真正内容，而非授权的接收者无法获知数据的真正内容。

IPSec 通过 3 个基本的协议来实现上述 3 种保护，它们是鉴别报头（AH）协议、封装安全载荷（ESP）协议、密钥管理与交换（IKE）协议。IPSec 的体系架构如图 7-1 所示。

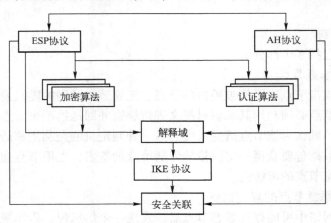

图 7-1　IPSec 的体系架构

（1）鉴别报头（Authentication Header，AH）协议

可以保证 IP 分组的原发方真实性和数据完整性。其原理是将 IP 分组头、上层数据和公共密钥通过嵌入哈希算法（MD5 或 SHA-1）计算出 AH 报头鉴别数据，将 AH 报头数据加入 IP 分组，接收方将收到的 IP 分组运行同样的计算，并与接收到的 AH 报头比较从而进行

鉴别。

数据完整性可以对传输过程中非授权数据的内容进行修改并检测；鉴别服务可使末端系统或网络设备鉴别用户或通信数据，根据需要过滤通信量，验证服务还可防止地址欺骗攻击及重放攻击。IPSecAH 报头格式如图 7-2 所示。

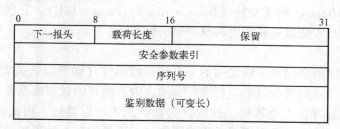

图 7-2　IPSecAH 报头格式

AH 各字段含义如下。

- 下一报头：表示紧随验证头的下一个头的类型。
- 载荷长度：以 32 bit 为单位的鉴别头长度再减去 2，其默认值为 4。
- 保留：留作将来使用。
- 安全参数索引：用来标识一个安全关联。
- 序列号：增量计数器的值，与 ESP 中的功能相同。
- 鉴别数据：一个可变长字段（必须是 32 bit 的整数倍），用来填入对 AH 包中除鉴别数据字段外的数据进行完整性校验时的校验值，其默认值是 96 bit。

（2）封装安全载荷（Encapsulating Security Payload，ESP）协议

利用加密机制为通过不可信网络传输的 IP 数据提供机密性服务，同时也可以提供鉴别服务。

ESP 协议兼容多种加密算法，系统必须支持密码分组链接模式和 DES 算法，同时也定义了使用其他加密算法：三重 DES、RC5、IDEA、CAST 等。鉴别服务要求必须支持 NULL 算法，也定义了其他算法，如 MD5 和 SHA-1 算法。

通过这些加密和鉴别机制为 IP 数据报提供原发方鉴别、数据完整性、反重放和机密性安全服务，可在传输模式和隧道模式下使用。IPSecESP 报头格式如图 7-3 所示。

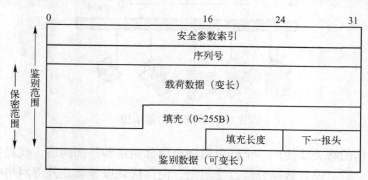

图 7-3　IPSec ESP 报头格式

ESP 报头中许多字段的含义与 AH 中字段的含义类似。ESP 报头中的填充字段主要用来满足某些加密算法对明文分组字节数的要求。

（3）密钥管理与交换（IKE）协议

IPSec 的密钥管理包括密钥的确定和分配，分为手工和自动两种方式。IPSec 默认的自动密钥管理协议是 Internet 密钥交换（Internet Key Exchange，IKE），它规定了对 IPSec 对等实体自动验证、协商安全服务和产生共享密钥的标准。

2. 防火墙

防火墙是部署在两个网络系统之间的一个或一组部件（硬件设备或者软件），这类组件定义了一系列预先设定的安全策略，要求所有进出内部网络的数据流都通过它，并根据安全策略进行检查，只有符合安全策略、被授权的数据流才可以通过，由此保护内部网络的安全。值得注意的是，防火墙是在逻辑上进行隔离，而不是物理上的隔离。防火墙的安全策略主要包含在以下几个方面：访问控制、内容过滤、地址转换。

防火墙的具体形态可以是以下 3 种。

- 纯软件防火墙：通过运行在计算机或者服务器系统上的软件，进行数据安全访问策略控制，实现简单，配置灵活。但是并发处理能力、安全防卫水平较差，多用于个人计算机或者中小型企业服务器。
- 纯硬件防火墙：将防火墙相关软件固化在专门设计的硬件之上，数据处理能力较纯软件防火墙得到了很大的提升。在一些数据中心，必须使用纯硬件防火墙进行相关的安全防护。
- 软硬件结合防火墙：结合了前两种防火墙的优点，在数据中心使用较多。

屏蔽路由器结构是防火墙结构中一种最简单的体系结构，屏蔽路由器（或主机）作为内外连接的唯一通道，对出入网络的数据进行包过滤。其结构如图 7-4 所示。

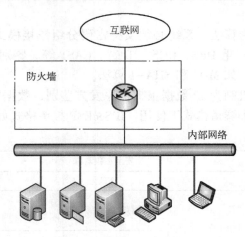

图 7-4　屏蔽路由器结构

屏蔽主机结构的防火墙使用一个路由器隔离内部网络和外部网络，代理服务器部署在内部网络上。在路由器上设置数据分组过滤规则，使得代理服务器是外部网络唯一可以访问的主机。屏蔽主机的防火墙结构易于实现，应用比较广泛。屏蔽子网结构的防火墙通过建立一个子网络来分隔内部网络和外部网络。子网络是一个被隔离的子网，在内部网络与外部网络之间形成一个隔离带。内外网络进行通信时，必须经过子网络通信，而不可以直接通信。

3. 隧道服务

物联网应用系统中有时候会使用一些自己建立的内部网络（Intranet），这类内部网络也必须通过互联网进行互联。这类服务往往是通过隧道技术提供的，最典型的就是虚拟专网（Virtual Private Network，VPN）。VPN是指通过在一个公用网络（如互联网）中建立一条安全、专用的虚拟隧道，连接各地的不同物理网络，从而构成逻辑上的虚拟子网。进入VPN专用网络的各个终端，无论物理网络的位置在哪里，使用上还是类似于同一个局域网进行操作。

隧道技术的原理是在消息的发起端对数据报文进行加密封装，然后通过在互联网中建立的数据通道，将数据传输到消息的接收端，接收端再针对数据包进行解封装，得到最后的原始数据包。

隧道技术主要应用于OSI的数据链路层和网络层。数据链路层协议主要是将需要传输的协议封装到PPP中，把新生成的PPP报文封装到隧道协议包中，利用数据链路层协议进行传输。数据链路层隧道协议主要是L2TP。网络层协议主要是把需要传输的协议包直接封装到隧道协议包中，再通过网络层进行传输。网络层隧道协议主要有IPSec、IPv6 over IPv4等。

4. 数字签名与数字证书

数字签名包括两个过程：签名者对给定的数据单元进行签名；接收者验证该签名。

签名过程需要使用签名者的私有信息（满足机密性和唯一性），验证过程应当仅使用公开的规程和公开的信息，这些公开的信息不能计算出签名者的私有信息。数字签名算法与公钥加密算法类似，是私有密钥或公开密钥控制下的数学变换，而且通常可以从公钥加密算法派生而来。

数字证书是一种权威性的电子文档，是由权威公正的第三方机构即证书授证中心签发的证书。以数字证书为核心的加密技术可以对网络上传输的信息进行加密和解密、数字签名和签名验证，确保网上传递信息的机密性、完整性。

CA中心，又称为证书授证中心，作为电子商务交易中受信任的第三方，承担公钥体系中公钥的合法性检验的任务。CA中心为每个使用公开密钥的用户发放一个数字证书，数字证书的作用是证明证书中列出的用户合法拥有证书中列出的公开密钥。CA中心的数字签名使得攻击者不能伪造和篡改证书。它负责产生、分配并管理所有参与网上交易的个体所需的数字证书，因此是安全电子交易的核心环节。

5. 身份识别与访问控制

物联网应用系统针对不同用户，通常会为用户设定一个用户名或标识符的索引值。身份识别是后续交互中用户对其标识符的一个证明过程，通常是由交互式协议实现的。一些物联网应用系统会采用一些新兴的身份识别技术，比如在智能家居中使用基于使用者的指纹、面容、虹膜等生物特征进行身份识别的技术。

身份识别往往与访问控制机制联合使用。访问控制机制确定权限，授予访问权。实体如果试图进行非授权访问，将被拒绝。授权中心或者被访问实体，都建有访问控制列表，记录了访问规则。

此外，还可以为访问的实体和被访问的实体划分相应的安全等级和范围，制定访问交互中双方的安全等级、范围必须满足的条件。

7.2 面向边缘智能的数据安全与隐私保护技术

随着边缘智能时代的到来，智能边缘设备的种类和数量激增，数据的主要产生方由云端转移到边缘端。与此同时，新兴的攻击方式不断涌现，数据实时性、完整性、机密性等面临着诸多挑战。数据安全和隐私泄露问题已经成为制约边缘智能发展的关键因素，建立边缘智能数据安全保障体系成为其健康稳定发展的重要环节。

7.2.1 数据安全与隐私技术的起源与发展

随着信息技术的发展，安全和隐私的要求也在发生变化，各种技术逐渐被提出。

1. 数据安全

1890 年，两名美国律师 Samuel D. Warren，Louis Brandeis 撰写了《隐私权》一书，主张"被单独留下的权利"（right to be left alone）。

1948 年，通过了《世界人权宣言》，隐私权即包含在 12 项基本权利之内。

1981 年，欧洲委员会通过了《数据保护公约》（第 108 号条约），使隐私权成为当务之急。

1995 年，通过了《欧洲数据保护指令》，旨在为收集、处理和处理数据时保护隐私与保护识别信息。

2002 年，欧盟通过了《隐私和电子通信指令》。

2016 年，经过 4 年的讨论，欧盟议会批准了《通用数据保护条例》（GDPR）。

2018 年，GDPR 被执行，取代《数据保护法》。

2018 年至今，目标是建立成熟的 IT 治理体系、透明的流程和现代化应用，负责任地管理个人数据。

2. 隐私保护技术

如图 7-5 所示，随着数据存储与计算的发展，相应技术也在发展，因此对于数据隐私保护的要求也在提高，各种新的隐私保护技术被提出。

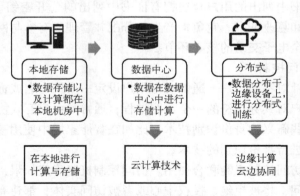

图 7-5　数据存储与计算的发展

1978 年，同态加密被提出来支持密文计算，实现数据隐私和数据处理的并存。目前由于技术限制，距离大规模商用还有一段距离。

1986 年，计算机科学家、图灵奖获得者姚期智教授提出安全多方计算，发展至今效率得到快速提升，约比明文计算慢两个数量级，已支持大规模商用。

1991 年，S. Goldwasser、S. Micali 及 C. Rackoff 提出零知识证明，使得证明者能够在不向验证者提供任何有用的信息的情况下，使验证者相信某个论断是正确的。

2006 年，差分隐私被提出用来防范差分攻击，目前差分隐私已被美国人口普查局、谷歌、苹果等公司广泛使用。

2009 年，OMTP 提出可信执行环境，通过在硬件计算平台上引入安全软硬件协同设计架构来提高系统的安全性。

2016 年，联邦学习由谷歌首次提出，在 2018 年迅速崛起并不断发展，成为一种隐私保护分布式机器学习技术的新范式。

7.2.2　边缘智能数据安全挑战

边缘计算中数据安全包括以下几个方面。

- 机密性：机密性是确保只有数据所有者和用户才能访问边缘计算中的私有信息的基本要求。在边缘或核心网络基础设施中传输和接收用户的私有数据，并在边缘或云数据中心存储或处理时，防止未经授权方访问数据。
- 完整性：完整性有义务确保向授权用户正确且一致地交付数据，而不会对数据进行任何未经检测的修改。
- 可用性：对于边缘计算，可用性确保所有授权方能够根据用户需求在任何地方访问边缘和云服务。它意味着用户的数据以密文形式存储在边缘或云数据中心，可以根据不同的业务需求进行处理。
- 身份验证和访问控制：身份验证确保用户的身份获得授权。此外，通过访问控制策略，访问控制充当了所有安全和隐私要求的桥接点，它决定了谁可以访问资源（身份验证）以及可以执行什么样的操作，如读取（保密性）和写入（完整性）。
- 隐私要求：安全机制用于保证用户的所有外包信息（如数据、个人身份和位置）在其他人面前是保密的。另外，在边缘计算中，加密、完整性审计、身份验证和访问控制等数据安全机制可以直接或间接地保护用户的隐私。

根据数据安全保护的位置，边缘智能中安全问题可以分为核心基础设施安全、边缘服务器安全、边缘网络安全和边缘设备安全。

1. 核心基础设施安全

所有的边缘范式都可以由几个核心基础设施来支持，例如集中的云服务和管理系统，这些核心基础设施可以由同一个第三方供应商（如移动网络运营商）来管理。这将带来巨大的挑战，因为这些核心基础设施可能是半可信或完全不可信的。首先，用户的个人和敏感信息可能被未经授权的实体访问或窃取，导致隐私泄露和数据被篡改。同时，边缘计算允许在边缘设备和边缘数据中心之间直接交换信息，这可能会绕过中心系统。当服务被劫持和阻塞时，核心基础设施可能会提供和交换虚假信息，从而导致拒绝服务攻击。此外，信息流可能被拥有足够访问权限的内部对手操纵，从而向其他实体提供虚假信息和虚假服务。由于边缘计算的分散性和分布性，这类安全问题可能不会影响到整个生态系统，但仍然是一个不容忽视的安全挑战。

2. 边缘服务器安全

边缘服务器（或边缘数据中心）负责虚拟化服务以及一些管理服务，内部和外部对手都可以访问边缘数据中心，并可能窃取或篡改敏感信息。如果对手已获得足够的边缘数据中心控制权限，则他们可以操纵服务。因此，对手可以执行多种类型的攻击，如中间人攻击、拒绝服务攻击等。此外，还有一种极端情况，即对手可以控制整个边缘服务器或伪造虚假的基础设施，而且攻击者可以完全控制所有服务，并将信息流引导到其流氓数据中心。另一个安全挑战是针对边缘数据中心的物理攻击。这类攻击的主要原因可能是这种边缘基础设施的物理保护不慎。不过这种物理攻击仅限于特定的本地范围，由于边缘服务器的分布式部署，只有特定地理区域的服务才会被禁用。

3. 边缘网络安全

边缘计算通过移动核心网、无线网络、互联网等多种通信方式的融合，实现物联网设备和传感器的互联，这带来了许多安全挑战。利用网络边缘的服务器，可以有效地限制传统的网络攻击。这种攻击只会破坏边缘网络附近的网络，对核心网络影响不大，而且在核心基础设施中发生的 DoS 或 DDoS 攻击可能不会严重干扰边缘数据中心的安全。此外，攻击者还可以发起窃听或流量注入等攻击来控制通信网络，例如中间人攻击很可能通过劫持网络流信息来影响边缘网络的所有功能元素。

4. 边缘设备安全

在边缘智能中，边缘设备在分布式边缘环境中的不同层上扮演着主动参与者的角色，因此即使是一小部分受损的边缘设备也可能对整个边缘生态系统产生有害影响。例如，任何被对手操纵的设备都可能试图通过注入虚假信息来破坏服务，或者通过一些恶意活动入侵系统。此外，恶意设备可以在某些特定场景中操纵服务，其中恶意对手已获得其中一个设备的控制权限。

7.2.3 差分隐私技术

差分隐私技术被用来防范差分攻击。一个简单的差分攻击例子如图 7-6 所示，在一个婚恋数据库中，只能查询有多少人单身。刚开始的时候查询发现两人单身，现在张三跑去登记了自己婚姻状况，这一背景信息被黑客获知，第二次查询时发现三人单身，所以黑客得知张三单身。在差分攻击中，攻击者掌握了背景知识，同时新的样本使得攻击者可以掌握更多知识。

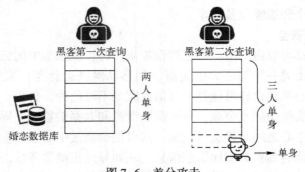

图 7-6　差分攻击

1. 概念

差分隐私要做到使得攻击者的知识不会因为这些新样本的出现而发生变化。如图 7-7 所示，D 和 D' 执行相同的操作 f 后得到 Z 和 Z'，而 Z 和 Z' 是不可区分的，即相差的那条数据集不会被泄露。

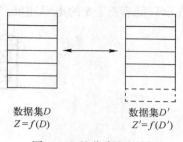

数据集 D　　　　　数据集 D'
$Z = f(D)$　　　　　$Z' = f(D')$

图 7-7　差分隐私机制

2. 数学定义

ϵ-差分隐私保护如图 7-8 所示，设有随机算法 M，P_M 为 M 所有可能的输出构成的集合。对于任意两个邻近数据集 D 和 D' 以及 P_M 的任何子集 S_M，应该有：

$$\Pr[M(D) \in S_M] \leqslant \exp(\epsilon) * \Pr[M(D') \in S_M] \tag{7.1}$$

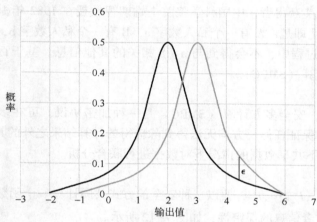

图 7-8　ϵ-差分隐私保护

3. 实现机制

（1）拉普拉斯机制

给定数据集 D，设有函数 $f: D \to R^d$，其敏感度为 Δf，那么随机算法 $M(D) = f(D) + Y$ 提供 ε-差分隐私保护，其中 $Y \sim \text{Lap}\left(\dfrac{\Delta f}{\varepsilon}\right)$ 为随机噪声，服从尺度参数为 $\Delta f / \varepsilon$ 的 Laplace（拉普拉斯）分布，这个隐私保护机制被称为拉普拉斯机制，如图 7-9 所示。

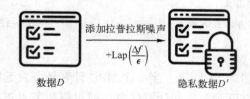

数据 D　　　　　隐私数据 D'

图 7-9　拉普拉斯机制

（2）高斯机制

高斯机制与拉普拉斯机制类似，它是通过添加高斯噪声实现的。不同点在于，拉普拉斯机制提供了严格的 ϵ-0 差分隐私，而高斯机制提供了松弛的 ϵ-δ 差分隐私，δ 表示松弛项，表示只能容忍，δ 的概率违反严格差分隐私，如图 7-10 所示。

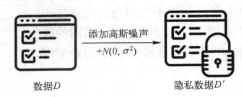

图 7-10　高斯机制

7.2.4　安全多方计算技术

两个百万富翁在街头相遇，在不暴露自己财富，又无第三方参与的情况下，如何知道谁更富有？这就是图灵奖获得者、中国科学院院士姚期智教授在 1982 年提出的"姚式百万富翁问题"。用数学表达即是：A 有一个私人数字 a，B 有一个私人数字 b，双方解不等式 a 是否小于等于 b，在此过程中，不会得到与 a、b 相关的其他信息。基于百万富翁问题，姚教授提出了安全多方计算（SMPC）。

1. 概念

如图 7-11 所示，安全多方计算（SMPC）是一种加密协议，可在多方之间分配计算过程，输出计算结果，保证任何一方均无法得到除应得的计算结果之外的其他任何信息。换句话说，SMPC 允许在不共享数据的情况下对数据进行联合分析。

2. 数学描述

有 n 个参与者 $P_1, P_2, \cdots, P_n$，要以一种安全的方式共同计算一个函数，安全指输出结果的正确性以及对参与者信息的保密性，如图 7-12 所示。

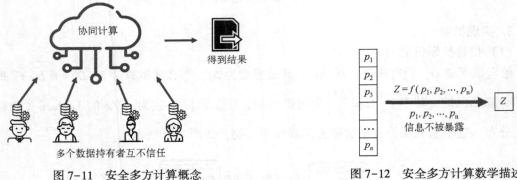

图 7-11　安全多方计算概念　　　　　　　　图 7-12　安全多方计算数学描述

3. 安全多方计算框架

安全多方计算框架如图 7-13 所示，当一个 MPC 计算任务发起时，枢纽节点传输网络及信令控制。每个数据持有方可发起协同计算任务。通过枢纽节点进行路由寻址，选择相似数据类型的其余数据持有方进行安全的协同计算。参与协同计算的多个数据持有方的 MPC 节点根据计算逻辑，从本地数据库中查询所需数据，共同就 MPC 计算任务在数据流间进行协同计算。在保证输入隐私性的前提下，各方得到正确的数据反馈，整个过程中本地数据没有泄露给其他任何参与方。

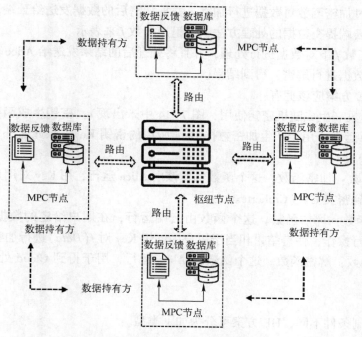

图 7-13　安全多方计算框架

7.2.5　同态加密技术

大数据时代，大量敏感信息（如个人数据、医疗数据、财产数据）需要被加密。传统的加密方案中如果不对数据进行解密，就不能将数据用于计算，从而导致数据实用性的损失，而解密又可能造成数据泄露的风险，同态加密则解决了这个问题。

1. 概念

同态加密（HE）确保对加密数据执行操作，最终结果解密之后等同于不进行任何加密就执行类似操作后的结果。

2. 流程

下面以云计算应用场景进行介绍。

Alice 通过 Cloud，以 HE 处理数据的整个过程（见图 7-14）大致是这样的：

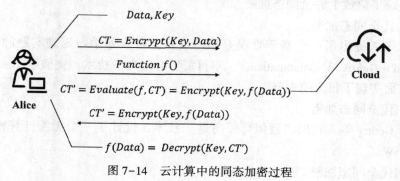

图 7-14　云计算中的同态加密过程

1）Alice 通过加密函数对数据进行加密，并把加密后的数据发送给云端。

2）Alice 向云端提交数据的处理方法，这里用函数 f 来表示。

3）云端在函数 f 下对数据进行处理，并且将处理后的结果发送给 Alice。

4）Alice 对数据进行解密，得到结果。

因此一个 HE 方案应该拥有：

- KeyGen 函数（生成随机密钥使用，图 7-14 中未出现）：密钥生成函数。这个函数应该由 Alice 运行，用于产生加密数据 Data 所用的密钥 Key。除此之外，应该还有一些公开常数。

- Encrypt 函数：加密函数。这个函数也应该由 Alice 运行，用 Key 对用户数据 Data 进行加密，得到密文 CT（Ciphertext）。

- Evaluate 函数：评估函数。这个函数由云端运行，在用户给定的数据处理方法 f 下，对密文进行操作，使得结果相当于用户用密钥 Key 对 $f(Data)$ 进行加密。

- Decrypt 函数：解密函数。这个函数由 Alice 运行，用于得到 Cloud 处理的结果 $f(Data)$。

3. 分类

根据 f 的限制条件不同，HE 方案可分为如下类型。

（1）部分同态（Partially Homomorphic）加密

仅允许对加密值执行选择的数学函数，即只能对密文执行无限次的加法运算或无限次的乘法运算。

（2）浅同态（Somewhat Homomorphic）加密

一种支持高达一定复杂度的选择操作（加法或乘法）的方案，但是这些操作只能执行一定次数。该方案稍弱，但也意味着开销会变得较小，容易实现，已经可以在实际中使用。

（3）全同态（Fully Homomorphic）加密

可以对密文进行无限次的任意同态操作，即它可以同态计算任意的函数，该方案计算开销很大，离在实际中使用还有一定距离。

4. 发展

（1）第一代全同态加密

2009 年由 Gentry 提出了一个方案蓝图，激起了全同态研究的热潮。随后，van Dijk 等人按照该蓝图实现了整数上的全同态加密。

（2）第二代全同态加密

Brakerski 等人提出了一个基于带误差学习或环上带误差学习困难问题的全同态方案：BGV（Brakerski-Gentry-Vaikuntanathan），不再需要电路自举技术，突破了 Gentry 的设计框架，在效率方面实现了很大的提升。

（3）第三代全同态加密

2013 年，Gentry 等人利用"近似特征向量"技术，设计了一个无需计算密钥的全同态加密方案：GSW。

（4）第四代全同态加密

支持在加密状态下进行高效的舍入操作的 CKKS 方案。

5. 实现

微软创建了 SEAL（简单的加密算法库），一组加密库可直接对加密数据执行计算。在开源同态加密技术的支持下，Microsoft 的 SEAL 团队正在与 IXUP 等公司合作，以构建端到端的加密数据存储和计算服务。公司可以使用 SEAL 创建平台，对仍处于加密状态的信息进行数据分析，并且数据所有者永远不必与其他任何人共享其加密密钥。

谷歌也宣布支持同态加密，并推出了开源加密工具 Private Join and Compute。Google 的工具专注于以加密形式分析数据，只有从分析中得出的结果可见，基础数据本身不可见。

IBM 在 2016 年发布了其 HElib C++库的第一个版本，但据报道它比纯文本操作慢了 100 万亿倍。之后，IBM 一直致力于解决此问题，并提出了一个快 75 倍的版本。但它仍然落后于明文操作。

7.2.6 区块链

Byzantine Failures 在点对点通信中提出了"拜占庭将军问题"，如图 7-15 所示。拜占庭罗马帝国国土辽阔，每个军队都分隔很远，将军与将军之间只能靠信使交流。在战争的时候，拜占庭军队内所有将军必须通过投票达成一致的共识，以决定攻击和撤退。但是，在军队内有可能存有叛徒和敌军的间谍，使得在进行共识时，结果并不代表大多数人的意见，从而扰乱军队秩序，造成恶劣影响。这时，在已知有成员谋反的情况下，所有将军如何达成共识去攻打（或撤退）城堡，"拜占庭将军问题"就此形成。在区块链技术被提出之前，没有一个完美的方法来解决"拜占庭将军问题"。

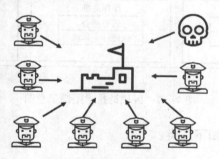

图 7-15 拜占庭将军问题

1. 概念

区块链是一种使用密码学方法产生的数据块链式存储算法，来源于比特币底层，首先由中本聪提出。

区块链可以被看作是一个不断增长的记录的列表，每一个区块都包含了上一个区块的加密哈希、时间戳、事务数据，如图 7-16 所示。

图 7-16 区块链

2. 分类

区块链按开放程度可分为：公有链、私有链、联盟链三类。

1）公有链：没有访问限制，拥有 Internet 连接的任何人都可以参与区块链数据的维护和读取，前提是验证者需要存放一些内部或外部资源来保护它们。典型案例有：BTC、ETH。

2）私有链：参加者和验证者的访问受到限制，除非受到网络管理员的邀请，否则无法加入。典型案例有：Multichain。

3）联盟链：系统半开放，仅限联盟成员参与，需要注册许可才能访问。典型案例有：R3 联盟、原本链。

3. 技术

目前区块链已经发展成为一种综合性技术，技术组成可分为核心技术、扩展技术、配套技术三类，如图 7-17 所示。

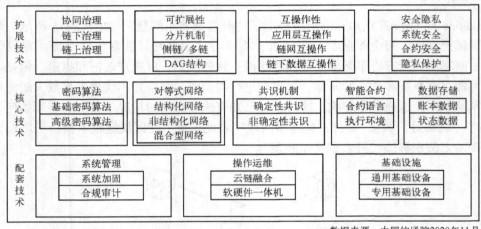

数据来源：中国信通院2020年11月

图 7-17　区块链技术图谱示意图

其中，核心技术主要有如下几类。

（1）密码算法

密码算法中一般使用密钥进行加密。密钥由私钥和公钥组成，用于在两方之间进行成功的交易。每个用户都有公钥和私钥，用来生成安全的数字身份参考。这种安全身份是区块链技术最重要的方面。在加密货币世界中，此身份称为"数字签名"，用于授权和控制交易。

（2）对等网络

对等（P2P）网络由一组共同存储和共享文件的设备组成。每个参与者（节点）充当一个单独的对等方。通常，所有节点具有相等的功率并执行相同的任务。对等网络的使用使得区块链技术无需中介机构或任何中央服务器便可实现。

（3）共识机制

在进行传输信息、价值转移时，共识机制保障区块链网络的所有对等点都可以就分布式账本的实时状态达成共识。共识机制使区块链网络能够在确保环境安全性的同时，获得可靠性并在不同节点之间建立信任级别。

（4）智能合约

智能合约是一种自动执行协议，本质上是一段能够监视并执行协议的计算机代码。买卖双方之间的协议条款直接写入代码行中，该代码控制执行，事务是可跟踪且不可逆的。智能合约允许在不同的匿名方之间进行可信的交易和协议，而无需中央机构，法律系统或外部执行机制。

（5）数据存储

分布式存储技术支撑区块链的正常运行，读写高效的 NoSQL 数据库成为主流。全网节点共同参与数据存储，全网公用统一账本，保障数据实时同步。

4. 发展

1）区块链 1.0。主要由**数字货币**组成，比特币就是区块链 1.0 的一个典型应用。

2）区块链 2.0。智能合约和数字货币相结合，实现可编程区块链，以优化金融领域更广泛的场景。以太坊是区块链 2.0 的代表。

3）区块链 3.0。应用拓展至除金融领域之外的更多领域，应用到科学、医疗、工业、文化、艺术等多个领域，同时和人工智能相结合，实现高层次价值，为社会智能化赋能。区块链 3.0 应用广泛，如 EOS 和 VAR 等。

5. 挑战

（1）监管挑战

区块链具有去中心化、匿名、不受监管等特征，冲击了现行的法律制度，如何使得区块链在更加合法的条件下发挥最大效果仍然是一个需要研究的问题。

（2）互操作性

针对上层应用不同的同构链以及底层技术不同的异构链，如何进行互操作仍没有很好的解决方案。

（3）可扩展性问题

区块链技术为了验证数据，全网节点共同参与数据存储，公用统一账本，随着事务量的增大，加入区块链中的区块会越来越多，整个系统越来越庞大，普通存储设备难以承受所需要的存储空间。随着区块链逐步走进主流应用场景，急需提高区块链的可扩展性。

7.3 物联网管理技术

物联网是将海量的传感设备与互联网结合起来形成的一个巨大网络，让海量物品与网络连接在一起，以便于识别、管理和监控，在此基础上实现融合的应用，最终为人们提供无所不在的泛在服务。这样一个庞大而复杂的网络系统想要正常运行，必须要有一个可靠、有效、灵活且便利的管理系统作为它正常运行的有力保障。管理技术作为物联网必不可少的一种共性支撑技术，不仅包括了现有的网络管理功能，还应有物联网特有的管理功能。一个可运营、可管理、可控、可信任的物联网网络，它的管理功能至少应包含终端设备管理、网络管理等功能。物联网的终端与传统的用户终端相比，数量众多、功能相对简单、处理能力不高，某些应用中终端还有节能的要求。面对新的网络和设备特点，现有的网管系统和管理协议需要进行简化，以适应物联网通信的要求。

7.3.1 物联网终端管理技术

近年来伴随着物联网技术的逐步成熟以及应用的日益普及，对于众多物联网设备的远程管理需求也日益体现。由于物联网终端设备普遍具有低计算能力、低存储、低功耗的特性，如何高效地实现对它们的远程管理具有相当的挑战性。

物联网终端是物联网中连接感知层和网络层，实现数据采集（或汇聚）及向电信网络发送数据的设备，它担负着数据采集、预处理、加密、控制和数据传输等多种功能。当前物联网终端种类繁多，形态各异，各个终端设计处于独立研发阶段，终端管理技术缺乏行业标准和规范，终端生产厂家或者集成商需要针对不同的行业终端设计独立的监管维护系统，导致资源浪费，投入产出比不高。因此，如何正确配置和管理这些海量设备将是一个很大的问题。使得终端协议、配置、维护、监控、软硬件接口标准化，对终端设备进行统一管理和控制，解决目前物联网产业中严重存在的孤岛式、低重用性、高成本，以及信息安全传输隐患和物联网终端生命状态的不可知的问题，是物联网终端管理技术的首要目的。

另外，在很多物联网应用场合中由于部署以及成本等多方面限制，物联网设备通常都具有体积小、价格低廉、无固定电源供电的特点。受这些限制，它们的存储能力、计算能力、网络性能以及电源容量往往十分有限。因此，传统互联网中所使用的网络设备管理协议和方法对于这些物联网设备来说负荷过重，从性能到能耗等多方面的要求都难以满足而无法有效使用。这就需要针对能力受限的物联网设备开发更高效的管理协议及方法，相关研究已经吸引了学术界越来越多的关注。国际和国内的多个相关标准组织也已经开始了对物联网设备管理标准的讨论与制定。IETF、OMA、IPSO、ESTI、CCSA 等组织都起草或者发布了相关标准。

对于物联网终端管理技术的研究，目前主要集中在两个方向。首先是研究如何在物联网中使用现有网络管理协议；其次，是借鉴现有网管协议开发新的适用于物联网的专用网管协议。

1. 传统设备管理协议

对于物联网的设备管理技术，一开始主要集中在使用传统网络的设备管理协议，研究是否能够直接将现有设备管理协议应用于物联网的设备管理及其效果如何。使用现有的互联网设备管理协议具有标准成熟度高，易与原有网管系统和设备向后兼容等优点，还能够避免额外的标准设计制定工作。

传统 IP 网络的管理协议直接用于受限的物联网设备负荷过重，难以满足低负荷、低功耗的需求，需要做出相应的改进后才能应用于物联网中。现有的尝试包括已在 Contiki 操作系统及 Atmel 公司的 AVR Raven 硬件平台上实现了轻量级的 SNMP 协议和 NETCONF 协议。研究结果表明，SNMP 协议比 NETCONF 协议具有更高的效率，占用的运算时间和存储空间都相对较少。上述网管协议通常使用 TLS/DTLS 等安全机制来提供安全保证，这些安全机制往往需要更大的开销。另外，由于大报文会带来在不同协议层上的分片以及重组开销，会需要较多的资源，所以建议更多地使用低负荷的小报文实现。这些研究结果都表明，经过适当优化及定制，部分现有的互联网设备管理协议可以用于某些场合下的物联网设备管理。

2. 新型物联网设备管理协议

除了改进现有的传统网络设备管理协议使之适应物联网的要求外，新型物联网设备管理技术的研究工作及协议标准制定工作也在不断进行。

互联网工程任务组（IETF）作为全球最具权威的互联网技术标准化组织，曾经制定了SNMP、NETCONF 等在传统互联网的设备管理中被广泛使用的协议和描述语言。

随着物联网技术的兴起，IETF 仍在进行新的面向受限环境下的网络管理技术的研究和开发，并陆续成立了多个工作组进行受限环境下 IP 网络技术的研究。研究包括在资源受限节点上实现 IPv6 的 6lo 工作组；研究在低功耗无线个域网（802.14.4）上实现的 IPv6 协议栈的 6LOWPAN 工作组（见图 7-18）；研究各种轻量级实现的 LWIG 工作组；研究低功率松散网络条件下轻量级路由协议的 ROLL 工作组；研究家庭网络的 homenet 工作组；研究受限网络环境下安全传输的 dice 工作组；研究受限 IP 网络中面向资源应用协议的 CORE 工作组等。

其中，CORE 工作组规定了受限 RESTful 环境下的链接格式标准（CoRE Link Format RFC6690），该标准中所定义的链接格式可用于高效地描述受限物联网 Web 服务器的资源，包括它们的属性以及链接关系等。特别地，CORE 工作组制定了一种专门用于受限设备和网络的 Web 传输协议，即受限应用协议（CoAP）的制定。CoAP 是一种类 HTTP 的用于 REST 架构的轻量级应用层协议，承载于 UDP 之上，采用 Request/Response 交互模型，支持 GET、PUT、POST、DELETE 方法，如图 7-19 所示。该协议的设计充分考虑了低功耗、功能有限的物联网设备的需求，具有报文头开销小、解析复杂度低、机制简单、支持多播等特点，目前与之相配套的相关协议族也正在逐步制定中。CoAP 及其配套的整个协议族可以作为轻量级的应用层协议用于传输物联网中的各种管理消息。另外，IETF中建立了专门的讨论受限网络中管理问题的非工作组邮件列表 COMAN。目前，正针对受限设备的管理需求和备选的管理技术等热点问题进行热烈讨论，并计划将来就此课题成立专门的工作组。

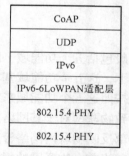

图 7-18　6LOWPAN 工作组

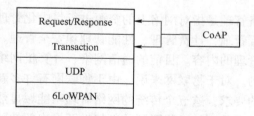

图 7-19　CoAP 协议栈

由全球主要的移动运营商、设备和网络供应商及信息技术公司组成的开放移动联盟（OMA）也早已认识到对处于多种网络中海量的各种轻量级设备和连接进行监控、配置和管理都是必不可少的功能，并计划制定一系列的标准来解决这些问题。目前 OMA 已经开始制定轻量级物联网设备管理框架，该设备管理框架将所有的管理项都描述为对象和资源，同时定义了一些常用的管理接口，可用于快速部署客户端/服务器模式的物联网业务。OMA 定义了 LWM2M 服务器、接入控制、设备、连接、固件五种对象，管理接口包括设备发现和注册接口、引导接口、设备管理及业务使能接口和信息报告接口等，设备管理框架使用 CoAP 协议来实现这些接口。通过这些管理接口对管理相关的对象和资源进行操作，即可实现相应的管理功能。

与此同时，OMA lightweight M2M 标准项目组也尝试使用 OMA-DM 定义的管理机制来进行物联网设备管理。传统 OMA-DM 使用的 HTTP 和 XML 对于物联网中的受限设备来说负荷过重，在将其应用到物联网时，可以使用较轻量级的应用层协议 CoAP 来替代 HTTP，这也是当前物联网设备管理协议的工作重点。而在各种可以用于替代 XML 的压缩报文格式之中，研究结果表明 EXI 相比 Core Format Link 和 Protobuf 会更有效率且更容易实现。另外，由于受电池容量的限制，为达到节能的目的，多数 LTE 网络中的物联网设备都会有休眠模式，如果要对处于休眠模式的设备进行远程管理，首先需要将设备唤醒。

欧洲电信标准化协会（ETSI）专门设立了一个新的技术委员会来制定物联网通信标准，分别定义了与宽带论坛 TR069 管理协议以及 OMA 设备管理一致的管理信息模型，另有一些关于管理架构、接口、应用场景的标准也在制定中。

IPSO 联盟是一个致力于推广 IP 协议族用于智能设备间通信的全球性非营利组织，IPSO 已经发布了其第一个技术指南，IPSO 使用 IETF 标准为基于 IP 的智能设备构建了一个简单高效的 RESTful 的设计模型。该模型为如何使用 HTTP、REST、XML、JSON、COAP 等 Web 技术来实现物联网管理和应用描述了一个特定的模板，使用功能集的形式定义了智能设备可用于向后台业务表示自身资源的 REST 接口。

中国通信标准化协议（CCSA）的泛在网技术委员会（TC10）也对部分场景下的管理功能进行了研究。如感知节点的电源管理、嵌入式通用集成电路卡（eUICC）远程管理、医疗无线体域网管理等，但还没有标准项目针对物联网下的网络管理架构、模型以及协议进行研究。

综上所述，物联网终端设备管理技术目前总体上还处于研究探索阶段。然而，随着物联网设备管理相关技术及标准的不断完善，物联网设备和技术必将获得更加广泛的应用。

7.3.2　物联网网络管理技术

网络管理是指对网络上的资源进行集中化管理的操作，一般包括五个功能域，即故障管理、配置管理、计费管理、性能管理和安全管理。在传统网络下，这五个功能域基本上涵盖了网络管理的内容。目前的通信网络、计算机网络基本上都是按照这五个功能域来对网络进行管理的。对于物联网来说，由于物联网有许多新的特性，导致物联网对于其网络的管理提出了新的要求，这五个传统的网络管理功能域显然已经不能全部反映物联网网络管理的实际情况了，必须要针对物联网的新特性开发出新的网络管理技术。当前，物联网的网络管理还是一个新的工作，迄今为止还少有专门针对物联网网络管理的研究和开发。

首先，作为物联网的接入部分，传感器网络有着许多不同于传统通信网络和互联网络的地方。传感器网络是一种自组织的，不需要固定设施（Infrastructure）的网络体系架构。物联网具有海量的节点数量，这些节点可以动态、频繁地加入或者离开网络，网络中的节点可以高速移动，节点间的链路通断变化频繁，网络拓扑结构形式具有多样性，节点的生效和失效频繁导致了网络拓扑变化剧烈。这些特性导致物联网具有如下特点：

- 网络拓扑变化剧烈。这是因为传感器网络一般是自组织布设，设计寿命的期望值长，节点数目大，传感器节点失效是常事。传感器的失效往往会造成传感器网络拓扑的变化。
- 网络中没有固定的节点和中心。传感器网络的设计和操作与其他无线网络（如蜂窝网络或 802.11）不同，传感器网络中基本没有一个固定的中心实体。在标准的蜂窝无线网中，依靠这些中心实体也就是基站来实现协调及管理功能，而传感器网络则必须依靠分布式的算法来实现这些中心节点的功能。因此，传统的基于集中的 HLR 和 VLR 的移动管理算法，以及基于基站和 MSC 的媒体接入控制算法，在物联网中都不再适用。
- 传感器网络的无线传输距离一般比较小。由于受到自身节点能力的限制，传感器网络其自身的通信距离一般在几米、几十米的范围内。
- 物联网对于数据的安全性有一定的要求。这是因为物联网一般完全依赖网络自身采集的数据和传输、存储、分析数据并做出决策。如果发生数据或节点被入侵篡改，必然导致网络的错误决策和行动。
- 网络终端之间的关联性较低。使得节点之间的信息传输很少，相对比较独立。
- 网络地址的短缺性导致网络管理的复杂性。众所周知，物联网的具有海量的节点数量，目前尚无一个完善的解决方案，这样更加增加了物联网管理技术的复杂性。

因此，根据上述物联网的新特性，物联网网络管理技术的研究和开发的内容，除了应当包括传统网络的网络管理的五个功能域以外，还应针对上述特点做出新的改变。

1. 网络管理协议

物联网的管理包含了对现有网络（如接入网、核心网等）的配置管理，同时根据物联网自有的特性，还有它的特有管理功能需求。物联网的管理系统可以看作是在现有电信网络及互联网的基础上，为适应加入的感知子网络而进行的优化和扩展。物联网的节点数量非常庞大，还可以自身通过不同的方式（如预配置、自组织等）灵活地组成很多区域子网。物联网系统的子网网络也是多种多样的，可以是基于 RFID 的网络系统，基于 ZigBee 的传感器网络，或者是基于近距离通信的其他应用。不同类型的设备，其管理层的协议栈也千差万别。很多个这样的子网接入到互联网中，为上层的应用提供服务。显然，在这样一个分布式的网络中，为每一个物联网终端设备分配一个可管理的地址（如 IPv6 地址），让一个大的网络管理平台直接管理每一个终端并不是一个好的管理方法。物联网的子网内部可以有自己的私有的管理平台，网关作为区域子网的中心控制器自主完成部分网管的功能。管理平台通过对网关的管理，间接地得到整个子网的状态，并对其进行管理。对于一个子网而言，它的管理协议可以是开放的，也可以是私有的，但对于管理系统的功能而言，存在着共同的需求。

而从各个子网的具体工作形态来看，物联网技术与无线传感器网络更加接近，很多子网甚至就是无线传感器网络。因此无线传感器网络的网络管理技术有可能率先移植进物联网领域。目前国内外在与物联网相近的传感器网络领域已经有不少研究成果。这些研究成果虽然没有完全标明是物联网的应用，但是从网络应用和管理的角度来看，应该是适用于物联网子网络管理技术的。

典型的无线传感器网络管理框架包括 BOSS 和 MANNA。BOSS 是一种基于 UPnP 协议的无线传感器网络管理系统，可看作是 UPnP 网络和传感器节点之间的协调器。BOSS 通过在 UPnP 控制点和无线传感器网络之间建立一种桥接架构，使得无线传感器网络能接入 UPnP 网络，这种架构使得网络可以通过 UPnP 控制点对无线传感器网络进行管理，从而有效提升了无线传感器网络的可管理性。BOSS 系统由 BOSS、UPnP 控制点、无线传感器节点设备组成。控制点通过 BOSS 提供的服务对无线传感器网络进行控制和管理，控制点和 BOSS 之间使用 UPnP 协议进行通信，而无线传感器网络和 BOSS 之间则通过私有协议进行通信。控制点通过 BOSS 从无线传感器网络中收集基本的网络管理信息，对这些信息进行分析处理之后，控制点再通过 BOSS 进行诸如同步、定位和能量管理等基本管理服务。

MANNA 的设计思想是将网络应用与网络管理分离，使得网络管理系统能适应不同的应用环境。MANNA 的模块包括管理服务、管理功能和网络模型。管理功能是执行动作，网络模型定义了执行条件，而管理服务则将它们有机结合起来。当网络发生变化时，只需要对相应的网络模型和管理功能进行修改或增删，就可以继续提供管理服务了。同时，MANNA 将无线传感器网络管理角色定义为 Manager、Agent 以及 MIB，并定义了这些角色的功能和位置。MANNA 吸收了传统网络管理思想的同时，充分考虑了无线传感器网络的特点，虽然并未完成所有细节，但它是第一个被完整提出并论述的无线传感器网络管理架构，对无线传感器网络管理的研究产生了非常大的影响。

除上述两个框架以外，国内外还提出了多种无线传感器网络管理协议。比较有代表性的包括 sNMP、SNMS 等。sNMP（sensor Network Management Protocol）是一种无线传感器网络管理架构。sNMP 架构分为两个部分，首先是定义描述网络当前状态的网络模型和一系列的网络管理功能，其次是设计提取网络状态和维护网络性能的一系列算法和工具。SNMS 则是一种交互式的无线传感器网络管理系统，SNMS 包括两个子系统：基于查询的网络健康状况监测系统和事件驱动的日志系统。用户通过 SNMS 的查询系统可以收集并监测诸如节点电量、节点附近的温湿度等信息，这些信息有助于预测可能出现的故障。日志系统则可以让用户设置感兴趣的事件，当事件发生时相应的节点将报告相关数据。SNMS 支持两种流量模式：收集和分发。收集模式用来获取网络健康状况数据，分发模式用来发布管理消息、命令和查询。

2. 网络故障管理

物联网常常需要在无人干预的环境下长时间运行，网络中可能随时出现失效节点。物联网系统的故障管理除了包含对电信网络的性能监测和故障定位之外，也应根据物联网的特点和需求，进行优化和扩展。这一部分主要是对物联网区域子网的性能监测和故障诊断，并上报给管理系统。这些故障管理功能如下。

- 可靠性监测：为了预防故障的发生，物联网的设备以及功能实体都应主动进行性能的监测，及时地修正错误。
- 诊断模式：可以将物联网系统或其中的某些部分配置为诊断模式，能够帮助系统对出现的故障进行诊断。
- 故障发现和报告：物联网的运行状态必须是可监控、可管理的。当异常状况出现时，能够在特定的时隙向管理系统报告。
- 故障恢复：物联网的运行一般不需要人的介入。因此，当物联网系统中的设备出现故障时，管理系统对设备进行远程的诊断、恢复、复位或隔离等操作是十分必要的。

Sympathy 协议是一个比较有代表性的用于处理节点故障的管理协议，在 Sympathy 协议中使用了 4 种标记参数：邻居列表、链路质量、节点下一级跳转的两个最优选择和相关的下一级跳转的路径损耗。所有节点中的这些参数阶段性地被收集起来传递给一个处理节点，然后在处理节点处进行诊断，确认并定位故障。WinMS 协议则使用一个计划驱动的 MAC 协议、一个本地网络管理方案和一个中心网络管理方案来进行网络故障管理。其中，MAC 协议用于在一个树型结构的数据集中收集和广播管理数据；本地网络管理方案用于个体节点运行自身管理功能，中心网络管理方案用于控制核心管理节点，获得整个网络的整体信息，并可靠地运行、预防故障和修复故障的管理任务。

3. 网络配置管理

网络配置管理功能从物联网设备中获取数据，并使用这些数据管理所有节点设备的配置信息，掌握和控制网络的状态，包括传感器子网内运行的传感器节点的状态以及节点的连接关系等内容。配置管理主要的作用是增强物联网的控制。节点设备在电源能量、通信能力、计算和存储能力等方面都极度受限，在配置管理中主要体现在轻量级功能上。物联网的配置管理应该具备以下的一些功能。

1) 节点部署与覆盖：节点部署，即通过一定的算法布置节点，优化现有的网络资源，以期网络在未来的应用中获得最大利用率或单个任务的最少消耗量。节点部署是物联网进行工作的第一步，是网络正常工作的基础，只有把节点设备在目标区域布置好，才能进一步进行其他的工作和优化。在部署时，每个节点的感知范围、无线传输范围都是有限的，为保证整个区域都在监测范围之内，以及保证网络的连通性，需要按照一定的算法在目标区域布置传感器，即覆盖问题。它是整个物联网应用得以继续进行的基础。覆盖问题从最初的画廊问题（线性规划问题）发展到 Ad hoc 网络的覆盖问题，以及无线传感器网络的覆盖问题，甚至还出现了移动站点辅助的覆盖方案。当然随着实际物联网应用的发展，还会出现更多的适合实际需求的有效覆盖方案。

2) 能力信息上报：物联网网络的子网类型是异构的，这些子网中的终端和网关也是多种多样、各不相同的。因此，不同的设备向管理系统上报自己的能力信息十分必要。管理系统不仅要能对不同类型的设备的标识、能力、性能等信息进行记录和查询，还应能对不同类型的网关设备和终端设备的位置、状态、可用性等动态信息进行监控与查询，并且将动态信息和被管理对象关联起来。

3) 即插即用：物联网子网的设备应尽可能地使用"即插即用"的配置方式接入网络。"即插即用"使得设备能够独立地完成网络配置，而不需要借助其他的辅助设备。这一简化网络配置的过程，可大大提高网络部署的效率，进一步推动物联网设备投入使用。

4) 拓扑控制：拓扑控制是节点感知和节点间通信的基础。目前在无线传感网络中已有较多拓扑控制的工作，一般希望使用自适应自配置的传感器网络拓扑算法。现在有许多基于簇管理的算法用于拓扑管理，这些算法可以采用多种方式进行分类，如基于位置信息和不基于位置信息、分布式和集中式、基于节点 ID 和基于节点度等。

5) 节点重编程：节点重编程是在节点设备首次部署完成后对其进行远程任务再分配、节点软件更新和网络功能重配置的过程。由于工作环境的不确定性和可变性，工作在节点上的应用往往具有动态的功能和性能需求，并且事先计算好所有可能的运行条件，从而生成所有可行的系统配置一般来说是不可行的，因此节点重配置重编程是物联网网络管理必须具备的重要功能。当前一般有4种重编程配置机制：参数调整、全二进制代码更新、模块二进制更新、虚拟机方式。其中，参数调整方式灵活性小但开销也小；全二进制代码更新允许做任意的功能更改，其灵活性最好但开销也最大；模块二进制更新的灵活性与全二进制代码更新类似，但为了适应物联网窄带宽、低能耗的特点，要尽量减少网络流量，避免不必要的重复传输，只传输需要更新的软件部分，使开销较小；虚拟机方式是指提供脚本并通过执行脚本完成重配置；其灵活性主要受限于脚本，这是目前使用比较广泛的重编程方法。

4. 网络性能管理

性能管理通过评估物联网的运行状况及通信效率等性能参数，实现对网络性能的分析检测。其能力包括监视和分析各个子网络及其所提供服务的性能机制。性能分析的结果可能会用于触发某个诊断测试过程或重新配置网络，以维持网络的性能。物联网是涵盖了数据的感知、处理和传输功能并面向应用的任务型网络，其性能管理除了包括一系列传统的性能参数，还涉及网络生命周期管理、能耗管理、QoS 等更为广泛的性能指标。

1）网络生命周期管理：生存周期是指从网络部署开始到网络无法完成任务的时间。生命周期管理是指管理系统通过周期性地发送消息给所有的设备，根据设备的回复来判断被管理对象的状态。例如，是否在线、是否激活、是否休眠、是否失效等。管理系统通过生命周期消息来确认设备的状态。设备也可以定期向管理系统发送生命周期消息报告自己的状态。

2）能耗管理：由于节点通常能量有限，因此在复杂的应用环境下如何延长网络的工作寿命就成为无线传感器子网的首要性能指标和重要研究内容。在无线传感器网络管理中，剩余能量管理是很重要的功能，当前已有很多研究成果。E-Scan 是一种比较有代表性的剩余能量管理机制，它使用具有数据融合的剩余能量扫描算法，相对于由节点主动汇报自己的能量状况的算法，可以大大减少剩余能量管理本身所带来的能量消耗。E-Scan 不关心某个具体节点的剩余能量，而是关心某个区域内的能量状态特征，如最大值、最小值。因此在扫描过程中，对同一区域内的节点进行相似能量状态的合并。这样，协议最终会得到各个不相交区域的能量状态特征，据此可以得出整个子网络的剩余能量情况。

3）QoS：物联网的 QoS 指标主要包括传输可靠性（丢包率）、传输时延和传输实时性等。虽然在无线传感器网络中冗余节点和冗余数据大量存在，但数据传输的可靠性始终是各种应用服务的基础；传输时延是指从源节点到目的节点传输一个（或一组）数据包所需的总时延，具体包括传播时延、排队时延和路由时延等；传输实时性在无线多媒体传感器网络中传输图像或视频时更受人关注。目前也已有大量的无线传感器子网方面的 QoS 保证算法。

5. 网络计费管理

传统网络中，计费管理一般根据 IP 地址对流量进行双向统计，或是依据通话时长等按照特定的计费策略计算网络使用费用。而在物联网中，当前的发展现状仍以面向特定应用的定制封闭网络为主，因此计费并非是当前物联网的主要问题。但是随着物联网的进一步发展和应用市场的进一步拓广，物联网的计费管理必不可少。可由运营商管理、提供并运营共性平台，为物联网应用子集提供支撑，并提供计费管理。而由第三方负责维护应用子集平台，为用户提供差异化服务，并向用户收取费用。到那时，计费管理将成为必需的管理功能。

综上所述，到目前为止，对物联网网络管理的理论和技术的研究还处于起步阶段。然而，已经有越来越多的研究者开始关注这一领域，相信网络管理将成为物联网研究的下一个热点。可以预见，物联网网络管理将在下列几个方面进一步开拓发展。首先，现有的无线传感器子网管理系统都不具备完全的网络管理功能，而且绝大多数现有网络管理系统都是与特定应用相关的。设计一个有效的、通用的网络管理架构来支持不同应用服务下的异构网络，是一个亟待解决的难题。其次，网络管理的基础是网络状态、性能参数等关键信息的测量。传统网络测量技术关注的是具体网络设备的状况，但这并不完全适合物联网网络管理。物联网的网络测量应该将网络整体以及网络节点间的协作行为作为一个重要的参数。因此开发适应物联网的网络测量技术，将是下一个热点。此外，分布式人工智能和主动网络技术将在网络管理中扮演越来越重要的角色。分布式管理架构将成为主流，管理智能将进一步下放到各个子网甚至特定的设备商。总而言之，随着物联网的进一步发展和逐步成熟，更多的应用会被开发出来，作为重要保障的网管系统，也必将在这一进程中逐步优化、完善，为庞大而复杂的物联网系统提供可靠且灵活便利的支撑。

7.3.3 服务支撑技术

下面介绍几种物联网的服务支撑技术。

1. Web 服务技术

Web 服务是一种面向服务的架构的技术，通过标准的 Web 协议提供服务，目的是保证不同平台的应用服务可以互操作，如图 7-20 所示。

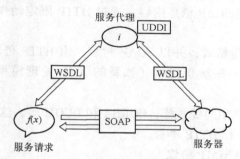

图 7-20　Web 服务的互操作

根据万维网联盟（World Wide Web Consortium）的定义，Web 服务（Web Service）是一个用以支持网络间不同机器的互动操作的软件系统，网络服务通常是由许多应用程序接口（API）所组成的，它们通过网络（如 Internet）的远程服务器端，执行客户所提交的服务请求，通常包括以下几个功能。

- SOAP：一个基于 XML 的可扩展消息信封格式，需同时绑定一个传输用协议。这个协议通常是 HTTP 或 HTTPS，但也可能是 SMTP 或 XMPP。
- WSDL：一个 XML 格式文档，用以描述服务端口访问方式和使用协议的细节。通常用来辅助生成服务器和客户端代码及配置信息。
- UDDI：一个用来发布和搜索 Web 服务的协议，应用程序可借此协议在设计或运行时找到目标 Web 服务。

其中，XML、SOAP 及 WSDL 规范由 W3C 负责制定，OASIS 则负责 UDDI 规范。

Web 服务实际上是一组工具，并有多种不同的方法调用。3 种最普遍的手段是：远程过程调用（RPC），面向服务架构（SOA）以及表述性状态转移（REST）。

（1）远程过程调用

Web 服务提供一个分布式函数或方法接口供用户调用，这是一种比较传统的方式。通常，在 WSDL 中对 RPC 接口进行定义（类似于早期的 XML-RPC）。尽管最初的 Web 服务广泛采用 RPC 方式部署，但针对其过于紧密的耦合性的批评声也随之不断。这是因为 RPC 式 Web 服务实质上是利用一个简单的映射，以将用户请求直接转化成为一个特定语言编写的函数或方法。如今，多数服务提供商认定此种方式在未来将难有作为，在他们的推动下，WS-I 基本协议集（WS-I Basic Profile）已不再支持远程过程调用。

（2）面向服务架构

现在，业界比较关注的是遵从面向服务架构（Service-Oriented Architecture, SOA）概念来构建 Web 服务。在面向服务架构中，通信由消息驱动，而不再是某个动作（方法调用）。这种 Web 服务也被称为面向消息的服务。SOA 式 Web 服务得到了大部分主要软件供应商以及业界专家的支持和肯定。作为与 RPC 方式的最大差别，SOA 方式更加关注如何去连接服务而不是去实现某个特定的细节。WSDL 定义了联络服务的必要内容。

（3）表述性状态转移

表述性状态转移式（Representational State Transfer, REST）Web 服务类似于 HTTP 或其他类似协议，它们把接口限定在一组广为人知的标准动作中（比如 HTTP 的 GET、PUT、DELETE）以供调用。此类 Web 服务关注那些稳定的资源的互动，而不是消息或动作。此种服务可以通过 WSDL 来描述 SOAP 消息内容，通过 HTTP 限定动作接口；或者完全在 SOAP 中对动作进行抽象。

由于使用 XML 作为消息格式，并以 SOAP 封装，由 HTTP 传输，Web 服务始终处于较高的开销状态。不过目前一些新兴技术（如新的 XML 处理模型等）正在试图解决这一问题。

类似的技术还包括 RMI 中间件系统、CORBA 和 DCOM 等，这些技术不依靠 SOAP 封装参数，而借助于 XML-RPC 和 HTTP 本身。

2. M2M 管理平台与 WMMP 协议

当前各大运营商都在积极推进物联网的应用服务平台建设，并提出了相应的技术与规范，其中，基于物物互联的物联网管理平台——M2M 平台，已经初具规模。

M2M 是一种以机器终端智能交互为核心、网络化的应用与服务。它通过在机器内部嵌入无线通信模块，以无线通信等为接入手段，为客户提供综合的信息化解决方案，以满足客户对监控、指挥调度、数据采集和测量等方面的信息化需求。

图 7-21 给出了 M2M 业务系统结构图。M2M 系统中包含如下网元功能。

- M2M 终端：基于 WMMP 协议，并可接收远程 M2M 平台激活指令、本地故障告警、数据通信、远程升级、数据统计以及端到端的通信交互。
- M2M 平台：提供统一的 M2M 终端管理、终端设备鉴权，提供数据路由、监控、用户鉴权、计费等管理功能。
- M2M 应用业务平台：为 M2M 应用服务用户提供各类 M2M 应用服务业务，由多个 M2M 应用业务平台构成，主要包括个人、家庭、行业 3 大类 M2M 应用业务平台。

- 短信网关：由行业应用网关或梦网网关组成，与短信中心等业务中心或业务网关连接，提供通信能力。负责短信等通信接续过程中的业务鉴权、设置黑白名单、EC/SI签约关系/黑白名单导入。行业网关产生短信等通信原始使用话单，送给 BOSS 计费。

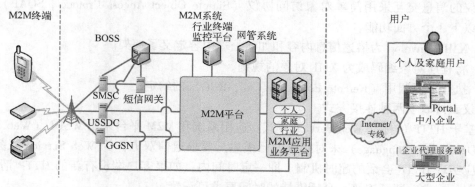

图 7-21　M2M 业务系统结构图

- USSDC：负责建立 M2M 终端与 M2M 平台的 USSD 通信。
- GGSN：负责建立 M2M 终端与 M2M 平台的 GPRS 通信。提供数据路由、地址分配及必要的网间安全机制。
- BOSS：与短信网关、M2M 平台相连，完成客户管理、业务受理、计费结算和收费功能。对 EC/SI 提供的业务进行数据配置和管理，支持签约关系受理功能，支持通过 HTTP/FTP 接口与行业网关、M2M 平台、EC/SI 进行签约关系以及黑白名单等同步的功能。
- 行业终端监控平台：M2M 平台提供 FTP 目录，将每月统计文件存放在 FTP 目录下，供行业终端监控平台下载，以同步 M2M 平台的终端管理数据。
- 网管系统：网管系统与平台网络管理模块通信，完成配置管理、性能管理、故障管理、安全管理及系统自身管理等功能。

WMMP（Wireless M2M Protocol）协议是为实现 M2M 业务中 M2M 终端与 M2M 平台之间、M2M 终端之间、M2M 平台与 M2M 应用平台之间的数据通信过程而设计的应用服务层协议，其体系如图 7-22 所示。

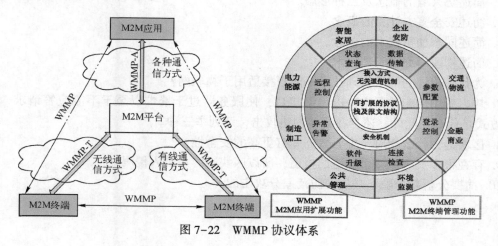

图 7-22　WMMP 协议体系

WMMP 协议的核心是其可扩展的协议栈及报文结构，而在其外层是由 WMMP 协议核心衍生的接入方式无关通信机制和安全机制。在此基础之上，由内向外依次为 WMMP 的 M2M 终端管理功能和 WMMP 的 M2M 应用扩展功能。

协议的消息交互采用简单对象访问协议（Simple Object Access Protocol，SOAP）接口，它包含以下 3 个方面功能：

1) XML-Envelop 为描述信息内容和如何处理内容定义了框架。

2) 将程序对象编码成为 XML 对象的规则。

3) 执行远程调用（Remote Procedure Call，RPC）的约定。

协议支持以下两种连接方式。

- 基于 HTTP 的标准 Web Service 方式：应用系统和 M2M 平台采用 WSDL（Web Services Description Language）来对接口进行描述。要求通信双方作为 Web Service 服务端时，应实现 HTTP 会话的超时机制。即一定时间内，如果客户端没有新的 HTTP 请求，则服务端主动断开连接。会话维持的时间要求可配置。

- 长连接：应用系统可以采用长连接和 M2M 平台交互，以提高效率。消息格式的定义和 Web Service 方式一致。

本章小结

本章主要对物联网的安全和管理技术进行总结。从物联网安全特征与面临的安全威胁出发，引出物联网安全体系与安全机制；介绍了边缘智能中数据安全和隐私保护技术的发展、面临的挑战和四种核心技术，安全隐私保护技术的发展对社会向智能化转化提供了重要保障；从物联网终端管理、网络管理、服务支撑技术三个方面分析了物联网管理技术，物联网管理技术对于物联网的正确运行必不可少。

练习题

1. 简述物联网安全的总体目标。

2. 简述防火墙的概念及三种形态。

3. 简述安全多方计算的概念。

4. 简述同态加密技术的概念。

5. 简述物联网终端管理技术。

6. 为什么传统的网络管理技术不能直接适用于物联网？

7. 攻击者用传输数据来冲击网络接口，使服务器过于繁忙以至于不能应答请求，该种攻击方式是什么？此外，还存在哪些网络攻击，请列举三种。

8. 区块链为什么相对于中心数据库有更高的安全性？

9. 存在很多关于比特币被盗的报道，所以区块链容易被入侵吗？

10. 简要分析差分隐私是如何防范差分攻击的。

第8章 物联网典型应用

2009 年初，在 IBM 公司的倡议下，美国将物联网正式引入国家战略，全球掀起了一阵阵物联网热浪。欧盟、日本、韩国、中国等纷纷跟进，将物联网作为各自信息产业领域的国家级战略，物联网也有望成为继计算机、互联网之后的世界信息产业的第三次浪潮。那么，物联网的主要应用包括什么，它将给人们的生产、生活带来怎样的影响？本章将讨论这一问题。

8.1 智能电网

电力工业是国家的经济命脉，是现代经济发展和社会进步的基础和重要保障，也是国家能源安全的基础组成部分，在国民经济的可持续发展中起着不可替代的支撑作用。进入 21 世纪以来，电力工业正面临全球变暖、能源压力和生态文明意识的提升等越来越多的挑战。

面对这些挑战，为了支持未来能源发展，国内外电力企业、研究机构和学者对未来电网的发展模式开展了一系列研究与实践，建设更加安全、可靠、环保、经济的电力系统已经成为全球电力行业的共同目标。电网作为能源供应体系的重要环节，必然会在节能减排、绿色低碳领域承担更加重要的责任。

8.1.1 智能电网概述

传统电网是一个刚性系统，电源的接入与退出、电能的传输等都缺乏弹性，致使电网没有动态柔性及可组性；垂直的多级控制机制反应迟缓，无法构建实时、可配置、可重组的系统；系统自愈、自恢复能力完全依赖于实体冗余；对客户的服务简单、信息单向；系统内部存在多个信息孤岛，缺乏信息共享。

虽然电网局部的自动化程度在不断提高，但由于信息的不完善和共享能力的薄弱，使系统中多个自动化系统处于割裂的、局部的、孤立的，不能构成一个实时的有机统一整体的状态，整个电网的智能化程度较低，电网的发展也因此面临前所未有的挑战。

能源供应长期以来主要依赖化石能源。化石燃料的大量开发使用，造成了环境污染和大气中温室气体的浓度显著上升。再加上近年来全球气候的变暖，致使环境问题变得越来越严峻。

为满足可持续发展的要求，构建资源节约型、环境友好型社会，国家电力能源结构必须从传统的以煤为主，转变为使用多种能源，特别是新兴的可再生能源。

智能电网[20]的一个重要内容就是大力支持可再生能源的接入，这与我国整个电力能源结构的调整目标相一致。可以加快风电、光伏发电等绿色能源发电及其并网技术研究，规范新能源的并网接入和运行，实现新能源和电网的和谐发展。

传统电网对于自愈能力体现较弱，对于外来的攻击自我恢复能力较差。面对电网复杂度越来越高的特点，用户对电网也提出了更高的要求。它必须能够实时掌控电网的运行状态，及时发现、快速诊断和消除故障隐患，并且在尽量少的人工干预下，实现快速隔离故障、自我恢复。

随着电网规模的日益增大，电网的运行与控制的复杂程度越来越高，对实现电能安全传输和可靠供应也提出了更高要求。这要求必须从经济和安全可靠性两个方面进行考虑。

- 经济方面：优化资源配置，提高设备传输容量和利用率；在不同区域间进行及时调度，平衡电力供应缺口；支持电力市场竞争的要求，实行动态的浮动电价制度，实现整个电力系统优化运行。
- 安全可靠性方面：更好地对人为或自然发生的扰动做出辨识与反应。在自然灾害、外力破坏和计算机网络攻击等不同情况下，保证人身、设备和电网的安全。

实现与客户的智能互动，以最佳的电能质量和供电可靠性满足客户需求。将系统运行与批发、零售电力市场实现无缝衔接，同时通过市场交易更好地激励电力市场主体参与电网安全管理，从而提升电力系统的安全运行水平。

在科技发展日新月异的今天，由传统技术发展起来的电力网络已经不能完全符合现代化的要求。以先进的计算机、电子设备和智能元器件等为基础，通过引入通信、自动控制和其他信息技术，创建开放的系统和共享的信息模式，整合系统数据，优化电网管理，使用户之间、用户与电网公司之间形成网络互动和即时连接，实现数据读取的实时、双向和高效，将大大提升电网的互动运转，提高整个电网运行的可靠性和综合效率。

电力物联网是指通过智能传感和通信装置在电力系统中实现有效的信息感知和获取，经由无线或有线网络进行可靠信息传输，并对感知和获取的信息进行数据挖掘和智能处理，实现信息自动化交互、无缝连接以及智能处理的网络。电力物联网可以在智能电网的发电、输电、变电、配电、用电、调度等各个环节的实时控制、精确管理和科学决策中发挥重要作用。

电力物联网作为智能电网的长期有效的支撑平台，是提升电力系统智能化水平的重要手段，有利于对电力系统的运行进行有效管理，实现"电力流、信息流、业务流"的一体化融合，是向以低能耗、低污染、低排放为基础的低碳经济模式转型的有效技术支撑手段。

智能电网的建成也将为电力物联网技术的应用发展提供更加广阔的应用平台。

8.1.2 智能电网系统与技术需求

目前，面向智能电网的物联网在逻辑功能上抽象为3层：感知互动层、网络传输层和应用服务层。

1. 感知互动层

感知互动层主要通过无线传感器网络、RFID、全球定位系统等信息传感终端，实现对智能电网各应用环节相关信息的采集。信息传感终端包括传感器等数据采集设备以及数据接入到网关之前的传感器网络，例如 RFID 标签和用来识别 RFID 信息的扫描仪、视频采集的摄像头、各种传感器以及由短距离传输技术组成的无线传感网。

电力物联网感知互动层以传感网和通信网的结合为切入点，通过异构网络实现协同工作以形成可管理的感知网。感知互动层可进一步划分为两个子层，首先是通过传感器、智能视频识别等设备采集数据；然后通过 RFID、工业现场总线、微功率无线、红外等短距离传输技术传输数据。感知互动层是电力物联网发展和应用的基础，RFID 技术、感知和控制技术、短距离无线通信技术是感知互动层涉及的主要技术，其中又包括芯片、通信协议、RFID 材料、智能节点等细分领域。

目前，感知互动层的无线传感网技术标准众多，但电力物联网的标准和规范较少。一方面是由于物联网技术在电力系统中的应用刚起步，尚处于探索阶段；另一方面，物联网设备在强电磁环境下应用的可行性以及对电力设备的潜在影响需进行严格论证和验证。

2. 网络传输层

网络传输层以电力光纤网、电力无线专用网为主，辅以电力线载波通信网、无线通信公网，实现感知互动层各类电力系统信息的广域或局部范围内的信息传输。这些数据可以通过电力专网、电信运营通信网、国际互联网、小型局域网等网络传输，实现有线与无线的结合、宽带与窄带的结合、感知网与通信网的结合。

网络传输层中的感知数据管理与处理技术是实现以数据为中心的物联网的核心技术。感知数据管理与处理技术包括传感网数据的存储、查询、分析以及基于感知数据决策和行为的理论与技术。云计算平台作为海量感知数据的存储、分析平台，将是物联网网络传输层的重要组成部分，也是应用服务层众多应用的基础。

3. 应用服务层

应用服务层主要采用数据挖掘、智能计算、模式识别以及云计算等技术，协同各系统共同运作，实现电网海量信息的综合分析和处理，实现智能化的决策、控制和服务，从而提升电网各个应用环节的智能化水平。

应用服务层解决的是信息处理和人机界面的问题，由网络传输层传输来的数据在这一层里进入各类信息系统进行处理。应用服务层也可以按照形态直观地划分为两个子层，一个是应用程序层，进行数据处理；另一个是终端设备层，提供人机界面。电力物联网的应用服务架构如图 8-1 所示。

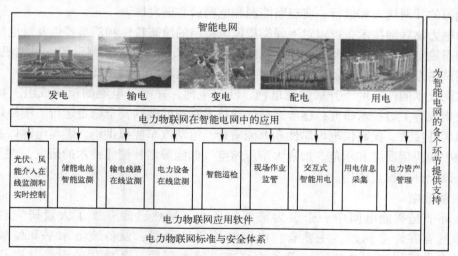

图 8-1　电力物联网的应用服务架构

智能电网的建设和应用有以下几方面的需求。

1. 发电与储能

在智能电网的发电环节，目前存在电源结构和布局不合理，电网的调节手段和调峰能力不足等问题，发电机控制系统的技术水平和国外相比有一定差距，储能技术应用研究也处在起步阶段。

为了加快能源结构转型的步伐，国家制定了能源发展目标，鼓励发电企业采用先进、高效的多元化发电技术，实现电源发展方式集约化、结构布局科学化、并网接入标准化、运行控制智能化，提高电源支撑能力，提升机网协调水平，保障系统安全稳定，实现资源优化配置。国家能源发展战略目标的制定为物联网技术提供了良好的发展机遇和应用前景。

为了实现能源发展战略目标，需要以自主创新为主导，将自主研发与引进吸收相结合，提升机网协调水平，深入研究各类电源的运行和控制技术，提升电源的信息化、自动化和互动化水平，保证电力系统安全、稳定、经济运行。

智能发电环节大致分为常规能源、新能源和储能技术3个重要组成部分。常规能源包括火电、水电、燃气机组等。物联网技术的应用可以提高常规机组状态监测的水平，结合电网运行的情况，实现快速调节和深度调峰，提高机组灵活运行和稳定控制水平。在常规机组内部布置传感监测点，有助于深入了解机组的运行情况，包括各种技术指标和参数，并和其他主要设备之间建立有机互动，能够有效地推进电源的信息化、自动化和互动化，促进机网协调发展。

结合物联网技术，可以研究水库智能在线调度和风险分析的原理与方法，开发集实时监视、趋势预测、在线调度、风险分析为一体的水库智能调度系统。根据水库来水和蓄水情况及水电厂的运行状态，对水库未来的运行进行趋势预测，在异常情况下对水库调度决策进行实时调整，并提供决策风险指标，规避水库运行可能存在的风险，提高水能利用率。

物联网技术的发展和进步，可以加快风电、光伏发电等新能源发电及其并网技术研究，规范新能源的并网接入和运行，实现新能源和电网的和谐发展。

利用电力物联网技术，可以对不同类型风电机组的稳态特性和动态特性及对电网电压稳定性、暂态稳定性进行实时监控，建立风能实时监测和风电功率预测系统、风电机组/风电场并网测试体系，研究变流器、变桨控制、主控及风电场综合监控技术。

物联网技术同样有助于开展钠硫电池、液流电池、锂离子电池的模块成组、智能充放电、系统集成等关键技术研究；逐步开展储能技术在智能电网安全稳定运行、削峰填谷、间歇性能源柔性接入、提高供电可靠性和电能质量、电动汽车能源供给、燃料电池以及家庭分散式储能中的应用研究和示范。加强大型压缩空气储能等多种储能技术的研发，在重大技术突破的基础上开展试点应用。

2. 智能输电

输电环节是智能电网中一个极为重要的环节，虽然已经开展了大量研究和示范工作，但依然存在许多问题，主要有：电网结构仍然薄弱；设备装备水平和健康水平仍不能满足建设坚强电网的要求；设备检修方式较为落后；系统化的设备状态评价工作刚刚起步。

因此，在输电可靠性、设备检修模式以及设备状态自动诊断技术等方面和国际水平相比还存在一定的差距。在智能电网的输电环节中有许多应用需求亟待得到满足，需要结合物联网的相关技术，提高智能电网中输电环节各方面的技术水平。

电网技术改造工作将持续开展，改造范围包括线路、杆塔和电容器等重要一次设备，保护、安稳和通信等二次设备，以及营销和信息系统等。可以结合物联网技术，提高一次设备的感知能力，并很好地结合二次设备，实现联合处理、数据传输、综合判断等功能，提高电网的技术水平和智能化程度。

输电线路状态检测是输电环节的重要应用，主要包括雷电定位和预警、输电线路气象环境监测与预警、输电线路覆冰监测与预警、输电线路在线增容、导地线微风振动监测、导线温度与弧垂监测、输电线路风偏在线监测与预警、输电线路图像与视频监控、输电线路运行故障定位及性质判断、绝缘子污秽监测与预警、杆塔倾斜在线监测与预警等方面。

以上这些方面都需要物联网技术的支持，包括传感器技术、分析技术和通信技术等。利用物联网技术加强这些高级应用，可以进一步提高输电环节的智能化水平和可靠性。

3. 智能变电

变电环节也是智能电网中一个十分重要的环节，目前已经开展了许多相关的工作，包括全面规范开展设备状态检修，全面开展资产全寿命管理工作研究，全面开展变电站综合自动化建设。

变电环节存在的问题主要有：设备装备水平和健康水平仍不能满足建设坚强电网的要求；变电站自动化技术尚不成熟；智能化变电站技术、运行和管理系统尚不完善；设备检修方式较为落后；系统化的设备状态评价工作刚刚起步。

我国电网变电环节的自动化和数字化水平、设备检修模式以及设备状态自动诊断技术和国际水平相比还存在一定的差距。在变电环节中有许多应用需求亟待得到满足，需要结合物联网的相关技术，提高电网变电环节各方面的技术水平。

设备状态检修工作正在全面推进。以110千伏及以上电压等级变压器、断路器设备为重点，设备检修工作逐步过渡到以状态检修为主的管理模式。需要物联网技术将重要设备的状态通过传感器感知到管理中心，实现对重要设备状态的实时监测和预警，提前做好设备更换、检修、故障预判等工作。

智能化变电站的建设也需要全面推进。近年来，随着数字化技术的不断进步和IEC 61850标准在国内的推广应用，变电站综合自动化的程度也越来越高。将物联网技术应用于变电站的数字化建设，可以提高环境监控、设备资产管理、设备检测、安全防护等的应用水平。

4. 配电自动化

配电自动化系统，又称配电管理系统，通过对配电的集中监测、优化运行控制与管理，达到高可靠性、高质量供电，降低损耗和提供优质服务的目标。

物联网在配电网设备状态监测、预警与检修方面的应用主要包括：对配电网关键设备的环境状态信息、机械状态信息、运行状态信息的感知与监测；配电网设备安全防护预警；对配电网设备故障的诊断评估和配电网设备定位检修等方面。

目前，我国配电网设备的检修方式还比较落后，有必要使用先进的物联网技术实现突破。

由于我国配电网的复杂性和薄弱性，配电网作业监管难度很大，常出现误操作和安全隐患。切实保障配电网现场作业的安全高效是智能配电网建设急需解决的问题。

物联网技术在配电网现场作业监管方面的应用主要包括：身份识别、电子标签与电子工作票、环境信息监测、远程监控等。

基于物联网的配电网现场作业管理系统主要用于实现确认对象状态，匹配工作程序和记录操作过程的功能，减少误操作风险和安全隐患，真正实现调度指挥中心与现场作业人员的实时互动。

随着电网规模的扩大，输、变、配、用电设备数量及异动量迅速增多且运行情况更加复杂，对巡检工作提出了更多更高的要求。而目前的巡检工作主要还是依靠人力或离线电子设备进行巡视，面对更艰巨的巡检任务，针对巡检人员的监督机制将成为生产管理的薄弱环节，需要更加完善的技术手段监督巡检人员确实到达巡检现场并按预定路线进行巡检。同时，由于电网规划、管理、分析、维护系统的高度集成，迫切需要一种更加信息化、智能化的辅助手段以进一步提升巡检工作的效率。

5. 智能用电

智能用电环节作为智能电网直接面向社会、面向客户的重要环节，是社会各界感知和体验智能电网建设成果的重要载体。

目前，我国的部分电网企业已在智能用电方面开展相关技术研究，并建立了集中抄表、智能用电等智能电网用户侧试点工程，主要包括利用智能表计、交互终端等，提供水电气三表抄收、家庭安全防范、家电控制、用电监测与管理等功能。

但是，目前用电环节还存在许多不足，主要有：低压用户用电信息采集建设较为滞后，覆盖率和通信可靠性都不理想；用户与电网灵活互动应用有限；分布式电源并网研究与实践经验较匮乏；用户能效监测管理还未得到真正应用。

随着我国经济社会的快速发展，发展低碳经济、促进节能减排政策的持续深化，电网与用户的双向互动化、供电可靠率与用电效率要求的逐步提高，电能在终端能源消费中的比重将不断增大，用户用能模式正发生着巨大转变。大量分布式电源、微网、电动汽车充放电系统、大范围应用储能设备接入电网。这些不足将成为制约我国智能电网用电环节的瓶颈，因此，迫切需要研究与之相适应的物联网关键支撑技术，以适应不断扩大的用电需求与不断转变的用电模式。

8.1.3 智能电网应用与市场预期

发电的应用主要包括：对大规模新能源，如风能、太阳能、生物质能、海洋能、地热能等可再生能源的发电与并网的监测，对电动汽车和储能设备的运行状态监控。

智能巡检的应用主要包括：巡检人员的定位、设备运行环境和状态信息的感知、辅助状态检修和标准化作业指导等。

智能电网中的变电环节有多种应用和技术改进的需求，结合物联网技术，可以更好地实现各种高级应用，提高变电环节的智能化水平和可靠性程度。物联网也将在变电环节中实现具有较大规模的产业化应用。

物联网技术在智能用电环节拥有广泛应用空间，主要有：智能表计及高级量测、智能插座、智能用电交互与智能用电服务；电动汽车及其充电站的管理；绿色数据中心与智能机房；能效监测与管理和电力需求侧管理等。

面向智能电网的物联网应用，应当以实际需求为牵引，凭借技术和标准优势，在智能电网发、输、配、变、用等环节推动广泛应用。通过试点工程的验证示范作用，促进技术和产品的成熟，降低技术风险和商业风险，进而形成大规模、广辐射的应用体系。根据 2021 年中国移动经济发展报告，到 2021 年，移动互联网用户将超过 10 亿，4G 采用率降至总连接数的 75% 以下。预计到 2025 年，移动独立用户的用户渗透率将超过 85%，4G 仅占总连接数的一半，5G 连接数将超过 8 亿。

8.2 智能交通

过去 10 年来，随着我国经济的持续快速发展，人们的出行范围不断扩大，汽车工业作为我国经济支柱产业，汽车保有量也迅速增加。根据中国统计年鉴的数据，2021 年我国汽车保有量约为 3.78 亿辆。

交通系统的高速发展一方面促进了物流和人际往来，缩短了出行时间，提高了工作效率；另一方面也带来了诸多问题。例如，巨大的交通压力引起的交通拥堵、交通事故频发和大量的汽车尾气排放等，已经成为今天我国经济实现可持续发展所面临的重要难题。

8.2.1 智能交通概述

目前我国交通系统主要面临如下问题：第一，城市道路拥堵严重。资料显示，我国大多数城市的平均行车速度已降至 20 km/h 以下，有些路段甚至只有 7~8 km/h；第二，汽车能耗高、尾气排放量大。我国交通运输行业的石油消费中 30% 是消耗在堵车的时候，机动车碳排放量占我国碳排放总量的 30%；第三，交通安全事故频发。2020 年，我国道路交通事故死亡人数高达 1.66 人/万车。

面对这些交通运输系统带来的拥堵、能耗、污染以及安全问题，简单地通过限制车辆增加或增大路网覆盖率，效果并不明显。解决复杂的交通运输问题，必须将道路、车辆、出行者作为一个有机的整体加以考虑，利用系统工程的方法，改造传统的交通运输系统，寻找实现交通系统优化的方案。

物联网提出以来，一直受到各国军事部门、学术界、工业界的极大关注。它在交通运输方面的应用备受关注，为智能化的交通运输系统建设提供了一种更加系统化的解决方案。智能交通物联网就是将先进的传感、通信和数据处理等物联网技术，应用于车辆、出行者、道路及其相关的管理部门，形成一个安全、畅通和环保的互联智能交通运输系统。

物联网在传统的智能交通系统的基础上，使其智能化水平有了质的飞跃，通过感知车辆运行状态、交通基础设施状态、出行者行为等，在更高层次上满足人们交通出行的安全、畅通和环保需求，满足运输智能化、自动化的需求和车辆智能化、安全性与节能减排的需求。

智能交通管理系统摆脱了单纯修路的局限，强调把握交通流背后的信息流，通过优质信息服务实现道路高效使用。智能交通系统作为现代交通运输发展的趋势，在城市交通发展中正扮演着越来越重要的角色。

据初步估计，智能交通系统能够提高路网运行效率，使交通堵塞减少约 60%，使现有道路的通行能力提高 2~3 倍。通过智能交通控制，平均车速的提高带来了燃料消耗量和排出废气量的减少，汽车油耗也可由此降低 15%。如以 7000 万辆汽车保有量测算，每年可减小约 2500 万吨汽油的消耗，占了每年成品油进口量的一半以上。同时，交通顺畅将大幅度减少车辆在道路上的停滞时间，使得汽车尾气的排放大大减少，从而改善了空气质量。

8.2.2 智能交通系统与技术需求

智能交通物联网具有典型的物联网 3 层架构，即由感知互动层、网络传输层、应用服务层 3 个层次组成。其中，感知互动层主要实现交通信息流的采集、车辆识别和定位等；网络传输层主要实现交通信息的传输，一般包括接入层和核心层，这是智能交通物联网中相对独立的部分。应用服务层中的数据处理层主要实现网络传输层与各类交通应用服务间的接口和能力调用，包括对交通流数据进行分析和数据融合与 GIS 系统的协同等。应用服务层主要包含各类应用，既包括局部区域的独立应用，如交通信号控制服务和车辆智能控制服务等，也包括大范围的应用，如交通诱导服务、出行者信息服务和不停车收费等。

1. 智能交通信息感知技术

实时、准确地获取交通信息是实现智能交通的依据和基础。交通信息包括静态信息和动态信息两类。静态交通信息主要是基础地理信息、道路交通地理信息（如路网分布）、停车场信息、交通管理设施信息、交通管制信息以及车辆、出行者等出行统计信息。静态信息的采集可以通过调研或测量来获取，取得数据后，存放在数据库中，一段时间内保持相对稳定；而动态交通信息包括时间和空间上不断变化的交通流信息，车辆位置和标识、停车位状态、交通网络状态（如行程时间、交通流量、速度）等。

智能交通物联网感知互动层通过多种传感器（网络）、RFID、二维码、定位、地理信息系统等数据采集技术，实现车辆、道路和出行者等多方面交通信息的感知。其中不仅包括传统智能交通系统中的交通流量感知，也包括车辆标识感知、车辆位置感知等一系列对交通系统的全面感知功能。下面介绍一些典型的交通信息感知技术。

（1）磁频感知技术

基于电磁感应原理，主要有环形线圈传感器和磁力传感器等。它们一般通过粘贴，固定在车道表面，或切割路面安装在路面下。当车辆通过检测区域时，在电磁感应的作用下，传感器内的电流会跳跃式上升，当该电流超过指定的阈值时会触发记录仪。该技术可以检测车辆流量、车道占有率以及停车位是否空闲等交通参数。

（2）波频感知技术

该技术分为主动式和被动式两种，前者通过检测器向检测区域发射具有一定波长的能量波束，当车辆通过检测区域时，该波束经车辆反射后被检测器接收，然后经过处理分析获得所需的交通参数，该技术的主要设备有微波雷达、超声波检测器、主动式红外检测器等；后者则直接接收通过检测区域的车辆发射的具有一定波长的能量波束，并分析所需的交通参数，包括被动红外线检测器、被动声学检测器等。

（3）视频采集技术

该技术是一种将视频图像和模式识别相结合并应用于交通领域的新型采集技术。视频检测系统将视频采集设备采集到的连续模拟图像转换成离散的数字图像后，经软件分析处理得到车牌号码、车型等信息，进而计算出交通流量、车速、车头时距、道路占有率等交通参数。具有车辆跟踪功能的视频检测系统还可以确认车辆的转向及变车道动作。视频检测器能采集的交通参数最多,采集的图像可重复使用,能为事故处理提供可视图像。

上面提到的几种交通信息采集技术都是基于静止部署的传感器,能够用于采集路口或主干道的交通流量参数。但这些技术存在安装维护成本高、易损坏,以及存在精度受环境影响等诸多缺点,只能在主要道路上部署这些传感器,直接影响了交通流信息采集的完整性和稳定性,不适用于大规模的应用。

(4) 位置感知技术

该技术是智能交通物联网感知互动层的核心技术之一,全面精确的交通信息采集需要使用位置感知技术。

智能交通中的位置感知技术目前主要分为两类,一类是基于卫星通信定位,如美国的全球定位系统 (Global Positioning System, GPS) 和中国的北斗卫星定位系统,利用绕地运行的卫星发射基准信号,接收机通过同时接收 4 颗以上的卫星信号,通过三角测量的方法确定当前位置的经纬度。通过在车辆上部署该接收器,并以一定的时间间隔记录车辆的三维位置坐标 (经度坐标、纬度坐标、高度坐标) 和时间信息,辅以电子地图数据,可以计算出道路行驶速度等交通数据。

另一类位置感知技术是基于蜂窝网基站,其基本原理是利用移动通信网络的蜂窝结构,通过定位移动终端来获取相应的交通信息。该技术包括两种方法:第一种是利用已知蜂窝基站位置对移动终端进行绝对定位。例如,基于电波到达时间、电波到达时间差以及 A-GPS (Assisted GPS) 对移动终端进行定位的技术;第二种是基于基站切换行为,移动终端在移动过程中会不断切换到新的基站以保证网络通信质量。因此在城市道路上的移动会对应一个稳定的切换序列,通过在基站采集所有用户的切换序列,可计算出交通流信息。

2. 智能交通信息传输技术

智能交通物联网的网络传输层通过泛在的互联功能,实现感知信息高可靠、高安全性传输。智能交通信息传输技术的主要内容包括交通物联网的接入技术、车路通信、车车通信技术等。

专用短程通信 (Dedicated Short-Range Communication, DSRC) 技术是智能交通领域为车辆与道路基础设施间通信而设计的一种专用无线通信技术,是针对固定于车道或路侧单元与装载于移动车辆上的车载单元 (电子标签) 间通信接口的规范。

DSRC 通信系统主要包括 3 个部分:车载单元 (On-Board Unit, OBU)、路侧单元 (Road-Side Unit, RSU) 和通信协议。我国采用的 DSRC 技术标准工作在 ISM5.8 GHz 频段,下行链路为 5.830 GHz/5.840 GHz,传输速率为 500 kbit/s,上行链路为 5.790 GHz/5.800 GHz,传输速率为 250 kbit/s。

DSRC 技术通过信息的双向传输,将车辆和道路基础设施连接成一个网络,支持点对点、点对多点通信,具有双向、高速、实时性强等特点,广泛应用于道路收费、车辆事故预警、车载出行信息服务、停车场管理等领域。

除车路通信外,车车通信也是智能交通物联网的重要通信技术。车车间无线通信主要是依赖于移动自组织网络技术 (Mobile Ad Hoc Network, MANET),也可称为车车间通信自组织网络 (Vehicular Ad Hoc Network, VANET) 或车载自组织网络。车车通信在几十到几百米的通信范围内,车辆之间可以直接传递信息,而不需要路边通信基础设施的支持。

VANET 中，所有具备通信能力的车辆构成了通信网络中的移动节点。车辆通过无线接口自动检测通信范围内的车辆，并自动维护网络状态信息。当一辆车需要传输信息时，将消息传输给根据网络状态确定的下一辆车，并通过多跳通信的方式将信息传输给更远范围的目标车辆。该技术能够更好地实现车辆之间的信息交互，满足道路上车辆的快速动态变化特性，进而及时地在局部范围内发布重要的交通信息。

基于 VANET 的车车通信系统适应性更强，特别适用于基础设施遭到破坏、交通事故、地震等危机情况下的及时通信。车车通信系统的应用主要有紧急信息警示、车辆纵向协调控制、协作驾驶等。目前车车通信的难点集中在 VANET 网络的实现上，由于驾驶人员不同的驾驶行为和路网对车辆移动的限制，会导致车流密度的不断变化。换道规则和车辆跟驰规则又导致车辆之间相互影响，这些特殊的移动模式给 VANET 的设计带来了许多挑战。

3. 智能交通信息处理技术

智能交通物联网的感知互动层所采集到的未加工过的交通数据可能是视频，也可能是蜂窝网的基站信号或者 GPS 的轨迹数据，尚不能表达任何交通参数。从采集的这些原始数据提取出有效的交通信息，进而为交管部门、大众和其他用户提供决策依据，还需要经过进一步的处理。

交通信息提取一般依赖于模式识别和统计技术，实现从原始的采集数据（可能是图像、图形、文字和语音等）中提取交通相关参数，如车牌号码、交通状态识别、交通流量等。几种典型的技术包括车牌识别技术和基于蜂窝网络的交通信息提取技术。车牌识别过程通常分为图像采集、图像预处理、车牌定位、字符分割和车牌识别 5 个部分。

首先通过采集摄像头拍摄包含车牌的视频图像，再对图像进行预处理以克服图像干扰和加快处理速度；然后从图像中提取车牌字符部分，将车牌上的字符串分割成独立的单个字符；最后提取字符的特征并与存储库中的已知字符模式比对，识别出字符，得到完整的车牌号码。

基于蜂窝基站定位的交通流量提取过程主要包括：采集基站切换序列、建立基站切换模板库、路径匹配以及交通参数计算。通过事先在所有路段上测试发生基站切换的位置点并存储在切换序列库中，将实时采集到的基站序列与库序列相匹配，确定终端所在的道路以及通过时间，进而计算出所有道路上的行驶速度、交通流量等参数。

然而，由于基站切换并不仅仅与信号强度相关，也与当前基站的通信容量及运营策略相关，因此每条道路的切换序列可能并不能完全稳定，需要使用诸如滤波等方法平滑处理。基于基站切换行为的智能交通信息采集技术还需要识别用户的交通模式，判断用户是步行、骑行还是驾（乘）车，只有驾（乘）车的用户的位置数据才对交通流量分析有意义。

此外，在有高架桥或立交桥的重叠区域，还需要辨别桥上和桥下的不同交通流。需要通过大量样本的训练和学习，并对每种交通模式进行行为建模。

由于交通信息的采集源多种多样，例如，固定线圈、监控摄像头、GPS 浮动车、蜂窝网络等。所以需要进行数据融合，利用多种数据源相互检验、互相补充、综合处理，才能产生高精度的实时交通信息。交通信息融合的方法大致包括 3 类：统计分析法，如直接对数据源作加权平均或滑动平均；基于概率统计模型，如卡尔曼滤波、贝叶斯估计和统计决策理论等；基于人工智能方法，如神经网络、模糊推理和证据推理。

统计分析方法是交通参数融合的经典方法，主要包括自适应加权平均法、指数平滑法、利用平均值的递推估计算法。自适应加权平均的数据融合算法，是在总均方误差最小这一最优条件下，根据各个传感器所得的检测值以自适应的方式寻找其对应的权值，使融合后的值达到最优。卡尔曼滤波方法则通过引入控制论中状态空间的概念，将所要估计的交通参数作为状态，用状态方程来描述系统，用测量模型的统计特性递推决定统计意义下的最优融合数据估计。

许多智能交通应用还需要能够预测交通状况，并利用交通诱导系统为出行者提供有效的出行参考，达到缓解交通拥堵、节约能源的目的。交通信息的预测时间一般不超过 15 分钟，同时交通系统具有高度的不确定性和非线性，实时准确的交通预测给海量数据处理带来了很大的挑战。

预测的交通参数通常包括交通流量和旅行时间，交通流量是城市交通流诱导、公路交通事件检测等应用的基础数据。路段平均旅行时间是进行车辆诱导的主要依据，也是出行者最关注的交通参数。建立交通流诱导的关键是能准确地预测未来时段内车辆在路段上的旅行时间。目前使用的交通流量预测方法大致包括多元回归模型和时间序列模型等传统预测模型、小波理论和与神经网络相关的复合预测模型，以及非参数回归和谱分析法等现代预测方法。

8.2.3 智能交通应用与市场预期

1. 智能交通应用

智能交通物联网的应用服务层可以支持多种多样的智能交通服务，典型的应用如下。

(1) 自适应的交通控制系统

许多城市道路交叉路口时常出现这样的情况，有时在一个方向已经没有车了，可绿灯仍然亮着，而另外一个方向却有很多车在红灯下等候。自适应交通控制系统通过部署在路面或移动的 GPS 车上采集到的路段交通流信息和路口的交通状态，根据路口各个方向交通的状态以及周围相邻路口的交通状态，改变路口各方向红绿灯信号的持续时间（信号配时），使得路口的使用效率得以提高。

(2) 智能交通诱导与交通信息服务

统计结果表明，城市道路所承载的交通流量可能相差很大。例如，交通流量高峰时仍然会有相当一部分道路是畅通的。智能化的交通诱导系统通过实时采集城市道路交通流量、可用停车位等数据，并持续进行建模和分析，实时分析路网交通状态，向出行者提供实时交通信息和路径引导信息。它通过诱导出行者的出行行为，从而改善道路交通状况，实现路网交通流的均衡分配。

(3) 电子收费系统

相关部门统计数据表明，当前的人工道路收费模式下，一辆车停车缴费最快也需要 8~10 秒的时间，这样的话，繁忙公路上的收费站往往会造成大量车辆的拥堵。电子收费系统通过在车辆上安装带有标识功能的终端，使车辆驶过收费道口时，系统能自动识别车辆并使用电子货币结算，从而实现道路的不停车收费，避免了在收费站前的停靠交费。

(4) 智能公共交通管理系统

许多城市的公交站台，乘客望眼欲穿等下一班车，而公交公司却不知道应该增发哪些班次。乘客等不到出租车，而一些司机却在空驶。这些当下城市公共交通的常态，都是由于交通信息流动不通畅所致。基于物联网的智能公共交通管理系统，通过综合利用 GPS 定位技术、通信技术、地理信息系统技术等实现运营公交车、出租车、出行乘客、查询终端、公交站点和管理中心等元素的互联互通。这一方面方便广大乘客了解公共交通信息，合理安排出行，另一方面使得公共交通管理机构可以加强对运营车辆的指挥调度，提高运营效率。

（5）智能汽车

与前面所有应用侧重于优化整个交通系统运行不同，智能汽车集中在利用车内传感器实现智能控制来提高用户的驾车体验和改善行驶安全性。智能汽车主要包括安全辅助驾驶、智能动态导航以及汽车远程通信等几个不同方面的应用。

2. 市场预测

作为未来交通系统发展的趋势之一，国家高度重视发展智能交通产业，各相关部门都采取多种措施予以积极推动，分别提出将智能交通作为我国未来交通运输领域发展的重要方向和优先领域予以重点支持。科技部"十五"计划中，科技教育发展重点专项规划把智能交通系统列为二十个重点发展的项目之一，并正式实施国家科技攻关"智能交通系统关键技术开发和示范工程"。交通部将智能交通系统列入 2010 年长期规划重点发展项目。

据国家统计局和沙利文研究数据显示，中国城市轨道智慧化市场规模（以国家建设投资额计）由 2014 年的 100.9 亿元增长至 2018 年的 226.5 亿元，持续保持平稳增长。城市轨道交通的飞速发展也将带动其配套信息化系统的建设，从而使得整个行业的市场规模不断扩大，预计中国城市轨道智慧化市场规模将在 2023 年达到 442.5 亿元，如图 8-2 所示。

图 8-2　我国智能交通行业投资额预测

智能交通在美国的应用率超过 80%，1997～2007 年，美国智能交通相关产品及服务市场容量超过 4200 亿美元；欧洲智能交通在 2010 年产生了 1000 亿欧元左右的经济效益；1998～2015 年，日本的市场规模累计达到 5250 亿美元。与美国、日本、欧洲等发达经济体相比，我国的智能交通发展还刚刚起步。以高速公路智能交通系统为例，尽管该领域年投资额逐年增长，但与发达国家智能交通系统投资额占高速公路总投资平均达 7%～10% 相比，这一比例在中国只有 1%～1.5%，我国的高速公路智能交通系统建设仍处于发展初期。

我国的智能交通市场主要由城市道路交通管理、城市公共交通管理和高速公路智能交通系统 3 大部分组成。以城市道路交通管理为例，目前我国非农业人口在 20 万以上的城市有 319 个，建立一个交通指挥中心平均投资额约在 7000 万元左右，如果 20 万人口以上的城市均在 8 年内建成功能较为完善的指挥中心，其投资额约为 190 亿元。

同时，北京、上海、广州等特大城市需要大量城市快速环路及干道交通监控、诱导系统的规划、投入与建设。再考虑城市交通管理的其他项目及已有城市道路交通管理系统的改造投入，保守估计，2011~2020 年我国智能交通市场投资规模合计 3460 亿，复合增长率达到 18%，市场投资增长接近 4.5 倍。

8.3 智慧物流

随着科学技术的高速发展、贸易壁垒的消除以及全球化进程的加快，物流领域逐渐成为现代信息技术普遍应用的领域，物流企业正在转变为信息密集型企业，物流信息化成为现代物流业的灵魂，是现代物流业发展的必然要求和基石。

8.3.1 智慧物流概述

目前我国的物流业和发达国家相比还有较大差距。进入新世纪以来，我国物流业总体规模快速增长，服务水平显著提高，发展的环境和条件不断改善，但还存在一些突出问题：

- 全社会物流运行效率偏低，社会物流总费用与 GDP 的比率高出发达国家 1 倍左右。
- 社会化物流需求不足和专业化物流供给能力不足的问题同时存在，"大而全""小而全"的企业物流运作模式还相当普遍。
- 物流基础设施不足，尚未建立布局合理、衔接顺畅、能力充分、高效便捷的综合交通运输体系，物流园区、物流技术装备等能力有待加强。
- 地方封锁和行业垄断对资源整合和一体化运作形成障碍，物流市场还不够规范。
- 物流技术、人才培养和物流标准还不能完全满足需要，物流服务的组织化和集约化程度不高。

物联网在物流领域的应用将有望解决我国物流行业所面临的困境，极大地降低物流成本，提高物流服务水平。

物联网的体系架构以感知互动层为支撑，通过 RFID 技术为每一个产品分配唯一的身份标识、实现对单品的管理，通过广泛分布于生产流水线、运输工具、仓储等处的传感器采集产品质量、物理环境的相关信息，通过深度数据分析实现智能决策和新业务开发。将物联网先进技术融入具体物流运作中，将能够实现高度的物流信息化、自动化和便利化。企业通过接入物流物联网信息网络能够即时建立与企业内部、供应商、消费者、政府部门等相关单位之间的联系、协调和合作，实现整体联动的社会化物流。

物流物联网的建设能够极大加强物流环节各单位间的信息交互，实现企业间有效的协调与合作，推进物流行业的专业化、规模化发展。开放的物联网信息网络能够深化专门从事物流服务的第三方物流（3PL）企业与客户的合作关系，最大限度地开发他们在包装、运输、装卸、仓储、加工配送等方面的物流资源，为客户提供优化的物流解决方案和增值服务。

随着现代经济的发展，企业之间的交换关系和依赖程度也越来越错综复杂。在市场瞬息万变和竞争环境日益激烈的情况下，企业在物流方面的要求：一是响应快速，二是协同配合，三是个性化需要。而物联网的应用不仅能够使物流充分满足企业的要求，甚至能够通过物流环节及时反馈信息，改变企业生产滞后于市场需求的被动局面，打造企业主动推动市场的新局面。

8.3.2 智慧物流系统与技术需求

随着社会对物流智能化和信息化服务需求的不断提高，基于物联网技术，以高度信息化、智能化为特征的智慧物流应运而生，使物流信息化进入一个新的阶段。智慧物流系统的体系架构包括 3 个层面：最下层是感知互动层，包括 RFID 设备、传感器与传感网等，主要用于物流信息的智能获取；感知互动层之上是网络传输层，网络传输层是进行物流信息交换、传递的数据通路，包括各类接入网与核心网；最上层是应用服务层，包括数据互换平台、公共服务平台和用户服务平台。

1. 感知互动层技术

物联网感知互动层主要完成物体信息的采集、融合处理，采用条码识别、RFID、智能图像识别、GPS、AIS 等多种技术对各类物流对象进行信息采集，这种采集具有实时、自动化、智能化、信息全面等特点。

（1）条码识别

条形码是由宽度不同、反射率不同的条和空，按照一定的编码规则（码制）编制成的，用以表达一组数字或字母符号信息的图形标识符。条形码可以标出商品的生产国、制造厂家、商品名称、生产日期、图书分类号、邮件起止地点、类别、日期等信息，因而在商品流通、图书管理、邮电管理、银行系统等许多领域都得到了广泛的应用。

（2）RFID

射频识别系统通常由电子标签（射频标签）和阅读器组成。电子标签内存有一定格式的电子数据，常以此作为待识别物品的标识性信息。应用中将电子标签附着在待识别物品上，作为待识别物品的电子标记。

阅读器与电子标签可按约定的通信协议互传信息，通常的情况是由阅读器向电子标签发送命令，电子标签根据收到的阅读器的命令，将内存的标识性数据回传给阅读器。这种通信是在无接触方式下，利用交变磁场或电磁场的空间耦合及射频信号调制与解调技术实现的。射频识别系统能够获得比条形码更多的标识信息和更远的识别距离。

（3）智能图像识别

集装箱号码自动识别，简称箱号识别，是基于图像识别中的 OCR（光学字符识别）技术发展而来的一种实用技术，包括触发、图像抓拍、字符识别等几个关键环节。它能对集装箱图像进行实时抓拍，对集装箱号和箱型代码（ISO 号码）进行识别。

实时的影像、车辆和集装箱的信息均转化成为数字化信息存储在计算机中，通过调用这些信息，与物流、码头、堆场或海关的信息管理系统进行整合，提高关口货物管理、集装箱存货管理、场地规划、收费管理及其他有关物流管理的自动化程度，有效节省集装箱检验的时间，降低了人工记录集装箱号码的出错率。

（4）GPS

卫星定位是一种结合卫星及通信发展的技术，利用导航卫星进行测时和测距的系统。全球卫星定位系统（简称 GPS）是美国从 20 世纪 70 年代开始研制的，历时 20 余年，耗资 200 亿美元，于 1994 年全面建成，是具有海陆空全方位实时三维导航与定位能力的新一代卫星导航与定位系统。全球卫星定位系统以全天候、高精度、自动化、高效益等特点，成功地应用于物流运输领域，取得了很好的经济效益和社会效益。

（5）AIS

AIS（Automatic Identification System，自动识别系统）也称全球无线电应答器系统。AIS 是近年来几个国际组织，特别是国际海事组织（IMO）、国际航标协会（IALA）、国际电信联盟（ITU）共同的研究成果。AIS 的目的是使所有船舶都安装无线电应答器系统，使本船只可以被其他装有无线电应答器的船舶"看得见"。

AIS 能够识别船只、协助追踪目标、简化信息交流、提供其他辅助信息以避免碰撞发生等，AIS 的正确使用有助于加强海上生命安全、提高航行的安全性和效率，以及对海洋环境的保护。

2. 网络传输层技术

网络传输层是进行物流信息交换、传递的数据通路，包括各类接入网与核心网。除传统的因特网外，在物流领域应用较为广泛的有移动通信技术、集群通信技术等。

（1）移动通信技术

移动通信技术是通过无线电波来为通信用户提供实时信息传输的技术，通过"蜂窝"（Cellular）技术的地域覆盖和短距离通信组合，以实现在保障覆盖区或服务区内的顺畅的个体移动通信。目前国内移动通信技术的发展已进入 5G 时代，随着技术的不断发展，移动通信技术的数据传输能力越来越强，在广域、远程无线语音与数据传输等应用中，为用户提供方便快捷的服务。

（2）集群通信技术

集群通信系统产生于 20 世纪 70 年代，已经广泛应用于军队、公安、司法、铁路、交通、水利、机场、港口等部门。集群通信系统由基站、移动台、调度台和控制中心 4 部分组成。其中，基站负责无线信号的转发，移动台用于在运行中或停留在某个不确定的地点进行通信，调度台负责对移动台进行指挥、调度和管理，控制中心主要负责控制和管理整个集群通信系统的运行、交换和接续。

集群通信系统可以将所具有的可用信道为系统的全体用户共用，能够自动选择信道，具有共用频率、共用设施、共享覆盖区、共享通信业务、共同分担费用、兼容有线通信等特点，同时还具有调度指挥、控制、交换、中继等功能，既节约射频频谱，又能为用户提供快速、方便、无干扰的通信，是一种多用途、高效能而又廉价的先进无线调度通信系统。

3. 应用服务层技术

物流领域中的应用服务层技术包括电子数据交换（EDI）、物流信息系统等。

（1）EDI

联合国标准化组织将 EDI 描述为按照统一标准、将商业或行政事务处理转换成结构化的报文数据格式，并利用计算机网络实现的一种数据电子传输方法。EDI 的主要功能表现在电子数据传输、传输数据的存证、文书数据标准格式的转换、安全保密、提供信息查询、提供技术咨询服务、提供信息增值服务等方面。

EDI 作为一种新型有效的信息交换手段,可以提高整个物流流程各个环节的信息管理和协调水平,是实现快速响应(QR)、高效消费者响应(ECR)、高效补货等方法必不可少的技术。

(2)物流信息系统

所谓物流信息系统,实际上是物流管理软件和信息网络结合的产物,小到一个具体的物流管理软件,大到利用覆盖全球的互联网将所有相关的合作伙伴、供应链成员连接在一起来提供物流信息服务的系统,都可称为物流信息系统。对一个企业来说,物流信息系统不是独立存在的,而是企业信息系统的一部分,或者说是其中的子系统,即使对一个专门从事物流服务的企业也是如此。

建立在信息网络基础上的物流信息系统,通常也称为物流信息平台。在信息网络环境下,"系统"和"平台"这两个概念在很多时候被人们不加区别地使用。

物流公共信息平台的基本功能是将物流相关的企业和服务机构,如生产制造商、物流服务商、分销商、银行、保险、政府相关机构,通过统一的信息网络连接起来,实现不同数据格式、多种信息标准的转换和传输,提供公共的应用模块,方便企业使用,降低信息成本,还可以进一步提供决策分析服务。

8.3.3 智慧物流应用与市场预期

我国政府高度重视智慧物流产业的发展,2009 年初出台了《物流产业调整振兴规划》(以下简称《规划》),为物流领域的物联网应用快速发展带来了强大动力。同时《规划》中明确提出了要积极推进企业物流管理信息化,促进智慧物流发展,要求物流产业尽快制定物流信息技术标准和信息资源标准,建立物流信息采集、处理和服务的交换共享机制。

加快行业物流公共信息平台建设,建立全国性公路运输信息网络和航空货运公共信息系统以及其他运输与服务方式的信息网络等,由此进一步扶持智慧物流发展。到 2020 年,智慧物流领域物联网产业市场规模已达到 600 亿元,到 2025 年,智慧物流领域物联网产业市场规模将达到万亿元级别。

8.4 精细农业

加速农业农村现代化是中华民族实现伟大复兴的一项重要任务,而物联网在精细农业上的应用是让广大农民过上美好生活的一个助力剂。

8.4.1 精细农业概述

我国是人口大国,农业不只是社会发展的基础,也是社会安定的基石。我国又是传统的农业大国,勤劳的中国农民,以世界 7% 的耕地养活了世界 22% 的人口。

当前制约我国农业发展的主要问题是农业生产资源紧缺与过度消耗。具体表现在如下方面:

- 耕地资源不断减少。从 1996 年到 2004 年中国耕地面积减少 1 亿多亩,年均减少 1000 多万亩。
- 水资源紧缺。目前,全国仅灌区每年就缺水 300 亿立方米左右。20 世纪 90 年代年均农田受旱面积四亿亩。

- 水资源浪费和污染情况严峻。我国农业用水量占总用水量的70%以上，但我国主要灌区的渠系利用系数只有0.4~0.6，与发达国家的0.8相差甚远。
- 化肥农药污染浪费情况严峻。我国是最大的农药使用国和化肥使用国，2003年全国农药使用量为131.2万吨，并正以每年10%的速度增加。我国每年施用化肥量达4200万吨以上，占全球施用化肥量的1/3，但化肥利用率却不到40%，低于发达国家15~20个百分点。这些浪费的农药和化肥对食品安全和环境都造成了巨大的危害。

生产资源的紧缺和现有生产方式对资源的浪费，要求单位资源产量的提高和对资源的精细使用，但单纯的机械化农业并不能解决产量的提高和资源浪费之间的矛盾。智能农业通过全面感知、可靠传递和智能处理，使农业生产方式逐渐由经验型、定性化向知识型、定量化转变，由粗放式向精细化转变，实现减少浪费和污染、保证产量和质量的目的。

智能农业是指以现代信息技术与农牧业技术融合为特点的精细农牧业技术，它可为提高农业生产效率提供重要支撑，其核心是利用信息技术精确获知生态环境、动植物生命、农产品品质等特征信息进行智能信息处理和决策，并通过机械化控制手段改造生产目标和生产环境。智能农业的精确感知、智能信息处理和决策、机械化控制手段改造这3个方面都是传统农业无法实现的。

农业物联网系统一般采用包括大量传感器节点构成的传感器网络；将环境采集传感器、带有身份标识的单体信息收集传感器以及多媒体传感器所采集的环境信息与作物信息，通过通信网络迅速回传；通过数据分析（包含图像识别）、模式识别、专家系统（人工智能、数据挖掘）进行智慧的判断，反馈给决策层与终端操作者。

农业物联网的实施有着重要的意义。它将农业生产模式逐渐从以人力为中心、依赖于孤立机械的生产模式转向以信息和软件为中心的生产模式，从而大量使用各种自动化、智能化、可远程控制的生产设备，实现对农业生产环境信息和农作物生长信息的全面感知、可靠传递和智能处理。

8.4.2 精细农业系统与技术需求

农业物联网技术的层次结构与智慧物流、智能电网等物联网应用系统类似，均由感知互动层、网络传输层和应用服务层组成。感知互动层主要实现对农业生态环境、农作物的状态和农产品状态的实时感知；网络传输层主要实现农作物和农产品信息的传输，包括接入层和核心层；应用服务层通过数据分析和融合、模式识别等手段形成最终数据，提供给生态环境监测系统、生长监控系统、追溯系统等。

1. 农业信息感知技术

农业信息包括环境信息和作物信息两类，环境信息主要是种植业、畜牧业、渔业的生长环境信息，包括光照强度、温湿度、离子浓度等信息；作物信息的采集包括动植物的身份标识信息、外貌信息、行为信息和这些信息的统计信息。感知互动层所需要的关键技术包括检测技术、短距离有线和无线通信技术等。

各类农业信息首先通过传感器、数码相机等设备进行采集，然后通过RFID、条码、工业现场总线、蓝牙、红外等短距离传输技术进行传输。在仅传输物品的唯一识别码的情况下，也可以只有数据的短距离传输这一层。在实际应用中，这两个子层有时很难以明确区分开。现代农业常用的传感器包括空气温湿度传感器、土壤温湿度传感器、光照强度传感器、CO_2 传感器、NH_3 传感器、营养元素（氮、磷、钾等含量）传感器等，此外在喷灌和滴灌场合还可能用到水流量传感器、水温传感器，水产养殖方面会用到水体溶解氧浓度传感器等，而作物信息检测则往往需要用到图像采集设备和耳标等。

（1）营养元素传感器

营养元素传感器对营养元素含量的检测采用的是离子敏传感器。离子敏传感器由离子敏感膜和转换器两部分组成。敏感膜用以识别离子的种类和浓度，转换器则将敏感膜感知的信息转换为电信号。一般用于检测无土栽培环境中所调配的营养液中营养元素的含量，或根据流回的营养液中元素的吸收情况来决定营养元素的调配比率，也可用于普通大棚或温室中土壤营养元素含量检测。

（2）水体溶解氧浓度传感器

水体溶解氧的检测使用溶解氧浓度传感器，该传感器使用覆膜酸性电解质原电池原理来实现水体中溶氧（DO）浓度的测量。该传感器经常应用于水产养殖中的水含氧量检测监控。

（3）耳标

耳标是动物标识之一，用于证明牲畜身份，承载牲畜个体信息的标识，加施于牲畜耳部。电子耳标应用 RFID 技术，内置芯片和天线，编码信息存储于芯片内。由于 RFID 具有非接触、远距离、自动识别移动物体、可读可写等特性，一些自动化计量、测量、定量系统在畜牧业中得以推广使用。

2. 农业信息传输技术

智能农业物联网的网络传输层通过泛在的互联功能，实现感知信息高可靠、高安全传输。互联网和移动通信网（包括移动互联网）是智能农业物联网的核心网络，该类网络是所有物联网应用的共性部分，本章不做特别的介绍。

3. 农业信息处理技术

感知互动层采集的信息通过网络传输层到达远程机房的主机中。各种传感器收集到的信息有些是可以直接利用的，有些（如图像、视频或多个传感器采集的信息）则需要经过预处理，完成信息的提取和融合才可以使用。

根据有效信息，通过智能信息处理与控制技术可以实现如下几种典型应用。

- 环境控制：为作物提供一个最有利的生长环境，以便最大限度地提高作物产量、增加收益。动植物的生长环境有较为复杂的多个控制的因子。这些控制因子之间相互影响和作用，通过智能控制技术中的解耦方法，实现精确控制。
- 生长要素调节：动植物生长过程中，不同的生长阶段需要不同的饲喂和施肥方法。通过感知生长阶段，智能判断所需施肥和圈养方案，实现对动植物生长要素的调节。
- 病虫害控制：病虫害控制是农业生产中的重要环节。将所收集的数据通过包含有专家经验的智能专家系统，判断所患病虫害，并给出解决方法。

智能控制理论的创立和发展是对计算机科学、人工智能、知识工程、模式识别、系统论、信息论、控制论、模糊集合论、人工神经网络、进化论等多种前沿学科、先进技术和科学方法的高度综合集成。

智能控制技术的主要方法有模糊控制、基于知识的专家系统控制、神经网络控制和学习控制等。常用的优化算法有：遗传算法、蚁群算法、免疫算法等。

（1）模糊控制

模糊控制以模糊集合、模糊语言变量、模糊推理为其理论基础，以先验知识和专家经验作为控制规则。其基本思想是用机器模拟人对系统的控制，就是在被控对象的模糊模型的基础上运用模糊控制器近似推理等手段，实现系统控制。在实现模糊控制时，主要考虑模糊变量的隶属度函数的确定以及控制规则的制定，二者缺一不可。

例如，猪养殖过程中可采用模糊控制器和串联神经网络解耦的控制系统处理传感器收集得到的信息，对商品猪生长的小气候环境进行控制。猪生长环境中需要控制的因素很多，如温度、湿度、光照、风速、氨氮浓度等，其中温度和湿度对猪的生长影响最大，故该研究对温度和湿度进行控制，控制机构有天窗、南北卷帘、东西卷帘、加热器、鼓风机、抽风机、喷淋共7种，主要控制开关量和档位。

模糊控制器的输入为误差和误差变化率，输出为神经网络的输入。采用的模糊控制器带有调整因子，由模糊控制和积分作用两部分并联组成。当系统处于初始阶段时，模糊控制的主要任务是消除误差；而系统接近稳态时，误差较小，应避免振荡。可通过模糊控制在线修正控制器的比例因子。

（2）专家系统控制

专家系统控制是将专家系统的理论技术与控制理论技术相结合，仿效专家的经验，实现对系统控制的一种智能控制。主体由知识库和推理机构组成，通过对知识的获取与组织，按某种策略适时选用恰当的规则进行推理，以实现对控制对象的控制。专家控制可以灵活地选取控制率，灵活性高；可通过调整控制器的参数，适应对象特性及环境的变化。

国内外已经成功开发和应用了多例农业生产和环境管理方面的专家系统。它们一般都具有智能信息管理、逻辑判断和辅助决策功能，具体如下：

- 收集市场信息，根据历史数据和目前数据来预测市场，向生产人员推荐种植品种。
- 成本核算后，给出作物培养方案，供生产人员参考，以便获得最大利润。
- 根据监测的实时数据，动态调整培育模式，使作物处于目标期望的生长环境。
- 作物出现虫害和疾病后，根据知识库中的专家知识自动进行诊断，从经济效益和生态效益两方面综合考虑，给出治疗方案和挽救措施。

（3）神经网络控制

神经网络模拟人脑神经元的活动，利用神经元之间的连接与权值的分布来表示特定的信息，通过不断修正连接的权值进行自我学习，以逼近理论为依据进行神经网络建模，并以直接自校正控制、间接自校正控制、神经网络预测控制等方式实现智能控制。

以基于神经网络的黄瓜等级判别为例，说明神经网络在智能农业物联网处理层的应用。该方法综合神经网络理论和图像处理技术，对瓜果的形状和质量进行判别，最后自动给出质量等级，通过实验对比，其判别的正确率优于人工判别和机器人判别两种方法。

该方法模仿人对长型瓜果形状的判断方式，抽出长型瓜果的6种形状特征，将其设定为神经网络输入层的6个输入端。输出层有2个输出端，可取4种状态，代表4个分级。网络结构采用前向多层神经网络，隐层单元数为10个，学习误差设定在0.001以下，通过训练最后确定网络各权值。学习时，把标准模型放在CCD摄像机下，计算机采集该图像信号，通过键盘输入教师信号。完成后，进行第二次学习，直至满足误差要求。实验数据表明，该方法的操作优于人工方式，具有精度高、重复性好等优点。

（4）学习控制

学习控制是指靠自身的学习功能，认识控制对象和外界环境的特性，并相应地改变自身特性以改善控制性能的系统。这种系统具有一定的识别、判断、记忆和自行调整的能力。实现学习功能可以有多种方式。学习控制系统经常采用的方法包括遗传算法学习控制和迭代学习控制。

8.4.3　精细农业应用与市场预期

当前，全面感知、可靠传输和智能反应的各种物联网技术在农业中的应用实现了人们对未来农业的畅想。本节选取几类典型的应用加以介绍。

1. 农业生态环境监测

农业生产依赖于一个良好的农业生态环境，但农业生态环境的优劣，只有通过生态环境监测才能加以判断。生态农业建设的成效如何，制约农业发展的障碍因子何在，怎样维持系统的良性循环，这些问题的解决都离不开生态环境监测。农业生态环境是确保国家农产品安全、生态安全、资源安全的重要基础。

农业生态环境监测是对特定环境敏感的生态因子的测量记录评估，它揭示了生态环境质量的现状、变化和趋势。通过对农业生态环境的监测，可以有效地节约资源、监测污染和预警灾害；对降雨、大气温度湿度的监测，可以指导农户进行定量灌溉；对森林中温度和湿度的监测，可以间接反映可燃物含水量的大小，预报和监测森林火灾的发生。

与传统监测手段相比，采用物联网传感器技术进行监测有更实时、定量、准确的优点。目前，越来越多的国家综合运用高科技手段，构建先进农业生态环境监测网络。通过利用先进的传感器感知技术、信息融合传输技术和互联网技术，将物联网技术融合其中，建立农业信息化平台，实现了对农业生态环境的自动监测。

2. 智能温室

在作物的整个生育期中，温室内的温度、湿度、光照度和气体浓度等环境因素往往不能完全满足作物的需要。而传统手工控制方法存在调节不准确、滞后严重等问题，影响了农业生产。

智能温室采用由中心控制计算机、现场控制机、系列传感器、电动执行器和局域网通信网络等组成的分布式计算机监控系统。温室的温度、湿度、光照和通风等的控制与作业，由升降温、喷洒水、采遮光、通排风等器械或机械手完成；作物所需要的营养、肥料和水分等，按生理要求与营养需要配制成营养液，采用针剂式滴灌和喷灌作业完成。

智能温室由于完全实现了智能化的控制，避免了自然环境气候的影响，减少了病虫危害，实现了作物的优质、高产和无公害生产。

3. 智能灌溉

农业水资源利用效率低，短缺与浪费现象并存，是当前我国灌溉农业发展面临的主要问题。解决这个问题的根本出路是大力发展和推广精确灌溉，它根据作物需水信息，适时、适量地进行科学灌溉，以达到节水增产的目的。

智能灌溉系统由无线传感器网络、传输网络、控制主机和水泵控制部分组成。系统运行时，通过以上多种传感器收集灌溉需求信息，通过网络上报到工作站服务器，工作站服务器通过建模分析，将灌溉指令发送到灌溉嵌入式系统，确定是否启动水泵为农田供水。管理员也可以远程通过网络访问服务工作站，监控灌溉信息，控制水泵为农田供水。

4. 智能病虫害诊断系统

我国是粮食作物和蔬菜生产大国，目前主要采用农药防治病虫害。过多使用农药会造成产品、环境污染，极大威胁着我国粮食安全。

我国目前受农药污染的耕地面积已超过 1300～1600 万公顷。在实际生产中，大多数农民对于作物病害的诊断只是靠经验、凭感觉，对作物的生长状态造成了伤害。有效地早期诊断病害是农民在生产过程中所遇到的最大难题。

智能病虫害诊断系统根据判断病虫害类型不同，采用不同的图像处理技术获得判断依据。大部分病虫害智能检测系统均选用摄像设备和环境传感器，采集环境中各种影响因子的数据信息、视频图像等，再通过 TD/GPRS 网络传输到诊断平台。

处理层利用图像滤波、分割、识别算法处理图像，得到病虫害信息，通过查找病虫害预警模型库、作物生长模型库、告警信息指导模型库等信息库，指导农药使用，实现对病虫害的实时监控和有效控制。

5. 智能集约化水产养殖

近年来随着集约化养殖的增加，残饵、生物代谢废物的排泄改变了水库生物群平衡，网箱养殖经常造成整个水体的水质恶化，不断出现水库缺氧泛箱事故的发生。例如，2002 年10 月中旬，荥阳丁店水库由于严重超负荷的养殖量，在突然降温时形成上下水层对流，整个水体严重缺氧，造成泛箱死鱼事故，5 万公斤养殖鱼类死亡。

智能集约化水产养殖系统中，传感器节点负责温度和水溶氧量数据的采集与发送；数据通过网络传输层发送到数据管理中心；数据管理中心基于时间段设置数据读取，根据读取的结果确定运行状况，设定报警。通过对水体的水质恶化状况的在线污染监测，就能预防水库发生缺氧泛箱事故。

6. 精量饲喂系统

过量采食与采食不足都会对动物健康造成危害。所以，如何使动物处在一个营养均衡的状态，一直是动物营养学研究的重要方向。研究表明，有些采食模式性状如日采食量、单次采食量、日采食次数、单次采食时间等，有一定的遗传性，因而可通过选择加快它们的遗传改良。认识采食量调控规律，对合理饲养种畜、幼畜和受各种应激因素影响的动物（包括病畜）以及有效利用饲料、充分发挥动物生产潜力，都有重要意义。

精量饲喂系统由种畜个体采食活动监测装置、通信网络和控制管理计算机 3 部分构成。个体采食活动监测装置利用 RFID 射频识别技术识别个体，获得准确的种畜个体采食活动的相关数据，包括采食量、采食时间、采食速度、环境温度等。通过通信网络传输给控制计算机。控制计算机记录采食活动的相关数据，根据预输入采食模型判断饲料供应配比，同时控制料槽门、料槽连锁机构、报警装置和驱赶装置的开关。

精量饲喂系统可以针对种畜个体进行精量的饲喂，并且可以自动获取个体的实际采食量和采食活动的相关数据，为动物生产建立科学、合理的生产制度，提高经济效益，实现动物生理行为水平上的自动化畜牧生产体系。

7. 智能冷链

随着我国鲜活农产品销量的逐年增加，未来 10 年内冷库与冷藏车的平均增量将达到 30%。但目前农产品仓储整体水平较低，不论是产业链链条还是仓储设施设备和与日俱增的市场需求之间还存在着很大差距。鲜活农产品耗损率大，而且存在食品安全隐患。

智能冷链系统由分布在仓库和运输车辆上的传感器节点采集温度、湿度、二氧化碳浓度信息，通过 GPRS 网络传输给远程监控中心。远程监控中心根据预先设置的规则，判断状态是否正常，回传给节点的控制输出接口，调节温湿度或发出警报。通过冷链配送温度动态监控与管理，对仓储和运输环节的温度、湿度和二氧化碳浓度全程地监视和调节，保证了农产品的新鲜，保证了食品安全，减少了因为腐坏导致的经济损失。

8.5 公共安全

公共安全是国家安全和社会稳定的基础。近年来，国内外公共安全事故急剧增加，恐怖活动日益猖獗，造成人、财、物的巨大损失。公共安全已成为世界性的热点问题，是政府和社会关注的焦点。

8.5.1 公共安全概述

根据国务院的总体预案，公共安全事件有 4 大类，即自然灾害、事故灾难、突发公共卫生事件、突发社会事件。国家科学技术中长期发展纲要将确保公共安全作为全面建设小康社会的根本保障，其中包括食品安全、生产安全、减灾防灾、社会安全、反恐、检疫等多个方面。

安防系统的应用范围极其广泛，涉及人们日常生活的方方面面。已有在售产品包括视频监控、出入口控制、入侵检测、防爆安检等十几个大类，共数千品种。以上海世博园区的安全防护为例，300 余场馆，40 万余日均访问人次，游客的出行安全和食品安全保障，以及场馆建筑和室内设施安全保障都需要安防系统提供支持。其他如贵重设备监护、煤矿监控、建筑物结构健康监测、事故预警、监狱监控等，也均属于安防应用的范畴。

随着社会发展的深入变革，用户对安防系统的功能需求越来越高，而现有的第二代安防系统功能较为单一，智能化不足，如防入侵系统仅能判断是否存在入侵行为，而无法得知是何种入侵，具体的事件响应需要安防人员的参与，或是派人赴报警点查看，又或是启用预警设备或其他侦测设备才能应对。人机的多次交互将不可避免地加大系统响应延时，增加不确定性，而人力成本也会成为安全防护系统的实施成本，成为安防系统规模化的障碍。

物联网以其无所不在、高效传输、快速感应的特点，在很多需要快速反应处理能力的场合大有用武之地。同时，物联网还具备协调多模感知网络共同工作的能力，可以在无人员介入的情况下完成各项复杂任务。

在公共安全防护领域，物联网技术可以实现诸如实时监控监测、位置定位、智能分析判断、人机智能对话等诸多功能，基于物联网的安防系统具备自感应、自适应和自学习能力，能够结合多种传感器信息，实现事故目标的有效分类和高精度的区域定位，甚至可以在不需要外界介入的情况下启动各项应急措施。而另一方面，各类感知技术以及组网技术的长足发展，也为安全防护物联网相关应用的开发提供了必要的技术支撑。

基于多模信息感知与协同处理，使用物联网技术搭建安全平台，其独到优势可以归纳为如下几点：

- 可实现高精度定位。
- 能够智能分析判断及控制。
- 能够最大限度降低因传感器问题及外部干扰造成的误报。
- 能够完成由面到点的实体防御及精确打击。
- 强大的网络支撑平台。
- 可轻松实现高度智能化的人机对话功能。

8.5.2　公共安全系统与技术需求

安全防护物联网同样也遵从感知互动层、网络传输层、应用服务层为核心的 3 层体系架构：

- 感知互动层用于采集各类与安全相关的环境信息与人员信息，即需要获悉检测对象的运作状态，还需要监控目标区域内的各类突发事件，如人员入侵、火警、毒气等。
- 网络传输层用于在各类特定环境下可靠传输环境信息、报警信息，并作为应急联动指令及时下达的重要通道。
- 应用服务层用于数据处理、异常分析、预警判断，为城市公共安全防护、特定场所安全防护、生产安全防护、基础设施安全防护、食品安全防护等众多领域的安全防护应用提供服务。

1. 安防信息感知技术

安全防护系统最重要的功能是能防患于未然，预知各种潜在威胁，既需要判断准确，更需要功能完备。但由于缺少明确的防护目标，相对于其他形式的物联网应用，公共安全防护需要采集的外界环境信息更加多样化。大量功能各异的传感器节点各司其职，通力协作，检测周界入侵、建筑物损伤、空气成分、水源分布，甚至还可以协同少量执行节点实施初步的救援辅助工作。

安全防护的对象通常是一块区域，如广场或是建筑内部、房间等，属于"面"的监控。而单独的采集设备，如传感器等，作为信息采样点，其功能是有限的。真正应用于安全防护，需要由点而线，由线而面。因此，安防应用中的信息采集技术既包括感知设备的设计与选取，还必须包括感知设备的部署与协调。

以下是一些常用的安防信息感知技术。

（1）振动感知技术

振动感知技术可用于检测建筑物的振动信息，判断建筑物结构健康状态，或是检测地面振动信息判断是否存在入侵，并识别入侵对象。电测方法是最为常见的振动测量方法，通常将振动参量转化成电信号，然后再通过电子线路放大作为标量。该方法成本低，但精度较高，体积小、便于部署。此外还有机械式测量方法与光学式测量方法。

（2）加速度传感器

加速度传感器在安全防护应用中的用途和振动传感器类似，只是工作机理略有不同。加速度传感器的基本原理是牛顿第二定律，通过测量敏感部件的受力情况来计算得到加速度的值。外来作用力会造成敏感部件的形变，通过测量形变量并将其转换为电压输出，可以得到相应的加速度信号。市场上常见的加速度传感器有压电式、压阻式、电容式和谐振式等。

（3）瓦斯浓度探测

瓦斯浓度探测是通过检测空气中的瓦斯含量，以达到防火防爆的目的。常用的瓦斯传感器可分为热导式和热效式两大类。热导式瓦斯传感器利用瓦斯与空气的导热系数不同来测量瓦斯浓度；热效式瓦斯传感器（又称热催化式瓦斯传感器）利用可燃气体在催化剂的作用下进行无焰燃烧，产生热量，通过测量热敏电阻的阻值变化，获得瓦斯浓度。

（4）红外传感器

红外传感器可用于实现包括入侵检测、气体成分检测、目标识别等多项功能。红外传感器以红外线为介质，基于光电效应或热效应进行检测。

（5）泄露感应电缆

泄露感应电缆是泄露电缆的一种，常用于室外周界入侵检测。泄露电缆将同轴线的外导体切开，使部分电磁能量外泄，使得敷设的两条泄露电缆之间形成了一个柱形电磁场防护区域，当人体和金属体在这个区域移动时，会引起电磁场扰动，从而被探测器检测到，产生报警信号。

对于非金属体或非人体，比如树枝等，由于对电磁场的干扰极弱，虽然在该防护区域移动，却不能引起电磁场的扰动，因此不会报警。通过对探测器灵敏度的调整，可以将小动物，如小狗、猫等在防护区域移动的干扰滤掉，达到有效防护的目的。

（6）核辐射传感器

核辐射传感器通过监测各类放射源，预防核污染以及恐怖分子的"脏弹"袭击。常用的探测器有电流电离室、盖格计数管和闪烁计数管3种。

电流电离室是一种气体探测器，射线使高压舱内的工作气体发生电离，然后通过收集电离产生的电荷记录放射强度；盖革计数管也是一种气体探测器，它通过将入射粒子转换为电脉冲进行记录；闪烁计数管为固体结构，当射线进入闪烁体，闪烁体吸收能量而使原子、分子电离和激发，并发射荧光光子，光子在光阴极上打击出光电子，随后在光电倍增管中以数亿倍的倍数倍增，电子流在阳极负载上产生电信号，并由电子仪器记录。

在信息采集网络的布设方面，需要在区域中部署传感器节点，形成对区域的覆盖感知网络。根据应用场景不同，感知覆盖包括区域覆盖与带状覆盖。区域覆盖是指对监测区域的完全覆盖，区域内部的人员、物品都属于监控对象；而带状覆盖则是对区域周界的环状覆盖，多用于外来入侵检测。

传感器网络研究领域已有一定的与感知覆盖相关的研究成果，理论成果主要在于推导出达到一定覆盖冗余度所需要的最少节点数目，以作为随机性部署的参考。在安防应用中，传感器节点的部署需要根据所处环境因势而设，如煤矿安防、建筑物结构健康监测等，通常需要物联网技术人员同专业工程师协作，根据周边环境特征，设计节点部署方案。

当防护区域范围扩大，静态的传感器节点部署方式会带来指数级的成本增加，而难以实现大范围的监控，如城市范围的监控。在城市安防方面，为形成城市范围的安全防护网络，国内外研究者提出，可以将信息采集终端安放到手机或是城市车辆上，依赖人们的日常迁徙承载其移动，从而实现对大型区域的移动覆盖。这一类部署机制成本低、易于实现，是未来城市安全防护物联网的重要发展方向。

2. 安全防护应用中的数据传输

在安全防护框架下，物联网数据传输需要满足较高的实时性与可靠性要求，以保障对各类危险行为的快速响应，保障人们的生命财产安全与社会稳定。同时，由于安全防护网络大部分需要提前部署与规划，并拥有相对稳定的网络拓扑，这也为较复杂的传输机制实现提供了良好支持。

出于对网络高健壮性的需求，并考虑到安防网络通常需要部署在复杂的室内或地下环境中，安防应用可能会使用一些特殊的数据传输机制，下面将对其中的监控视频传输、无线多跳传输、地下环境数据传输 3 部分进行介绍。

(1) 面向安防监控的视频传输

视频监控系统是时下最为常见的一类安全防护系统。在视频监控系统中，大量的监控画面数据需要通过网络传达并呈现给指挥中心的安防人员。基于物联网的智能视频监控系统更是需要指挥中心服务器与下属监控摄像头多次交互，自动分析监控内容、提取有用信息。

视频传输将占用大量网络带宽，且对传输实时性的要求通常高于一般的物联网应用，因此往往需要部署专用通信线路。常见的视频监控包括有视频基带传输、光纤传输、网络传输、微波传输、双绞线平衡传输、宽频共缆传输 6 种传输方式。这些传输方式由于传输距离和成本的不同，分别适用于各种视频监控应用场合。

目前在安全监护方面，应用较为广泛的两类视频传输手段，分别是视频网络传输方式与宽带共频传输方式。

视频网络传输方式在娱乐性视频传输中使用最为广泛，也是未来视频监控系统的发展趋势之一。视频网络传输方式采用 MPEG 音视频压缩格式传输监控信号，在互联网上传输，重点用于解决城域间远距离、点位极其分散的监控传输方式。

目前，网络传输技术已经替代了众多传统的视频传输方式，但是它也有网络带宽不受控制、难以确保视频流稳定等不足，若要广泛应用到安全防护监控中，对网络基础设施及网络硬件条件要求较高。

宽带共频传输是现在较为高端的一种传输方式，是解决几公里至几十公里监控信号传输的最佳解决方案之一。宽带共频传输采用调幅调制、伴音调频搭载、FSK（频移键控）数据信号调制等先进技术，可将 40 路监控图像、伴音、控制及报警信号集成到"一根"同轴电缆中双向传输。其优点是充分利用了同轴电缆的资源空间，40 路音视频及控制信号在同一根电缆中双向传输，且施工简单、维护方便，可大量节省材料成本及施工费用。

(2) 面向安防应用的无线传输

基于有线网络构建的安防系统具有可靠、稳定的优势，适合传输图像、视频等大数据量信息，但是这种网络部署方式由于成本高昂、难于部署等因素，而无法适用于一些复杂或受限地理环境，如桥梁、高楼的结构等的健康监测；另外对于一些变化环境下的安全防护，如采掘进行中的地下煤矿工作面，也有灵活性不足的缺陷。

基于无线网络交换信息是物联网技术的重要特色之一，配备有无线通信模块的传感器节点极易部署，这些节点既可以通过电信网、WiMAX 等多种手段接入控制中心网络，也可以以多跳无线链路的形式传输数据。此外，多跳无线的网络组织形式还可以同既有的有线网络基础设施搭配使用，直接在现有的安全防护系统之上进行扩展，这进一步降低了系统的架设成本。

无线链路极易受外界环境干扰，尤其是在多跳无线网络里，保证消息传输可靠性尤为困难。研究人员提出了大量的应对机制来提升多跳数据传输成功率。其中加入系统冗余是一类较为可行的方案，在网络传输机制中具体体现为各类多径路由机制，即使数据报文能够沿着不同的路径从源节点向目标节点转发。现有的多径路由主要包括3类：对单路径路由的扩展、多路径并行传输以及机会路由。

- 在基于单路径扩展的多径路由机制中，通常是在路由发现时记录多条路由作为当前路由的备选路由。当活动路由失效后，从多路径中选择一条继续路由，不需要重新发起路由发现过程。基于单路径扩展的多径路由通常只需要在现有单径路由的基础上进行小幅修改，比如在路由建立过程中，让中间节点记录更多的上级节点，将其中路由开销较低却非最优的节点加入备选路径，当主路径失效时，则可将数据包发往备选路径。

- 在多路径并行传输的多径路由中，通常是预先选好多条独立的通向目标节点的路径，然后根据链路资源，以及跳数、延迟等，将待发送的数据分散到这些预先确定的路径上。在发送数据之前，数据源可以通过在原数据中加入冗余的复制以提高消息传输的可靠性。

- 机会路由是一种随机性多路径传输机制，它基于概率性无线信道模型设计，距离源节点不同远近的中间节点，会以不等的概率侦听到来自源节点的数据包。机会路由技术试图利用这些中间节点，减少消息转发次数，降低消息传输延时。而在传输过程中，多个中间节点会相互协作，达到提高消息传输可靠性的目的。

（3）面向地下环境的数据传输

在安全防护应用中，往往会需要在一些特殊环境下部署网络，比如地下矿井、地铁隧道等，其中大部分位于地下深处，外界电磁波很难深入其中；而这类环境又往往狭长、曲折、昏暗，若在其中使用多跳无线链路用于长距离传输，单节点的通信距离缩短、端到端传输跳数增加、数据传输成功率极低，系统难以正常运作；若使用大功率射频信号，又容易激发电火花，带来新的安全隐患。对于这种应用场合，使用通信线缆承载数据传输是必需手段。而对于进展中的工作面，使用有线电缆通信灵活性不足，仍然需要无线通信方式作为补充。通过有线链路连接无线访问点是一类常用的地面混合通信手段，但是部署在地下的无线访问点却极易损坏，导致系统可靠性降低。

泄露电缆通信是一种新型通信技术，常用于山区隧道、地铁等狭长隧道内部通信。这种电缆在同轴管外导体上的纵长方向开设一系列的槽孔或隙缝（开槽形式取决于所使用无线信号的频段），使电缆中传输的电磁波的部分能量从槽孔中泄露到沿线空间，场强衰减较均匀而无起伏，易为接收设备所接收。

泄露电缆传输频段较宽，既能通话，又能传输各种数据信息。在长隧道地区，由于泄露电缆衰耗较大，需要在隧道内装设中继器，用以补偿传输损耗，中继器需远距离供给电源。

3. 安防信息处理技术

安防信息处理包括在节点本地或后方监控中心对采集到的各类安防信息进行加工、分析，提取各类潜在的危险信号并实现预警。此外，安防信息处理技术还需要具备排除各类错误数据对系统所造成的影响。

（1）异常事件判断技术

异常事件识别用于从大量数据中分析、判断检测对象的状态异常，主要用于检测各类不易察觉的慢性状态恶化，比如建筑或输油管道等关键基础设施的老化等。物联网安防系统收集到的数据是以时间为轴的状态数据，这一类数据将作为异常事件识别的输入。通过比较当前状态数据与历史正常状态数据，结合检测对象的状态模型，可以识别状态异常。

常用的分析手段包括从时域上分析和从频域上分析。前者通常是将检测参数建模为时间函数，对比正常状态的参数来判断是否有异常事件发生；而后者则是通过一系列的时频变换，对比检测对象当前状态与正常状态的频谱分布，判断是否有异常事件发生。

从时域上分析的重点在于根据采集到的离散数据建立精确的检测对象变化模型，通常表示为时间函数。而插值法是最为常用的建模方法。插值法又称"内插法"，是利用函数 $f(x)$ 在某区间中若干点的函数值，设计出适当的特定函数，在这些点上取已知值，在区间的其他点上用这个特定函数的值作为函数 $f(x)$ 的近似值。如果这个特定函数是多项式，就称它为插值多项式。常用的插值法有 Lagrange 插值、Newton 插值、Hermite 插值、分段多项式插值及样条插值。

频域分析是捕获数据内在规律的常用方法，通常是通过一系列的时频分析变换，将时序信号转到频域上研究。该类方法判断准确性高，但是计算量较大，适用于集中式的数据处理，还有一个独到优势在于无需全网节点的时间同步。

在节点本地进行数据处理，快速傅里叶变换是一种常用变换。傅里叶变换能将满足一定条件的某个函数表示成三角函数（正弦和/或余弦函数）或者它们的积分的线性组合。在不同的研究领域，傅里叶变换具有多种不同的变体形式，如连续傅里叶变换和离散傅里叶变换。

快速傅里叶变换是计算离散傅里叶变换的一种快速算法，简称 FFT，它是根据离散傅里叶变换的奇、偶、虚、实等特性，对离散傅里叶变换的算法进行改进获得的。采用这种算法能使计算机计算离散傅里叶变换所需要的乘法次数大为减少，特别是被变换的抽样点数 N 越多，FFT 算法计算量的节省就越显著。

（2）智能视频监控技术

智能视频监控技术是物联网安防应用的重要内容，也是计算机视觉领域的重要研究课题。基于智能视频监控技术构建的监控系统，能够通过自动分析和抽取视频源中的关键信息自动识别不同物体，发现监控画面中的异常行为，并及时地发出警报和提供有用信息，有效协助安全人员处理各类危机，并最大限度地降低误报和漏报现象。

智能视频监控系统的处理流程包括：背景建模、前景提取、目标跟踪、行为识别4个部分。背景建模用来对监控场景中相对不变的区域建立模型，为前景提取作准备；前景提取用来监测视频图像序列中的移动（前景）物体；目标跟踪用于跟踪视频图像序列中的前景目标，进而得到目标的运动轨迹；行为识别则用于从轨迹中识别特定的行为。

在实际情况中，监控的场景往往复杂多变且人较多，例如机场视频监控。近年来，虽然在上述4个方面的研究都取得了不小进展，但仍不足以构建通用快速鲁棒的智能视频监控系统。不少研究者开始研究用机器学习的方法研究人或特定行为的检测，这方面代表性的工作有基于 adaboost 算法的人脸检测与基于 HoG 特征的行人检测。

（3）分布式事件检测与决策技术

物联网下的安防系统高度智能化，各种感知设备通过底部网络支撑平台连接在一起，将来自于不同种类感知设备的多模信息进行融合，实现分布式决策。安全防护系统需要在无外界人员参与的情况下，对各种安全威胁行为做出判断，排查安全隐患，并协调各事件处理机构采取适当措施。漏检会造成损失，而误检会带来不必要的恐慌。分布式检测与决策的重要方面在于需要能区分出节点故障或是特定事件发生带来的采集数据异常。

研究人员发现，节点故障和特定事件发生带来的数据异常，其关键区别在于，前者造成的数据异常不存在空间相关性，而后者存在。通过分析地理位置邻近节点汇报数据的空间相关性，能区分出造成数据异常的根源究竟是哪一种。

基于上述思想，智能安防系统下的网络节点按照分层架构组成网络，本地节点做出一次判决，而后将结果发送至上一级节点，由该节点进行第二次判决；如此反复，直至判决结果抵达指挥中心。对于仍然无法准确判决的情况，指挥中心会启动视频监控设备，将图像相关信息交由安防人员分析。

8.5.3 公共安全应用与市场预期

基于物联网技术的安全防护系统应用极为广泛，包括社会安全、生产安全、食品安全、减灾防灾、反恐、检疫等诸多方面。

（1）城市公共安全防护

城市公共安全防护主要是为保障社会安全，防范各类恐怖袭击。涉及的内容包括，在人口密集的公共场所内对各类可能的恐怖袭击，以及大规模恶性意外事故进行防范，实现突发事件监测与预警功能，以及及时传达应急联动指令的功能。

（2）特定场所安全防护

特定场所泛指社会上的重要单位和要害部门，如机场、核电站、军事设施、党政机关、国家的动力系统、广播电视、通信系统、国家重点文物单位、银行、仓库、百货大楼等，这些单位的安全保卫工作是安全防范工作的重点内容。特定场所的安全防护主要针对场馆和园区，防止不法分子的破坏，其中包括周界防入侵、内部人员活动安全保障、险情救援辅助等功能。

（3）生产安全防护

生产安全防护是针对一些危险工作环境下，工作人员生命安全的防护，还有针对重要生产器械及设施的防护。典型场合有石油或煤炭行业的防火防爆，化工行业的防中毒，核电厂的防泄露等。具体的防护内容取决于具体的工作场合，如煤矿安防需要对矿井内部瓦斯成分进行检测、预警渗水坍塌等大型事故等。

（4）基础设施安全防护

基础设施包括各类面向社会，服务于公众的建筑、器械、设备等，如桥梁、公路、路标、井盖，以及 ATM 取款机、小区运动器材等。既需要检测大型建筑物的结构健康，防止各类坍塌事故，还需要对 ATM 机等重要设施防盗防砸。

（5）食品安全防护

食品安全防护用于在食物的众多加工环节安全把关，防止各类食物中毒事件；完善食品的生产流程备案，便于消费者查阅。

当前我国正处在城市化高速度发展的阶段，人口的聚集带来了大量的公共安全问题，各种灾害造成的损失也在逐年上升。我国每年因公共安全问题造成的经济损失达 6500 亿元，并夺去约 20 万人的宝贵生命。

中国的安防产业从 20 世纪 80 年代开始起步，比西方经济发达国家大约晚 20 年。改革开放以前，受经济发展的限制，中国的安防主要以人防为主，安全技术防范还只是一个概念，技术防范产品几乎是空白。20 世纪 80 年代初，安防行业在上海、北京、广州等经济发达城市和地区悄然兴起。

进入 21 世纪后，中国安防安全技术防范产品行业又有了进一步的发展，智能建筑、智能小区建设异军突起，高科技电子产品、全数字网络产品大量涌现，都极大促进了安防产品市场蓬勃发展。中国正在发展成为世界上最庞大的安全防范产品市场，安防产业日渐成为中国经济建设领域中的一支重要生力军。

8.6 智慧医疗

医疗卫生体系的发展水平关系到人民群众的身心健康和社会和谐，是社会关注的热点之一。经过长期的发展，在医疗服务质量和医疗安全等方面，我国已经和西方发达国家的水平比较接近。

8.6.1 智慧医疗概述

我国的医疗卫生事业还面临着与社会发展不协调的地方，主要体现在以下方面。

1. 医疗服务还不够完善

在比较长的时间里，我国的医疗服务主要集中在疾病的预防、诊断和治疗上，还需要进一步拓展医疗服务的范围和深度，如增强医疗服务的方便性、快捷性，提高医疗机构的数字化和信息化水平，完善医疗设备、器械、人员的管理，改善医药产品的监管流程，拓展健康辅助、教育和咨询的范围等。

2. 医疗资源相对缺乏

相对于人民群众的医疗卫生需求，我国医疗资源缺乏的问题还比较突出。国内医疗服务市场目前呈现出需求体量庞大但供给不足的特点，目前医疗资源仍相对紧缺。

3. 医疗信息化水平相对较低

相对于发达国家来说，我国的医疗信息化程度还处于较低的水平。国内医疗行业每年投入 IT 的规模约占卫生机构支出的 0.8% 左右，而发达国家则达到 3%~5% 的水平。中国医疗信息化的未来发展空间广阔。

4. 医疗区域发展不平衡

由于经济社会发展不够协调，城乡"二元结构"问题比较严重，导致我国医疗区域发展不平衡。长期存在医疗资源分配不均的格局，大医院、优质医院总量不足，结构分布不均衡。在一些偏远和落后地区，医疗卫生基础还非常薄弱。

面对上述我国医疗卫生事业存在的问题，除了加强政府职能、增加社会投入、完善医疗保障制度外，必须利用先进的科学技术手段，完善我国的医疗服务、弥补医疗资源的不足、增强医疗的信息化水平、提高医疗机构的能力和效率、促进医疗卫生在区域间的平衡发展。

伴随着物联网技术的发展，发达国家和地区纷纷大力推进基于物联网技术的智慧医疗。基于物联网技术的智慧医疗系统可以实时感知各种医疗信息，方便医生准确地掌握病人病情，提高诊断的准确性；可以方便医生对病人的情况进行有效跟踪，提升医疗服务的质量；可以通过传感器终端的延伸，加强医院服务的效能，从而达到有效整合资源的目的。

基于物联网技术的智慧医疗系统可以便捷地实现医疗系统的互联互通，方便医疗数据在整个医疗网络中的资源共享；可以降低信息共享的成本，显著提高医护工作者查找、组织信息并做出回应的能力，使对医院决策具有重大意义的综合数据分析系统、辅助决策系统和对临床有重大意义的医学影像存储和传输系统、医学检验系统、临床信息系统、电子病历等得到普遍应用。

基于物联网技术的智慧医疗系统可以优化就诊流程，缩短患者排队挂号等候时间，实行挂号、检验、交费、取药等一站式、无胶片、无纸化服务，简化看病流程，杜绝"三长一短"现象，有效解决群众"看病难"问题；可以提高医疗相关机构的运营效率，缓解医疗资源紧张的矛盾；可以针对某些病例或者某种病症进行专题研究，智慧医疗的信息平台可以为他们提供数据支持和技术分析，推进医疗技术和临床研究，激发更多医疗领域内的创新发展。

基于物联网技术的智慧医疗将有效提升我国医疗服务的信息化水平，协助为人民群众提供一流的医疗信息服务，为构建和谐的社会环境打下坚实基础。

8.6.2　智慧医疗系统与技术需求

面向智慧医疗的物联网系统大致划分为感知互动层、网络传输层和应用服务层。感知互动层通过各种传感器设备感知与病人、医疗物品及设备等相关的信息；网络传输层通过通信网络将采集的医疗信息传输到数据管理中心；应用服务层根据应用需求对医疗信息进行分析和挖掘，并根据结果提供相应的服务。

1. 医疗信息感知

绝大多数医疗信息都是通过医用传感器采集的。医用传感器特指应用于生物医学领域的传感器，是能感知人体生理信息并将其转换成与之有确定函数关系的电信号的一种电子器件。根据医用传感器的工作原理，大致可以分为化学传感器、生物传感器、物理传感器和生物电电极传感器。

在智慧医疗中，常用的医疗传感器包括体温传感器、电子血压计、脉搏血氧仪、血糖仪、心电传感器和脑电传感器等。

2. 医疗信息传输

根据传输距离的远近，信息传输可以大致划分为 4 个概念层次：人体局域网（Body Area Network，BAN）、个人区域网（Personal Area Network，PAN）、局域网（Local Area Network，LAN）和广域网（Wide Area Network，WAN）。人体局域网的传输距离一般在 1 米

（或2米）之内，个人区域网的传输距离一般在10米之内，局域网一般在100米之内，而广域网的传输距离可达数千公里，乃至覆盖整个物理世界。在医疗应用中，人体局域网、个人区域网和局域网一般以无线通信方式传输信息。

无线人体局域网利用近距无线通信技术，将穿戴在身体上的集中控制单元和多个微型的穿戴式或植入式传感器单元连接起来，它主要针对健康监护应用，可以长期、持续地采集和记录各种慢性病（如糖尿病、哮喘和心脏病等）病人的生理参数，并在需要时为病人提供相应的服务，如在发现心脏病人的心电信号发生异常时，及时通知其家人和医院，在发现糖尿病人的胰岛素水平下降时，自动地为病人注射适量的胰岛素。

无线个人区域网旨在利用无线技术，将与个人生活密切相关的通信电子设备连接起来，包括便携式计算机、掌上电脑、蜂窝电话、家电设备等。利用无线个人区域网，可以将无线人体局域网的数据传输到附近的计算机或通信设备，以便进行处理、存储或传输到更远的数据中心。在手术过程中，无线个人区域网可以用于外科医生之间的通信，方便相互协调和沟通。

无线局域网是指以无线信道作为传输媒介的局部范围内的通信网络，它可方便地布设于家庭、医院等环境，用于将采集到的医疗信息传输到后台数据中心，或从后台数据中心获取相关数据。在移动医疗护理应用中，护士利用手持移动终端设备，可以方便地把病人的相关信息通过医院无线局域网传输到医院信息系统（Hospital Information System，HIS）的后台数据库中，也可以根据病人的唯一标识号，从后台数据库中读取病人的住院记录、化验结果等信息。

广域网实现了局域网之间的互联，由结点交换机以及连接这些交换机的链路组成，结点交换机实现分组存储转发的功能。广域网用于医疗信息的远距离传输，主要用于远程医疗、远程监护、远程教育与咨询等应用中的信息传输。

3. 医疗信息处理

对于获取到的各种医疗信息，需要根据应用需求进行相应的分析和处理，以便供医务人员进行诊断或为患者提供相应服务。医疗信息的处理可以大致分为两类。

（1）操作型处理

操作型处理指对医疗信息进行存储、查询、修改、删除等事务型处理，这种处理不需要复杂的数据分析过程，一般与数据管理中心的数据库进行联机操作。

（2）分析型处理

分析型处理指对医疗信息进行清理、变换、规约、融合、提取和建模等分析型处理，这种处理可能涉及数据库、人工智能、模式识别、大规模计算等多个领域，一般分析方法与数据管理中心的数据仓库进行联机操作。这种分析型的医疗信息处理又称为医疗数据挖掘（Medical Data Mining）。

医疗信息具有多模性、不完整性、时间性、冗余性和隐私性5大特性，医疗数据包括纯数据（如体征参数、化验结果）、信号（如肌电信号、脑电信号等）、图像（如B超、CT等医学成像设备的检测结果）、文字（如病人的身份记录、症状描述、检测和诊断结果的文字表述），以及语音和视频等信息。

因此，医疗数据挖掘涉及图像处理技术、时间序列（Time Series）处理技术、数据流（Data Stream）处理技术、语音处理技术和视频处理技术等多个领域。这里不对这些技术做详细描述。

8.6.3　智慧医疗应用与市场预期

智慧医疗物联网的应用可以大致分为以下几类：智能医疗监护、医药产品智能管理、医疗器械智能管理、智能医疗服务和远程医疗等。

1. 智能医疗监护

智能医疗监护通过先进的感知设备采集体温、血压、脉搏、心电图等多种生理指标，通过智能分析对被监护者的健康状况进行实时监控。智能医疗监护可以对异常生理指标做出及时的反应，可以实时跟踪被监护者的位置，可以分析被监护者的行为，并在出现异常状况时进行提示或报警，以便进行及时的医疗救护。

智能医疗监护的典型应用如下。

（1）生命体征监测

生命体征监测通过将电子血压仪、电子血糖仪等各种可移动、微型化的电子仪器和设备植入到被监护者体内或者穿戴在被监护者身上，持续记录各种生理指标，并通过内嵌在设备中的通信模块，以无线方式及时将信息传输给医务人员或家人。

生命体征监测系统一般包含 4 个主要部分。

- 生命体征采集设备：生命体征采集设备包含各种传感器，用于采集被监护者的各种生命体征。
- 数据传输网络：数据传输网络用于将采集到的各种传感器数据传输到局部数据存储中心或后台数据库。
- 数据存储及分析模块：在数据中心，将对各种数据进行存储，并根据应用需求进行相应的分析和处理。
- 功能服务模块：根据数据处理结果为用户提供相应的服务。

美国斯坦福大学和 NASA 阿莫斯研究中心联合开发了名为 Life Guard 的可穿戴式生理监控系统。系统的核心部件是一个可穿戴式的生命体征监测器 CPOD（Crew Physiologic Observation Device），可以通过附带的生理传感器连续地对病人的心电、呼吸率、心率、血氧饱和度、环境或体温、血压等进行监测。此外，CPOD 内嵌有三维加速度传感器，还可以外接 GPS 设备对用户的位置变化进行跟踪。

（2）人员及设备定位

在医疗过程中，对于医务人员、患者、医疗设备的实时定位可以很大程度上改善工作流程，提高医院的服务质量和管理水平，可以方便医院对特殊病人（如精神病人、智障患者等）的监护和管理，可以对紧急情况进行及时的处理。

常用的室内定位方法包括基于 RFID 标签的方法和基于 WiFi 的方法，前者通过识别阅读器读取 RFID 标签时的物理位置"邻近"关系来定位目标，后者根据在当前位置所接收到的各个 WiFi 访问点（Access Point, AP）的信号强度，利用基于传播模型的方法或基于机器学习的方法来实现目标定位。

Ekahau 公司在室内定位领域处于领先地位，其开发的基于 WiFi 的实时定位管理系统（Real Time Location System, RTLS）已经在全球的医疗机构中成功实施了近千家。

（3）行为识别及跌倒检测

行为识别系统可识别各种身体行为（如静止、走路、跑步、上下楼梯等）。连续的行为识别可以计量用户走路或者跑步的距离，进而计算运动所消耗的能量，据此对用户的日常饮食提供建议，保持能量平衡和身体健康。Nokia 公司开发的计步器程序 StepCounter 可以利用手机中内置的加速度传感器识别行走动作，统计携带者每天走过的总步数和总距离，进而推算每天消耗的热量，为运动和健身提供比较科学的指导。

跌倒检测系统能够检测患者（特别是高血压患者等特殊人群）的意外摔倒并迅速报警，为救治争取宝贵的时间。美国佛罗里达州立大学的研究人员研制出一款名为 iFall 的跌倒检测系统。iFall 以 Android 智能手机为平台，利用内置在手机中的三维加速度传感器，通过基于阈值的跌倒检测算法来判断用户是否跌倒，并提供及时的报警服务。

2. 医疗产品智能管理

医药产品智能管理通过智能识别技术对药品、血液、医疗垃圾等的流通过程进行实时跟踪监控，确保医药产品的安全运输、使用及处理。医药产品智能管理的典型应用包括以下方面。

（1）药品防伪

假药由于制药不规范、材料不合格等原因引发了众多安全问题，急需规范药品的生产和流通环节、打击猖獗的假药市场，以保护患者的生命安全。

药品防伪一般采用 RFID 电子标签识别技术。生产商为生产的每一批药品甚至每一个药瓶都配置唯一的序列号，即产品电子代码（Electronic Product Code，EPC）。通过 RFID 标签存储药品序列号及其他相关信息，并将 RFID 标签粘贴在每一批（瓶）药品上。在整个流通环节，所有可能涉及药品的生产商、批发商、零售商和用户等都可以利用 RFID 读卡器读取药品的序列号和其他信息，还可以根据药品序列号，通过网络到数据库中检查药品的真伪。

英国制药企业葛兰素史克公司将 RFID 标签用于药物的防伪，防止偷盗和非法假冒。辉瑞制药公司同样采用 RFID 技术和验证服务，方便用户验证产品的真伪，同时还可用于发现和召回过期药品，保障消费者的合法权益以及药品市场安全。Purdue Pharma 公司对生产的奥斯康定（OxyContin）药品都贴上了一个 RFID 标签，以跟踪药品在整个供应链中的轨迹。

（2）血液管理

血液是医疗手术的必需品，卫生、安全的血液是医治重危患者的基本保证。血液从采集、运输、存储到使用的整个过程中，包含多个环节。涉及献血者资料、血液类型、采血时间、运输过程的环境条件、经手人等众多信息，必须要有有效的管理系统，全程、全方位地监管整个流程。

在血液管理中，献血者首先进行献血登记和体检，合格后进行血液采集。每一袋合格的血液上都被贴上 RFID 标签，用唯一的 RFID 编码标识这袋血液，同时将血液基本信息和献血者基本信息存入管理数据库。血液出入库时，可以通过读卡器查询血液的基本信息，并将血液的出入库时间、存放地点和工作人员等相关信息记录到数据库中。

在血库中，工作人员可以对库存进行盘点，查询血袋的存放位置，并记录血液的存放环境信息。在医院或患者使用血液时，可以读取血液和献血者的基本信息，还可以通过 RFID 编码从数据库中查询血液的整个运输和管理流程。

基于 RFID 识别技术的血液管理实现了血液从献血者到用血者之间的全程跟踪与管理，可以最大限度地降低混淆风险和使用错误。同时，由于采用无线技术，整个过程不需要接触性识别，从根本上避免了血液污染。

（3）医疗垃圾处理

医疗垃圾含有大量的细菌或病毒，有的医疗垃圾还有放射性和传染性，随意处理不仅会给环境带来严重的污染，更会给人类健康带来极大的威胁。利用 RFID 和定位技术可以实现对医疗垃圾整个处理过程的全程跟踪管理。通过在装载医疗垃圾的纸箱和塑料容器上粘贴 RFID 标签，可以对每一箱垃圾进行唯一的标识。

垃圾处理车上装有 RFID 读取设备，可以不间断地读取所装垃圾箱上的标签信息。垃圾处理车装有无线通信装置和卫星定位设备，可以将所有垃圾箱的标签信息和当前位置实时地汇报给医疗垃圾监控中心。从监控中心可以定位垃圾处理车的位置，监控垃圾处理车上的垃圾箱。借助医疗垃圾监控系统，监管部门可以有效监督医院、运输单位、垃圾处理场等相关单位的处理流程，实现医疗垃圾的安全管理。

3. 医疗器械智能管理

医疗器械智能管理的典型应用包括以下方面。

（1）手术器械管理

传统手术器械管理方法不能对手术器械的清洗、分类、包装和使用的整个流程进行严格的监控管理，时常会出现手术器械消毒不严格、二次污染、器械包超过有效期等事故。

RFID 手术器械管理系统通过为每个手术包配置一个 RFID 标签，存储手术器械包的相关信息（包括手术器械种类、编号、数量、包装日期、消毒日期等）。在使用过程中，医务人员可以通过手持或台式 RFID 读写器对 RFID 标签进行读取或写入，并通过网络技术与后台数据库进行通信，读取或存入手术器械包的管理信息，实现手术器械包的定位、跟踪、监管和使用情况分析。

中国人民解放军总医院（301 医院）和国内某公司研发的"手术包 RFID 安全追溯信息管理系统"经过在 301 医院一年多的运行，不仅节省了医疗成本，还有效保障了手术包的使用安全。医院消毒供应中心每天发出手术器械包 400 多个，信息管理系统可以准确记录和追溯每个医疗器械包的使用流程。

（2）手术材料管理

现实生活中，偶尔会发生手术过后在病人体内遗留手术材料（如手术棉球、纱布等）的医疗事故，不仅影响手术质量，还给病人日后生活带来隐患。RFID 技术可以帮助医生完成复杂而费时的手术材料清点工作，提高手术过程的安全性。

美国的 Haldor 先进技术公司开发了 ORLocate 系统，它通过 RFID 识别技术标记手术过程中使用的每一个物品，可在任何时间检查各类物品的数目。ORLocate 系统大大提高了手术室后勤和流水作业的效率，确保了患者的安全。美国匹兹堡 ClearCount 医疗服务公司从 2004 年就开始开发嵌有 RFID 芯片的手术棉球。西门子公司 IT 服务部也与慕尼黑伊萨尔河大学医院合作，使用主动式和被动式 RFID 标签来跟踪棉球、药签等外科手术时使用的器械，并对手术全过程进行追踪。

（3）医疗器械追溯

植入性医疗器械在临床医疗中运用越来越广泛，这类医疗器械被种植、埋藏、固定于机体受损或病变部位，以支持、修复或替代机体功能，包括心脏起搏器、人工心脏瓣膜、人工关节、人工晶体等。植入性医疗器械属于高风险特殊商品，其质量的可靠性、功能的有效性直接关系到接受植入治疗患者的身体健康和生命安全。

IBM 公司和可植入医疗设备制造商 Implanet 公司联手开发了 BeepNTrack 方案，为 Implanet 公司生产的膝盖和臀部植入设备提供了从供应链到医院的全过程追踪服务。Implanet 公司将含有唯一标识码的 RFID 标签贴在单件设备的包装上，并采用 RFID 技术对设备的运输进行跟踪。标签在手术后提供给病人，这样病人可以了解到所植入设备的全部信息。

4. 智能医疗服务

智能医疗服务包括以下内容。

（1）移动门诊输液

门诊输液室是医院内人群相对集中而且流动性较大的场所，也是医院管理工作的重要环节。传统的门诊输液流程存在众多隐患：

- 护士一般以病人的姓名和年龄，人工进行身份核对，当出现手工书写不清或错误、病人神志不清、同名或名字发音近似时，容易造成差错。
- 门诊输液室病人众多，使用药品种类复杂，容易造成用药错误。
- 输液室环境嘈杂，护士不能及时应答病人的呼叫、不方便确认病人的位置，使得输液室秩序混乱。

移动门诊输液系统通过无线通信技术、网络技术、移动计算技术和数字识别技术，实现门诊输液管理的流程化和智能化，可以提高医院的管理水平和医务人员的工作效率，改善病人身份及药物的核对流程，方便护士在输液服务过程中有效应答病人的呼叫，改善门诊输液室的环境，并为医务人员的工作考核提供依据。

（2）移动护理

传统的护理工作流程不能记录护士执行医嘱的详细情况，无法对护理行为进行规范、对护理质量进行监控，在发生医患纠纷或医疗事故时不能有效进行责任认定，无法在护理操作过程中给护士提供具体的指导。

典型的移动护理系统包括 RFID 标签、便携式终端、医疗信息系统服务器等。患者佩戴的 RFID 标签可记录患者的姓名、年龄、性别、药物过敏等信息，护士在护理过程中通过便携式终端，读取患者佩戴的 RFID 信息，并通过无线网络从医疗信息系统服务器中查询患者的相关信息和医嘱，如患者生理指标、护理情况、服药情况、体温测量次数等。

护士可以通过便携式终端记录医嘱的具体执行信息，包括患者生命体征、用药情况、治疗情况等，并将信息传输到医疗信息系统，对患者的护理信息进行更新。患者携带的 RFID 标签能够确保标签对象的唯一性和正确性。

通过 RFID 标签，还可以定位病人的位置，方便对病人的服务和管理。移动护理可以协助和指导护士完成医嘱，提高护理质量、节省医务人员时间、提高医嘱执行能力、控制医疗成本，使医院护理工作更准确、高效、便捷。

（3）智能用药提醒

许多人用药期间经常会忘记按时吃药，特别是需要长期服药的慢性病患者和独居老人。智能用药提醒通过记录药物的服用时间、用法等信息，提醒并检测患者是否按时用药。

亚洲大学的团队研发了一款基于 RFID 的智慧药柜,用于提醒患者按时、准确服药。使用者从医院拿回药品后,为每个药盒或药包配置一个专属的 RFID 标签,标签中记录了药品的用法、用量和时间。把药放入智慧药柜时,药柜就会记下这些信息。

当需要服药时,药柜就会发出语音通知,同时屏幕上还会显示出药的名称及用量等。使用者的手腕上戴有 RFID 身份识别标签。如果药柜发现用户的资料与所取的药品的资料不符合,会马上警示用户拿错了药。如果使用者在服药提醒后超过 30 分钟没有吃药,则系统会自动发送消息通知医护人员或者家属。

除了智慧药柜,智能用药提醒的产品还有名为 Glow Caps 的智慧药瓶和名为"葡萄干"的智慧药片等。

(4)智能辅助

老年人以及残障人士都是需要帮助和关注的主要社会群体。预计到 2030 年,我国 65 岁以上的老年人口将达 15.98%。据统计,目前仅有 25.3%左右的残疾人得到康复服务。发展智能康复、辅助技术和产品,能够为老年人和残障人士提供康复服务,有效减轻家庭负担,改善他们的生活方式和提高其生活能力。

加拿大不列颠哥伦比亚大学研制出一种全自动高智能康复机器人,可以帮助四肢灵活性下降的老年人、肢体残疾人以及由于疾病引起的肢体运动性障碍病人重建上下肢功能。香港理工大学研发的"理大关师傅"智能疗复治疗系统可以感应使用者的肌动电流,监测患者肌肉活动意向,锻炼、恢复中风、脊椎受损以及运动创伤患者的肌肉活动能力。

5. 远程医疗

远程医疗能够为偏远地区的病人提供及时的诊断与治疗,缩短诊疗时间和降低费用。此外,远程医疗还能对高发病人群,如老年人、残疾人和慢性病患者实行远程家庭监护,提高患者的生活质量。加拿大 Intouch-health 公司与美国约翰霍普金斯大学合作研发了远程现场机器人"Physician-Robot",使得医生可以在任何地点通过网络,操作机器人巡视或问诊病人的情况。

根据卫生部的统计,2008 年中国健康医疗市场规模已超过 10000 亿元人民币。现在,中国已成为全球仅次于美国的第二大医疗市场,智慧医疗的发展、应用和推广,将进一步提升我国的医疗卫生水平。预计在未来几年内,中国智能医疗市场的规模将超过一百亿元。

8.7　智能家居

本节主要介绍物联网技术在智能家居系统中的应用。首先,从家居设施能耗过高、安防手段落后、家用电器使用不方便几个方面分析现实生活对智能家居系统的实际需求;其次,介绍了基于物联网的智能家居系统解决方案,解决方案涉及的主要技术包括传感器技术、网络传输技术和信息处理技术;最后,从节能和安防两方面分析智能家居的应用前景和市场预期。

8.7.1　智能家居概述

随着我国经济的持续发展,居民生活水平的不断提高,居民家庭住房人均使用面积逐步增加。国家统计局的数据显示，从 1978 年到 2008 年城镇人均住房建筑面积从 $6.7\,m^2$ 提高到 $28\,m^2$ 以上，而且基本配备了完善的水电气等生活设施。住房条件的改善，带动了家居设施的消费。

各种高科技电子家居消费品，如数字化大屏幕液晶彩电、大容量冰箱、全自动洗衣机等已经占领家庭消费市场。居民住宅已由原来遮风挡雨、吃饭睡觉的生存场所，演变成生活、学习、娱乐甚至居家网上办公的多功能活动场所。

然而，随着环保意识的增强和可持续发展理念的深入，发展"低碳经济"正在成为世界各国迈向生态文明的必由之路。另一方面，人们对家居环境的追求，也从早期的环境、位置、户型等方面上升到了对整个家居安全、智能、健康、舒适等更高层面的要求。这使得当前的家居环境面临以下一些亟待解决的问题。

1. 家居设施能耗过高

根据西门子公司的研究报告，欧美等国家的能源消耗，有相当大一部分是来自建筑物本身。在英国，其二氧化碳的排放量，甚至有高达 6 成以上是来自于建筑物的耗电与热排放，即便是在老旧建筑较少的美国，其建筑物能源消耗比例也高达 4 成，虽然说用户本身的能源使用习惯占了相当重要的因素，但是建筑物本身对能源的消耗控管缺乏有效的主动措施，也是造成这种结果的因素之一。

有关数据表明，我国建筑能耗是世界上同纬度国家的 3 倍，占全国能源消耗总量的 27.8%，对社会造成了沉重的能源负担。其中，又以照明、空调及采暖设备，以及其他电器设备为主，这些设施耗电占全国建筑总能耗的 46%，而单是照明耗能就占到了整个建筑电量能耗的 25%～35%。

2. 家庭安防手段落后

家居安全问题主要分为两类，一类是由于意外或疏忽导致的家居设施事故问题，包括煤气泄露、水管破裂、发生火灾。据公安部消防局公布的火灾统计数据，2008 年 1～10 月居民住宅共发生火灾 4.3 万起，死亡 771 人，受伤 267 人，直接财产损失 1.9 亿元，其中 79.7% 的住宅火灾是违反电气安装使用规定、用火疏忽等因素引起。

另一类是非法闯入，包括入室抢劫和入室盗窃等，家庭安全防范问题尤为严重。

传统的家居安防系统也通常会提供一部分火灾报警、燃气泄漏报警等功能，但由于采集的信息有限，误报率较高，而且只能实现就地报警，不能实现实时远程报警。

而对于防卫非法闯入，传统的家庭防卫装置，如普通的防盗窗、防盗网等在实际使用中存在很多问题，包括影响城市市容、影响火灾时的逃生以及为犯罪分子提供攀爬条件等。此外，这些简单的防盗系统也不能记录犯罪证据以协助公安部门迅速捕捉嫌疑犯。

3. 家用电器使用不便

现在，洗衣机、电视机、电冰箱、热水器等已在家庭中普及。这些电器或电子产品的开关和运行控制，或依赖于手工机械按键，如照明灯具或微波炉等，或依赖于独立的无线遥控器，由人们在附近几米范围内进行"遥控"。

随着家用电器及遥控器的增加，以及对生活舒适度的进一步追求，这种就地控制和电器被动响应的工作方式就显得不够便利了。

智能家居，是物联网应用的一个典型领域。它是指利用先进的计算机技术、网络通信技术、综合布线技术、智能控制技术，将与家居生活有关的各种设施子系统有机地结合在一起，具体来说是使信息传感设备（同居住环境中的各种物品松耦合或紧耦合）将与家居生活有关的家电、安防和水电气等设施集成，并通过公众通信网络（互联网）互联起来进行监控、管理信息交换和通信，以构建高效的住宅设施与家居管理系统，提供安全、舒适和环保的居住环境。

使用物联网技术连接与管理家居设施，在易用性与智能化方面对于现有的家居系统有着革命性的意义。具体来说，其优势包括如下几点。

- 高效节能：各种家用电器、照明灯具等能耗设施可以在不需要时自动关闭，或以最低能耗运行。
- 使用方便：智能家居将所有家居设施通过公众通信网络互联，用户可以通过远程和更加灵活的交互方式控制家居设施的运行，既可以通过广泛普及的移动手机，也可以直接在互联网上操作。
- 安全性高：智能家居中的安防系统可以有效防范恶意人群的非法入侵，或在意外事故等紧急情况下报警，用户可以随时随地监控家庭安全状况。

8.7.2 智能家居系统与技术需求

基于物联网的智能家居系统由家庭环境感知互动层、网络传输层和应用服务层组成。家庭环境感知互动层由带有有线或无线功能的各种传感器节点组成，主要实现家庭环境信息的采集、主人状态的获取以及访客身份特征的录入；网络传输层主要负责居家信息和主人控制信息的传输；应用服务层负责控制家居设施或应用服务接口。

智能家居系统的主要技术需求如下。

1. 传感器技术

智能家居系统需要各种信息感知设备实时采集各种家居设施信息。下面介绍几种在智能家居中常用的传感器设备。

（1）门磁传感器

通常安装在门窗上，用于感知门窗的开闭情况。门磁传感器一般安装在门内侧的上方或边上，它由两部分组成：永磁体和磁敏干簧管。当门窗紧闭时，磁敏干簧管由于受到磁性的作用处于接通状态；当门窗打开后，磁敏干簧管内的两个触点会断开，导致发射电路导通，进而发射包含自身识别码的特定无线电波，远程主机通过接收该无线电信号的识别码，判断是哪个门磁传感器报警。门磁传感器工作可靠、体积小巧，尤其是通过无线的方式工作，使得安装和使用非常方便、灵活。

（2）可燃气体探测器

主要探测空气中存在的一种或多种可燃气体，智能家居应用中主要用于检测煤气或天然气泄露问题。目前使用最多的是催化型和半导体型两种类型。催化型可燃气体探测器是利用难熔金属铂丝加热后的电阻变化来测定可燃气体浓度。当可燃气体进入探测器时，在铂丝表面引起氧化反应（无焰燃烧），其产生的热量使铂丝的温度升高，并改变铂丝电阻率，改变输出电压大小从而测量出可燃气体的浓度。半导体型探测器是利用灵敏度较高的气敏半导体元件工作的，当遇到可燃气体，半导体电阻下降，下降值与可燃气体浓度有对应关系。

（3）水浸传感器

用于检测家庭环境中的漏水情况。在日常生活中，由于器材老化或者人的疏忽，家庭供水系统泄露是经常发生的事情。水浸传感器一般分为接触式和非接触式两种。接触式水浸传感器一般都配有两个探针，当两个探针同时被液体浸泡时，两个探针之间就有电流通过，从而检测到有漏水的情况；非接触式水浸传感器根据光在两种不同媒质界面发生全反射和折射的原理，检测漏水的存在。

（4）烟雾传感器

主要用于监测家中烟雾的浓度来防范火灾，通常使用离子式烟雾传感器，它的主体部分是一个电离腔。电离腔由两个电板和一个电离辐射的放射源组成，放射源发出的射线可以电离腔内空气中的氧和氮原子，产生带正电和负电的粒子，并在电离腔内移动形成微小电流。当烟雾进入电离腔时，会导致这一电流下降，从而测量出烟雾信息。

（5）红外和压力传感器

主要用于探测是否有不速之客非法闯入家中。红外传感器探头在探测人体发射的红外线辐射后会释放电荷，以此判断人的存在。该传感器功耗低、隐蔽性好，而且价格低廉。但是它容易受各种热源和光源干扰。压力传感器一般利用压电材料来探测人的闯入，压电材料在受到外力作用后，内部会产生极化现象，并产生与压力大小成比例的电荷，通过测量电荷电量可以计算出外力。

（6）光线传感器

通常用于检测当前环境的照度，进而为智能照明提供数据。光线传感器主要使用光敏二极管测量光强，该二极管在收到光照后，会激发出与光强度成正比的光电流，进而在负载电阻上得到随光照强度变化而变化的电信号。

（7）读数传感器

读数传感器在智能抄表和家庭节能中有着广泛的应用，它由现场采集仪表和信号采集器两部分组成。每当水、电、煤气表读数出现变化时，现场采集仪表实时地产生一个脉冲读数；信号采集器是一个计数装置，当收到现场采集仪表发送过来的脉冲信号后，对脉冲信号进行取样，获取各类仪表的读数变化。

2. 网络传输技术

智能家居网络是一种能全方位覆盖家庭生活，提供各类智能服务的网络系统。这个网络系统包括家庭网关、控制中心、家居设施等主要功能模块。家庭网关用于管理各类家居设备的网络接入与互联，为家庭用户提供远程查看与远程控制的平台，并为各类家居设备提供信息共享平台；控制中心用于解析用户指令，启用与协调不同的家居设备共同工作；家居设施则各尽其责，完成控制中心下达的指令。

智能家居网络系统需要传输的信息包括两类，一类是控制信息，这些信息的共同特点是数据信息量小、传输速率低，但实时性和可靠性要求较高；另一类是数据信息，包括各种高清视频和音频信息，要求传输速率高，但实时性要求不高。

智能家居网络传输方式，主要包括有线传输与无线传输两种。

（1）智能家居中的有线传输技术

有线传输方式由于其可靠性好、协议设计方便、低功耗的特点，是智能家居网络中的首选传输方式。目前智能家居中的有线传输方式有多种，如电力载波的 X-10 和 CEBUS、电话线的 HomePNA、LonWorks 总线、R-485 总线和 CAN 总线等。这些实现方案有各自的优缺点，适用于要求不同数据传输率和数据传输范围的不同场合。

在众多有线传输方式中，LonWorks 总线和 X-10 电力载波技术是目前智能家居中最为常见的两类有线传输方式。

1）LonWorks 总线技术。LonWorks 是由美国 Echelon 公司于 20 世纪 90 年代初推出的现场总线技术，是一种开放标准，也是目前世界上应用最广、最有发展前途的现场总线技术之一。在 LonWorks 网络中，一个具有网络逻辑地址的智能设备成为一个节点，每个节点可具有多种形式的 I/O 功能，网络传输媒介可以是电力线、双绞线、无线（RF）、红外（IR）、同轴电缆和光纤中的任何一种，适用面极其宽泛。LonWorks 技术的核心是 LonTalk 协议，该协议基于 ISO/OSI 的七层模型设计，具有良好的扩展性与可移植性，且方便与 TCP/IP 网络上的节点通信。

2）X-10 电力载波技术。X-10 协议是以电力线为连接介质，对电子设备进行远程控制的通信协议，广泛应用于家庭安全监控、家用电器控制和住宅仪表数字读取等方面。在 X-10 协议中，由于采用了电力载波的方式传输信息，对家用电器的控制信号可以直接在已有的电力线上传输，不需要重新布线。

但是，在我国，X-10 技术受电网限制，有反应速度慢（60 Hz 供电系统中，传输一个指令需 0.883 秒）、抗干扰性能差等缺点，这都为其推广应用带来了实质性的困难。国内已有部分厂家和代理商推出了针对中国住宅情况改进的 X-10 配套产品，但实际应用仍较为有限。

（2）智能家居中的无线传输技术

无线传输机制相对于有线传输机制易于部署和扩展，将成为未来智能家居网络的首选通信机制。

在智能家居网络中，无线局域网（WLAN）技术是最为常见的一类无线传输手段。WLAN 技术使用了 IEEE 802.11 通信协议，该协议是一个开放的标准，工作在 2.4 GHz 的工业科学医学频段（Industrial Scientific Medical，ISM）上，总数据传输速率设计为 2 Mbit/s。

基于 802.11 协议，无线设备间的通信可以以自组织（ad hoc）的方式进行，也可以在基站（Base Station，BS）或者访问点（Access Point，AP）的协调下进行。802.11 协议还有 802.11a、802.11b、802.11g、802.11n 等众多扩展版本，802.11g 是目前最常用的标准，数据传输速率可达 54 Mbit/s，802.11n 在 802.11g 的基础上将数据传输速率再次提高到 300 Mbit/s 以上。

其他的家庭无线传输技术还包括 ZigBee、蓝牙、Home RF 协议和 IrDA 传输技术等。

- ZigBee 技术是 IEEE 802.15.4 协议的代名词，是一种短距离、低功耗的无线通信技术，常用于无线传感器网络通信。
- 蓝牙技术是一种支持设备短距离通信（一般 10 米内）的无线通信技术，常用于包括移动电话、PDA、无线耳机、笔记本电脑、相关外设等众多设备之间进行无线信息交换。
- Home RF 协议主要针对家庭无线局域网设计，支持语音和数据传输，该协议是 IEEE 802.11 与 DECT 的结合，使用开放的 2.4 GHz 频段。上述 3 种技术均工作在 2.4 GHz 频段。

- IrDA 是一种利用红外线进行点对点通信的技术，具有体积小、功率低的特点，数据传输率较高，抗干扰性较强，但必须直线视距连接，限制太大，并不适合于通常意义上的家庭网络，常见于遥控设备。

3. 信息处理技术

智能家居系统是一个高度人性化的系统，要求处处以人为本。在智能家居系统中，无论是生活环境改造、生活行为辅助，还是家庭安防、识别主人身份、判断主人状态、预测主人行为都是其必备前提，也是智能家居"智能"二字的核心所在。

（1）主人状态识别与预判

智能家居系统的一个重要能力在于能根据主人当前所处状态，控制各类家居设备主动服务，达到变更家居环境，或是协助主人行为的效果，甚至能够通过预测主人的下一步动作做好服务准备。

1）主人状态识别技术。在主人状态识别方面，需要智能家居系统从众多传感器的观测数据中，分析提取主人的特征行为，且在分析的实时性和可靠性上有较高要求。但由于不同用户有不同的生活习惯，主人状态难以在设备出厂前准确定义，因此智能家居系统必须具备对主人生活习惯的快速学习能力。机器学习技术是其中的重要技术。

机器学习技术用于研究计算机如何模拟或实现人类的学习行为，它通过自动发现数据中的规律，采用计算和统计的方式自动从数据中提取信息。按照学习中使用推理的多少，机器学习所采用的策略大体上可分为 6 种：机械学习、示教学习、演绎学习、类比学习、基于解释的学习和归纳学习。学习中所用的推理越多，系统的能力越强。

2）主人状态预测技术。在预判主人行为方面，由于难以对主人的各种行为作明确判断与划分，因此难以直接预测。但是，当用户在家庭环境中生活时，将与家庭环境相互作用，而且这种作用能够改变家庭环境的状态，而这些状态的改变能够被直接观察到。此时结合隐马尔科夫模型，能够对智能家居系统下一步需要采取的行为做出准确预测。

马尔可夫（Markov）模型，本质上是一种随机过程，这一随机过程具有无后效性，即当前时刻状态完全取决于其前一时刻的状态。隐马尔可夫模型（HMM）是一个二重马尔可夫随机过程，它包括具有状态转移概率的马尔可夫链和输出观测值的随机过程。其状态是不确定或不可见的，只有通过观测序列的随机过程才能表现出来。隐马尔可夫模型是一种强大的统计学机器学习技术，它提供了一种基于训练数据的概率自动构造识别系统。

（2）主人身份识别

主人身份识别主要用于家庭安防系统，用于判断入侵者身份，从而选择开启门禁或是报警操作；或是用于智能小区，根据业主身份启动与业主本人相关的一系列服务。比如，在杭州某智能小区内，住宅电梯可以根据业主身份自动停靠在需要的楼层。

主人身份可以基于 RFID 识别，但此类主动识别方式需要住户配合携带 RFID 标签，会影响到用户体验，因此被动身份识别方式使用更为广泛。被动识别技术通常通过生物特征进行识别，目前常用的生物识别技术主要包括人脸识别和指纹识别技术。

1）人脸识别技术。人脸识别特指利用分析比较人脸视觉特征信息，进行身份鉴别的计算机技术。人脸识别是一项热门的计算机技术研究领域，它属于生物特征识别技术，是利用生物体（一般特指人）本身的生物特征来区分生物个体的技术。

一般来说，人脸识别系统包括图像摄取、人脸定位、图像预处理以及人脸识别（身份确认或者身份查找）。系统输入一般是一张或者一系列含有未确定身份的人脸图像，以及人脸数据库中的若干已知身份的人脸图像或者相应的编码，而其输出则是一系列相似度得分，表明待识别的人脸的身份。

根据人脸识别根本原理的不同，可将现有的人脸识别算法归为如下几类：基于人脸特征点的识别算法、基于整幅人脸图像的识别算法、基于模板的识别算法、利用神经网络学习的识别算法、基于光照估计模型理论的识别算法、基于优化的形变统计校正理论的识别算法、基于强化迭代理论的识别算法。

2）指纹识别技术。指纹识别技术是目前较为成熟的身份识别技术，它通过比较不同指纹的细节特征点来进行识别。指纹识别的难点在于，捺印方位的不同、着力点的不同都会带来指纹图案不同程度的变形，此外大量模糊指纹也会对正确的特征提取和匹配造成影响。

现有最新的指纹识别系统属于第三代指纹识别系统。第一代指纹识别系统通过光学识别系统获取指纹，第二代指纹识别系统通过电容式传感器获取指纹图像，而第三代指纹识别系统通过生物射频信号获取指纹图像，具有最高的精确度。

8.7.3 智能家居应用与市场预期

智能家居可以为用户提供多种方便、安全、节能、环保的家居服务，主要包括智能家电、家庭节能、智能照明和通风与家庭安防等几个方面。

1. 智能家电

现代家庭出现越来越多的家电设备，从基本的空调、电饭锅、电冰箱、热水器到微波炉、抽油烟机、背投彩电等。家电设备的增加在某种程度上改善了人们的生活，但是由于这些家电设备各自独立工作，互联互通性不好，智能化程度不高，每样电器的工作都需要单独控制，也给人们带来了许多困扰。基于物联网技术，人们能够实现家电的远程控制、协同工作以及提高家电的智能化水平，使得家用电器在其生命周期内都能处于最有效率、最省能源和最好品质的状态。

2. 家庭节能

通过对水电气表以及各类家电设备加装能耗传感器，可以随时掌握能源的消耗情况，将监测数据上传至信息中心进行分析，既有利于能源供给单位进行调度也有利于用户最大程度感受能耗情况，便于有效节能。

3. 智能照明和通风

照明系统一般由亮度可调的日光灯、吊灯、壁灯、射灯、落地灯和台灯等组成。利用光线传感器检测室内光强，并根据主人的活动模式、当前天气状况等自动调节灯光亮度，或者控制窗帘的转角等。既可以为用户提供更加舒适的住宅环境，也有效改善了传统照明控制方式单一的问题，避免了灯光一直打开带来的能源浪费。

4. 家庭安防

家庭安防系统可以实时监控非法闯入、火灾、煤气泄露、紧急呼救的发生，并可以实现用户远程实时查看家庭状况。一旦出现警情，系统会自动向中心发出报警信息，同时启动相关电器进入应急联动状态，从而实现主动防范。报警信息可以借助运营商通过公共信息网络发送到主人的手机、办公室的计算机，也可以通过小区的局域网络通知物业管理部门或者保安部门。

8.8 智能校园

在社会信息化的大背景下，建设智能型校园，不断推进以学校为主体的教育信息化进程，是教育信息化的重要组成部分。随着高校信息化建设的不断推进，信息服务在学校教学、科研与管理中的作用越来越大。目前很多学校已经或正在开始建设基于部门的应用系统，基本解决了面向业务主题的管理。但在高校信息化建设中，仍然存在着一些共性的不足，如网络基础设施的接入手段单一，安全保障体系尚不完善；数字资源建设的投入较少，整体应用水平还有待提高；同部门之间的信息共享与交流自动化程度低，缺乏统一的信息编码标准；信息化保障机制还不够健全。这些问题都要求基于先进技术的智能校园的出现。

8.8.1 智能校园概述

智能校园是指通过物联网、云计算、虚拟化等新技术来改变学生、教师和校园资源交互的方式，将学校的教学、科研、管理与校园资源和应用系统进行整合，以提高应用交互的明确性、灵活性和响应速度，从而实现智能化服务和管理的校园模式。在物联网技术发展的推动下，智能校园作为数字校园升级到一定阶段的表现，是一个信息技术被高度地融合，信息化的应用被深度地整合，构建成信息终端广泛感知的网络化、信息化和智能化的校园。智能校园具有3个核心特征：一是为广大师生提供一个全面的智能感知环境和综合信息服务平台，提供基于角色的个性化定制服务；二是将基于计算机网络的信息服务融入学校的各个应用服务领域，实现互联和协作；三是通过智能感知环境和综合信息服务平台，为学校与外部世界提供一个相互交流和相互感知的接口。

智能校园是一个开放的、创新的、协作的、智能的综合信息服务平台。教师、学生和管理者在这个智能校园里会全面感知不同的教学资源，获得及时的互动、最大的共享、最佳协作的学习、工作和生活环境，实现相关信息资源的有效的采集、合理的分析、高效的应用和便捷的服务。智能校园的重点在于智能。即教学的智能，学生生活中体现出来的智能，校园基础设施带给学生的智能，学生课堂实训中所呈现出的智能，图书馆里所体现出来的智能等，它强调的是教务部门、教学机构及科研部门的信息资源的融合能力。其最重要的核心在于整合校园内各种资源，尤其高度重视通过技术手段加强信息的互通性和协作能力。智能校园的架构图如图8-3所示。

8.8.2 智能校园系统与技术需求

物联网技术为智能校园提供了一个开放、互动、协作的智能化综合信息服务平台，使师生全面地感知教学资源，有效地采集信息，实现智能化的学习、教学、管理和生活服务。智能校园建设中用到的物联网技术主要有以下几种。

1. RFID 技术

学校的范围大、人员多，这对校园安全管理提出了挑战，通过运用RFID技术整合校园一卡通，每位教职员工和在校学生人手一张校园卡，智能应用于学校进出口人员管理、宿舍出入口管理，学生上课智能考勤、会议考勤等。该技术可实现以下功能。

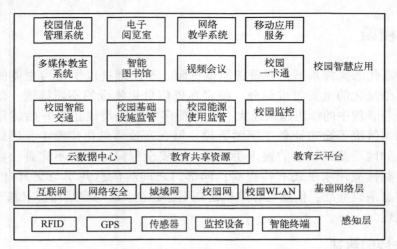

图 8-3　智能校园架构图

（1）RFID 天线远距离感应

师生进出学校校门实现 RFID 卡无接触式自动检查登记，系统自动读取到校园卡信息，通过屏幕显示通过人员信息、照片，自动放行，校外人员或未带卡人员进行身份登记出入。系统存储出入记录，学生管理部门通过系统可以直观了解即时的学生在校情况以及学生进出校园的时间。同时，该技术也可实现教职员工以及学生的考勤功能。

（2）智能宿舍管理

学生携带 RFID 卡通过宿舍出入口时，无接触式感应学生进出情况，可以统计学生宿舍楼的住宿人数，具体人员一目了然，解决管理中学生晚上夜不归宿的问题。当学生在规定时间内尚未回到宿舍，系统自动统计并给出短信提示，同时可以发送信息给学生管理人员。学生归宿考勤通过网络实现可视化管理、管理部门可以及时统计报表。

（3）智能图书馆技术

图书馆智能管理系统主要由读者办证系统、图书自助借还系统、馆藏架位管理系统、智能安全门、柜台工作站、图书编目系统、电子阅览室管理系统等组成。通过为馆藏图书配备 RFID 标签，可以实现图书的自助借还，同时方便图书馆工作人员盘点图书，大幅提升工作效率，节省成本。

（4）RFID 车辆进出管理技术

目前 RFID 技术普遍应用于园区交通管理。例如，高速公路的不停车收费。RFID 的校园交通管理可以实现车辆进出的校门管理、车库的出入管理、泊位引导等，有助于校园的安全、交通秩序管理，提升管理品质。车辆到达入口，入口车辆感应器通过 RFID 识别天线检测到信号后，校内车辆自动放行，无需人工干预；外来车辆发临时卡，出校卡片回收，收费、放行。车辆卡可以与教职员工的校园卡绑定，实现一卡多用。

（5）贵重设施安全防盗

在智能校园使用 RFID 技术，可以方便地建立贵重设备防盗及定位系统，构建设备防盗网络。系统通过无线传感器网络和 RFID 技术对设备进行实时监控，当设备被移出预定的范

294

围区间时，无线传感器向校园安全部门反馈设备的移动信息，当设备移动到出入口时，RFID 读取设备信息并匹配携带者身份信息，两者信息匹配，系统记录出入信息；否则启动警报，配合智能校园视频监控系统采取相应措施，保障校园的设备安全。

2. 传感器网络

传感器网络，是指运用各种传感器，收集光、电、温度、湿度、压力等信息，加上近距离的有线或无线通信技术而构成的独立网络系统，它一般提供局域或小范围的物与物之间的信息交换。传感器网络是物联网末端采用的关键技术之一，是物联网的延伸和应用的基础，因而成为构建智能校园的最核心技术。

传感器网络，是由许多在空间上分布的自动装置组成的计算机网络，这些自动装置使用各种传感器，协同监控不同位置的物理或环境状况（如温度、声音、振动、压力、运动或污染等），以此作为系统调控的基础。传感器网络主要包含 3 个方面：感应、通信、计算（硬件、软件、算法）。其中的关键技术主要有无线数据库技术。比如，使用在无线传感器网络的查询和用于与其他传感器通信的网络技术。在智能校园中所使用的传感器主要有温度传感器、烟雾传感器、红外和压力传感器等。

8.8.3 智能校园应用与市场预期

物联网技术可以应用于智慧校园，在方方面面保护在校人员的安全，方便在校人员的生活。以下列举几个典型应用。

1. 校园统一呼叫中心

借助物联网技术及时发现校园内的设施故障，建立校园故障维修受理平台，提供包括移动网络在内的故障报修方式，实现校园故障维修的统一受理与及时处理。

2. 智能交通

智能交通是智能校园建设中的一项关键任务。在目前的智能校园案例中，已经有以下几种智能交通应用。

（1）基于校园卡的校园道闸服务

通过扩充校园卡的服务功能，实现基于校园卡的道闸管理和停车资费管理。

（2）校车与实时信息服务

通过应用 GPS 定位系统和市区电子地图，构建校车监控中心，并通过综合信息发布平台向多终端提供查询服务，实现校车的定位和监控。

（3）校园停车泊位与引导服务

通过应用 GPS 定位系统和校园电子地图，利用实时车辆检测技术，建成基于移动终端的泊车引导，实现校园停车泊位的智能引导。

（4）公共自行车租用服务

依托校园卡，构建物联专用网络，向师生提供公共校园自行车服务。

（5）校园节能减排与能源监控

安装智能表接入网络，实现楼宇用水、电、气的远程集抄和实时监控，对校内所有办公区、教学区、宿舍区和公共环境区的能源消耗情况进行智慧监管、数据统计和分析。不仅能获取信息和分析存在的问题，还能够准确感知和确定能源消耗漏洞存在的位置。

3. 平安校园

校园安全与每个师生、家长和社会有着切身的关系。构建平安校园，利用物联网技术建立智能安全保障系统、校园巡更和安全监控系统，包括校园空间定位、校园 GIS、监控中心等，实现校园安防的智能化管理。

4. 移动应用服务系统建设

通过改造信息系统，建立移动网络与校园网的高速互联互通，实现移动用户访问校园信息服务。

5. 校园综合信息发布

依托物联网络，实现校园导引系统展示、重大活动和政策宣传、校园讲座活动预报和引导、课程安排和教室引导等信息展示、导航、宣传一体化的校园多终端信息发布。

6. 校园基础设施监管

通过建设校园路灯控制、消防监控系统、中央空调节能管理等，实现校园基础设施的监管。

8.9 工业互联网

本节从工业互联网概念出发，介绍工业互联网 5C 架构及每层的使能技术，最后讨论工业互联网的应用。

8.9.1 工业互联网概述

工业革命与互联网革命的深度融合，催生了新一轮的工业互联网革命。工业互联网[21,22]是第四次工业革命的重要基石，是新一代网络信息技术与制造业深度融合的产物，是实现工业经济数字化、网络化、智能化发展的重要基础设施，通过对人、机、物的全面互联，构建起全要素、全产业链、全价值链、全面连接的新型工业生产制造服务体系，是工业经济转型升级的关键依托、重要途径、全新生态。

工业互联网可以被理解为信息物理系统（CPS）这一通用概念的应用，在 CPS 中，从物理空间中进行监控，广泛收集所有工业方面的信息，并与网络空间同步。工业互联网包含多方面使能技术，包括工业网络、工业传感与控制、大数据、云计算、安全等。这些技术涵盖了工业生产过程的不同方面，如分析、存储、传感、连接、自动化、人机交互和制造。

尽管工业互联网在理论和实践上都取得了巨大的发展，但仍存在许多挑战需要解决，以充分发挥其潜力。

- 工业系统具有严格的性能和可靠性要求，如稳定性、准确性、抗极端环境和可长期运行等。
- 这些系统通常需要针对特定任务进行高度定制编程，生命周期超过 15~20 年。
- 安全漏洞一旦被利用，可能会给工业系统带来巨大的损失，因此安全也是一个巨大的挑战，仍在探索中。
- 为确保一个安全高效的工业生产环境，需要解决与信息通信技术同工业环境集成相关的其他挑战，如大数据分析、先进传感、网络等。

工业互联网仍处于早期发展阶段，了解工业互联网系统的体系结构与系统设计和发展具有重要意义。工业互联网系统架构正在不断发展，不同机构组织提出的架构也有所差异，尚未形成统一标准。但作为CPS 的应用，其架构体系可以借鉴国际标准的 CPS 技术体系架构：5C 体系。如图 8-4 所示，5C 架构共有 5 层：智能连接层、数据-信息转换层、网络层、认知层和配置层。在连接层，传感器使用工业现场总线提供的可靠通信和通信协议（如 NB-IOT、LoRa 和 5G）收集原始数据。然后转换层利用智能传感技术提取每个设备的有用信息。网络层将分布式设备连接起来，形成网络，并使用云计算技术融合个人信息。认知层融合所有信息，生成综合知识使用大数据分析。最后，配置层自动做出智能决策。

图 8-4　工业互联网系统 5C 架构

5C 架构的细节总结如下。

1. 智能连接层

该层实现工业互联网中准确的数据采集。工业互联网的数据源包括直接传感器输入和来自控制器或企业管理系统的数据（如企业资源计划（ERP）、制造执行系统（MES）或软件的能力成熟度模型（CMM）等）。由于不同工业互联网系统中的物理设备通常由不同的制造商生产，硬件和软件的异构性使得不同物理组件之间的互连变得特别具有挑战性。此外，选择合适的传感器作为数据源也是该层的一个重要问题。因此，能够处理不同数据源异构性的可靠、高效和通用的协议是这个级别的关键关注点。

该层处理工业互联网中的精确数据采集。工业互联网的数据源包括直接传感器输入和来自控制器或企业制造系统的数据，如企业资源规划、制造执行系统或软件能力成熟度模型。由于不同工业互联网系统中的物理设备通常由不同的制造商生产，硬件和软件的异构性使得不同物理组件的互连尤其具有挑战性。此外，选择合适的传感器（类型和规格）作为数据源也是这一层需要考虑的重要因素。因此，能够处理不同数据源异构性的可靠、高效和通用协议是这一层的主要关注点。

2. 数据-信息转换层

从传感器或其他数据源收集到的原始数据需要进行处理，以在进入下一层之前推断有用的信息。近年来，人们对传感器数据的上下文感知进行了广泛的研究。例如，机器根据收集到的传感器数据为自己提供健康诊断、剩余使用寿命估计以及其他与机器相关的信息。通过将原始数据转换为有用的信息，这一层可给设备带来"自感知"能力。

3. 网络层

网络层从所有连接的机器中检索信息，并充当工业互联网中数据处理的中央信息枢纽。这一层形成了一个设备网络，数据在这一层融合，以支持上层的功能，如智能决策。此外，这一层使用特定分析技术来获悉每台设备的状态，这使得每台设备都具备了"自比较"的能力，从而可以在设备网络中对每台机器的性能进行比较和评级。通过设备间的相似性度量，可以对每台设备的未来性能进行预测。

4. 认知层

在认知层，系统从设备网络中收集设备个体信息和综合信息，提供对所监控系统完整的知识。通过使用大数据分析等技术，可以在优先任务调度或系统优化方面做出智能决策。使用合适的表示来组织系统的知识也是这一层的主要关注点。

5. 配置层

配置层向物理设备提供来自用户或认知层做出的决策的反馈。这一层通过智能决策对设备网络提供了智能自适应控制。通过从网络空间到物理空间的闭环，该层充当智能控制系统，为被监控系统提供自配置和自适应能力。

8.9.2　工业互联网系统与技术需求

工业互联网潜能的实现很大程度上依赖于多种使能技术，理解这些技术有助于深入了解工业互联网的功能。5C 架构中每层的支撑技术如下。

1. 连接层

在复杂工业系统中，通常会涉及分布式控制器网络。网络包括经典的现场总线技术和不断发展的通信标准，如 LoRa、窄带物联网、5G 等。

（1）基金会现场总线（FF）

由现场总线基金会开发，作为工业系统的基础网络。FF 采用了开放系统互连（OSI）体系结构的简化模型，取其物理层、数据链路层和应用层作为相应层次，并在应用层上增加了用户层，用于定义信息存取的统一规则，规定通用功能块集。FF 分低速 H1 和高速 H2 两种通信速率，它们使用不同的物理介质。H1 的传输速率为 31.25 kbit/s，通信距离可达 1900 m，支持总线供电和本质安全。H2 传输速率较高，分 1 Mbit/s 和 2.5 Mbit/s 两种，通信距离分别为 750 m 和 500 m，支持双绞线、光纤和无线发射，不支持电缆。FF 技术主要应用于加工行业，最近也开始在电厂使用。

（2）控制器局域网（CAN）

最早由德国博世公司于 1983 年推出并免费提供，目前已广泛应用于工业系统的离散控制领域。1993 年国际标准化组织发布了 CAN 标准 ISO 11898。CAN 协议可分为两层：物理层和数据链路层。CAN 的数据传输采用短帧结构，每帧的传输时间较短，通信距离可达10 km，通信速率可达 40 Mbit/s。CAN 具有自动关机功能，抗干扰能力强，是可靠的工业网络协议。此外，CAN 支持多主任务（任务不分主次），并通过设置优先级使用非破坏性总线仲裁技术，以避免传输冲突。

（3）DeviceNet

DeviceNet 是一种用于自动化技术的现场总线标准，定义物理层、数据链路层与应用层，建立在 CAN 技术之上。DeviceNet 的传输速率范围为 125~500 kbit/s，网络节点数不超过 64个。运行 DeviceNet 的设备可以在网络中自由连接或断开，不影响其他设备。因此，DeviceNet 网络中设备的布线和安装成本较低。

（4）LonWorks

局部操作网络（LonWorks）由美国 Echelon 公司推出，采用 OSI 模型的完整七层架构，支持双绞线、同轴电缆、光缆和红外线等多种通信介质。LonWorks 采用面向对象的设计方法，通过网络变量把网络通信设计简化为参数设置，传输速率为 300 bit/s~1.5 Mbit/s，直接通信距离为 2700 m（78 kbit/s），被称为通用控制网络。Lonworks 技术使用的 LonTalk 协议可以封装到神经元（Neuron）的芯片中，被广泛应用于楼宇自动化、家庭自动化、安防系统、交通运输、工业过程控制等领域。

（5）PROFIBUS

一种用于过程现场通信的现场总线标准，最初在德国推广，后面出现几种变体，如 PROFIBUS FMS，PROFIBUS DP 和 PROFIBUS PA 等。PROFIBUS 定义了应用层、数据链路层和物理层，支持主从模型、纯主模型、多主多从混合系统和其他类型的控制模型，传输速率为 9.6 kbit/s～12 Mbit/s。在 9.6 kbit/s 的数据速率下，最大传输距离为 1200 m。当距离为 200 m 时，数据速率仍高达 12 Mbit/s。

（6）可寻址远程传感器高速通道（HART）

HART 是由 Rosemount 公司于 1985 年推出的一种用于现场智能仪表和控制器设备之间的开放通信协议，定义了物理层、数据链路层和应用层。HART 通信采用半双工的通信方式，在现有模拟信号传输线上实现数字信号，属于模拟系统向数字系统转变过程中的过渡性产品，目前技术已经成熟，成为全球智能仪表的工业标准。

（7）WirelessHART

与传统的有线系统相比，无线系统具有节约成本、简化部署和维护的优势。HART 通信基金会为 HART 标准开发了一个无线接口，称为 WirelessHART。WirelessHART 采用 IEEE 802.15.4-2006 作为其物理层标准。在 MAC（介质访问控制）层，WirelessHART 定义了自己的时间同步 MAC，它支持严格的 10 ms 时隙、网络宽时间同步、信道跳变和信道黑名单。在网络层，WirelessHART 支持自组织和自修复的网状网络技术，保证了网络性能。

（8）LoRa & NB-IoT

最近，低功耗广域网（LPWA）开始在通信界获得更多关注。LPWA 的出现填补了现有技术的空白，为物联网的大规模发展奠定了基础。LoRa 和 NB-IOT 是最有发展前景的两个 LPWA 技术。

LoRa 主要在全球免费频段运行（即非授权频段），包括 433、868、915 MHz 等。LoRa 网络构架由终端节点、网关、网络服务器和应用服务器四部分组成，应用数据可双向传输。LoRa 技术不需要建设基站，一个网关便可控制较多设备，并且布网方式较为灵活，可大幅度降低建设成本，并且功耗低，传输距离远，被广泛部署在智慧社区、智能家居和楼宇、智能表计、智慧农业、智能物流等领域。

NB-IoT 于 2015 年 7 月提出，2016 年 6 月标准化。NB-IoT 和 LoRa 的区别如表 8-1 所示。NB-IoT 功耗低、覆盖广、成本低、容量大，广泛应用在资产跟踪、远程抄表、智能停车、智慧农业等领域。

表 8-1　NB-IoT 与 LoRa 对比

	NB-IoT	LoRa
技术特征	蜂窝网	Chirp 扩频
网络开发	与蜂窝基站的多路复用	独立网络
频段	载波频段	150 MHz-1 GHz
传输距离	长距离	长距离（1～20 km）
速率	<100 kbit/s	0.3～50 kbit/s
终端电池工作时间	约 10 年	约 10 年
花销	模块 5～10$	模块 5$

（9） 5G

5G 延迟低、网络吞吐量大，使工厂能够充分利用传感器和 IoT 实现资产监控、自动化和人工智能相关功能。其中有些功能发生在本地，但越来越多的将出现在云中。可以与云进行超大规模集成的 IIoT 平台（如 Amazon AWS 和 Microsoft Azure）将成为启用 5G 的 IIoT 生态系统的关键推动力。

2. 转换层

为了实现工业自动化，需要将先进的传感技术应用到工业系统中，使机器和产品与环境相互作用，自动完成生产过程。

1）身份感知：工业互联网将传统产业与尖端的信息通信技术相结合。要使工业系统实现有效的自动化，识别是第一个重要步骤。通过识别机器，机器之间可以相互对话，通过识别产品，传统产品变成了"智能产品"，具有普遍唯一的 id，可以相互交互。工业互联网涉及的识别和跟踪技术包括 RFID、条形码、智能传感器和无线接口。

2）健康状态检测：估计关键部件和机器的健康状态和剩余使用寿命在工业预测活动中起着重要作用。利用先进的传感器，如运动传感器、温度传感器等，可以直接监控并推断机器的健康状态。在工业系统中，预测活动根据物理系统当前的健康状态和未来的运行环境对其剩余使用寿命进行估计。

3）位置感知：在工业互联网系统中，精确的位置感知是至关重要的，尤其对于工业机器人因为位置是工业机器人成功完成自动化任务的最重要的上下文信息之一。例如，工业机器人的精确路径跟踪就是沿着工作空间中预定义的路径进行精确的位置跟踪，如铆接、焊接、物料搬运、零件装配等。

3. 网络层

在网络层，云计算正在成为制造业革命的关键推动者。结合先进的网络、传感和云计算技术，最近提出了一种新的制造模式——云制造。云制造被认为是一个新的多学科领域，它既体现了"分布式资源集成"的概念，又体现了"集成资源分配"的概念。在云制造中，工业产品所需的分布式资源被封装到云服务中，并在云中进行管理。云用户可以在产品设计、制造、测试和管理等不同生产阶段请求服务。云制造平台提供云服务的智能搜索、推荐和执行。此外，边缘计算的快速发展，使得云边协同成为网络层未来发展方向。

4. 认知层

在认知层，生产过程中传感器和控制器产生了大量的数据，包含了大量的信息和价值。需要提取收集到的数据背后的知识，大数据分析正好符合这一目标。大数据通常被认为有 4V 特征：规模性（Volume）、多样性（Variety）、价值性（Value）和高速性（Velocity）。在工业互联网中，工业大数据还具有第 5V 特征：可视性（Visibility）：通过大数据分析，揭露不可见的信息，使数据可视化。

工业大数据分析中主要数据处理步骤如下。

● 数据采集：一般来说，工业互联网系统使用传感器收集模拟信息，然后使用模数转换器将模拟信息转换为数字数据。

● 数据传输：数据传输中，需要确保安全性和可靠性，不同工业领域有不同的方法，如 DES、AES、EES 等。

● 数据存储和索引：目前大数据技术大多处理非结构化数据，主要存在三种海量存储解决方案：DAS、NAS 和 SAN。

- 数据挖掘：往往涉及分布式计算平台，如 Hadoop。挖掘主要采用机器学习相关技术。

5. 配置层

为了向物理组件提供反馈并实现智能控制，配置层将工业互联网系统中的数据流闭环。为了对工业机械和过程进行监控，工业控制系统在工业生产中起着重要的作用。工业控制系统（ICS）是一个或一组用来监视、管理、控制和规范其他设备或系统行为的电子设备，包括监控与数据采集（SCADA）系统、分布式控制系统（DCS）、可编程逻辑控制器（PLC）等。

6. 所有层：安全

安全保障是实现工业互联网各层系统的关键。在工业互联网时代，工业系统是互联的、分布式的，系统是开放的，系统之间经常交换数据，因此工业互联网相对于传统工业系统更容易受到恶意攻击。

工业互联网系统安全模块的设计必须考虑到终端设备、数据的处理与存储、通信系统、终端与通信机制的管理四部分。

1）工业终端安全：影响终端安全的因素很多，包括应用沙盒、终端标识、访问控制等。

- 应用沙盒：用来防止恶意软件破坏系统。应用沙箱是当前测试不受信任或未经测试的程序的主流技术，可以在各种应用程序或操作系统上运行。使用引用沙盒监督恶意软件检测，限制了程序的访问权限。如果程序被检测出是恶意软件或者程序不能正常运行，应用沙盒就会报告错误，从而避免程序对系统的破坏。
- 终端标识：将设备区分为内部设备或外部设备的过程。传统的身份，如 IP 地址、主机名等都不安全，容易被更改。相对而言，硬件嵌入的身份不容易改变，更安全。此外，加密密钥也是一种安全的身份标识方式。
- 访问控制：代表管理用户、外围设备或程序的访问权限的过程。为了整个系统的安全，应遵循最小特权原则，即用户应该只拥有完成其职责所需的最低操作权限。

2）工业数据安全：数据安全旨在防止未经授权的用户滥用数据。由于数据保护的重要性，已经提出了许多技术。磁盘加密技术保护硬盘驱动器上的数据，数据备份技术从备份源恢复丢失的数据，数据屏蔽技术防止数据暴露给未经授权的人员，数据擦除技术通过基于软件的覆盖方法销毁硬盘驱动器和云中的所有敏感数据，从而避免数据泄露。

3）工业通信安全：通信安全解决数据通信过程中的威胁，旨在防止未授权方在数据传输过程中访问通信信道，工业互联网需要多种技术的结合来提供有效的通信保护。

4）工业管理安全：解决凭据管理、远程更新和管理监控弹性等问题。

8.9.3 工业互联网应用与市场预期

工业互联网技术可以应用在能源、医疗、智能工厂、公共服务、智能交通这几个方面。下面分别进行简要介绍。

1. 能源

工业互联网技术正在逐步改变着传统的能源产业。与传统能源系统相比，工业互联网改造的新能源系统整合了许多先进的信息技术，提高了能源系统的效率，节省了成本，有利于环境保护。

2. 医疗

通过远程监控和控制医疗设备，工业互联网降低了成本，并为居家患者提供了有针对性的护理。医院受益于智能设备，减少了患者的等待时间，提高了效率。工业互联网将以更低的价格提供更安全、更高效的医疗保健环境。

3. 智能工厂

借助工业互联网技术，智能传感器监控生产环境，并发送有关组件、机器、车队和工厂的状态信息，包括生产流程、周围环境和维护计划等到网络空间。智能工厂根据智能客户的行为、定制订单和反馈，为其提供可持续的智能产品和服务。

4. 公共服务

在工业互联网时代，公共服务可与先进信息和通信技术相结合，降低成本，减少浪费，提高公共安全和公民服务质量。公共部门可以为公民提供更方便的服务，将公共区域与虚拟世界联系起来，实现更好的管理、教育和维护。嵌入传感器的公共设施实现了智能公共服务，如智能交通管理和监控、改善公共教育、公共管理、公共安全、预防犯罪和应急响应。

5. 智能交通

智能交通系统将通信、控制和信息处理技术的应用与交通基础设施和车辆相结合。借助于工业互联网，智能交通系统将变得更加智能，能够节省时间、金钱、能源，提升交通安全并减少对环境的负面影响。工业互联网传感和通信技术提供了强大的数据采集功能，为智能交通系统提供了充足的交通数据需求。交通参与者的信息，如行人或车辆，甚至道路相关设施的信息都会被快速收集到工业互联网上。智能交通系统实时收集交通相关数据，在道路网络上提供智能调度。

8.10 无人机边缘智能

无人机从军事领域发展到民用领域，搭建边缘智能的无人机在诸多领域发挥着重要作用。本节介绍无人机边缘智能的应用场景、支撑技术及实际应用。

8.10.1 无人机边缘智能概述

随着物联网（IoT）和 5G 通信的爆炸性发展，多址接入移动边缘计算（Mobile Edge Computing，MEC）已经成为一种有效的解决方案，可以帮助移动设备处理计算量大且对延迟敏感的应用程序。近来，由于无人机（UAV）的机动性、灵活性和可操纵性，启用无人机的边缘智能计算的新范式引起了广泛的关注。

目前已经有不同的无人机支持的 MEC 架构被提出。在这些架构中，无人机可以被视为一个有计算任务要执行的用户，或一个中继来协助用户卸载计算任务，或一个 MEC 服务器来执行计算任务。与传统地面 MEC 网络相比，无人机支持的 MEC 网络有几个突出的优点。

- 它们可以灵活地部署在大多数场景中，甚至在荒野、沙漠和复杂地形这些可能不方便可靠地建立 MEC 网络的。
- 无人机部署在空中，很可能存在计算任务卸载和计算结果传输的短距离视线（LoS）链路，遮挡少，可以提高计算性能。

● 可以优化无人机轨迹进一步提升性能。

在常规陆地 MEC 系统被自然灾害摧毁的情况下，无人机边缘智能可以发挥良好的作用。目前已经有许多科技公司（如谷歌、脸书、亚马逊和华为）推出了无人机支持的 MEC 网络应用的项目。据设想，当无人机的成本充分下降时，无人机支持的 MEC 网络将得到广泛部署。

基于无人机发挥的作用，无人机支持的 MEC 网络可能有三种可能的架构，分别如图 8-5、图 8-6、图 8-7 所示。

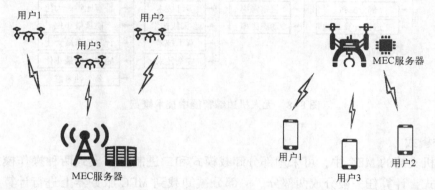

图 8-5　无人机有计算任务的场景架构　　　图 8-6　无人机作为 MEC 服务器的场景架构

图 8-7　无人机作为中继的场景架构

在架构一（图 8-5）中，无人机作为一个用户，需要执行自己的计算任务，如轨迹优化。无人机通常有一个有限的电池容量，可能不能执行广泛的计算任务，需要将其任务卸载到地面 MEC 服务器进行计算。

在架构二（图 8-6）中，无人机作为 MEC 服务器，当地面用户将计算任务卸给无人机后，帮助地面用户进行任务计算。这种情况可能发生在没有地面 MEC 网络的地区。

在架构三（图 8-7）中，无人机充当中继，帮助用户有效地将计算任务卸给 MEC 服务器。

这三种不同的无人机 MEC 架构都有各自的应用场景。第一种体系结构适用于无人机计算能力有限但需要执行计算密集型任务的场景。第二种架构适用于无人机具有不错的电池和计算能力的场景，也适用于由于自然灾害地区没有地面 MEC 网络的场景。第三种架构适用于无人机没有配备 MEC 服务器，用户和 MEC 服务器之间的卸载链路质量较差的情况。在这种情况下，无人机可以作为中继来帮助用户将其计算任务卸载到 MEC 服务器。

8.10.2 无人机边缘系统与技术需求

图 8-8 显示了无人机边缘智能中技术概览。

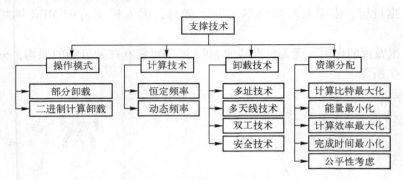

图 8-8 无人机边缘智能中技术概览

1. 操作模式

在无人机支持的 MEC 中，可采用部分卸载模式和二进制计算模式两种操作模式。对于部分卸载模式，计算任务被分成两部分。一部分被卸载到 MEC 服务器上进行计算，而另一部分则在本地进行计算。例如，在进行人脸识别任务时，可以在本地计算判断人是否存在等低计算量的任务。而诸如特征识别和面部特征识别之类的高计算任务可以卸载到 MEC 进行计算。对于二进制计算模式，每个计算任务都必须作为一个整体执行。它可以在本地执行，也可以完全卸载。例如当运行信道状态（CSI）信息估计时，为了提高计算精度，需要整体计算原始相关样本数据。

这两种运营模式各有利弊。在部分卸载模式下，无人机可以基于 CSI 动态灵活地分配用于卸载计算任务的通信资源和用于执行本地计算的计算资源。在二进制计算模式下，由于无人机不能同时执行任务卸载和本地计算，资源分配方案的灵活性可能受到限制。因此，在部分卸载模式下获得的计算性能可能优于在二进制计算模式下获得的性能。然而，在部分卸载模式下，需要更复杂的电路和协议。因此，操作模式的选择取决于无人机的结构和计算任务的特性。

2. 计算技术

基于无人机 CPU 频率的 MEC 网络可分为两种本地计算技术。当无人机计算电路的 CPU 频率固定时，以恒定速率进行本地计算。如果无人机采用动态电压和频率缩放技术，则可以根据计算任务的规模调整 CPU 频率。动态本地计算技术在能量消耗、吞吐量和延迟方面比恒定本地计算技术有更好的性能，但代价是计算电路的复杂度更高。

3. 卸载技术

对于计算卸载，用于地面 MEC 网络的通信技术也可以应用于无人机支持的 MEC 网络。此外，可以针对无人机特性开发更多卸载技术。

（1）多址技术

多址技术可以分为两类，正交多址（OMA）和非正交多址（NOMA）。无人机支持的 MEC 网络中，典型的 OMA 技术是正交频分多址和时分多址。

（2）多天线技术

多天线技术可以通过利用空间分集增益来提高卸载效率。无人机可以配备多根天线与用户或 MEC 通信，反之亦然。

（3）双工技术

使用半双工技术时，任务卸载过程和结果下载过程不能同时执行，而使用全双工技术时，这两个过程可以同时进行。用户可以将其计算任务卸载给无人机，而无人机可以同时以全双工方式向用户传输计算结果。显然，全双工技术的卸载效率高于半双工技术，代价是协议和电路设计更加复杂。此外，全双工模式下应该有效控制卸载过程和下载过程之间的干扰。

（4）安全技术

无人机和窃听者（如果存在）之间很有可能存在视线通信链路，这样窃听者就可以截获机密的计算任务和结果。而由于通过数据加密的传统加密技术需要增加计算开销来实现安全性，因此由于延迟和功耗问题，它们不再适用于无人机支持的 MEC 网络。作为替代方案，无人机支持的 MEC 网络中的物理层安全技术受到关注，它们利用无线信道的物理层特性来实现安全通信。当无人机与合法用户之间的 CSI 优于无人机与窃听者之间的 CSI 时，卸载是安全的。此外，在无人机支持的 MEC 网络中，可以优化无人机轨迹，使无人机能够靠近合法用户，并远离窃听者。

4. 资源分配

由于无人机电池问题和轨迹约束，资源分配在无人机支持的 MEC 网络中至关重要。一个好的资源分配方案不仅可以提高计算性能，而且可以实现系统的经济高效地运行。此外，还可以设计合适的轨迹，以实现无人机计算性能和运行成本之间的良好平衡。与传统地面 MEC 网络中的资源分配不同，无人机支持的 MEC 网络中的资源分配应考虑三个过程中涉及的资源，即计算任务卸载、本地计算和无人机飞行。计算任务卸载中需要优化通信资源，如通信带宽、卸载功率、卸载时间等。在本地计算中，资源包括 CPU 频率和计算时间。对于无人机的飞行过程，需要优化无人机的轨迹、飞行速度和加速度等资源。无人机支持的 MEC 网络中的资源分配可以设计成不同的目标，例如计算比特最大化、能量最小化、计算效率最大化、完成时间最小化和公平性考虑。

- 计算比特最大化：该目标旨在通过卸载和本地计算来最大化总计算比特数。它可以直接反映无人机支持的 MEC 网络的计算性能。当无人机是用户或 MEC 服务器时，这三个过程应联合优化，而当无人机作为中继时，卸载过程和无人机的飞行过程是重点。

- 能量最小化：在无人机驱动的 MEC 网络中，能量消耗来自于上述三个过程。在本地计算过程中，消耗的能量取决于 CPU 频率和计算时间。卸载过程中所消耗的能量包括传输功率和卸载时间。飞行过程中消耗的能量应考虑无人机的重量、速度、加速速度和飞行时间等。

- 计算效率最大化：计算比特最大化或能量最小化过于强调一个度量的重要性，无法在计算位和能量消耗之间实现良好的权衡。相比之下，计算效率最大化旨在最大化每焦耳能量的计算比特数，以实现这两个指标的良好权衡。

- 完成时间最小化：在部分卸载模式下，完成时间被定义为本地计算时间和卸载时间两者中较大的值；在二进制计算模式下，完成时间被定义为本地计算时间和卸载时间的总时间。该优化目标是在满足最小计算比特数要求的情况下的最小化任务完成时间。

- 公平性考虑：当多个用户争夺资源时，需要考虑公平性，一般有最大最小公平、比例公平、调和公平、α 公平、β 公平 5 种公平标准。

8.10.3　无人机边缘应用与市场预期

无人机在军事作战、自然灾害救援、偏远地区部署、物流和智慧城市等应用中有着巨大的应用前景，下面分别进行介绍。

1. 军事作战

世界各地的军事部队努力实现一个目标——消灭最多的敌人，却牺牲最少的人员。无人机无疑有助于实现这个目标。

无人机边缘智能在战场上的应用主要有：

- **情报侦察**。在战场上，可能会有大量针对特殊任务的实时计算任务（例如，敌对势力的位置和动态需要以实时方式准确估计），但建立可靠的地面 MEC 系统极其困难。无人机支持的 MEC 网络在这些情况下非常有用，而且无人机组网灵活，生存性强，遭到破坏后可以快速恢复。
- **军事打击**。无人机携带作战单元，使用边缘智能系统识别重要目标或人员，进行实时攻击，同时也可拦截地面和空中目标。
- **信息对抗**。无人机十分灵活，可以随时起飞，对地方通信系统实施对抗，使用 MEC 精准定位并阻断地方雷达等侦察手段，精准识别电磁干扰、电子欺骗等行为，及早做出反应。

2. 自然灾害救援

发生灾害后，无人机可以快速部署到灾区，在应急灾难反应中发挥必不可少的作用。相关人员使用无人机可以实现以下功能：

- 利用无人机进行自然灾害后的空中监测损害评估来帮助评估自然灾害中损害的真实情况和程度。
- 发生自然灾害后，原有通信系统可能会摧毁，无人机搭建空中基站，恢复网络。
- 在救援过程中，及时绘制数字地图，捕获图像以进行灾区指挥调度和新闻报道，利用图像识别技术搜寻幸存者，其次还可辅助消防员进行灭火等操作。
- 无人机边缘智能平台在灾害物流和货物交付方面发挥作用。

3. 偏远地区部署

在通信不易覆盖的许多地区，如荒野、沙漠、复杂地形等，建立地面 MEC 系统不方便，花费也高。无人机边缘智能大有可为，例如：

- 政府使用无人机平台不断监测环境，以便采取相应的策略来保护环境。
- 无人区搜人。如在沙漠搜寻迷路者并使用无人机智能平台为其引路。
- 地形测绘。当前地形测绘任务中，经常遇到工作人员作业困难的情况，搭建智能平台的无人机测量精度高，能够更好地完成任务。

4. 物流

整个供应链对运营改进和效率的持续需求驱使着使用无人机边缘智能来辅助物流。

在物流中，无人机可以被应用在以下几点：

- 将包裹运输给客户，这一点在向偏远地区和农村地区提供紧急医疗时十分有用。
- 灾难发生后，可以使用远程操作的无人机机队快速而有效地对供应链基础设施进行风险评估。
- 无人机可有效地监视和保护工厂和仓库等大型空间，可将其部署到仓库等地方的检查中。
- 可以将无人机部署在室内，扫描配送中心的货盘，收集图像和视频数据以进行库存审核，在难以到达的位置进行搜索审核。

在物流中使用无人机的优势有：

- 降低运输和运营成本。采用无人机的物流公司将大大减少与卡车资本支出相关的运输支出，例如维护成本、燃料、保险等。距离购买者很近的运营商以及小型包裹交付公司是无人机的理想业务场景。
- 消除退货的麻烦。减少退货周期，提升用户体验，用户不再需要去邮局或快递点下达包裹。
- 提高操作的可访问性和准确性，无人机可以到达室内外人们难以到达的区域。
- 收集视频和图像数据利用机器学习方法进行分析，实现更快的自动化操作决策。

5. 智慧城市

无人机与5G结合实现多种功能，实时监控、分析和行动（自动跟踪等），实现安防产业天地一体化，安防布控无死角，具体来说：

- 无人机监视人员并进行异常检测可以实现更智能的警务。
- 无人机监视环境在发生灾难时迅速反应，加快救援速度。同时，无人机可以到达人类难以到达的地方检测并分析情况。在新冠病毒传播的时候，带有扬声器的无人机可用来警示市民做好防范措施。
- 无人机监控交通，分析交通堵塞原因，辅助交警及相关部门正确管理交通。

6. 基站巡检

人工攀爬巡检效率低且存在安全风险，使用无人机MEC进行基站巡检，在基站塔上采集数据传回服务器，使用相关AI解决方案验证基站元件的正确性，例如验证天线的旋转和倾斜等，人工编辑生成巡检报告并做出相应操作。

无人机基站巡检减少了工作人员的安全隐患，无人机精确的摄像设备与人工测量仪器相比，提高了数据的精确性与客观性。

本章小结

应用驱动是物联网系统的典型特征，广阔的应用前景是推动物联网技术和产业快速发展的主要动力。本章介绍了当前典型的物联网应用领域，包括电力、交通、物流、农业、公共安全、医疗、环境保护、家居、工业互联网、无人机等，着重介绍了各类应用的自身特点以及对物联网技术的需求，并评价了每种应用的市场预期。通过对各类应用分析和对比，可以发现物联网应用的核心在于向已有的各种应用领域融入"智能"，从而带动相关产业的技术发展和革新。

练习题

1. 请列举一些智能电网的技术需求（至少 3 个）？并作简要解释。
2. 列举智能交通系统的三个构成，并作简要介绍。
3. 智能交通中的波频感知技术可以分为哪两种，其主要区别是什么？
4. 请举出一个智能交通在生活中的应用。
5. 智慧物流中集装箱号码的自动识别是基于智慧物流的哪项技术？
6. 智慧物流中的集群通信系统由哪四部分组成？请简要概括其作用。
7. 请列举一个智能农业的应用？并简要介绍。
8. 请举出我国医疗行业存在的 4 个问题？
9. 一个智能家居系统应该包含哪些传感器（至少举出 3 个），它们的作用是什么？
10. 请举出无人机支持的 MEC 网络的 3 种可能的架构，并分别说明它们的适用场景？

参 考 文 献

[1] ZHANG X, YANG Z, SUN W, et al. Incentives for mobile crowd sensing: Asurvey [J]. IEEE Communications Surveys & Tutorials, 2015, 18 (1): 54-67.

[2] CAPPONI A, FIANDRINO C, KANTARCI B, et al. A survey on mobile crowdsensing systems: Challenges, solutions, and opportunities [J]. IEEE communications surveys & tutorials, 2019, 21 (3): 2419-2465.

[3] LIU Y, KONG L, CHEN G. Data-oriented mobile crowdsensing: A comprehensive survey [J]. IEEE Communications Surveys & Tutorials, 2019, 21 (3): 2849-2885.

[4] LIU J, LIU H, CHEN Y, et al. Wireless sensing for human activity: Asurvey [J]. IEEE Communications Surveys & Tutorials, 2019, 22 (3): 1629-1645.

[5] 施巍松. 边缘计算 [M]. 北京: 科学出版社, 2018.

[6] MOURADIAN C, NABOULSI D, YANGUI S, et al. A comprehensive survey on fog computing: State-of-the-art and research challenges [J]. IEEE communications surveys & tutorials, 2017, 20 (1): 416-464.

[7] MAO Y, YOU C, ZHANG J, et al. A survey on mobile edge computing: The communication perspective [J]. IEEE Communications Surveys & Tutorials, 2017, 19 (4): 2322-2358.

[8] QIU T, CHI J, ZHOU X, et al. Edge computing in industrial internet of things: Architecture, advances and challenges [J]. IEEE Communications Surveys & Tutorials, 2020, 22 (4): 2462-2488.

[9] MUKHERJEE M, SHU L, WANG D. Survey of fog computing: Fundamental, network applications, and research challenges [J]. IEEE Communications Surveys & Tutorials, 2018, 20 (3): 1826-1857.

[10] ZHOU Z, CHEN X, LI E, et al. Edge intelligence: Paving the last mile of artificial intelligence with edge computing [J]. Proceedings of the IEEE, 2019, 107 (8): 1738-1762.

[11] ZHANG J, LETAIEF K B. Mobile edge intelligence and computing for the internet of vehicles [J]. Proceedings of the IEEE, 2019, 108 (2): 246-261.

[12] WANG X, HAN Y, LEUNG V C M, et al. Convergence of edge computing and deep learning: A comprehensive survey [J]. IEEE Communications Surveys & Tutorials, 2020, 22 (2): 869-904.

[13] LIU J, LIU H, CHEN Y, et al. Wireless sensing for human activity: A survey [J]. IEEE Communications Surveys & Tutorials, 2019, 22 (3): 1629-1645.

[14] ZHANG X, et al. Incentives for Mobile Crowd Sensing: A Survey [J]. in IEEE Communications Surveys & Tutorials, 2016, 18 (1): 54-67.

[15] ZHANG X, YANG Z, SUN W, et al. Incentives for mobile crowd sensing: A survey [J]. IEEE Communications Surveys & Tutorials, 2015, 18 (1): 54-67.

[16] LIU Y, KONG L, CHEN G. Data-oriented mobile crowdsensing: A comprehensive survey [J]. IEEE Communications Surveys & Tutorials, 2019, 21 (3): 2849-2885.

[17] GRANJAL J, MONTEIRO E, SILVA J S. Security for the internet of things: a survey of existing protocols and open research issues [J]. IEEE Communications Surveys & Tutorials, 2015, 17 (3): 1294-1312.

[18] AL-GARADI M A, MOHAMED A, AL-ALI A K, et al. A survey of machine and deep learning methods for internet of things (IoT) security [J]. IEEE Communications Surveys & Tutorials, 2020, 22 (3):

1646-1685.

[19] BUTUN I, ÖSTERBERG P, SONG H. Security of the Internet of Things: Vulnerabilities, attacks, and countermeasures [J]. IEEE Communications Surveys & Tutorials, 2019, 22 (1): 616-644.

[20] 邬贺铨. 物联网的应用与挑战综述 [J]. 重庆邮电大学学报（自然科学版）, 2010, 22 (5): 526-531.

[21] 王建民. 工业大数据技术综述 [J]. 大数据, 2017, 3 (6): 3-14.

[22] LI J Q, YU F R, DENG G, et al. Industrial internet: A survey on the enabling technologies, applications, and challenges [J]. IEEE Communications Surveys & Tutorials, 2017, 19 (3): 1504-1526.